国家出版基金项目
NATIONAL PUBLICATION FOUNDATION

"十二五"国家重点出版规划项目

野战火箭装备与技术

野战火箭飞行力学

王良明　韩珺礼　陈志华　傅健　钟扬威　编著

U0391041

国防工业出版社
·北京·

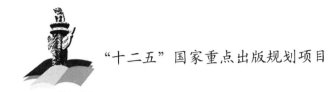

内容简介

本书较为全面地介绍了无控和有控野战火箭飞行力学,包括:野战火箭飞行的大气环境;野战火箭的空气动力特性;作用在野战火箭上的力与力矩;野战火箭飞行运动方程;野战火箭的基本飞行性能;野战火箭在稀薄大气中的运动特性;野战火箭的非线性运动分析;野战火箭柔体飞行力学分析;野战火箭随机飞行力学分析;野战火箭控制力学方法;制导野战火箭的控制特性、野战火箭子母弹飞行力学分析;等等。本书适合作为外弹道、飞行力学、弹箭等专业的本科生和研究生的教材使用,也可供有关专业技术人员参考。

图书在版编目(CIP)数据

野战火箭飞行力学/王良明等编著.—北京:国防工业出版社,2015.12
(野战火箭装备与技术)
ISBN 978-7-118-10632-9

Ⅰ.①野...　Ⅱ.①王...　Ⅲ.①野战-火箭-飞行力学　Ⅳ.①V412.1

中国版本图书馆 CIP 数据核字(2015)第 284173 号

※

国防工业出版社出版发行
(北京市海淀区紫竹院南路 23 号　邮政编码 100048)
北京嘉恒彩色印刷有限责任公司印刷
新华书店经售

*

开本 710×1000　1/16　**印张** 19½　**字数** 400 千字
2015 年 12 月第 1 版第 1 次印刷　**印数** 1—1500 册　**定价** 98.00 元

(本书如有印装错误,我社负责调换)

国防书店:(010)88540777　　发行邮购:(010)88540776
发行传真:(010)88540755　　发行业务:(010)88540717

《野战火箭装备与技术》丛书编委会

顾　问　刘怡昕　包为民　杨绍卿
主　编　韩珺礼
副主编　汤祁忠　周长省
编　委　(按姓氏笔画排序)
马　幸　王文平　王良明　王雪松
史　博　刘生海　汤祁忠　李　鹏
李臣明　李照勇　杨　明　杨晓红
陈四春　陈志华　周长省　郝宏旭
韩　磊　韩珺礼　蒙上阳　樊水康
秘　书　杨晓红　韩　磊

序

炮兵是陆军火力打击骨干力量,装备发展是陆军装备发展的重点。野战火箭是炮兵的重要装备,以其突然、猛烈、高效的火力在战争中发挥了重要作用。随着现代高新技术的飞速发展及其在兵器领域的广泛应用,20 世纪 90 年代初,国外开始应用制导技术和增程技术发展制导火箭,使火箭炮具备了远程精确点打击和精确面压制能力,推动了炮兵由覆盖式面压制火力支援向点面结合的火力突击转变。同时,随着贮运发箱模块化发射技术的应用,火箭炮摆脱了集束定向管的束缚,实现了不同弹径、射程、战斗部种类火箭弹的共架发射,具有射程远、精度高、火力猛、点面结合、毁伤高效、反应快速、机动灵活和保障便捷的特点,标志着野战火箭装备技术水平发展到了一个新的高度,夯实了野战火箭在陆军火力打击装备中的重要地位。

我国一直重视野战火箭装备技术发展,近年来更是在野战火箭武器的远程化、精确化、模块化和信息化等方面取得了长足进步,野战火箭装备技术总体水平达到了世界先进水平,部分达到领先水平。韩珺礼研究员带领的陆军火箭科研创新团队,长期从事野战火箭武器装备论证、预先研究、型号研制和作战运用研究等工作,取得了大量成果,相继推出的多型野战火箭武器系统均已成为陆军炮兵的火力骨干装备。

《野战火箭装备与技术》丛书(共 14 册)系统分析了未来战争形态的演进对陆军炮兵远程精确打击装备的需求,明晰了我国野战火箭武器装备的发展方向,从多角度研究了我国野战火箭武器装备的理论技术与运用问题,是对我国近年来野战火箭特别是远程火箭发展的总结与升华。该丛书在国内首次系统建立了涵盖野战火箭论证、设计、制造、试验和作战运用等多个方面的理论体系和技术体系,是近年来国内野战火箭装备技术和作战运用研究的理论结晶,为野战火箭向更远程、更精确、更大威力发展奠定了坚实理论与技术基础。《野战火箭装备与技术》丛书对于推动我国野战火箭武器深入发展具有重大意义!相信在各级机关的支持下,在广大科研人员的共同努力下,我国野战火箭武器将更加适应基于信息系统的打击需求,在未来信息化战争中将发挥更重要的作用!

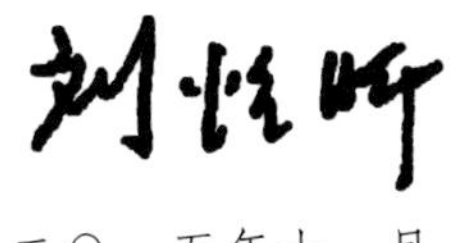

二〇一五年十一月

刘怡昕:中国工程院院士、南京炮兵学院教授。

自序

炮兵是陆军火力打击力量的重要组成部分，具备突然、猛烈、密集、高效的火力特点，在历次战争中发挥了重要作用，有“战争之神”的美誉。随着制导技术、电子信息技术等诸多高新技术在炮兵装备中的应用，陆军炮兵的远程精确打击能力得到大幅提升，炮兵已由过去的火力支援兵种向火力主战兵种转型，这与野战火箭武器的发展密不可分。为适应现代战争需求，野战火箭武器系统正朝着远程压制、精确打击、一装多能、高效毁伤、模块通用的方向发展。

为了提高我军炮兵作战能力，我国十分重视野战火箭武器的发展，从装备仿研、技术引进到自主研发，经过多年的积累与创新，在远程化、精确化、模块化、信息化等方面达到了较高水平。在基于信息系统的体系作战中，野战火箭主要担负战役战术纵深内对面目标精确压制和点目标精确打击任务。以贮运发箱模块化共架发射和精确化为主要特征的先进远程野战火箭武器系统，集远程综合压制、精确打击、实时侦察和效能评估于一体，为复杂战场环境下远程精确火力打击提供了重要保证，是我国陆军未来火力打击装备发展的重点。

野战火箭装备技术的发展已进入到一个新的更高阶段，立之弥高，逾之弥艰，需要有完整的基础理论加以支撑，需要有关键技术不断突破和创新，需要在基础研究上下功夫。但是，目前该领域的学术理论、技术研究成果相对分散，成系统的装备技术和理论文献很少，不利于野战火箭武器装备的优化发展。因此，迫切需要对该领域的理论与技术进行系统梳理、结集出版，以满足论证、研制、生产、作战使用等各领域参考资料缺乏的急需，为野战火箭领域人才培养和装备发展提供系统的理论与技术支撑。《野战火箭装备与技术》丛书立足野战火箭发展，填补了国内野战火箭理论与技术体系空白，被列入“十二五”国家重点图书出版规划项目，并得到了国家出版基金的资助。本丛书共有 14 个分册，全面系统地对我国陆军野战火箭研究成果和国内外该领域的发展趋势进行了阐述，着重对我国野战火箭基础研究和工程化研究方面取得的创新性成果进行了提炼，是我国野战火箭领域科技进步的结晶。本丛书的出版，对推动我国野战火箭装备技术不断自主创新、促进陆军武器装备发展、提升我国武器装备竞争力以及培养野战火箭领域专业人才具有重要意义。

本丛书的撰写得到了机关和广大专家的指导和帮助。感谢中国科学院院士包为民和中国工程院院士刘怡昕、中国工程院院士杨绍卿的悉心指导，感谢徐明友教授等我国野战火箭领域老一辈科研工作者奠定的基础，感谢总装备部某研究所各位领导和诸位同事的支持，感谢南京炮兵学院、南京理工大学、北京理工大学、兵器工业导航与控制技术研究所、国营743厂、国营5137厂等单位领导和科研工作者的支持，感谢国防工业出版社和陆军火箭科研创新团队为本丛书所做出的大量工作！在本丛书的撰写过程中参考了相关文献和资料，在此对相关作者一并表示感谢！

由于水平所限，书中难免有错误和不当之处，恳请读者不吝赐教。

韩珺礼

二〇一五年十一月

前言

野战火箭飞行力学是研究野战火箭在空中运动规律及飞行性能的一门学科。它建立在空气动力学理论、运动稳定性、非线性理论、振动理论等基础之上,又依赖于现代控制理论和计算技术的发展,并且与测量技术密切相关。可见,要使野战火箭具有良好的飞行性能,必须对其飞行力学系统进行综合分析,以获得良好的设计参数和相应的最佳飞行状态。

野战火箭在大气中飞行,受到大气环境的影响,必须分析大气的一些特性。根据研究,大气温度、密度、压强、雷诺数、黏性系数、声速等随高度的分布存在一定的规律,可以用标准气象条件进行概括。此外,火箭在大气中飞行,还受到风和大气湍流的影响。风和大气湍流可视为随机过程,它们的数学描述、统计特性和数值模拟及对火箭飞行影响,本书也做了一些介绍。

作为刚体的野战火箭的飞行运动包括质心运动和绕质心的转动。质心运动位置由三个坐标确定,质心运动规律取决于作用在火箭上的力,包括重力、发动机推力、空气动力、控制力等。绕心运动取决于作用在其上的力矩,包括空气动力矩、发动机推力对质心的力矩,控制力矩等。野战火箭飞行运动方程组为非线性的微分方程组,很难求得解析解。由于解析解中包含了各种飞行参数和气动参数,线性化有利于分析参数对火箭性能的影响。常采用小扰动法将微分方程线性化。考虑到火箭的空间运动可以看成是铅直面内的运动与侧向平面内运动的合成,故将纵向运动和侧向运动分开进行线性化。

在攻角δ很小的情况下,空气动力和力矩系数都是攻角的线性函数,得到野战火箭的角运动方程为线性方程,对此方程求解可以得到火箭姿态运动规律。这种分析方法在小攻角情况下是正确的,但随着攻角的增大,气动力和力矩系数一般为攻角的非线性函数,再用线性理论分析弹丸的运动会导致本质上的错误。本书从火箭非线性气动力和力矩计算出发,建立了火箭非线性姿态运动学方程,通过相平面法定性分析火箭非线性运动特性。

随着现代增程理论和技术的不断发展,远程火箭的弹道高早已超过了30km,在大高度上空气稀薄,空气动力特性与稠密大气不同,涉及稀薄气体动力学的知识。目前，稀薄气体气动力计算，稀薄气体中的控制，大高度下弹道特性和飞行性能如何设计都成为了飞行力学领域研究的新课题。本书就稀薄气体中火箭受力特性、运动方程及其控制特性做了一些初步介绍。

传统的火箭飞行力学理论是建立在刚体火箭上的，本书突破刚体飞行动力学的框架，拓展到柔体飞行动力学模型。引入“平均弹轴”的概念，分析了火箭在柔性弯曲下的气动力计算方法。建立了火箭柔性弯曲时的质心运动方程、绕心摆动方程和弯曲变形动力学模型，推导了火箭在准静态变形情况下的攻角方程，给出了准静态变形情况下的飞行稳定性判据。

精确化是现代野战火箭的发展方向，目前各国都出现了不同型号的制导火箭。制导火箭不管以何种制导律进行飞行，都需要火箭的控制系统执行。火箭的控制执行机构通常分为燃气控制和空气动力控制。这些执行机构的优缺点、工作原理、参数设计等都是需要研究的课题。

对于有控火箭，需要研究其动态特性问题，即：在干扰作用下，能否保持原来的飞行状态？在操纵机构作用下，火箭改变飞行状态的能力和速度如何？也就是研究火箭的稳定性、操纵性、机动性问题，本书也做了介绍。

在进行大面积、多目标打击方面出现了子母弹，它与传统的火箭有了很大的差别，技术含量大为提高，包括了母弹的飞行动力学、子母弹分离动力学、子弹飞行动力学，对于末敏子弹还要分析伞弹系统飞行动力学。其飞行理论除了要用到力学知识，还涉及内弹道、制导与控制等方面，这大大促进了弹道、飞行力学、制导控制等学科的融合和交流。

综上所述，野战火箭飞行力学是弹道、飞行力学、火箭总体设计、制导与控制等专业的基础课。其与高等数学、理论力学、空气动力学、自动控制理论、制导系统原理、地球与大气物理学等方面的知识密切联系。

作者

目录

第1章　野战火箭飞行的大气环境 …… 001

1.1　大气的基本特性 …… 001

1.1.1　大气的组成 …… 001

1.1.2　大气的结构 …… 002

1.1.3　标准大气参数 …… 004

1.2　风和大气湍流 …… 005

1.3　临近空间稀薄大气特性 …… 006

第2章　野战火箭的空气动力特性 …… 008

2.1　亚声速绕流的气动特性 …… 008

2.2　跨声速绕流的气动特性 …… 010

2.3　超声速绕流的气动特性 …… 011

2.4　高超声速绕流的气动特性 …… 012

2.5　高超声速气动加热特性 …… 013

2.6　弹箭气动系数耦合计算方法 …… 014

第3章　作用在野战火箭上的力与力矩 …… 020

3.1　地球重力 …… 020

3.2　发动机推力 …… 021

3.3　空气动力与力矩 …… 022

3.3.1　空气动力表达式 …… 022

3.3.2　空气动力矩表达式 …… 026

3.4　燃气控制力与力矩 …… 028

第4章　野战火箭飞行运动方程 …… 030

4.1　概述 …… 030

4.2　常用坐标系 …… 030

4.3 各坐标系之间的关系 …… 031
4.3.1 弹道坐标系与平动坐标系的关系 …… 035
4.3.2 第二弹轴坐标系与弹道坐标系间的关系 …… 036
4.3.3 弹体坐标系与第一弹轴坐标系间的关系 …… 037
4.3.4 坐标变换矩阵的通用形式 …… 037
4.4 力和力矩的分量表达式 …… 038
4.4.1 重力 …… 038
4.4.2 科里奥利惯性力 …… 039
4.4.3 推力和推力矩 …… 039
4.4.4 风的影响 …… 040
4.4.5 有风时的空气动力 …… 041
4.4.6 有风时的空气动力矩 …… 042
4.5 野战火箭质心运动方程 …… 044
4.6 野战火箭转动运动方程 …… 045
4.7 野战火箭运动方程组 …… 049
第5章 野战火箭的基本飞行性能 …… 051
5.1 自由扰动运动特性 …… 051
5.1.1 纵向自由扰动运动方程组 …… 051
5.1.2 特征方程式及其根的特性 …… 052
5.1.3 自由扰动的振荡周期及衰减程度 …… 054
5.1.4 自由扰动的短周期和长周期运动 …… 054
5.1.5 侧向自由扰动的动态特性分析 …… 055
5.2 弹道飞行稳定性 …… 056
5.2.1 稳定性的概念 …… 056
5.2.2 稳定性准则 …… 057
5.2.3 弹道飞行的稳定性 …… 057
5.3 弹体纵向和侧向动态特性 …… 058
5.3.1 纵向扰动运动的简捷处理 …… 059
5.3.2 纵向扰动纵向动态特性分析 …… 060
5.3.3 侧向扰动运动的传递函数 …… 063
5.3.4 轴对称火箭侧向运动特性 …… 064
第6章 野战火箭在稀薄大气中的运动特性 …… 066
6.1 野战火箭在稀薄大气中飞行的受力特性 …… 066

6.1.1 气体分子运动的动力学方程 …… 066
6.1.2 流动领域的划分及玻耳兹曼方程的求解方法 …… 069
6.1.3 自由分子流领域气动力计算方法 …… 072
6.1.4 过渡领域和滑流领域气动力工程计算方法 …… 075
6.1.5 气动力系数随高度变化特性分析 …… 076
6.1.6 弹体无黏流空气动力计算的激波膨胀波理论 …… 076
6.1.7 弹翼无黏流空气动力计算的点源法 …… 078
6.2 野战火箭在稀薄大气中飞行的力学模型 …… 080
6.2.1 稀薄气体中野战火箭的刚体弹道方程组 …… 080
6.2.2 飞行高度及射程的计算 …… 081
6.3 野战火箭在稀薄大气中的运动 …… 084
6.3.1 地表为椭球面对弹道计算的影响 …… 084
6.3.2 空气动力系数随高度变化对弹道计算的影响 …… 085
第7章 野战火箭非线性运动分析 …… 087
7.1 概述 …… 087
7.2 弹箭非线性空气动力学特性 …… 088
7.2.1 简介 …… 088
7.2.2 非线性阻力系数 …… 088
7.2.3 非线性俯仰力矩系数 …… 089
7.2.4 立方马格努斯力矩系数 …… 092
7.2.5 双立方和三立方马格努斯力矩 …… 093
7.3 复数形式的野战火箭非线性姿态动力学方程 …… 096
7.3.1 复攻角的定义 …… 096
7.3.2 火箭的非线性姿态运动方程 …… 097
7.4 一般形式的野战火箭非线性姿态方程 …… 104
7.5 野战火箭非线性动力学特性分析 …… 106
7.5.1 非线性系统分岔分析概述 …… 106
7.5.2 相平面的平衡点和极限环 …… 106
7.5.3 极限环的定义及存在性 …… 110
7.5.4 分岔理论 …… 111
7.5.5 中心流形定理 …… 114
7.5.6 PB 规范形理论 …… 115
7.5.7 火箭非线性姿态运动特性分析 …… 119
7.6 算例 …… 122

7.6.1 系统参数 …… 122
7.6.2 不同分岔参数对弹箭非线性姿态运动的影响分析 …… 123
7.6.3 数值模拟 …… 136
第8章 野战火箭柔体飞行力学分析 …… 138
8.1 野战火箭细长弹体的柔性变形描述 …… 138
8.2 作用在柔性火箭上的空气动力 …… 139
8.3 野战火箭柔体飞行力学模型 …… 140
8.3.1 柔性弹道的描述 …… 140
8.3.2 火箭柔性变形的动力学方程 …… 141
8.4 野战火箭柔体弹道飞行稳定性 …… 143
8.4.1 准静态变形条件下火箭的攻角运动方程 …… 143
8.4.2 柔性火箭的飞行稳定性条件 …… 144
第9章 野战火箭随机飞行力学分析 …… 145
9.1 随机过程基础 …… 145
9.1.1 单变量随机过程的相关和频谱 …… 145
9.1.2 多变且随机过程的特性 …… 149
9.2 大气湍流的数学描述 …… 151
9.2.1 大气湍流概述 …… 151
9.2.2 大气湍流模型建立的基本假设 …… 153
9.2.3 大气湍流模型 …… 155
9.2.4 大气湍流的尺度和强度 …… 160
9.3 大气湍流引起的野战火箭扰动运动 …… 161
9.4 大气湍流的模拟 …… 163
9.4.1 问题的提出 …… 163
9.4.2 成形滤波器 …… 163
第10章 野战火箭控制力学方法 …… 166
10.1 燃气射流控制 …… 166
10.1.1 燃气射流控制原理 …… 166
10.1.2 燃气推力计算 …… 169
10.1.3 姿态控制系统分析 …… 173
10.2 侧喷脉冲力控制 …… 177
10.2.1 脉冲修正执行机构 …… 177

10.2.2 脉冲控制力和力矩 …… 178
10.2.3 脉冲发动机控制策略分析 …… 182
10.3 鸭舵控制 …… 188
10.3.1 鸭舵控制原理 …… 188
10.3.2 鸭舵式制导火箭弹的结构及特点 …… 189
10.3.3 舵面气动外形设计 …… 189
10.3.4 鸭舵操纵力原理 …… 192
第11章 制导野战火箭的控制特性 …… 196
11.1 制导野战火箭的气动力和力矩 …… 196
11.1.1 常用坐标系的定义及其转换关系 …… 197
11.1.2 作用在制导野战火箭上的力 …… 201
11.1.3 作用在制导野战火箭上的力矩 …… 202
11.2 制导野战火箭的运动方程 …… 203
11.2.1 动力学方程 …… 204
11.2.2 运动学方程 …… 209
11.2.3 质量变化方程 …… 210
11.2.4 几何关系方程 …… 211
11.2.5 控制关系方程 …… 213
11.2.6 制导野战火箭运动方程组 …… 218
11.3 制导野战火箭的纵向稳定性和操纵性 …… 220
11.3.1 有控弹箭纵向扰动运动方程的建立及线性化 …… 220
11.3.2 纵向动力系数、状态方程和特征根 …… 223
11.3.3 纵向自由扰动运动两个阶段和短周期扰动运动方程 …… 227
11.3.4 纵向短周期扰动运动的特点、传递函数和频率特性 …… 229
11.3.5 舵面阶跃偏转时导弹的纵向响应特性 …… 236
11.4 制导野战火箭的侧向稳定性和操纵性 …… 244
11.4.1 火箭侧向扰动运动方程和传递函数 …… 244
11.4.2 侧向自由扰动运动的特点和稳定性 …… 248
11.4.3 侧向扰动运动方程的简化和解耦 …… 255
11.5 制导野战火箭的机动性 …… 258
11.5.1 制导野战火箭的机动性和过载概念 …… 258
11.5.2 运动与过载 …… 260
11.5.3 弹道曲率半径与法向过载的关系 …… 262
11.5.4 需用过载、极限过载和可用过载 …… 263

第12章 野战火箭子母弹飞行力学分析 …… 267
12.1 子母弹分离力学模型 …… 267
12.1.1 子弹分离方法 …… 267
12.1.2 子弹分离抛撒模型 …… 268
12.2 子弹开伞力学模型 …… 270
12.3 子弹飞行力学模型 …… 273
12.3.1 坐标系和坐标转换 …… 273
12.3.2 风的影响 …… 273
12.3.3 作用在子弹上的力 …… 275
12.3.4 作用在子弹上的力矩 …… 276
12.3.5 子弹运动微分方程组的建立 …… 278
12.4 末敏子弹稳态扫描飞行力学模型 …… 282
12.4.1 末敏子弹坐标系的选取及运动的描述 …… 282
12.4.2 末敏子弹受力分析 …… 285
12.4.3 末敏子弹的伞弹姿态动力学模型 …… 289
参考文献 …… 291

第1章 野战火箭飞行的大气环境

地球的引力使其周围的空气聚集形成大气层。大气总质量约为5.136×10^{21}g,仅为地球总质量的0.86%,但由于各类飞行器在大气层内飞行时,空气对这些飞行器产生气动力作用,从而影响它们的飞行,特别对各种导弹、近地卫星等飞行器具有较大影响,因此需要对大气的基本特性,如风和大气湍流等有一定的认识,为保证飞行器的飞行品质提供依据。

1.1 大气的基本特性

1.1.1 大气的组成

大气由多种气体混合而成,此外还包含一些悬浮的含量不定的液体和固体颗粒。一般把大气中除水汽、液体和固体颗粒外的整个混合气体称为干洁空气。在干洁空气中,氮气和氧气两者就体积而言约分别占总体的78%和21%,再加上稀有气体氩气,三者约占干洁空气的99.96%。其他各项气体含量合计不到0.1%,这些微量气体包括氖气、氦气、氪气、氙气等稀有气体。

由于大气存在着空气的垂直运动、水平运动、湍流运动和扩散运动,使不同高度与不同地区的空气得以对流与混合,因此从地面到90km高空,干洁空气成分比例基本不变,大气分子量基本不随高度的变化而发生变化,约28.964,因此将此高度以下的大气层称为同成分层。在90km以上,由于太阳紫外线的照射,氮气和氧气被逐渐离解成原子,且随着高度的进一步增加,轻质气体的相对浓度上升,分子量逐渐变小,因而被称为变成分层。

干洁空气中占比例极小的臭氧和二氧化碳的作用也不可忽视,它们对大气的温度分布有着较大的影响。其中臭氧主要分布在20~25km高空,由于臭氧对紫外线的吸收极为强烈,使得40~50km高度大气层上的温度大为增高,同时也使得地面上的生物免受紫外线的伤害。二氧化碳为有机物氧化作用的产物，它对太阳辐射吸收很少，但却能强烈吸收被太阳紫外线照射后的地面辐射，同时它又向周围空气和地面放出长波辐射，因此它能使大气和地面保持一定温度。

水蒸气是大气中唯一能发生相变（即固相、液相与气相三态互相转化）的成分，也是最容易变化的成分。水蒸气能大量吸收地面辐射，同时向周围空气释放出长波辐射，在相变过程中又能吸收或放出热量，所有这些都对地面和空气的温度产生一定的影响。

大气中的各种固体颗粒和水滴、冰晶等液体微粒大多集中于大气底层，使得能见度变差。这些固体杂质是水汽凝结的核心，对云、雨、雾的形成起重要作用，同时它们还能减弱太阳辐射和地面辐射，影响地面空气的温度。

1.1.2 大气的结构

大气层结构非常复杂，由于地球形状、太阳辐射等原因导致温度随着海拔高度分布不均匀，温度分布的复杂性也将会导致大气的其他参数与物理特性复杂化。

由于地球的引力作用，大气密度随高度而减少，50% 的大气总质量集中在离地面 6.5km 以下，而在高度 20km 的范围内则含有全部大气质量的 90%。大气高度越高，空气越稀薄。大气层的厚度大约在 1000km 以上，但没有明显的界限。根据多年的观测，整个大气层随高度不同表现出不同的特点，可分为对流层、平流层（同温层）、中间层、电离层和大气外层。

1. 对流层

对流层位于大气最下层，厚度为 8 ~ 17 km，并随季节和纬度变化，随高度的增加平均温度递减率为 6.5℃/ km，对流层内有空气对流和湍流现象。这主要因为大气直接吸收太阳紫外线的能力小，大部分太阳热能（约 45%）为地表所吸收，而后以长波红外线的形式辐射出去。因此地球就像个火炉，下层空气上升、膨胀而冷却，上层较冷的空气下降、压缩而受热。这样不仅形成了温度随高度增加而降低的分布，而且使得空气不断地上下对流，产生强烈掺混，称为对流层。

对流层从地球表面开始向高空伸展，直至对流层顶，即平流层的起点为止。它的高度因纬度而不同，在低纬度地区为 17 ~ 18km，在中纬度的地区高 10 ~ 12km，在高纬度地区只有 8 ~ 9km。在高纬度的地区，因为地表的摩擦力会影响气流，形成了一个平均厚 2km 的行星边界层。对流层主要有如下特点：

(1) 温度随高度的增加而降低。这是因为该层不能直接吸收太阳的短波辐射，但能吸收地面反射的长波辐射而从下面加热大气。因而靠近地面的空气受热多,远离地面的空气受热少。每升高 1km,气温约下降 6.5℃。

(2) 空气对流。因为岩石圈与水圈的表面被太阳晒热,而热辐射将下层空气烤热,冷热空气发生垂直对流,又由于地面有海陆之分、昼夜之别以及纬度高低之差,因而不同地区温度也有差别,这就形成了空气的水平运动。

(3) 温度、湿度等各要素水平分布不均匀。大气与地表接触,水蒸气、尘埃、微生物以及人类活动产生的有毒物质进入空气层,该层中除气流做垂直和水平运动外,化学过程十分活跃,并伴随气团变冷或变热。

2. 平流层

对流层上面,直到高于海平面 50km 这一层,气流主要表现为水平方向运动,对流现象减弱,这一大气层称为“平流层”,又称为“同温层”。这里基本上没有水汽,晴朗无云,很少发生天气变化,适于飞机航行。随着火箭和导弹武器的发展,有关平流层的研究日趋重要。在距地高为 20 ~ 30km 处,氧分子在紫外线作用下,形成臭氧层,像一道屏障保护着地球上的生物免受太阳紫外线及高能粒子的袭击。

平流层内温度通常随高度的增加而递增。底部温度随高度变化不大,亦称同温层,是地球大气层里上热下冷的一层,此层被分成不同的温度层,中高温层置于顶部,而低温层置于底部。它与位于其下的贴近地表的对流层刚好相反,对流层是上冷下热的。在中纬度地区,平流层位于离地表 10 ~ 50km 的高度,而在极地,此层则始于离地表 8km 左右。

3. 中间层

中间层又称为中层,是指自平流层顶到 85km 之间的大气层。该层内因臭氧含量低,同时,能被氮、氧等直接吸收的太阳短波辐射已经大部分被上层大气所吸收,所以温度垂直递减率很大,对流运动强盛。中间层顶部附近的温度约为 190℃;空气分子吸收太阳紫外辐射后可发生电离,习惯上称为电离层的 D 层;有时在高纬度地区夏季黄昏时有夜光云出现。

4. 电离层

电离层是地球大气的一个电离区域。60km 以上的整个地球大气层都处于部分电离或完全电离的状态,电离层是部分电离的大气区域,完全电离的大气区域称为磁层,大约距地球表面 100 ~ 800km。最突出的特征是当太阳光照射时,太阳光中的紫外线被该层中的氧原子大量吸收,因此温度升高;又称为暖层。该层的特点是:

(1) 层中的氮(N_2)、氧(O_2)和氧原子(O)气体成分,在强烈的太阳紫外线和宇宙射线作用下,已处于高度电离状态,所以称为“电离层”。其中 100 ~ 120km 间的 E 层和 200 ~ 400km 间的 F 层,以及介于中间层和暖层之间,只在白天出现,高度大致为 80km 的 D 层,电离程度都较强烈。电离层的存在,对反射无线电波具有重要意义。人们在远方之所以能收到无线电波的短波通信信号，就是和大气层有此电离层有关。

（2）气温随高度增加而增加，在300km高度时，气温可达1000℃以上，虽然比铅、锌、锡、锑、镁、钙、铝、银等金属的熔点还要高，但由于这里空气稀薄并不会真的感到很热。

电离层的主要特性由电子密度、电子温度、碰撞频率、离子密度、离子温度和离子成分等空间分布的基本参数来表示。但电离层的研究对象主要是电子密度随高度的分布。电子密度（或称电子浓度）是指单位体积的自由电子数，随高度的变化与各高度上大气成分、大气密度以及太阳辐射通量等因素有关。电离层内任一点上的电子密度，取决于上述自由电子的产生、消失和迁移三种效应。在不同区域，三者的相对作用和各自的具体作用方式也大有差异。

5. 大气外层

电离层以上为大气外层，又称散逸层，可延伸至距地球表面1000km处。由于该层气温高，可达数千摄氏度，且大气已极其稀薄，其密度为海平面处的一亿亿分之一，再加上地心引力小，所以一些高速运动的分子可以挣脱地球引力的束缚，散逸到宇宙空间中去。

1.1.3 标准大气参数

标准大气是指人为规定、特性随着高度平均分布的大气，它包括了大气温度、压力和密度以及大气成分和大气物理参数的垂直分布。它是理想化的、静态的和接近实际大气的模型。其分布为：

（1）标准海平面重力加速度为$9.80665\mathrm{m/s^2}$。

（2）海平面温度为15℃，气压为1013.25hPa，密度为$1.225\mathrm{kg/m^3}$。

（3）地面到11km高度为对流层，气温垂直递减率为6.5℃/km，近似多元大气。

（4）11～20km为平流圈，温度不变，即为等温大气。

（5）20～32km，气温垂直递减率为-1℃/km。

标准大气的状态方程为$pV=\nu RT$，其中：p为气体压强；V为体积；R为摩尔气体常数，其数值为8.31432J/(mol·K)；ν为气体质量M的摩尔数，即$\nu=M/M_r$，M_r为摩尔气体质量；T为热力学温度，其与温度t的关系为

$$T = 273.15 + t \tag{1.1}$$

气体状态方程通过引用符号$\rho=M/V$可写为

$$p = \rho RT/M_r \tag{1.2}$$

空气的摩尔质量$M_d=28.9644\mathrm{g/mol}$，将其代入式(1.2)得$p=\rho R_d T$，其中干空气气体常数$R_d=R/M_d=285.05\mathrm{J/(kg\cdot K)}$。

定义气块容积 V 内所含水汽质量 m_V 与容积 V 之比绝对湿度，即 $a = M_V/V$。

在常温常压范围内，水汽也服从状态方程，即 $p_e = aR_V = T, a = p_e/(R_V/T)$，$p_e$ 为水汽压强，R_V 为水汽的气体常数。由于水汽的摩尔质量 $M_V = 18.05\mathrm{g/mol}$，从而有

$$R_V = \frac{R}{M_V} = \frac{R}{M_d} \cdot \frac{M_d}{M_V} = \frac{8}{5}R_d \tag{1.3}$$

干气体密度 $\rho_d = p_d/(R_d T)$，根据道尔顿分压定律可以知道湿空气总压强 p 为干空气分压 p_d 和水汽分压 p_e 之和，密度为干空气密度 ρ_d 与水汽密度 a 之和，于是有

$$p = p_d + p_e \tag{1.4}$$

$$\rho = \rho_d + a = \frac{1}{R_d T}\left(p_d + \frac{5}{8}p_e\right) \tag{1.5}$$

整理后，得

$$\rho = \frac{p}{R_d}\left(1 - \frac{3}{8}\frac{p_e}{p}\right) \cdot \frac{1}{T} \tag{1.6}$$

若称 $\tau = T/\left(1 - \frac{3}{8}\frac{p_e}{p}\right)$ 为虚温，则湿空气的状态方程为 $p = \rho R_d \tau$。

饱和水汽压 $p_E = p_{E_0} e^{\frac{7.45t}{t+235}}$，式中 p_{E_0} 表示 $t = 0℃$ 时的饱和水汽压，$p_{E_0} \approx 6.11\mathrm{hPa}$。$\varphi = p_e/p_E$ 为相对湿度。已知 φ 和 t，可求得 $p_e = \varphi \cdot p_E$。

1.2 风和大气湍流

风是指空气的水平运动，因而为向量，既有大小，又有方向，具体表现为风速和风向。风向是指风的来流方向，以正北方顺时针转到风来向的角度称为风向方位角。风速和风向主要取决于大气压力场的分布、空气的黏性以及地球自转。

不规则的空气流动称为湍流。湍流的风速大小不定，具有阵发性。它主要是由于受垂直气温的变化和空气中的气团间相互摩擦作用而引起的短暂性随机脉动。湍流的强弱变化取决于垂直气温结构、风速和地面起伏状况（地形、高度不等的建筑物、植被等）。气温的垂直递减率越大，湍流运动越强。地面起伏程度越大，湍流运动也越强。虽然风的变化具有随机性，但对于一定范围内较长时间的风变化仍具有一定规律，如我国冬季多西北风、夏季多东南风，地面风速、风向易变而高空风比较稳定且多为西风等。

大气中的飞行器都会受风的影响而偏离其预定轨迹。因此，研究风的运动

规律具有非常重要的意义。实际中,常将一段时间内的风取平均来进行分析,此平均值称为平均风,而瞬时风与平均风的差值称为阵风。弹道学中常将近地面的风称为低空风,而将近地面层以上的风称为高空风。平均风对火箭弹的弹道相对于无风弹道产生系统偏差,包括射程与方向偏差。阵风则导致随机偏差,并形成射弹散布。习惯上将风分为 0 ~ 12 级,每级代表一定的风速范围。风力等级 K 与其代表的平均风速 W 可用下式计算:

$$W = K + 0.17K^2 \qquad K = 0,1,\cdots,17 \tag{1.7}$$

因为风对弹箭的飞行影响较大,因此对于传统火箭弹在发射前,必须进行实际测量,将风所产生的偏差考虑在内才能有效提高其射击精度。

1.3 临近空间稀薄大气特性

临近空间(Near Space)是美军对海拔 20 ~ 100km 的大气层空间的称谓,它没有国际公认的确切定义。中国学术界也称为"亚太空""超高空""高高空"域。此空间高于一般航空器的飞行高度,而又低于一般航天器轨道高度的空间区域,远程火箭弹的大部分飞行空域在此范围内。临近空间实际上位于稠密大气层到稀薄大气太空层的过渡区,过去没有像对流层与太空那样得到充分重视和应用。近年来,随着新一代航空器、浮空器和亚轨道航天器等的发展, 临近空间正在成为开展高技术应用和国防安全活动的新领域, 关于该领域大气环境的性质日益成为关注的热点。

根据 1.1 节中大气的分层可知,临近空间从下往上覆盖了大气平流层、中间层和电离层的底层区域。与对流层相比,临近空间具有诸多特征。临近空间的下部是平流层,在平流层温度随高度增加而增加,到层顶达到最大,这是由于臭氧层吸收太阳紫外辐射加热大气造成的。随着高度的进一步增加,臭氧含量逐渐减少,中间层的大气温度随高度逐渐减小,到层顶达到最小,这部分也是全球大气最冷的地方。中间层以上为电离层,这层大气吸收了太阳的远紫外辐射而发生部分电离,且随高度增加电离程度逐渐增强,因而温度随高度急剧增加。临近空间大气温度随高度变化如图 1.1 所示,平流层的温度随高度增加而增加,中间层的温度随高度增加而减小,电离层的温度再次随高度增加而增加。

临近空间的空气极为稀薄,但主要成分与对流层相似,仍以氮、氧等为主,另外还含有臭氧、水汽、钠、铁等微量成分,其中臭氧的存在使得平流层的温度明显提高。相对于对流层而言,临界空间环境含水汽极少,没有雨雪等现象,但在极区有夜光云的存在。由于太阳光紫外线的照射,大气开始电离,所以存在电子、离子成分,另外临界空间还存在着由外层空间进入的高能质子和中子。

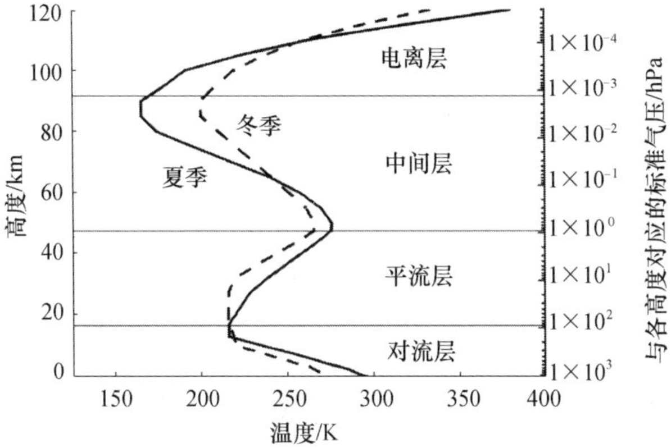

图 1.1　大气平均温度随高度的变化

平流层和电离层的对流运动很小,而中间层有较强烈的对流运动。临近空间的水平平均风场在 -200 ~200m/s 之间,风场的风向会随高度变化,因而会有零风层的存在,即可能在某个高度上风速为 0m/s。除了环流之外,临界空间大气的波动特征极为明显,这些波动包括重力波、潮汐波和行星波等。由于大气发电机的作用,临界空间中存在很强的电流,尤其是在磁暴期间,这种电流会有明显的增强。临界空间还存在着很多光学现象,包括中层大气闪电、气辉、极光、夜光云、流星等。

临近空间飞行器可以弥补临近空间区域作战应用的空白,是空天安全体系的重要组成部分,可以作为情报、监视与侦察平台、通信平台、预警平台、电子对抗平台、武器装备搭载平台和技术演示验证平台。在未来的空天对抗系统中,可发挥战略威慑和实战双重作用。

第2章 野战火箭的空气动力特性

野战火箭的弹身一般为某曲线绕对称轴旋转而成，因而称其为旋成体。另外，由于火箭弹一般为细长旋成体，即其长度与弹径的比值较大。因此，研究野战火箭的空气动力特性，一般从细长旋成体开始，可考虑有无攻角情况下旋成体绕流的气动力特性。先前的研究主要从势流理论出发，对气动控制方程进行线性化，然后基于线性化的边界条件对旋成体绕流进行解析求解。近年来，随着计算流体力学与计算机技术的高速发展，基于可压流纳维－斯托克斯方程以及高阶精度的计算格式，对旋成体绕流特性进行数值模拟成为当前研究的主流，因此本章介绍的内容主要基于计算流体力学得到的结论，先前基于势流理论的成果不再介绍。

事实上，即使亚声速火箭弹的绕流已经特别复杂，其中包括边界层的湍流转捩等至今仍没完全解决的物理现象，更不用说超声速绕流所涉及的激波与边界层相互作用所诱导的边界层分离等。虽然绕流所涉及的一些物理现象仍在研究，但并不阻碍我们对其主要特性进行讨论以及进行相关工程应用。

2.1 亚声速绕流的气动特性

火箭弹亚声速绕流的流谱非常复杂，目前的数值研究方法主要基于雷诺平均、大涡模拟以及分离涡（混合）方法。由于火箭弹的载面为圆形，因此以下主要以圆柱的亚声速绕流为例进行介绍。

传统的势流理论在对外流问题进行研究时，遇到了非常大的问题，甚至得到了运动流体中固定不动的圆柱受力为零这样的结论，即著名的达朗贝尔佯谬。这是因为忽略了流体的黏性，因而没有考虑圆柱表面的边界层内黏性力作用导致。实际上，由于边界层的存在，当流体流过圆柱表面时，因在圆柱表面形成边界层，导致圆柱表面受流体的黏性剪切应力作用，使其表面流体与圆柱壁面发生分离，形成分离涡，并在圆柱下游形成由旋涡组成的尾流区。

研究表明，圆柱尾流区的流动特性随雷诺数的变化而改变。当雷诺数非常小时（$Re\ll1$），流动为定常，此时圆柱表面没有流体分离，流场关于圆柱水平与垂直轴对称。当雷诺数进一步增加到 $Re\approx5$ 时，在圆柱表面尾部产生边界层分离，并在圆柱上、下两个分离点后形成两个旋向相反的驻定涡对。涡对尺寸随着雷诺数的增加而增加，当 $Re\geqslant47$ 时，流动不再定常，分离涡开始从圆柱表面依次脱落，并在圆柱尾部形成著名的卡门涡街，此时流场仍为层流。当 $Re\geqslant200$ 时，圆柱尾流的流场呈现三维特性，并转捩为湍流。圆柱绕流尾部的典型涡街如图 2.1 所示。

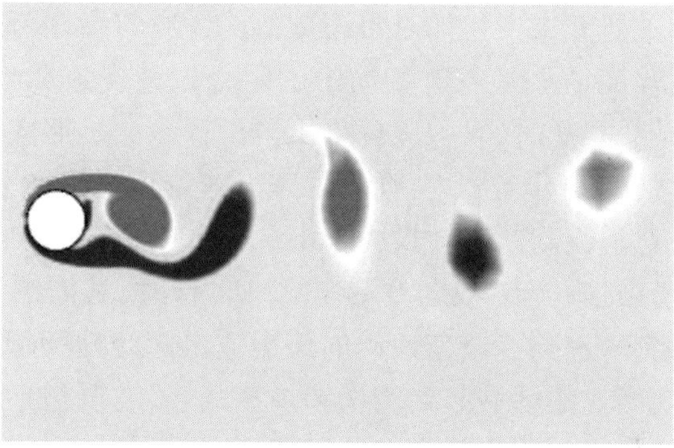

图 2.1　亚声速圆柱绕流

旋涡的依次周期脱落，导致圆柱上下表面压力产生脉动，从而使圆柱气动升力（C_L）与阻力（C_D）产生周期脉动。典型的圆柱升力与阻力系数曲线如图 2.2 所示。可知，其升力与阻力都在一定范围内脉动，且其脉动频率受涡的脱落影响。

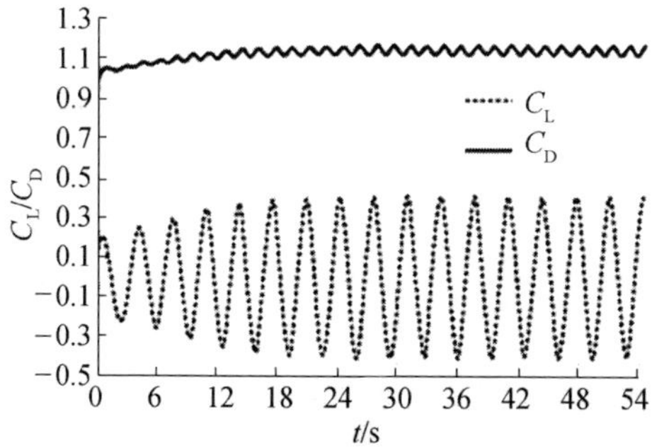

图 2.2　圆柱升力（C_L）与阻力（C_D）系数的时间曲线

当雷诺数 $Re\geqslant3\times10^5$ 时，圆柱表面边界层的流动开始由层流变为湍流，并使上下分离涡的脱落不再有规律，同时分离点沿圆柱表面向下游运动从而使尾流区域缩小，因而使圆柱尾部压强增加，圆柱阻力降低。圆柱绕流问题一直是流体力学的经典问题，虽然已知阻力随来流速度变化而变化，但其湍流转捩等流动机理仍需研究。

2.2 跨声速绕流的气动特性

圆柱的跨声速绕流研究具有重要的工程应用背景和学术研究价值，其中包含了许多复杂的流体物理现象，如激波与湍流边界层相互作用、激波与涡相互作用以及局部小激波等，而相关流动机理仍需进一步研究。

目前为止，相关研究主要包括对雷诺数约为 10^5 的圆柱跨声速绕流开展试验与数值模拟，试验展示了跨声速流动中的阻力上升现象和激波结构，发现当来流速度超过马赫数 0.9 时，涡脱落现象不再可探测。早期数值模拟一般通过数值求解二维欧拉方程，研究圆柱的无黏跨声速绕流，发现当马赫数大于 0.9 时，流场会从非稳态的流动状态转换为稳态。

当运动体以跨声速（马赫数为 0.8 ~ 1.2）飞行时，其周围流场存在从亚声速到超声速，或从超声速到亚声速运动的跨声速区。此处所指跨声速区是指从运动体表面上出现声速的区域起到流场超声速为止，它既包括亚声速又含有超声速的混合流动区。飞行器在跨声速阶段飞行时，因其达到临界速度时其表面形成激波并随马赫数增大而发展。激波产生波阻，使阻力比亚声速时增大若干倍，从而使升力减小，压力中心后移，力矩突变，飞机可能出现振动。因此，跨声速阶段的火箭弹的气动特性对其运动品质具有非常重要的影响。

图 2.3 为来流速度为马赫数 0.75 条件下圆柱的流谱。可知，圆柱绕流非常复杂，存在非定常激波及其与湍流边界层和圆柱尾迹的剪切层相互作用等。随着马赫数的增加，圆柱尾迹中会存在斜激波，尾迹振动区域变小。图 2.4 为

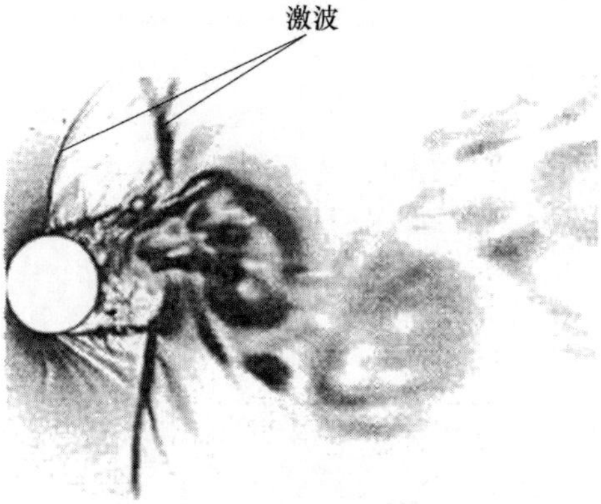

图 2.3 跨声速圆柱绕流典型流场

来流速度为马赫数0.75条件下圆柱的升力(C_L)与阻力(C_D)系数的时间曲线。相比小马赫数情形可知,此时圆柱的阻力系数明显增加,且其脉动不再具备单周期性,同样对于其升力的脉动周期开始变得复杂。随着马赫数的进一步变大,由于圆柱尾流区的变小,从而使圆柱阻力与升力的脉动变小,但阻力会进一步增加。

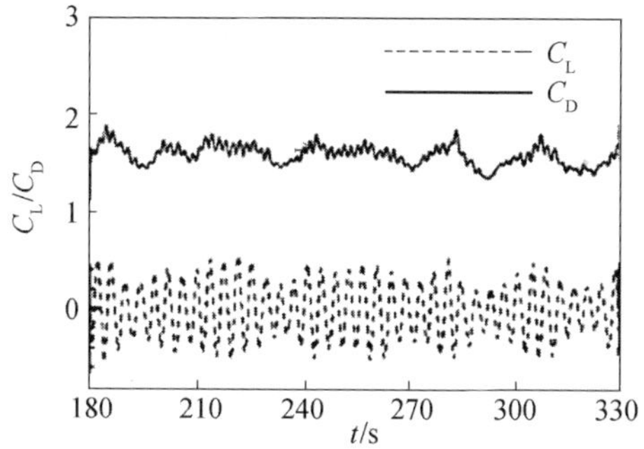

图2.4 跨声速圆柱绕流圆柱升力(C_L)与阻力(C_D)系数的时间曲线

2.3 超声速绕流的气动特性

当运动体以超声速飞行时,在其头部会出现激波,当飞行速度不高时,激波会出现在钝体的上游,形状如弓形,因而又称为弓形激波,如图2.5所示。随着飞行速度的进一步升高(或运动体头部变尖),弓形激波会离运动体越来越近,最终成为依附在其头部的斜激波。

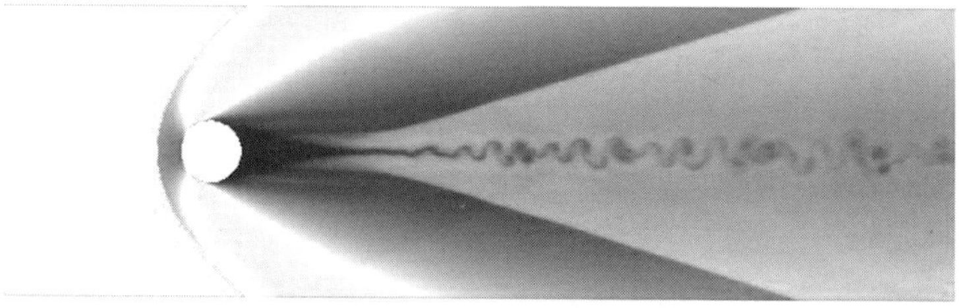

图2.5 超声速圆柱绕流典型流场

超声速绕流的流场中,主要存在两个亚声速区,一个为弓形激波与运动体头部相间的区域,另一个主要在圆柱尾部附近的尾流区,而其他区域均为超声速区。

另外,超声速绕流的尾流相对于亚声速与跨声速来讲,其振动区非常小,这主要是因为在尾流区存在上、下两个斜激波的缘故。有趣的是这两个斜激波的两边均为超声速区域,其上游区为膨胀加速区。

对于超声速绕流,其气动阻力反而较跨声速时小,且基本没有脉动,如图2.6所示。这主要因为超声速绕流的压阻较跨声速时小,且其尾流的脉动区域变窄,只有在两个斜激波的根部,尾流才出现小的脉动。

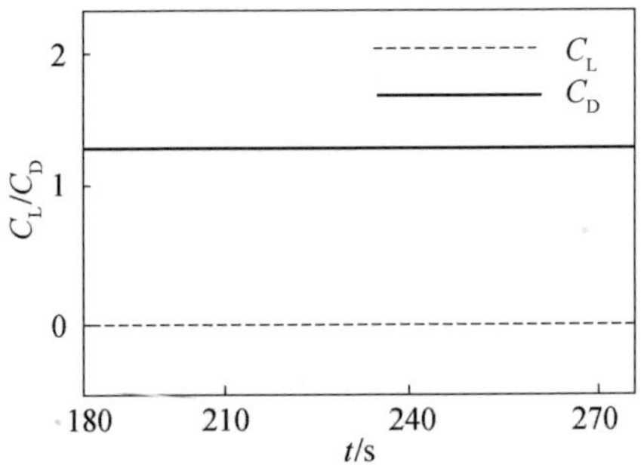

图 2.6 超声速圆柱绕流圆柱升力(C_L)与阻力(C_D)系数的时间曲线

2.4 高超声速绕流的气动特性

高超声速飞行一般是指飞行速度在马赫数 5 以上的飞行。对于高超声速火箭弹的流场会出现与超声速流场不一样的特点,主要包括:

(1) 弹体表面产生薄激波层(Thin Shock Layer)。激波层是指激波与物面之间的流场。由斜激波理论可知,在气流偏转角给定的情况下,激波波后的密度随来流速度的增加而迅速增大。波后气体密度越高,对质量流量而言,所需面积越小。对高超声速火箭弹绕流来讲,激波与弹体表面之间的距离较其他绕流要小,激波形状与弹体表面外形接近。

(2) 弹体表面存在高熵层 (High Entropy Layer)。由于高超声速条件下激波层很薄,激波脱体距离很小。在弹体绕流头部区域,激波强烈弯曲。由于流体通过激波后引起熵增,激波越强,熵增越大。在流动的中心线附近,弯曲激波几乎与流线垂直,中心线附近的熵增较大。距流动中心线较远处,激波较弱,相应的熵增也较少。因此,在头部区域形成了一层低密度、中等超声速、低能、高熵、大熵梯度的气流,称为“高熵层”。该熵层向下游流动,并覆盖在弹箭表面。沿物面增长的边界层处于熵层之内,并受熵层影响,熵层处在激波层的内层,它和边界层是两个不同的概念。

对于高超声速飞行器,其头部一般都做成钝头体,即使是细长飞行器也都做成微钝头细长体,这是因为根据高超声速层流边界层方程的自相似解,头部驻点处的对流传热与头部曲率半径的平方根成反比,因此将头部钝化可以减轻热载荷,如图 2.7 所示。

(3) 弹体表面黏性效应(Viscous Interaction)加强。高超声速流动具有很大的动能,而当它在边界层内因黏性效应使流速变慢时,损失的动能会转变为气体的内能,这称为黏性耗散,并依次使边界层内气体温度升高,并使边界层变厚。这主要是由于气体温度升高会导致密度减小(状态方程),对边界层内的质

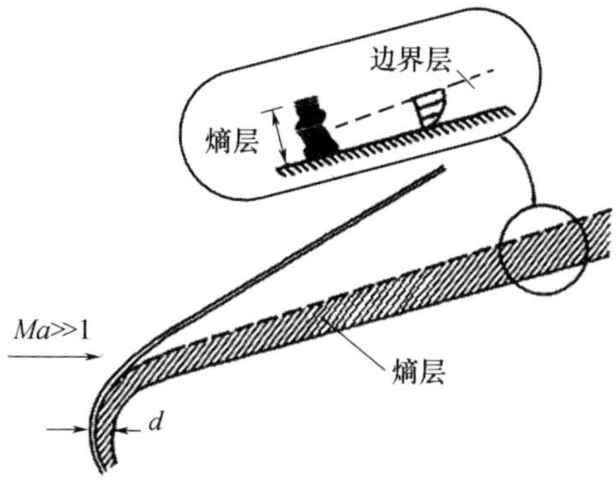

图 2.7　细长体头部熵层

量流而言,密度减小需要较大的面积,其结果也是使边界层变厚。

高超声速流动的边界层较厚,相应的位移厚度也较大,由此对边界层外的无黏流动将施加较大的影响,使外部无黏流动发生很大改变,这一改变反过来又影响边界层的增长。这种边界层与外部无黏流动之间的相互作用称为黏性效应 。黏性干扰对物面的压力分布有重要影响,由此,对高超声速飞行器的升力、阻力和稳定性都会造成重要影响。另外,黏性干扰使物面摩擦力和传热率增大。高超声速飞行器上的边界层在某些情况下变得与激波层差不多厚。对于这种情况,激波层必须视为全黏性的,通常的边界层分析方法已不再适用。

(4) 弹箭表面的流动为高温流动 (High Temperature Flows)。如上所述,高超声速流动的动能被边界层内的黏性效应所消耗,极大的黏性耗散使得高超声速边界层内的温度非常高,足以激发分子内的振动能,并引起边界层内的气体离解,甚至电离。如果高超声速飞行器表面用烧蚀防热层保护,那么,边界层中将有烧蚀产物,并引起复杂的碳氢化合反应。基于这两个原因,高超声速飞行器表面将被化学反应边界层所覆盖。在高超声速飞行器上,不仅有高温边界层流动区,对钝头飞行器而言,还有头部高温区。

2.5 高超声速气动加热特性

经典热力学和可压缩流动研究中,通常假定气体的比热比为常数,即比热比 $k = c_p/c_v$ 是常数,称在这些假定下比热比 k 为常数的气体为量热完全气体,这种运动气体的压力、密度、温度和速度之间存在理想的函数关系。然而,当气体温度很高时,气体的热力学性质变成“非理想”的,主要因为非惰性气体分子的振动能被激发,使比热比 c_p 和 c_v 变成温度和压力的函数,比热比 k 也变成温度的函数,对空气而言,当温度大于 800K 时,这种影响变得很重要;另外,如果气体温度进一步增高,将出现化学反应,对平衡的化学反应气体而言, c_p 和 c_v

是温度和压力的函数，相应地有 $k=f(p,T)$。以空气为例，在一个标准大气压下：温度达到 2000K 左右时，氧气开始离解（$O_2 \to 2O$）；达到 4000K 左右时，氧分子全部离解，在此温度下，氮气开始离解（$N_2 \to 2N$）；到 9000K 时，氮分子全部离解；在 9000K 以上，出现电离（$N \to N^+ + e^-$，$O \to O^+ + e^-$），气体变成部分电离的等离子体。所有这些现象称为高温效应（High Temperature Effects），在空气动力学中称为真实气体效应（Real Gas Effects）。与流体微元通过流场所需要的时间相比：如果振动激发和化学反应所需的时间非常小，则称为振动和化学平衡流动；如果反应所需的时间非常大，则称为化学冻结流动；而介于这两者之间的情形称为化学非平衡流动。对于非平衡流动，分析要困难得多，需要将流体力学方程和化学动力学方程耦合考虑。

高超声速流中的高温流动对弹箭的另一个重要影响在于其严重的气动加热现象。在超声速中弹体表面气流受到黏性滞止，气体微团的动能转变为热能造成壁面附近气温升高，高温空气将不断向低温壁面传热，这就是所谓的气动加热。对高超声速流，由于速度很高，贴近物面的气温能达到接近驻点温度的高温，气动加热变得十分严重。另外，高超声速流中辐射加热（Radiative Heating）的方式同样占据相当大的比例。

综上所述，火箭弹在高超声速飞行时，它与超声速飞行的物理本质现象已不同，其涉及的基本物理与化学现象则变得更为复杂，具体表现为薄激波层、高熵层、强黏性效应、高温流动和高气动加热。因而高超声速流的研究已超出经典气体动力学能够描述的范畴。而对高超声速流动的模拟方法、高温反应气体的热化学反应机制、高超声速边界层转捩等现象的研究进展将对高超声速科技的突破起到关键性作用。

2.6 弹箭气动系数耦合计算方法

前面几节分别介绍了火箭弹在不同速度条件下的绕流特性，而这些不同的绕流特性会对弹体本身的气动系数构成影响，因此，对火箭弹的气动计算实际上是一个非常复杂的过程。

目前气动力的计算主要包括工程计算与数值计算两个方面。工程计算主要应用各种近似方法，通过各种经验修正方法来计算弹箭气动系数。而数值计算根据所计算的数学模型不同还可分为三种方法。一种是以线化位流方程为基础，利用旋涡干扰各种工程应用模型以及经验修正方法。另一种为耦合位流方程与欧拉方程，并基于一些经验修正方法。以上两种数值方法已应用于型号气动计算与设计中。第三种数值计算方法为直接对流体控制方程纳维－斯托克斯方程进行数值模拟，因而此方法目前主要应用于外形不太复杂的弹箭。

研究弹体气动力时，一般研究其在速度坐标上的投影，而对于气动力矩则一般基于弹体坐标系。图 2.8 为弹体坐标系与速度坐标系。为了简便，以下主要介绍等效攻角法的气动计算。等效攻角是指用包含弹翼与弹体、攻角 α 与侧滑角 β、α 与舵偏角 δ、β 与 δ 以及各种涡系与翼（体）之间等干扰因素在内的等效攻角代替弹翼当地平均来流攻角，然后利用此攻角求得具有相同弹翼几何参数的 1/2 单独翼的法向力系数与该弹翼法向力系数等效。此方法根据头部、弹翼、后体和尾部的气动力的不同流场干扰特性，可分别得到各部分的气动力（分别用下标 n，c，a 和 t 表示），然后进行叠加即可求得全弹气动力。

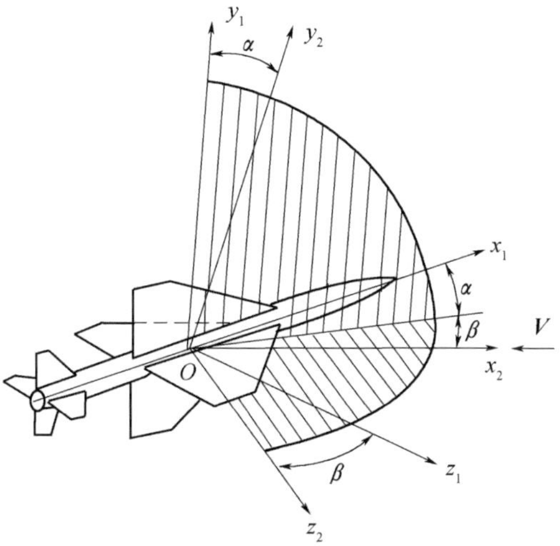

图 2.8　弹体坐标系（$x_1y_1z_1$）与速度坐标系（$x_2y_2z_2$）

对于具有多级发动机的弹箭，可由实际情况补充尾段和后体，用相同气动力计算方法，计算下游所增加部分的气动力，其差别只不过在下游段，越往下游流场中涡系越多，涡流场更为复杂。设攻角 α，导弹滚转 φ 角的全弹气动力及其力矩为

$$\begin{cases} C_z = C_{z_0} + C_{z_c} + C_{z_a} + C_{z_t} \\ C_y = C_{y_0} + C_{y_c} + C_{y_a} + C_{y_t} \\ C_x = C_{x_0} + C_{x_c} + C_{x_t} \\ C_{mx} = C_{mx_0} + C_{mx_c} + C_{mx_a} + C_{mx_t} \\ C_{my} = C_{my_0} + C_{my_c} + C_{my_a} + C_{my_t} \\ C_{mz} = C_{mz_0} + C_{mz_c} + C_{mz_a} + C_{mz_t} \\ \dfrac{x_{cp}}{L_r} = \dfrac{x_m}{L_r} - \dfrac{C_{my}}{C_x} \\ \dfrac{y_{cp}}{L_r} = \dfrac{x_m}{L_r} - \dfrac{C_{mx}}{C_y} \end{cases} \tag{2.1}$$

假设旋成体力矩中心位于弹体轴上，即 $y_m=z_m=0$，则旋成体上合力通过弹体中心，不产生滚转力矩（$C_{mx_c}=C_{mx_a}=0$）以及不产生任何偏心的俯仰和偏航力矩。

弹头是指前翼根前缘到头顶点之间距离 x_{cle} 的弹头部分。弹头法向力系数为

$$C_{N_n}=C_{N_n}^{\alpha}(0°)\sin\left(\alpha_c\frac{\pi a^2}{S_r}\right)+C_{Dc}\cdot\sin^2\left(\alpha_c\frac{S_c}{S_r}\right) \tag{2.2}$$

式中：C_{Dc} 为横流黏性阻力系数，它与横流马赫数和雷诺数相关；$C_{N_n}^{\alpha}(0°)$ 为弹头零攻角法向力系数对攻角的导数；S_c 为头部涡干扰区的平面面积，$S_c=z\int_{X_s}^{L_n}r(x)\sin\phi_s(x)\mathrm{d}x$；$a$ 为弹体最大半径。

弹头俯仰力矩系数为

$$C_{my_n}=C_{N_n}^{\alpha}(0°)\sin\left(\alpha_c\frac{\pi a^2}{S_r}\right)\frac{x_m-x_p}{L_r}+C_{Dc}\cdot\sin^2\left(\alpha_c\cdot\frac{S_c}{S_r}\right)\frac{x_m-x_v}{L_r} \tag{2.3}$$

式中：$x_p=l_n\left(1-\frac{V_n}{\pi a^2 l_n}\right)$，弹头体积 $V_n=\pi\int_0^{l_n}r^2(x)\mathrm{d}x$；$x_v$ 为分离起始位置；$x_v=\frac{2}{S_c}\int_{x_s}^{l_n}x\cdot r(x)\sin\phi_s(x)\mathrm{d}x$。得到法向力系数和俯仰力矩系数后，弹头压心系数为 $x_{cp_n}=C_{my_n}/C_{N_n}$。弹尾气动力 C_{z_t}，C_{y_t}，C_{mz_t}，C_{my_t} 则可由弹体涡升力气动方法的半经验公式得到，读者可查相关资料。

弹翼段的气动力是该段弹翼（或舵）气动力与弹体气动力之和：

$$C_{x_c}=C_{x_{fw}},\quad C_{y_c}=C_{y_{fw}}+C_{y_{cbw}},\quad C_{z_c}=C_{z_{fw}}+C_{z_{cbw}}$$

$$C_{mx_c}=C_{mx_{fw}},C_{my_c}=C_{my_{fw}}+C_{my_{cbw}},\quad C_{mz_c}=C_{mz_{fw}}+C_{mz_{cbw}}$$

式中：下标“fw”为该段舵面法向力在滚转 φ 角后体坐标上投影的气动力及其力矩；下标“cbw”为该段弹体部分的气动力及其力矩。它们的气动力计算方法对翼（或舵）或尾翼（尾舵）均适用。

单片翼在无滚转，偏角为 δ_j 时（$\phi=0°,\delta_j\neq0°$），弹体坐标系上的气动力及其力矩系数为

$$C_{x_f}=\sum_{j=1}^{4}C_{N_j}\cdot\sin\delta_j,\quad C_{z_f}=C_{N_2}\cdot\cos\delta_2+C_{N_4}\cdot\cos\delta_4$$

$$C_{y_f}=-C_{N_1}\cdot\cos\delta_1-C_{N_3}\cdot\cos\delta_3,\quad C_{mx_f}=-C_{Rm_1}+C_{Rm_2}+C_{Rm_3}-C_{Rm_4}$$

$$C_{my_f}=C_{z_{fw}}\left(\frac{x_m-x_{hl}}{L_r}\right)+C_{Bm_1}\cdot\sin\delta_1-C_{Bm_3}\cdot\sin\delta_3+C_{Hm_2}+C_{Hm_4}$$

$$C_{mz_f}=C_{y_{fw}}\left(\frac{x_m-x_{hl}}{L_r}\right)+C_{Bm_2}\cdot\sin\delta_2-C_{Bm_4}\cdot\sin\delta_4+C_{Hm_1}+C_{Hm_3}$$

其中单片翼的法向力 N_j 产生的铰链力矩为

$$C_{Hm_j} = C_{N_j}(\alpha_{c,p} + \Delta\alpha_v)\frac{(x_M - x_{le}) - x_{cp_{wj}}}{L_r} \tag{2.4}$$

翼根弯矩为

$$C_{Bm_j} = \frac{C_{Rm_j}}{\cos\delta_j} - C_{N_j}(\alpha_{c,p} + \Delta\alpha_v)\frac{R}{L_r} \tag{2.5}$$

滚转力矩为

$$C_{Rm_j} = \cos\delta_j\left\{C_{N_j}(\alpha_{c,p})\frac{y_{cp_{wj}}(\alpha_{c,p})}{L_r} + \left[C_{N_j}(\alpha_{c,p} + \Delta\alpha_v) - C_{N_j}(\alpha_{c,p})\right]\frac{y_{cp_v}}{L_r}\right\} \tag{2.6}$$

式中:y_{cp_v}则为上游涡在舵上诱导法向载荷展向位置,$\alpha_{c,p}$为包含来流攻角 α_c、舵偏角 δ_j 及其引起面－面干扰、体－舵相互干扰等因素在内的舵当地来流等效攻角;$\Delta\alpha_v$ 为舵前各涡对舵下洗的等效攻角。随后将对 $\alpha_{c,p}$ 和 $\Delta\alpha_v$ 进行介绍。

弹体滚转 φ 角后的舵合力及其力矩为

$$C_{x_{fw}} = C_{x_f},\quad C_{y_{fw}} = C_{y_f}\cos\phi + C_{z_f}\sin\phi,\quad C_{z_{fw}} = C_{z_f}\cos\phi - C_{y_f}\sin\phi$$
$$C_{mx_{fw}} = C_{mx_f}, C_{my_{fw}} = C_{my_f}\cos\phi + C_{mz_f}\sin\phi, C_{mz_{fw}} = C_{mz_f}\cos\phi - C_{my_f}\sin\phi$$

舵－体组合段的体气动力的计算则可根据细长体理论,舵段上舵与体的法向力在零偏舵与零攻角时分别有以下公式:

$$\frac{C_{N_{B(W)}}}{C_{N_{W(B)}}} = \frac{K_{B(W)}}{K_{W(B)}},\qquad \frac{C_{N_{B(W)}}}{C_{N_{W(B)}}} = \frac{k_{B(W)}}{k_{W(B)}}$$

式中:$K_{B(W)}$ 和 $K_{W(B)}$ 为舵对体以及体对舵的干扰因子;$k_{B(W)}$ 和 $k_{W(B)}$ 则分别为偏舵引起的舵对体和体对舵的干扰因子。在弹体半径 R 与舵片展长 S_m之比较大时,$K_{B(W)}/K_{W(B)}$ 与 $k_{B(W)}/k_{W(B)}$ 两者之间仅相差在5%以内,因而可认为舵传递给体的法向力不依赖其产生方式,因而可假设 $C_{z_{bf}}/C_{z_f} = K_{B(W)}/K_{W(B)}$,从而舵片传递给弹体的法向力系数为

$$C_{z_{bf}} = \frac{K_{B(W)}}{K_{W(B)}}\cdot C_{z_f} \tag{2.7}$$

舵片传递给弹体的侧向力可类似求得

$$C_{y_{bf}} = \frac{K_{B(W)}}{K_{W(B)}}\cdot C_{y_f} \tag{2.8}$$

上两式中的力所产生的力矩为

$$C_{my_{\rm bf}} = C_{z_{\rm bf}} \cdot \frac{x_{\rm m} - x_{\rm B}}{L_{\rm r}} \tag{2.9}$$

$$C_{mz_{\rm bf}} = C_{y_{\rm bf}} \cdot \frac{x_{\rm m} - x_{\rm B}}{L_{\rm r}} \tag{2.10}$$

式中：$x_{\rm B} = x_{c_{\rm le}} + x_{{\rm B}_c}$为考虑舵片升力影响在内的弹体诱导升力的纵向气动中心，$x_{{\rm B}_c}$可由细长体理论得到。弹体段气动力及其力矩在滚转 ϕ 角后的投影为

$$C_{z_{\rm cbw}} = C_{z_{\rm bf}} \cdot \cos\phi - C_{y_{\rm bf}} \cdot \sin\phi, \quad C_{y_{\rm cbw}} = C_{y_{\rm bf}} \cdot \cos\phi + C_{z_{\rm bf}} \cdot \sin\phi$$

$$C_{mz_{\rm cbw}} = C_{mz_{\rm bf}} \cdot \cos\phi - C_{my_{\rm bf}} \cdot \sin\phi, \quad C_{my_{\rm cbw}} = C_{my_{\rm bf}} \cdot \cos\phi + C_{mz_{\rm bf}} \cdot \sin\phi$$

当舵片在弹体滚转时，各舵（或翼）处于各种复杂流场的干扰之中。如果求出各舵的来流条件（如马赫数 Ma_1和平均攻角 α_1），可以用前面介绍过的单独翼气动力计算方法得到舵片气动力。可用等效攻角（$\alpha_{\rm eq}$）替代当前平均攻角 α_1，然后，用这个等效攻角和来流速度求出的单个翼片的法向力作为该等效攻角相应的舵上的法向力。

等效攻角 $\alpha_{\rm eq}$为无舵偏和有舵偏的等效攻角 $\alpha_{{\rm eq},0}$和 $\alpha_{{\rm eq},\delta}$的合成：

$$\tan\alpha_{\rm eq} = \tan\alpha_{{\rm eq},0} + \tan\alpha_{{\rm eq},\delta} \tag{2.11}$$

无舵偏（$\delta = 0°$）时的等效攻角（$\alpha_{{\rm eq},0}$）在舵片 j 上表示为

$$\tan\alpha_{{\rm eq},0j} = \tan\alpha_{{\rm eq},p})_j + \tan\Delta\alpha_{{\rm v}j} \tag{2.12}$$

另外，可由细长体理论导出 α_1，$\alpha_{\rm c}$ 和 β 相互干扰的等效攻角$(\alpha_{\rm eq,p})_j$ 有如下形式：

$$\begin{cases} \tan(\alpha_{\rm eq,p})_1 = K_{\rm W(B)}\tan\alpha_{\rm c}\sin\phi - \dfrac{4}{\lambda}K_{\phi_1}\tan\alpha_{\rm c}\sin\alpha_{\rm c}\sin\phi\cos\phi \\ \tan(\alpha_{\rm eq,p})_2 = K_{\rm W(B)}\tan\alpha_{\rm c}\cos\phi - \dfrac{4}{\lambda}K_{\phi_2}\tan\alpha_{\rm c}\sin\alpha_{\rm c}\sin\phi\cos\phi \\ \tan(\alpha_{\rm eq,p})_3 = K_{\rm W(B)}\tan\alpha_{\rm c}\sin\phi + \dfrac{4}{\lambda}K_{\phi_3}\tan\alpha_{\rm c}\sin\alpha_{\rm c}\sin\phi\cos\phi \\ \tan(\alpha_{\rm eq,p})_4 = K_{\rm W(B)}\tan\alpha_{\rm c}\cos\phi + \dfrac{4}{\lambda}K_{\phi_4}\tan\alpha_{\rm c}\sin\alpha_{\rm c}\sin\phi\cos\phi \end{cases}$$

式中：$K_{\rm W(B)}$为体对翼干扰因子；λ 为展弦比；ϕ 为滚转角；$K_{\phi_j}(j=1,2,3,4)$为$\alpha_{\rm c}-\beta$耦合干扰因子，它随 $R/S_{\rm m}$ 变化，并可由细长体理论给出其值。

$K_{\rm W(B)}$随 Ma_∞，$\alpha_{\rm c}$，$R/S_{\rm m}$ 变化，通常细长体理论只给出与 Ma_∞，$\alpha_{\rm c}$ 无关且大于 1.0 的常数值。对于较大攻角，$K_{\rm W(B)}$随 $\alpha_{\rm c}$ 变化可能很快地下降到 0.8。因此，用 $R/S_{\rm m}=0.5$ 的试验数据对 $K_{\rm W(B)}$进行修正，然后插值到对应 $R/S_{\rm m}$ 的 $K_{\rm W(B)}$值。$(\Delta\alpha_{\rm v})_j$ 为由一系列上游涡下洗引起的等效攻角增量，它可由反流定理以及相关经验公式确定。

对于有偏舵（$\delta \neq 0°$）的等效攻角 $\alpha_{{\rm eq},\delta}$，则可分为两部分，一部分是舵偏角 δ

自身产生的等效攻角$(\alpha_{eq,\delta})_1$，另一部分是由偏舵δ后对其他舵的面－面干扰等效攻角$(\alpha_{eq,\delta})_2$，总的等效攻角为

$$\tan\alpha_{eq,\delta} = \tan(\alpha_{eq,\delta})_1 + \tan(\alpha_{eq,\delta})_2 \tag{2.13}$$

而由舵片j产生舵偏角δ_j自身产生的等效攻角为

$$\tan(\alpha_{eq,\delta})_{j1} = k_{wj}[(\tan\alpha_{eq,0} + \delta_j) - \tan(\alpha_{eq,\delta})_j] \tag{2.14}$$

式中：k_{wj}为舵片j偏转δ_j角后的干扰因子。

第3章 作用在野战火箭上的力与力矩

根据刚化原理可知，必须确定作用在火箭弹上的力和力矩，才能建立火箭弹的质心运动方程和绕质心的转动方程。本章主要讨论作用在火箭弹上的空气动力、空气动力矩、推力和重力的有关特性。

3.1 地球重力

火箭弹在大气层飞行过程中，要考虑地球对火箭弹的引力。在考虑地球自转的情况下，火箭弹除受到地心引力$\boldsymbol{G}_1$外，还要受到因地球自转所产生的离心惯性力$\boldsymbol{F}_e$。因此火箭弹受到的重力是地心引力和离心惯性力的向量和，即

$$\boldsymbol{G} = \boldsymbol{G}_1 + \boldsymbol{F}_e \tag{3.1}$$

重力$\boldsymbol{G}$的大小和方向与火箭弹所处的地理位置有关。根据牛顿万有引力定律，引力$\boldsymbol{G}_1$与地心至火箭弹距离的平方成反比，而离心惯性力$\boldsymbol{F}_e$则与火箭弹至地球极轴的距离有关。

事实上，地球是一个不规则球体，其质量分布不均匀。为了便于研究，通常将它看作是均质的椭球体，如图3.1所示。若物体质量为m，地心至火箭弹的向量为$\boldsymbol{R}_e$，地理纬度为φ_e，地球绕极轴的旋转速度为Ω_e，地心引力$\boldsymbol{G}_1$与$\boldsymbol{R}_e$共线，方向相反，则离心惯性力的大小为

$$F_e = mR_e\Omega_e^2\cos\varphi_e \tag{3.2}$$

重力的作用方向与悬垂线的方向一致，即与物体所处位置的地面法线$\boldsymbol{n}$共线，方向相反，如图3.1所示。

计算表明，离心惯性力$\boldsymbol{F}_e$比地心引力$\boldsymbol{G}_1$值小得多，因此，通常把引力$\boldsymbol{G}_1$视为重力，即

$$G = G_1 = mg \tag{3.3}$$

此时,作用在物体上的重力总是指向地心,事实上也就是将地球看作是球形处理,如图 3.2 所示。

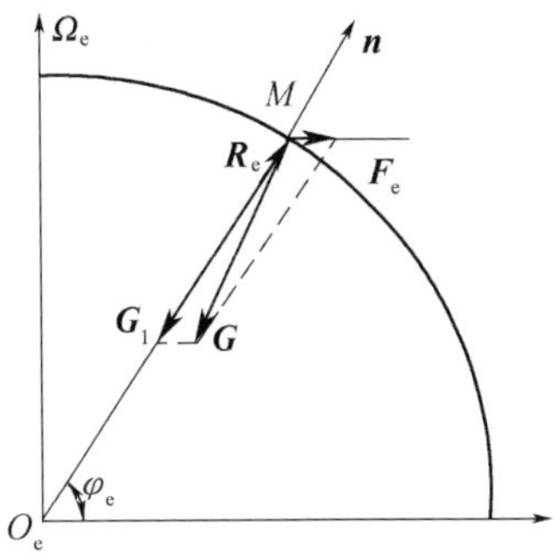

图 3.1　椭球模型上 M 点的重力方向

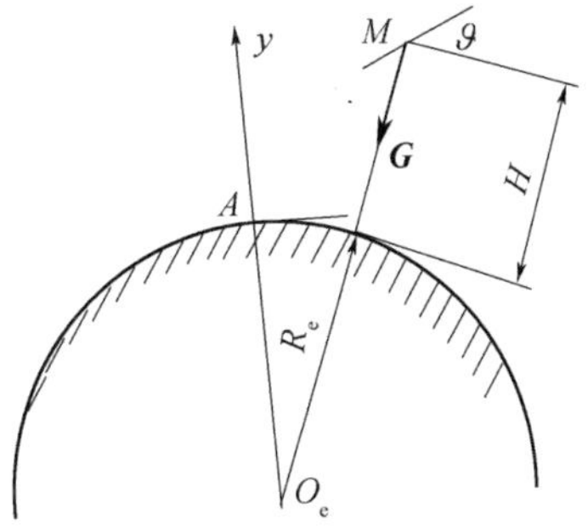

图 3.2　球形模型上 M 点的重力方向

3.2　发动机推力

推力是火箭弹的动力,也是火箭弹与普通弹丸的显著差别。火箭发动机类型不同,推力也不一样。

固体火箭发动机的推力可在地面试验台上测定,推力表达式为

$$P = m_s\mu_e + S_a(p_a - p_H) \tag{3.4}$$

式中:m_s 为单位时间内的燃料消耗量;μ_e 为燃气介质相对弹体的喷出速度;S_a 为发动机喷管出口的截面积;p_a 为发动机喷管出口处燃气流的压强;p_H 为火箭弹所处高度的大气压强。

由式(3.4)看出,火箭发动机推力的大小主要取决于发动机的性能参数,也与火箭弹的飞行高度有关,而与火箭弹的速度无关。式(3.4)中的第一项是由于燃气介质高速喷出而产生的推力,称为动力学推力或者动推力;第二项是由于发动机喷管界面处的燃气流压强 p_a 与大气压强 p_H 的压差引起的推力,一般称为静力学推力或者静推力,它与火箭弹飞行的高度有关。

空气喷气发动机的推力,不仅与火箭弹的飞行高度有关,还与火箭弹的飞行速度 V、攻角 α 和侧滑角 β 等运动参数有关。

发动机推力 $\boldsymbol{P}$ 的作用方向,一般情况下是沿弹体纵轴并通过火箭弹的质心,因此不存在推力矩,即 $\boldsymbol{M}_P = 0$。推力向量 $\boldsymbol{P}$ 在弹体坐标系 $Ox_1y_1z_1$ 各轴的投影分量可写作

$$\begin{bmatrix} P_{x_1} \\ P_{y_1} \\ P_{z_1} \end{bmatrix} = \begin{bmatrix} \boldsymbol{P} \\ 0 \\ 0 \end{bmatrix} \tag{3.5}$$

如果推力向量 $\boldsymbol{P}$ 不经过火箭弹质心，且与弹体纵轴构成某夹角，那么推力将会产生力矩。设推力作用线到质心的偏心向量为$\boldsymbol{R}_P$，它在弹体坐标系中的投影为$[x_{1P} \quad y_{1P} \quad z_{1P}]^{\mathrm{T}}$，推力产生的力矩$\boldsymbol{M}_P$ 可表示为

$$\boldsymbol{M}_P = \boldsymbol{R}_P \times \boldsymbol{P} = \hat{\boldsymbol{R}}_P \boldsymbol{P} \tag{3.6}$$

式中

$$\hat{\boldsymbol{R}}_P = \begin{bmatrix} 0 & -z_{1P} & y_{1P} \\ z_{1P} & 0 & x_{1P} \\ -y_{1P} & x_{1P} & 0 \end{bmatrix}$$

是向量$\boldsymbol{R}_P$ 的反对称阵，所以

$$\begin{bmatrix} M_{x_{1P}} \\ M_{y_{1P}} \\ M_{z_{1P}} \end{bmatrix} = \begin{bmatrix} 0 & -z_{1P} & y_{1P} \\ z_{1P} & 0 & x_{1P} \\ -y_{1P} & x_{1P} & 0 \end{bmatrix} \begin{bmatrix} P_{x_1} \\ P_{y_1} \\ P_{z_1} \end{bmatrix} = \begin{bmatrix} P_{z_1} y_{1P} - P_{y_1} z_{1P} \\ P_{x_1} z_{1P} - P_{z_1} x_{1P} \\ P_{y_1} x_{1P} - P_{x_1} y_{1P} \end{bmatrix} \tag{3.7}$$

3.3 空气动力与力矩

火箭弹在空气中运动时，空气会在火箭弹表面形成作用力。空气动力就是空气作用在火箭弹表面的分布力系。空气动力的大小与气流相对弹体的方位有关。习惯上常把作用在火箭弹上的空气动力 $\boldsymbol{R}$ 沿速度坐标系的轴分解成三个分量来进行研究。

3.3.1 空气动力表达式

空气动力 $\boldsymbol{R}$ 沿速度坐标系分解为三个分量，分别称为阻力 $\boldsymbol{X}$（沿 Ox_3轴负向定义为正）、升力 $\boldsymbol{Y}$（沿 Oy_3轴正向定义为正）和侧向力 $\boldsymbol{Z}$（沿 Oz_3轴正向定义为正）。试验分析表明：空气动力的大小与来流的动压头 q 和火箭弹的特征面积（又称参考面积）S 成正比，即

$$\begin{cases} X = C_x q S \\ Y = C_y q S \\ Z = C_z q S \\ q = \dfrac{1}{2}\rho V^2 \end{cases} \tag{3.8}$$

式中：C_x, C_y, C_z 为无量纲比例因数，分别称为阻力系数、升力系数和侧向力系数（统称为气动因数）；ρ 为空气密度；V 为火箭弹飞行速度；S 为参考面积，通常取弹身最大截面积。

由式(3.8)看出，当给定火箭弹的外形尺寸、飞行速度和空气密度时，研究火箭弹飞行的空气动力就可以简化为这些气动力的因数 C_x, C_y, C_z。

1. 阻力

作用在火箭弹上的空气动力在速度方向上的分量称为阻力，它总是与速度方向相反，起阻碍火箭弹运动的作用。阻力受到空气黏性的影响最大，用理论方法计算必须考虑黏性对阻力的影响。但是，无论采用理论方法还是采用风洞试验方法，要求得精确的阻力都比较困难。

火箭弹的阻力通常分为两部分来研究。与升力无关的部分称为零升阻力（即升力为零时的阻力）；另一部分取决于升力的大小，称为诱导阻力。也就是说火箭弹的空气阻力可以写成 $X = X_0 + X_i$（其中 X_0 为零升阻力，X_i 为诱导阻力）。

零升阻力包括摩擦阻力和压差阻力，是由于空气的黏性引起的。在超声速情况下还将产生另一种称为波阻的压差阻力。大部分诱导阻力是由弹翼引起的，单身和舵面产生的诱导阻力很小。

显然，侧向力和升力类似，与侧向力大小有关的那部分阻力也称为诱导阻力。影响诱导阻力的因素与影响升力和侧向力的因素相同，近似与攻角、侧滑角的平方成正比。

阻力系数的定义是

$$C_x = \frac{X}{\frac{1}{2}\rho V^2 S}$$

相应地，阻力系数也可表示成两部分，即

$$C_x = C_{x0} + C_{xi} \tag{3.9}$$

阻力系数 C_x 可通过理论计算或试验确定。在火箭弹气动布局和外形尺寸给定的条件下，C_x 主要取决于马赫数 Ma、雷诺数 Re、攻角 α 和侧滑角 β，在给定 α 和 β 的情况下，C_x 与 Ma 的关系曲线如图3.3所示。当 Ma 接近于1时，阻力系数急剧增大。这种现象可由在火箭弹的头部、弹翼等位置形成的激波来解释，即这些激波产生了波阻。随着马赫数的增加，阻力系数 C_x 逐渐减小。

因此，在火箭弹气动布局和外形尺寸给定的情况下，阻力随着火箭弹的速度、攻角和侧滑角的增大而增大。但是，随着飞行高度的增加，密度将减小，从而导致阻力也将减小。

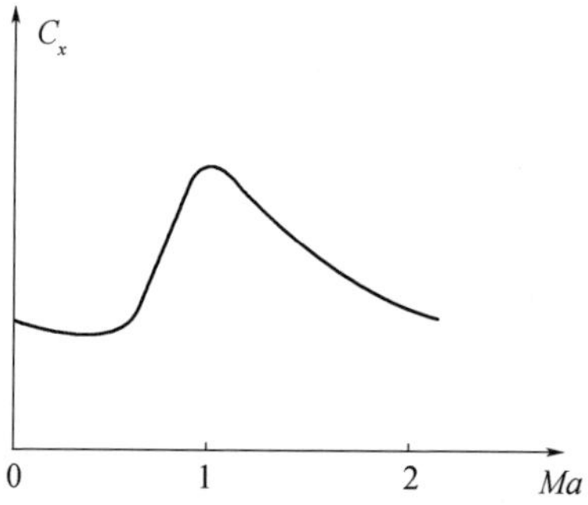

图 3.3　$C_x = f(Ma)$关系曲线

2. 升力

火箭弹的升力可以分解为弹翼、弹身、尾翼各部分产生的升力和各部分干扰而引起的附加升力。弹翼所产生的升力是火箭弹升力的主要部分，弹身和尾翼产生的升力相对较小。火箭弹升力 Y 的计算公式为 $Y = \frac{1}{2}C_y\rho V^2 S$。

在火箭弹的气动布局和外形确定的条件下，升力系数 C_y 主要取决于马赫数 Ma、攻角 α 和升降舵的舵面偏转角 δ_z（简称舵偏角），即

$$C_y = f(Ma, \alpha, \delta_z) \tag{3.10}$$

在攻角和舵偏角不大的情况下，升力系数可以表示为攻角 α、舵偏角 δ_z 的线性函数，即

$$C_y = C_{y0} + C_y^{\alpha} \cdot \alpha + C_y^{\delta_z} \cdot \delta_z \tag{3.11}$$

式中：C_{y0}为攻角和舵偏角都为零时的升力系数，简称零升力系数，主要由火箭弹气动外形不对称而产生的。

对于气动外形轴对称的火箭弹而言，$C_{y0} = 0$，于是有

$$C_y = C_y^{\alpha} \cdot \alpha + C_y^{\delta_z} \cdot \delta_z \tag{3.12}$$

式中：$C_y^{\alpha} = \partial C_y / \partial \alpha$ 为升力系数对攻角的偏导数，又称为升力线斜率，顾名思义是升力系数对攻角变化的斜率；$C_y^{\delta_z} = \partial C_y / \partial \delta_z$ 为升力系数对舵偏角的偏导数，即升力系数随舵偏角变化的斜率。

当火箭弹外形尺寸给定时，C_y^{α}，$C_y^{\delta_z}$ 是 Ma 的函数。$C_y^{\alpha} - Ma$ 的函数关系如图 3.4 所示，$C_y^{\delta_z} - Ma$ 的关系曲线与此相似。

当马赫数 Ma 固定时，升力系数 C_y 随攻角 α 的增大呈线性增大，但升力曲线的线性关系只能保持在攻角不大的范围内，而且随着攻角的增大，升力线斜率可能会变小。当攻角增大到一定程度时，升力系数将达到一个极值。与极值相对应的攻角，称为临界攻角。超过临界攻角以后，由于气流分离的迅速加剧，升力急剧下降，这种现象称为失速（图 3.5）。

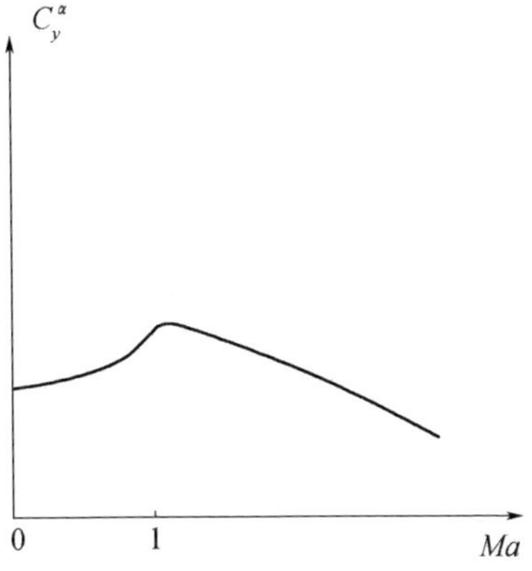

图 3.4　$C_y^{\alpha}=f(Ma)$关系曲线图

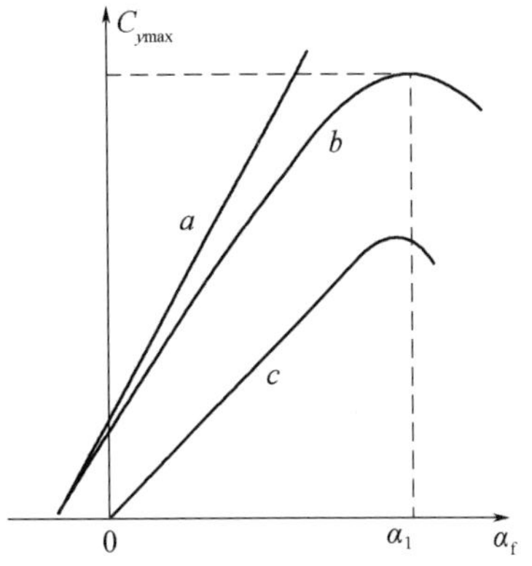

图 3.5　升力曲线示意图

要确定升力系数，还应考虑火箭弹的气动布局和舵偏角的偏转方向等因素。因数 C_y^{α} 和 $C_y^{\delta_z}$ 的数值可以通过理论计算得到，也可以由风洞试验或者飞行试验获得。已知因数 C_y^{α} 和 $C_y^{\delta_z}$，飞行高度 H（用于确定空气密度 ρ）和速度 V，以及火箭弹的飞行攻角 α 和舵偏角 δ_z 之后，就可以确定升力的大小，即

$$Y = Y_0 + (C_y^{\alpha} \cdot \alpha + C_y^{\delta_z} \cdot \delta_z)\frac{\rho V^2}{2}S \tag{3.13}$$

或写成

$$Y = Y_0 + Y^{\alpha} \cdot \alpha + Y^{\delta_z} \cdot \delta_z \tag{3.14}$$

显然 $Y^{\alpha} = C_y^{\alpha}\frac{\rho V^2}{2}S$，$Y^{\delta_z} = C_y^{\delta_z}\frac{\rho V^2}{2}S$。

因此，对于给定的火箭弹气动布局和外形尺寸，升力可以看作是速度、飞行高度、攻角以及升降舵偏角 4 个参量的函数。

3. 侧向力

侧向力 Z 与升力 Y 类似，在气动布局和外形尺寸给定的情况下，侧向力因数基本取决于马赫数 Ma、侧滑角 β 和方向舵的偏转角 δ_y（后缘向右偏转为正）。当 β 和 δ_y 较小时，侧向力因数 C_z 可以表示为

$$C_z = C_z^{\beta} \cdot \beta + C_z^{\delta_y} \cdot \delta_y \tag{3.15}$$

根据所采用的符号规则，正的 β 值对应于负的 C_z 值，正的 δ_y 值也对应于负的 C_z 值，因此，因数 C_z^{β} 和 $C_z^{\delta_y}$ 永远是负值。

对于气动轴对称的火箭弹，侧向力的求法和升力是相同的。如果将火箭弹看作是绕 Ox_3 轴转过 90°，此时侧滑角可以看作是攻角，方向舵偏角 δ_y 相当于升降舵偏角 δ_z 的作用，而侧向力则起升力的作用（图 3.6）。由于所采用的符号规

则不同,所以在计算公式中应该用 $-\beta$ 代替 α,而用 $-\delta_y$ 代替 δ_z,于是对气动轴对称的火箭弹,有 $C_z^{\beta} = -C_y^{\alpha}$ 和 $C_z^{\delta_y} = -C_y^{\delta_z}$。

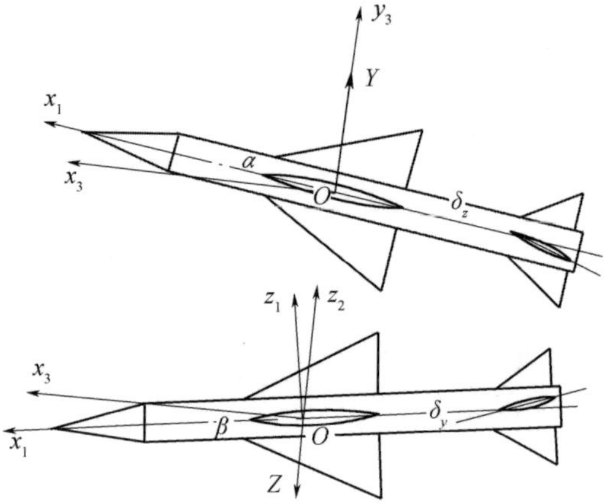

图 3.6　野战火箭弹的升力和侧向力

3.3.2　空气动力矩表达式

1. 气动力矩表达式

为了便于分析火箭弹的旋转运动,把总的气动力矩 $\boldsymbol{M}$ 沿弹体坐标系 $O-x_1y_1z_1$ 分解为三个分量,分别为滚转力矩 M_{x_1}(与 Ox_1 轴的正向一致时为正)、偏航力矩 M_{y_1}(与 Oy_1 轴的正向一致时为正)和俯仰力矩 M_{z_1}(与 Oz_1 轴的正向一致时为正)。与研究气动力时一样,用对气动力矩因数的研究来取代对气动力矩的研究。气动力矩的表达式为

$$\begin{cases} M_{x_1} = m_{x_1} qSL \\ M_{y_1} = m_{y_1} qSL \\ M_{z_1} = m_{z_1} qSL \end{cases} \tag{3.16}$$

式中:$m_{x_1}, m_{y_1}, m_{z_1}$ 为无量纲的比例因数,分别为滚转力矩因数、偏航力矩因数和俯仰力矩因数(统称为气动力矩因数);L 为特征长度(通常取弹身长为特征长度)。

2. 压心和焦点

在研究相对于质心的气动力矩时,必须知道气动力的作用点。空气动力作用线与火箭弹纵轴的交点称为全弹的压力中心(简称压心)。在攻角不大的情况下,常近似地把全弹升力作用线与纵轴的交点作为全弹的压力中心。

在升力计算式(3.10)中,由攻角引起的那部分升力 $Y^{\alpha}\alpha$ 的作用点,称为火箭弹的焦点,由升降舵偏转引起的那部分升力 $Y^{\delta_z}\delta_z$ 作用在舵面的压力中心上。

对于有翼火箭弹，弹翼是产生升力的主要部件，因此，这种火箭弹的压心位置在很大程度上取决于弹翼相对于弹身的安装位置。此外，压心还与飞行马赫数 Ma、攻角 α、舵偏角 δ_z 等参数有关，这是因为这些参数的变化将会改变火箭弹上的压力分布。

压心位置通常用压心到火箭弹顶点的距离 x_P 来表示。压心位置与马赫数以及攻角的关系如图3.7所示。由图3.7可以看出，当马赫数接近1时，压心变化的幅度较大。

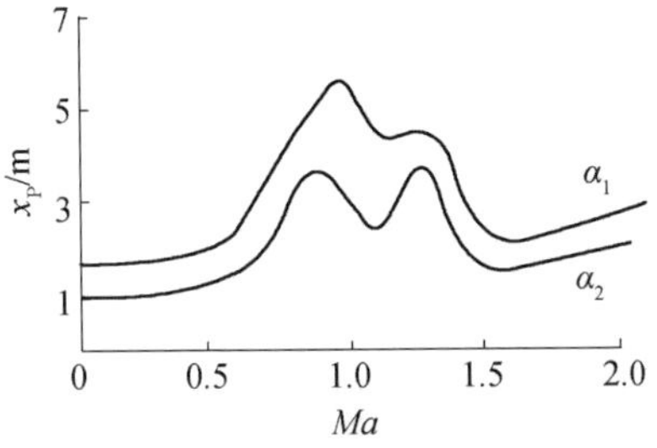

图3.7　压心位置与 Ma,α 的关系

一般情况下，焦点与压心不重合，当且仅当 $\delta_z=0$ 且火箭弹相对于 x_1Oz_1 平面完全对称时，焦点才与压心重合。因此，还可以这样来定义焦点：该点位于纵向对称平面内，升力对该点的力矩与攻角无关。

3. 铰链力矩

当操纵面偏转某个角度时，除了产生相对于火箭弹质心的力矩之外，还会产生相当于操纵面铰链轴(即转轴)的力矩，称为铰链力矩，其表达式为

$$M_h = m_h q_r S_r b_r \tag{3.17}$$

式中：m_h 为铰链力矩因数；q_r 为流经舵面气流的动压头；S_r 为舵面面积；b_r 为舵面弦长。

对于火箭弹而言，驱动操纵面偏转的舵机所需的功率取决于铰链力矩的大小。以升降舵为例，当舵面处于攻角为 α，舵偏角为 δ_z 时(图3.8)，铰链力矩主要由舵面上的升力 Y_r 产生。若忽略舵面阻力对铰链力矩的影响，则铰链力矩可以写成

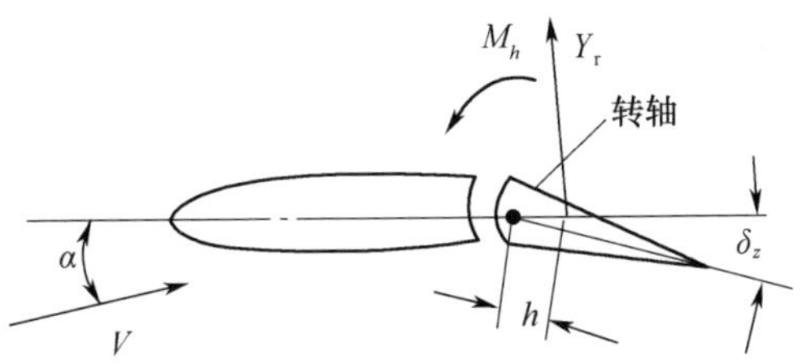

图3.8　铰链力矩

$$M_h = -Y_r h\cos(\alpha+\delta_z) \tag{3.18}$$

式中:h 为舵面压心至铰链轴的距离。

当攻角为 α 和舵偏角 δ_z 较小时,式(3.18)中的 Y_r 与 α 和 δ_z 可视为线性关系,且 $\cos(\alpha+\delta_z)\approx 1$,所以式(3.18)可以改写为

$$M_h = -(Y_r^{\alpha}\alpha + Y_r^{\delta_z}\delta_z)h = M_h^{\alpha}\alpha + M_h^{\delta_z}\delta_z \tag{3.19}$$

相应的铰链力矩因数也可以写成

$$m_h = m_h^{\alpha}\alpha + m_h^{\delta_z}\delta_z \tag{3.20}$$

铰链力矩因数 m_h 主要取决于操纵面的类型及形状、马赫数、攻角(对于垂直安装的操纵面则取决于侧滑角)、操纵面的偏转角以及铰链轴的位置等因素。

3.4 燃气控制力与力矩

燃气控制力和力矩是指导弹与火箭弹发动机喷管中装有燃气舵利用改变高速喷出的燃气方向达到向量控制的目的。燃气舵可根据要求的偏转角提高火箭弹控制力和控制力矩以改变火箭弹的飞行状态。控制力和控制力矩取决于执行机构的类型和在火箭弹上的配置方式。一般来说,发动机包括燃气舵、摇摆发动机、空气舵,对于野战火箭弹来说主要是燃气舵。

燃气舵由石墨或其他耐高温材料制成,安装在发动机喷管出口处,一般为四个。当火箭弹安放在发射台上时,舵的安装位置是两个舵在射击平面内,另外两个舵垂直于射面,四个成十字形。舵的编号可设为 1 号舵在射面内偏向射击方向的一边,从尾部向头部看过去自 1 号舵开始顺时针排序。

发动机燃烧室排出的燃气流作用在燃气舵上,就像空气流作用在火箭弹上一样,形成燃气动力,即作为控制力。显然,控制力的大小与燃气舵的偏转角有关。考虑到每个舵的形状、大小均相同,因而各舵的气动特性也一样。为了便于计算控制力和控制力矩,通常引入等效舵偏角的概念,即与实际舵偏角具有相同控制力的平均舵偏角。顾名思义,若要产生法向控制力,则可同时偏转 2,4 号舵,其舵偏角分别记为 δ_2,δ_4,等效舵偏角记为

$$\delta_{\varphi} = \frac{1}{2}(\delta_2+\delta_4) \tag{3.21}$$

同理,如果要产生横向控制力,则可同时偏转 1,3 号舵,其舵偏角记为 δ_1,δ_3,等效舵偏角记为

$$\delta_{\psi} = \frac{1}{2}(\delta_1+\delta_3) \tag{3.22}$$

为控制火箭弹的俯仰和偏航运动,2 号舵和 4 号舵应正向偏转。对于舵偏角的正负,规定产生负控制力矩的舵偏角为正。当火箭弹飞行中出现滚动角时,要消除该角,必须使 1,3 号舵或者 2,4 号舵反向偏转,才能产生滚动力矩。

通常火箭弹滚动控制通道采用1,3号舵差动来完成姿态稳定,为了讨论的一般性,认为2,4号舵也可差动,与1,3号舵一起同为滚动控制通道的执行机构。根据舵偏角正负的规定,滚动通道的等效舵偏角为

$$\delta_\tau = \frac{1}{4}(\delta_3 - \delta_1 + \delta_4 - \delta_2) \tag{3.23}$$

记为 $C_{x1j}, C_{y1j}, C_{z1j}$ 分别为每个燃气舵阻力系数、升力系数和侧向力系数,在临界舵偏角范围内,升力系数 C_{y1j} 与等效舵偏角 δ_φ 成正比,即

$$C_{y1j} = C_{y1j}^{\delta}\delta_\varphi \tag{3.24}$$

注意到各个舵的形状、大小相同,且 $\delta_\varphi, \delta_\psi$ 均为正时,相应的控制力为正升力和负侧向力,则

$$C_{z1j}^{\delta} = -C_{y1j}^{\delta} \tag{3.25}$$

因此,燃气流作用在燃气舵上的力可表示为

$$\begin{cases} X_{1c} = 4C_{x1j}q_jS_j & (\text{阻力}) \\ Y_{1c} = 2C_{y1j}^{\delta}q_jS_j\delta_\varphi \triangleq R'\delta_\varphi & (\text{升力}) \\ Z_{1c} = -2C_{z1j}^{\delta}q_jS_j\delta_\psi \triangleq -R'\delta_\psi & (\text{侧力}) \end{cases} \tag{3.26}$$

式中:$q_j = \frac{1}{2}\rho_j V_j^2$ 为燃气动压头,ρ_j 为燃气流的气体密度,V_j 为燃气流速度;S_j 为燃气舵参考面积,记 $Y_{1c}^{\delta} = 2C_{y1j}^{\delta}q_jS_j$,则 $R' = 2Y_{1c}^{\delta}$ 为一对燃气舵的升力梯度。

燃气舵所提供的俯仰、偏航、滚动控制力矩依次为

$$\begin{cases} M_{z1c} = -R'(x_\gamma - x_g)\delta_\varphi \\ M_{y1c} = -R'(x_\gamma - x_g)\delta_\psi \\ M_{x1c} = -4Y_{1c}^{\delta}\delta_\gamma \cdot r_c = -2R'\delta_\gamma \end{cases} \tag{3.27}$$

式中:$x_\gamma - x_g$ 为燃气舵压心到火箭质心的距离,即为控制力矩,通常燃气舵压心取为舵的铰链轴位置;r_c 为燃气舵压心到导弹纵轴 x_1 的距离。

记

$$\begin{cases} M_{z1c}^{\delta} = M_{y1c}^{\delta} = -R'(x_\gamma - x_g) \\ M_{x1c}^{\delta} = -2R'r_c \end{cases} \tag{3.28}$$

$M_{z1c}^{\delta}, M_{y1c}^{\delta}$ 和 M_{x1c}^{δ} 分别称为俯仰、偏航和滚转力矩梯度,则式(3.27)可写为

$$\begin{cases} M_{z1c} = M_{z1c}^{\delta}\delta_\varphi \\ M_{y1c} = M_{y1c}^{\delta}\delta_\psi \\ M_{x1c} = M_{x1c}^{\delta}\delta_\gamma \end{cases} \tag{3.29}$$

第4章 野战火箭飞行运动方程

4.1 概述

野战火箭在实际飞行运动过程中，由于受到各种扰动的影响，导致弹轴方向不能始终与质心速度方向保持一致，从而形成了所谓的攻角。由于攻角的不断变化，火箭的运动过程会受到与攻角相对应的阻力、升力、马格努斯力、静力矩、马格努斯力矩等力和力矩的影响，从而产生复杂的姿态运动过程，并影响火箭的质心运动。如果攻角始终较小，弹箭将能够平稳地飞行；但是如果攻角不断增大，则有可能导致火箭运动失稳或发散，进而发生掉弹现象。

为了研究野战火箭姿态运动的规律及其对质心运动的影响，进行弹道计算、稳定分析和散布分析，有必要根据牛顿运动定理和动量矩定理，建立起野战火箭的六自由度刚体运动方程组或刚体弹道方程组。考虑到无控野战火箭大部分是轴对称的，而制导火箭多是面对称的，因此本章分别建立了无控火箭和制导火箭相关运动方程。

4.2 常用坐标系

研究野战火箭的运动规律，必须有一定的参考系作为基准，以便于进行理论分析和试验观测。如果参考系选取得合适，将会使方程形式简单，便于分析问题；否则，将会使之繁琐，不便处理。现取以下几种坐标系。

(1) 地面坐标系，与地面固连的坐标系，用 $O-xyz$ 表示。以弹道起点作为坐标原点；以射击面(包含理想弹道初速向量的铅直面)与弹道起点水平面的交线为 x 轴，顺射向为正；y 轴沿铅直向上；z 轴依右手法则确定。地面坐标系的基以 $\boldsymbol{e}_{\mathrm{g}}$ 表示，其三个基向量 $\boldsymbol{e}_{\mathrm{g1}}$，$\boldsymbol{e}_{\mathrm{g2}}$，$\boldsymbol{e}_{\mathrm{g3}}$ 分别沿 x,y,z 三轴方向。

(2) 平动坐标系，以 $O-x_{\mathrm{d}}y_{\mathrm{d}}z_{\mathrm{d}}$ 表示。其坐标原点为弹体质心，为书写方

便,仍以 O 表示;在弹箭飞行中,三坐标轴始终保持与地面坐标系三轴平行,故经常仍以 $O-xyz$ 表示。其基以 $\boldsymbol{e}_{\mathrm{d}}$ 表示。

(3) 理想弹道坐标系,以 $O-x_{\mathrm{i}}y_{\mathrm{i}}z_{\mathrm{i}}$ 表示。原点在质心;x_{i} 轴为理想弹道切线方向,向前为正;y_{i} 轴在铅直平面内与 x_{i} 轴垂直,向上为正;z_{i} 轴依右手定则确定。x_{i} 轴与水平面的夹角为理想弹道倾角 θ_{i}。该坐标系为非惯性系,其 z_{i} 轴保持与射击面垂直,而 x_{i},y_{i} 轴绕 z_{i} 轴旋转,转动角速度为 $\dot{\theta}_{\mathrm{i}}$,其基以 $\boldsymbol{e}_{\mathrm{i}}$ 表示。

(4) 弹道坐标系,对于轴对称的弹体,该坐标系常称为速度坐标系;但对于面对称的飞行器,"速度坐标系"将有专门定义。该系以 $O-x_2y_2z_2$(或 $O-x_{\mathrm{t}}y_{\mathrm{t}}z_{\mathrm{t}}$)表示。原点在质心;$z_2$ 轴与速度向量 $\boldsymbol{v}$ 一致;y_2 轴在铅直平面内并垂直于 x_2 轴,向上为正;x_2 轴依右手定则确定。该坐标系的基以 $\boldsymbol{e}_{\mathrm{t}}$ 表示。

(5) 相对速度坐标系,在有风的情况下,飞行器与空气之间的相对速度 $\boldsymbol{v}_{\mathrm{r}}$ 不等于飞行速度 $\boldsymbol{v}$,它们间的相对关系依赖于风速 $\boldsymbol{w}$,且 $\boldsymbol{v}_{\mathrm{r}}=\boldsymbol{v}-\boldsymbol{w}$。该坐标系以 $O-x_{\mathrm{r}}y_{\mathrm{r}}z_{\mathrm{r}}$ 表示。x_{r} 轴与 $\boldsymbol{v}_{\mathrm{r}}$ 一致;y_{r} 轴在铅直平面内并垂直于 x_{r} 轴,向上为正;z_{r} 轴依右手定则确定。该坐标系的基以 $\boldsymbol{e}_{\mathrm{r}}$ 表示。

(6) 弹轴坐标系。弹轴坐标系代表着弹轴的方位,它可以通过不同的途径加以定义。

① 第一弹轴坐标系,该坐标系以 $O-\xi\eta\zeta$ 表示。它可视为由平动坐标系经两次绕轴旋转得到,先将 $O-x_{\mathrm{d}}y_{\mathrm{d}}z_{\mathrm{d}}$ 绕 z_{d} 轴转动 φ_{d} 角(称为弹轴高低角),使 x_{d} 与 y_{d} 轴转到 x_{d}' 和 $\boldsymbol{\eta}$ 轴的位置;然后再绕 $\boldsymbol{\eta}$ 轴顺时针方向转动 φ_2 角(侧向摆动角),使 x_{d}' 与 z_{d} 轴分别转至 ξ 和 ζ 轴的位置,ξ 与弹轴重合,其基以 $\boldsymbol{e}_{\mathrm{a}}$ 表示。

② 第二弹轴坐标系,该坐标系以 $O-\xi\eta'\zeta'$ 表示。它可视为由弹道坐标系经两次绕轴旋转得到:先将 $O-x_2y_2z_2$ 绕 z_2 轴转动 δ_1 角(高低攻角),使 x_2 与 y_2 轴转至 x_2' 和 $\boldsymbol{\eta}'$ 的位置;然后再绕 $\boldsymbol{\eta}'$ 轴顺时针方向转动 δ_2 角(侧向攻角),使 x_2' 和 z_2 轴分别转至 ξ 和 ζ' 轴的位置,ξ 与弹轴重合,其基以 $\boldsymbol{e}_{\mathrm{a'}}$ 表示。

这两种弹轴坐标系的第一轴都与弹轴重合,它们各自第二轴之间的夹角与各自第三轴之间的夹角均为 α_{a};当速度向量 $\boldsymbol{v}$ 偏离理想弹道切线方向较小,及侧向攻角 δ_2 较小时,α_{a} 很小,可认为两坐标系近似重合。第一弹轴坐标系用于建立弹道方程,第二弹轴坐标系用于计算与攻角有关的气动力。

(7) 弹体坐标系,弹体坐标系以 $O-x_1y_1z_1$(或 $O-x_{\mathrm{b}}y_{\mathrm{b}}z_{\mathrm{b}}$)表示。其三轴与弹体固连,$x_1$ 轴与弹体纵轴一致,其余两轴在弹体赤道平面内。$O-x_1y_1z_1$ 系可视为第一弹轴系 $O-\xi\eta\zeta$ 绕 ξ 轴转动 γ 角(滚转角或自转角)而成,该坐标系的基以 $\boldsymbol{e}_{\mathrm{b}}$ 表示。

4.3 各坐标系之间的关系

了解各坐标系间的关系,目的在于将一个坐标系内的物理量,转换到另一个坐标系中去。从两坐标系间的投影关系,确定方向余弦表,不仅可以用来变换点在空间位置的坐标,而且用来变换任何可用向量表示的量。变换公式的一般形式可从表 4.1 得到。

表 4.1　方向余弦表的一般形式

向量投影	x	y	z
x'	c_{11}	c_{12}	c_{13}
y'	c_{21}	c_{22}	c_{23}
z'	c_{31}	c_{32}	c_{33}

记坐标变换矩阵为

$$\boldsymbol{C} = \begin{bmatrix} c_{11} & c_{12} & c_{13} \\ c_{21} & c_{22} & c_{23} \\ c_{31} & c_{32} & c_{33} \end{bmatrix} \tag{4.1}$$

则表 4.1 中的坐标转换关系写成

$$[x' \quad y' \quad z']^{\mathrm{T}} = \boldsymbol{C}[x \quad y \quad z]^{\mathrm{T}} \tag{4.2}$$

由线性代数可知,坐标变换矩阵为方向余弦矩阵,它是正交阵,其转置矩阵与逆矩阵相等。

最简单的变换矩阵,是某一基被视为由另一基绕其某一基向量转动一个有限角度而得,它们之间的坐标变换矩阵是最简单的方向余弦矩阵,该矩阵由所绕转轴及转动角所决定。

(1) 基 $\boldsymbol{e}_{\mathrm{q}}$ 绕 e_{q1} 逆时针方向转动角 α,至基 $\boldsymbol{e}_{\mathrm{p}}$,则方向余弦矩阵为

$$\boldsymbol{C}_1(\alpha) = \begin{bmatrix} 1 & 0 & 0 \\ 0 & \cos\alpha & \sin\alpha \\ 0 & -\sin\alpha & \cos\alpha \end{bmatrix} \tag{4.3}$$

(2) 基 $\boldsymbol{e}_{\mathrm{q}}$ 绕 e_{q2} 逆时针方向转动角 β,至基 $\boldsymbol{e}_{\mathrm{p}}$,则方向余弦矩阵为

$$\boldsymbol{C}_2(\beta) = \begin{bmatrix} \cos\beta & 0 & -\sin\beta \\ 0 & 1 & 0 \\ \sin\beta & 0 & \cos\beta \end{bmatrix} \tag{4.4}$$

(3) 基 $\boldsymbol{e}_{\mathrm{q}}$ 绕 e_{q3} 逆时针方向转动角 σ,至基 $\boldsymbol{e}_{\mathrm{p}}$,则方向余弦矩阵为

$$\boldsymbol{C}_3(\sigma) = \begin{bmatrix} \cos\sigma & \sin\sigma & 0 \\ -\sin\sigma & \cos\sigma & 0 \\ 0 & 0 & 1 \end{bmatrix} \tag{4.5}$$

$\boldsymbol{C}_1(\alpha)$,$\boldsymbol{C}_2(\beta)$,$\boldsymbol{C}_3(\sigma)$是三种基本的坐标变换矩阵,其脚注表示所围绕的转轴

标号,括号内的量是逆时针方向转动的角度。借助于这三种矩阵,可确定任何两坐标系之间的转换关系。

在外弹道学中,各坐标系之间的关系由它们相互间的转角完全确定,如图4.1所示。

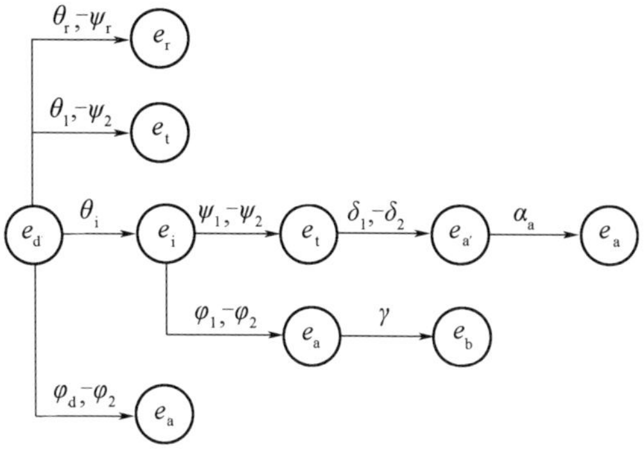

图4.1　各基之间的关系

图4.1中:

θ_1——高低倾角,由平动系绕 Oz 轴逆时针转动而得;

ψ_1——高低偏角,理想弹道系绕 Oz_i 轴逆时针转动而得

$$\psi_1 = \theta_1 - \theta_i \tag{4.6}$$

ψ_2——侧向偏角,速度 $\boldsymbol{v}$ 与平面 x_iOy_i 的夹角,右偏为正;

φ_1——高低摆动角,为

$$\varphi_1 = \varphi_a - \theta_i \tag{4.7}$$

φ_2——侧向摆动角;

θ_r——相对倾角;

ψ_r——相对偏角;

δ_1——高低攻角;

δ_2——侧向攻角。

以 v_x,v_y,v_z 表示 $\boldsymbol{v}$ 在平动系中的投影,在有纵风 w_x、铅直风 w_y 和横风 w_z 时,相对速度 v_r 为

$$v_r = (v_x - w_x, v_y - w_y, v_z - w_z) \tag{4.8}$$

且

$$v_r = [(v_x - w_x)^2 + (v_y - w_y)^2 + (v_z - w_z)^2]^{1/2} \tag{4.9}$$

$$\psi_r = \arcsin[(v_z - w_z)/v_r] \tag{4.10}$$

$$\theta_r = \arcsin[(v_y - w_y)/(v_r\cos\psi_r)] \tag{4.11}$$

依据基本变换矩阵式(4.3)~式(4.5)的含义,并按照各弹道角度的定义,易于由图4.1中的关系直接写出下列坐标变换矩阵:

$$\boldsymbol{C}_{\mathrm{id}} = \boldsymbol{C}_3(\theta_{\mathrm{i}}) \tag{4.12}$$

$$\boldsymbol{C}_{\mathrm{td}} = \boldsymbol{C}_2(-\psi_2)\boldsymbol{C}_3(\theta_1) \tag{4.13}$$

$$\boldsymbol{C}_{\mathrm{ad}} = \boldsymbol{C}_2(-\varphi_2)\boldsymbol{C}_3(\varphi_{\mathrm{a}}) \tag{4.14}$$

$$\boldsymbol{C}_{\mathrm{rd}} = \boldsymbol{C}_2(-\psi_{\mathrm{r}})\boldsymbol{C}_3(\theta_{\mathrm{r}}) \tag{4.15}$$

$$\boldsymbol{C}_{\mathrm{id}} = \boldsymbol{C}_2(-\psi_2)\boldsymbol{C}_3(\psi_1) \tag{4.16}$$

$$\boldsymbol{C}_{\mathrm{ai}} = \boldsymbol{C}_2(-\varphi_2)\boldsymbol{C}_3(\varphi_1) \tag{4.17}$$

$$\boldsymbol{C}_{\mathrm{a't}} = \boldsymbol{C}_2(-\delta_2)\boldsymbol{C}_3(\delta_1) \tag{4.18}$$

$$\boldsymbol{C}_{\mathrm{aa'}} = \boldsymbol{C}_1(\alpha_{\mathrm{a}}) \tag{4.19}$$

$$\boldsymbol{C}_{\mathrm{ba}} = \boldsymbol{C}_1(\gamma) \tag{4.20}$$

借助这些矩阵不仅实施坐标变换,而且便于对有关的弹道角度建立函数关系式。比如弹轴与 $\boldsymbol{v}_{\mathrm{r}}$ 之间的夹角 δ_{r},可分解为高低和侧向两个分量 δ_{r1} 和 δ_{r2},它们与基 $\boldsymbol{e}_{\mathrm{a}}$,$\boldsymbol{e}_{\mathrm{a'}}$ 之夹角 α_{ar} 三者之间的关系,可由基之间的转换关系得到函数式。实际上,由图4.1可见,基 $\boldsymbol{e}_{\mathrm{r}}$ 转换到基 $\boldsymbol{e}_{\mathrm{a}}$ 可由两种不同途径达到,一是经由基 $\boldsymbol{e}_{\mathrm{d}}$,一是经由基 $\boldsymbol{e}_{\mathrm{a'}}$,即

$$\boldsymbol{e}_{\mathrm{r}} \sim \boldsymbol{C}_{\mathrm{dr}} \rightarrow \boldsymbol{e}_{\mathrm{d}} \sim \boldsymbol{C}_{\mathrm{ad}} \rightarrow \boldsymbol{e}_{\mathrm{a}}$$

$$\boldsymbol{e}_{\mathrm{r}} \sim \boldsymbol{C}_{\mathrm{a'r}} \rightarrow \boldsymbol{e}_{\mathrm{a'}} \sim \boldsymbol{C}_{\mathrm{aa'}} \rightarrow \boldsymbol{e}_{\mathrm{a}}$$

则

$$\boldsymbol{C}_{\mathrm{i}}(\alpha_{\mathrm{ar}})\boldsymbol{C}_{\mathrm{a'r}} = \boldsymbol{C}_{\mathrm{ad}}\boldsymbol{C}_{\mathrm{rd}}^{\mathrm{T}} \tag{4.21}$$

式中:$\boldsymbol{C}_{\mathrm{a'r}}$ 仿照式(4.18)为

$$\boldsymbol{C}_{\mathrm{a'r}} = \boldsymbol{C}_2(-\delta_{\mathrm{r2}})\boldsymbol{C}_3(\delta_{\mathrm{r1}}) \tag{4.22}$$

将式(4.21)展开,并对等号两边有关的矩阵元素进行比较,便得

$$\sin\delta_{\mathrm{r2}} = \sin\varphi_2\cos\psi_{\mathrm{r}} - \sin\psi_{\mathrm{r}}\cos\varphi_2\cos(\varphi_{\mathrm{a}} - \theta_{\mathrm{r}}) \tag{4.23}$$

$$\sin\delta_{\mathrm{r1}} = \sin(\varphi_{\mathrm{a}} - \theta_{\mathrm{r}})\cos\varphi_2/\cos\delta_{\mathrm{r2}} \tag{4.24}$$

$$\sin\alpha_{\mathrm{sa}} = \sin(\varphi_{\mathrm{a}} - \theta_{\mathrm{r}})\sin\psi_{\mathrm{r}}/\cos\delta_{\mathrm{r2}} \tag{4.25}$$

类似的方法可得如下关系式:

$$\sin\delta_2 = \sin\varphi_2\cos\psi_2 - \sin\psi_2\cos\varphi_2\cos(\varphi_2 - \theta_1) \tag{4.26}$$

$$\sin\delta_1 = \sin(\varphi_{\mathrm{a}} - \theta_1)\cos\varphi_2/\cos\delta_2 \tag{4.27}$$

$$\sin\alpha_{\mathrm{a}} = \sin(\varphi_{\mathrm{a}} - \theta_1)\sin\psi_2/\cos\delta_2 \tag{4.28}$$

由式(4.25)、式(4.28)看出,当 ψ_{r},δ_{r2},$(\varphi_{\mathrm{a}} - \theta_{\mathrm{r}})$ 以及 ψ_2,δ_2,$(\varphi_{\mathrm{a}} - \theta_1)$ 为小量时,α_{ar} 和 α_{a} 为二阶小量。

式(4.23)~式(4.28)之类的关系式称为联系方程,其关联形式是多种多样的。不过当采用计算机运算时,并不需要给出这些显示关系式,它们能够由矩

阵运算结果直接解出，而不需要人工求解。

4.3.1 弹道坐标系与平动坐标系的关系

弹道坐标系是表示速度向量 $\boldsymbol{v}$ 的方向的，相对 $O-xyz$ 来说，可由两个角度确定(图4.2)：

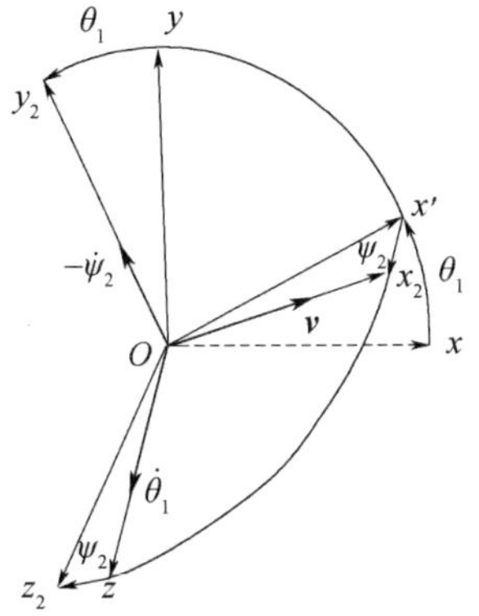

图4.2　弹道坐标系与平动坐标系

高低倾角 θ_1——速度向量 $\boldsymbol{v}$ 在 xOy(铅垂面)内的投影与水平面的夹角，$\boldsymbol{v}$ 向上偏为正；

侧向偏角 ψ_2——$\boldsymbol{v}$ 向量与 xOy 面的夹角，$\boldsymbol{v}$ 偏向射击平面右方为正。

坐标系 $O-x_2y_2z_2$ 可看作是坐标系 $O-xyz$ 经两次旋转得到的。第一次绕水平轴 Oz 旋转 θ_1 角，转至 $Ox'y_2$ 位置，转动角速度向量 $\dot{\boldsymbol{\theta}}_1$ 沿 Oz 轴方向。第二次继之绕 Oy_2 轴顺时针方向旋转 ψ_2 角，Ox_2 轴恰与 $\boldsymbol{v}$ 重合，旋转角速度 $\dot{\psi}_2$ 沿 Oy_2 轴负方向。此二坐标系的关系完全由 θ_1 和 ψ_2 确定。由图4.2知，速度 $\boldsymbol{v}$ 在平动系 $O-xyz$ 上的三个分量(以 $\dot{x},\dot{y},\dot{z}$)为

$$\begin{cases}\dot{x} = v\cos\psi_2\cos\theta_1 = v_x \\ \dot{y} = v\cos\psi_2\sin\theta_1 = v_y \\ \dot{z} = v\sin\psi_2 = v_z\end{cases} \tag{4.29}$$

这就是火箭质心移动的运动学方程式。

式(4.29)中的 $\cos\psi_2\cos\theta_1$，$\cos\psi_2\sin\theta_1$ 和 $\sin\psi_2$ 正是 Ox_2 轴对 $O-xyz$ 三轴之间夹角的方向余弦，它们是 Ox_2 轴上单位向量在 $O-xyz$ 三轴上的投影值。很明显，若是事先知道了这些方向余弦，就可以不费力地把运动方程写出。同样，可以把 Oy_2 轴上的单位向量投影到 $O-xyz$ 轴上去，又得到 Oy_2 轴对 $O-xyz$ 三轴夹角间的方向余弦为 $-\sin\theta_1$，$\cos\theta_1$ 及0。再以同样方法，得到 Oz_2 轴上的单位

向量在 $O-xyz$ 三轴上的投影为 $-\sin\psi_2\cos\theta_1$，$-\sin\psi_2\sin\theta_1$ 及 $\cos\psi_2$。归结上述9个方向余弦，排列于表4.2弹道坐标系与平动坐标系间的方向余弦中。

表4.2 弹道坐标系与平动坐标系间的方向余弦

坐标轴	Ox_2	Oy_2	Oz_2
Ox	$\cos\psi_2\cos\theta_1$	$-\sin\theta_1$	$-\sin\psi_2\cos\theta_1$
Oy	$\cos\psi_2\sin\theta_1$	$\cos\theta_1$	$-\sin\psi_2\sin\theta_1$
Oz	$\sin\psi_2$	0	$\cos\psi_2$

表4.2中的9个方向余弦就是弹道坐标系向平动坐标系的坐标变换矩阵 $\boldsymbol{C}_{\mathrm{dt}}$，由式(4.13)计算，则

$$\boldsymbol{C}_{\mathrm{dt}}=\boldsymbol{C}_{\mathrm{td}}^{\mathrm{T}}=[C_2(-\psi_2)C_3(\theta_1)]^{\mathrm{T}}=\boldsymbol{C}_3^{\mathrm{T}}(\theta_1)\boldsymbol{C}_2^{\mathrm{T}}(-\psi_2)$$

再将式(4.4)、式(4.5)代入即得。

4.3.2 第二弹轴坐标系与弹道坐标系间的关系

根据 $O-\xi\eta'\zeta'$ 与 $O-x_2y_2z_2$ 两坐标系的定义。弹轴与速度之间的相对位置可以用两个角度确定(图4.3)：

高低攻角 δ_1——弹轴 $O\xi$ 在平面 x_2Oy_2 上的投影与 Ox_2 的夹角，当弹轴在 $\boldsymbol{v}$ 上方时为正；

侧向攻角 δ_2——弹轴 $O\xi$ 与平面 x_2Oy_2 的夹角，弹轴在该平面的右侧为正。

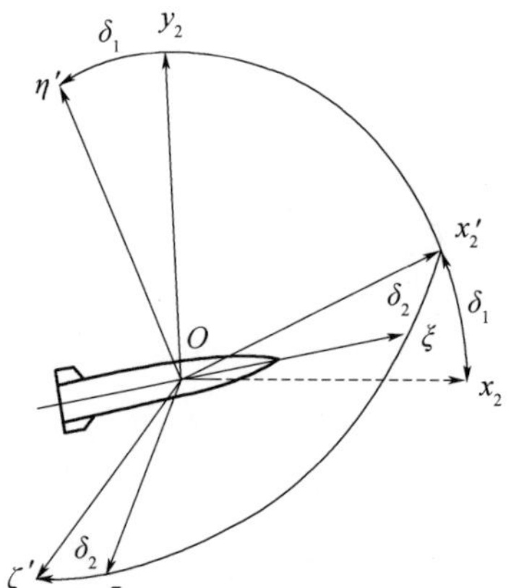

图4.3 第二弹轴坐标系与弹道坐标系

$O-\xi\eta'\zeta'$ 这个坐标系的方位，亦可视为 $O-x_2y_2z_2$ 经两次旋转而得到的。试比较图4.2与图4.3便立即发现两个图中所表示的坐标系之间的关系是类似的，此处 δ_1 相当于 θ_1，δ_2 相当 ψ_2。于是就直接由表4.2得到 $O-\xi\eta'\zeta'$ 与 $O-x_2y_2z_2$ 间的关系，诸方向余弦列于表4.3中，表中的方向余弦构成了由第二弹轴

坐标系向弹道坐标系的坐标变换矩阵 $\boldsymbol{C}_{la'}$，它可由式(4.8)得出。

表4.3　第二弹轴坐标系与弹道坐标系间的关系

坐标轴	$O\xi$	$O\eta'$	$O\zeta'$
Ox_2	$\cos\delta_2\cos\delta_1$	$-\sin\delta_1$	$-\sin\delta_2\cos\delta_1$
Oy_2	$\cos\delta_2\sin\delta_1$	$\cos\delta_1$	$-\sin\delta_2\sin\delta_1$
Oz_2	$\sin\delta_2$	0	$\cos\delta_2$

4.3.3　弹体坐标系与第一弹轴坐标系间的关系

从两坐标系的定义知道，它们之间仅相差一个角度(滚转角)γ(图4.4)，规定绕轴 $O\xi$ 逆时针转动为正向。仿照上述方法，易知两坐标系间的方向余弦如表4.4所列，可由式(4.20)转置得到。

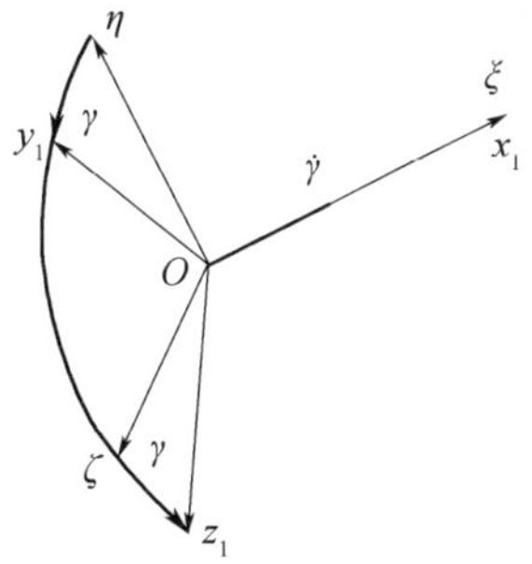

图4.4　弹体坐标系与第一弹轴坐标系图

表4.4　弹体坐标系与第一弹轴坐标系间的关系

坐标轴	Ox_1	Oy_1	Oz_1
$O\xi$	1	0	0
$O\eta$	0	$\cos\gamma$	$-\sin\gamma$
$O\zeta$	0	$\sin\gamma$	$\cos\gamma$

4.3.4　坐标变换矩阵的通用形式

根据上述几种坐标系的相互关系，可综合成下列两坐标系 $O-xyz$ 和 $O-x'y'z'$ 之间的一般关系。$O-x'y'z'$ 可视为 $O-xyz$ 经三次旋转而得：第一次绕 Oz 轴逆时针方向转动 α_1 角，转到 $O\tilde{x}\tilde{y}$ 位置；第二次绕 $O\tilde{y}$ 轴顺时针方向转动 α_2 角，转到 $Ox'\tilde{z}$ 位置；第三次绕 Ox' 轴逆时针方向转动 α_3 角，转到 $Oy'z'$ 位置。如图4.5所示，则坐标系 $O-xyz$ 向 $O-x'y'z'$ 的转换矩阵为

$$\boldsymbol{C} = \boldsymbol{C}_1(\alpha_3)\boldsymbol{C}_2(-\alpha_2)\boldsymbol{C}_3(\alpha_1)$$

将式(4.3)~式(4.5)代入，便得

$$\boldsymbol{C}=\begin{bmatrix}1 & 0 & 0\\0 & \cos\alpha_3 & \sin\alpha_3\\0 & -\sin\alpha_3 & \cos\alpha_3\end{bmatrix}\begin{bmatrix}\cos\alpha_2 & 0 & \sin\alpha_2\\0 & 1 & 0\\-\sin\alpha_2 & 0 & \cos\alpha_2\end{bmatrix}\begin{bmatrix}\cos\alpha_1 & \sin\alpha_1 & 0\\-\sin\alpha_1 & \cos\alpha_1 & 0\\0 & 0 & 1\end{bmatrix}$$

$$=\begin{bmatrix}\cos\alpha_1\cos\alpha_2 & \sin\alpha_1\cos\alpha_2 & \sin\alpha_2\\-\sin\alpha_1\cos\alpha_3-\cos\alpha_1\sin\alpha_2\sin\alpha_3 & \cos\alpha_1\cos\alpha_3-\sin\alpha_1\sin\alpha_2\sin\alpha_3 & \cos\alpha_2\sin\alpha_3\\\sin\alpha_1\sin\alpha_3-\cos\alpha_1\sin\alpha_2\cos\alpha_3 & -\cos\alpha_1\sin\alpha_3-\sin\alpha_1\sin\alpha_2\cos\alpha_3 & \cos\alpha_2\cos\alpha_3\end{bmatrix}$$

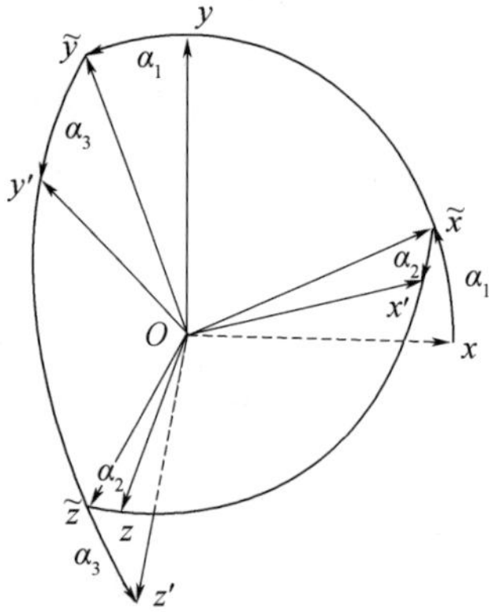

图 4.5　坐标系的转换

综上所述,对于基 $\boldsymbol{e}_q$ 向基 $\boldsymbol{e}_p$ 的坐标转换关系由式(4.2)为

$$[x_p\quad y_p\quad z_p]^T=\boldsymbol{C}_{pq}[x_q\quad y_q\quad z_q]^T$$

由此推出任意三个基 $\boldsymbol{e}_p,\boldsymbol{e}_q,\boldsymbol{e}_r$ 之间的坐标变换矩阵关系为

$$\boldsymbol{C}_{pq}=\boldsymbol{C}_{pr}\boldsymbol{C}_{rq}\tag{4.30}$$

还可任意递推,即

$$\boldsymbol{C}_{pq}=\prod_{k=p}^{q-1}\boldsymbol{C}_{k,k+1}\tag{4.31}$$

方向余弦矩阵是正交阵,其逆矩阵等于其转置矩阵,即

$$\boldsymbol{C}_{pq}^{-1}=\boldsymbol{C}_{pq}^{T}=\boldsymbol{C}_{qp}\tag{4.32}$$

4.4　力和力矩的分量表达式

4.4.1　重力

重力作用在质心上,不会对质心产生力矩。把重力场视作平行力场,其方向被认为与地面坐标系的 Oy 轴反向。其表达式为

$$\boldsymbol{G} = m\boldsymbol{g} \tag{4.33}$$

式中：m 为质量，是时间的已知函数，取决于全弹质量和燃气每秒流量；$\boldsymbol{g}$ 为重力加速度向量。

根据表 4.2，可得到重力在 $O-x_2y_2z_2$ 上的三个分量为

$$\begin{bmatrix} G_{x_2} \\ G_{y_2} \\ G_{z_2} \end{bmatrix} = -m\boldsymbol{g}\begin{bmatrix} \sin\theta_1\cos\psi_2 \\ \cos\theta_1 \\ -\sin\theta_1\sin\psi_2 \end{bmatrix} \tag{4.34}$$

4.4.2 科里奥利惯性力

对于射程较远的火箭，需要考虑科里奥利惯性力。科里奥利惯性力的计算公式为

$$\boldsymbol{F}_{\mathrm{C}} = 2m\boldsymbol{v} \times \boldsymbol{\Omega}_{\mathrm{E}} \tag{4.35}$$

式中：$\boldsymbol{\Omega}_{\mathrm{E}}$ 为地球的旋转角速度。设火箭所处的地理纬度为 Λ，射向 Ox 与正北向夹角为 α'，则科里奥利惯性力在弹道坐标系内的投影为

$$\begin{bmatrix} F_{\mathrm{C}x_2} \\ F_{\mathrm{C}y_2} \\ F_{\mathrm{C}z_2} \end{bmatrix} = 2m\Omega_{\mathrm{E}}\boldsymbol{v}\begin{bmatrix} 0 \\ \cos\Lambda\sin\alpha' \\ \sin\Lambda\cos\theta_1 - \cos\Lambda\sin\alpha'\sin\theta_1 \end{bmatrix} \tag{4.36}$$

4.4.3 推力和推力矩

假设推力 $\boldsymbol{F}_{\mathrm{p}}$ 是沿弹轴方向的，它在弹道坐标系上的三个分量为

$$\begin{bmatrix} F_{\mathrm{p}x_2} \\ F_{\mathrm{p}y_2} \\ F_{\mathrm{p}z_2} \end{bmatrix} = \begin{bmatrix} F_{\mathrm{p}}\cos\delta_1\cos\delta_2 \\ F_{\mathrm{p}}\sin\delta_1\cos\delta_2 \\ F_{\mathrm{p}}\sin\delta_2 \end{bmatrix} \tag{4.37}$$

通常推力的作用点与质心不重合，其推力线偏心 L。在弹体坐标系内，它有两个分量 L_{y_1} 和 L_{z_1}（图 4.6），两个推力偏心矩分量为

$$\begin{bmatrix} M_{\mathrm{p}y_1} \\ M_{\mathrm{p}z_1} \end{bmatrix} = F_{\mathrm{p}}\begin{bmatrix} L_{z_1} \\ -L_{y_1} \end{bmatrix} \tag{4.38}$$

推力偏心矩 $\boldsymbol{M}_{\mathrm{p}}$ 在弹轴坐标系内的力矩分量为

$$\begin{bmatrix} M_{\mathrm{p}\eta} \\ M_{\mathrm{p}\zeta} \end{bmatrix} = F_{\mathrm{P}}\begin{bmatrix} L_{z_1}\cos\gamma + L_{y_1}\sin\gamma \\ L_{z_1}\sin\gamma - L_{y_1}\cos\gamma \end{bmatrix} \tag{4.39}$$

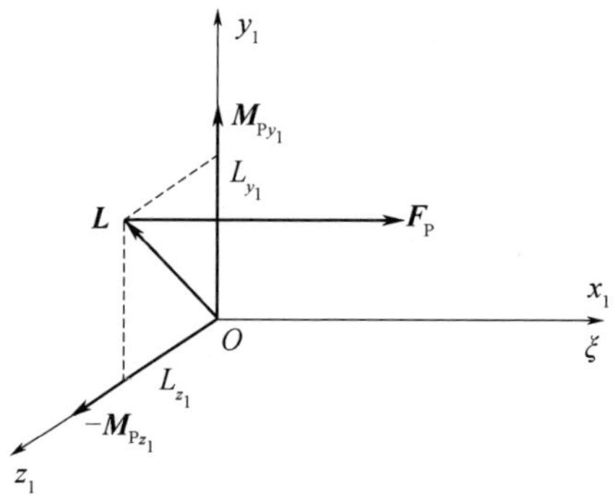

图 4.6　推力线偏心

4.4.4　风的影响

有风时的空气动力和空气动力矩取决于火箭与空气的相对速度、空气特性及弹体形状与飞行姿态。

在地面坐标系中，风被分解为横风 $\boldsymbol{w}_z$ 和纵风 $\boldsymbol{w}_x$，如图 4.7 所示，略去了在通常情况下较小的铅直风 $\boldsymbol{w}_y$。纵风 $\boldsymbol{w}_x$ 是平行于射击平面的风，沿 Ox 轴为正；横风 $\boldsymbol{w}_z$ 是垂直于射击平面的风，规定与 Oz 轴方向一致为正。风 $\boldsymbol{w}$ 在地面坐标系内投影为 $[w_x \quad w_y \quad w_z]^{\mathrm{T}}$，在弹道坐标系内投影为

$$\begin{bmatrix} w_{x_2} \\ w_{y_2} \\ w_{z_2} \end{bmatrix} = \begin{bmatrix} w_x\cos\psi_2\cos\theta_1 + w_y\cos\psi_2\sin\theta_1 + w_z\sin\psi_2 \\ -w_x\sin\theta_1 + w_y\cos\theta_1 \\ -w_x\sin\psi_2\cos\theta_1 - w_y\sin\psi_2\sin\theta_1 + w_z\cos\psi_2 \end{bmatrix} \tag{4.40}$$

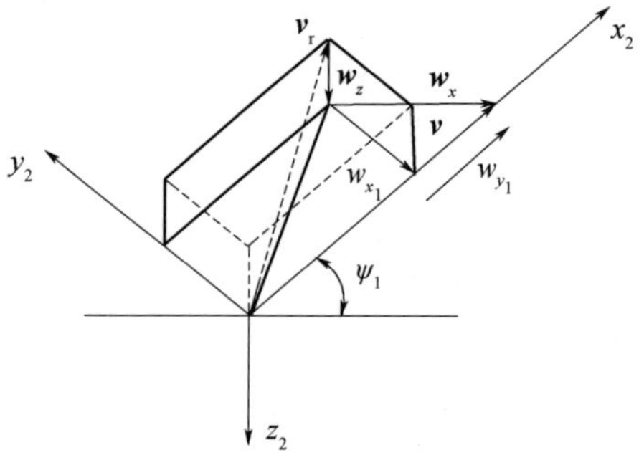

图 4.7　风的影响

根据速度合成定理，弹丸的绝对速度 $\boldsymbol{v}$ 可以看成是相对于空气的速度$\boldsymbol{v}_{\mathrm{r}}$与风速 $\boldsymbol{w}$ 的向量和，即 $\boldsymbol{v} = \boldsymbol{v}_{\mathrm{r}} + \boldsymbol{w}$。可得相对速度$\boldsymbol{v}_{\mathrm{r}}$，其在弹道坐标系中投影为

$$\begin{bmatrix} v_{rx_2} \\ v_{ry_2} \\ v_{rz_2} \end{bmatrix} = \begin{bmatrix} v - w_x\cos\psi_2\cos\theta_1 - w_y\cos\psi_2\sin\theta_1 - w_z\sin\psi_2 \\ w_x\sin\theta_1 - w_y\cos\theta_1 \\ w_x\sin\psi_2\cos\theta_1 + w_y\sin\psi_2\sin\theta_1 - w_z\cos\psi_2 \end{bmatrix} \tag{4.41}$$

相对速度的大小为

$$v_r = \sqrt{v_{rx_2}^2 + v_{ry_2}^2 + v_{rz_2}^2} \tag{4.42}$$

弹轴上的单位向量 $\boldsymbol{\xi}$ 在弹道坐标系内的投影为

$$\begin{bmatrix} \xi_{x_2} \\ \xi_{y_2} \\ \xi_{z_2} \end{bmatrix} = \begin{bmatrix} \cos\delta_2\cos\delta_1 \\ \cos\delta_2\sin\delta_1 \\ \sin\delta_2 \end{bmatrix} \tag{4.43}$$

相对速度$\boldsymbol{v}_r$在第二弹轴坐标系的投影为

$$\begin{bmatrix} v_{r\xi} \\ v_{r\eta'} \\ v_{r\zeta'} \end{bmatrix} = \begin{bmatrix} v_{rx_2}\cos\delta_2\cos\delta_1 + v_{ry_2}\cos\delta_2\sin\delta_1 + v_{rz_2}\sin\delta_2 \\ -v_{rx_2}\sin\delta_1 + v_{ry_2}\cos\delta_1 \\ -v_{rx_2}\sin\delta_2\cos\delta_1 - v_{ry_2}\sin\delta_2\sin\delta_1 + v_{rz_2}\cos\delta_2 \end{bmatrix} \tag{4.44}$$

其中弹轴 $O\xi$ 与相对速度向量$\boldsymbol{v}_r$之间的夹角 δ_r 为

$$\delta_r = \arccos(v_{r\xi}/v_r) \tag{4.45}$$

相对速度$\boldsymbol{v}_r$在第一弹轴坐标系的投影为

$$\begin{bmatrix} v_{r\xi} \\ v_{r\eta} \\ v_{r\zeta} \end{bmatrix} = \begin{bmatrix} v_{r\xi} \\ v_{r\eta'}\cos\alpha_{ar} + v_{r\zeta'}\sin\alpha_{ar} \\ -v_{r\eta'}\sin\alpha_{ar} + v_{r\zeta'}\cos\alpha_{ar} \end{bmatrix} \tag{4.46}$$

4.4.5 有风时的空气动力

1. 阻力 $\boldsymbol{R}_{xr}$

$\boldsymbol{R}_{xr}$与 $\boldsymbol{v}_r$ 反向,可写为

$$\boldsymbol{R}_{xr} = -\frac{1}{2}\rho SC_{x0}(1 + k_\delta\delta_r^2)v_r\boldsymbol{v}_r \tag{4.47}$$

式中:C_{x0}为零攻角阻力系数,在攻角不大的情况下,可近似认为 $k_\delta \approx C'_N(M)/C_{x0}(M)$,其中 $C'_N(M)$称为法向力系数导数。$\boldsymbol{R}_{xr}$与相对速度 $\boldsymbol{v}_r$ 反向,则阻力在速度坐标系下的投影为

$$\begin{bmatrix} R_{xrx_2} \\ R_{xry_2} \\ R_{xrz_2} \end{bmatrix} = -\frac{1}{2}\rho SC_{x0}(1 + k_\delta\delta_r^2)v_r\begin{bmatrix} v_{rx_2} \\ v_{ry_2} \\ v_{rz_2} \end{bmatrix} \tag{4.48}$$

2. 升力 $\boldsymbol{R}_{yr}$

$\boldsymbol{R}_{yr}$在$\boldsymbol{\xi}$和$\boldsymbol{v}_r$所决定的阻力平面内,垂直$\boldsymbol{v}_r$并与$\boldsymbol{\xi}$位于的同一侧,故可表示为

$$\boldsymbol{R}_{yr} = \frac{1}{2}\rho SC'_y \frac{\delta_r}{\sin\delta_r}\boldsymbol{v}_r \times (\boldsymbol{\xi} \times \boldsymbol{v}_r) \tag{4.49}$$

式中:C'_y称为升力系数导数,升力在速度坐标系中的投影为

$$\begin{bmatrix} R_{yrx_2} \\ R_{yry_2} \\ R_{yrz_2} \end{bmatrix} = \frac{1}{2}\rho SC'_y v_r^2 \frac{\delta_r}{\sin\delta_r}\begin{pmatrix} \cos\delta_1\cos\delta_2 - \cos\delta_r v_{rx_2}/v_r \\ \cos\delta_2\sin\delta_1 - \cos\delta_r v_{ry_2}/v_r \\ \sin\delta_2 - \cos\delta_r v_{rz_2}/v_r \end{pmatrix} \tag{4.50}$$

3. 马格努斯力 $\boldsymbol{R}_{zmr}$

$$\boldsymbol{R}_{zmr} = \frac{1}{2}\rho SdC''_{zm}\omega_\xi \frac{\delta_r}{\sin\delta_r}\xi \times \boldsymbol{v}_r \tag{4.51}$$

式中:C''_{zm}为马格努斯力系数导数;ω_ξ为弹丸的自转角速度。马格努斯力在速度坐标系下的投影为

$$\begin{bmatrix} R_{zmrx_2} \\ R_{zmry_2} \\ R_{zmrz_2} \end{bmatrix} = \frac{1}{2}\rho SdC''_{zm}\omega_\xi \frac{\delta_r}{\sin\delta_r}\begin{bmatrix} -v_{ry_2}\sin\delta_2 + v_{rz_2}\cos\delta_2\sin\delta_1 \\ v_{rx_2}\sin\delta_2 - v_{rz_2}\cos\delta_2\cos\delta_1 \\ -v_{rx_2}\cos\delta_2\sin\delta_1 + v_{ry_2}\cos\delta_2\cos\delta_1 \end{bmatrix} \tag{4.52}$$

把上述各力进行向量叠加得到合力$\boldsymbol{F}$的分量形式

$$\boldsymbol{F} = \begin{bmatrix} F_{x_2} \\ F_{y_2} \\ F_{z_2} \end{bmatrix} = \begin{bmatrix} G_{x_2} \\ G_{y_2} \\ G_{z_2} \end{bmatrix} + \begin{bmatrix} F_{Cx_2} \\ F_{Cy_2} \\ F_{Cz_2} \end{bmatrix} + \begin{bmatrix} R_{xrx_2} \\ R_{xry_2} \\ R_{xrz_2} \end{bmatrix} + \begin{bmatrix} R_{yrx_2} \\ R_{yry_2} \\ R_{yrz_2} \end{bmatrix} + \begin{bmatrix} R_{zmrx_2} \\ R_{zmry_2} \\ R_{zmrz_2} \end{bmatrix} \tag{4.53}$$

4.4.6 有风时的空气动力矩

1. 静力矩 $\boldsymbol{M}_{zr}$

$$\boldsymbol{M}_{zr} = \frac{1}{2}\rho Slm'_z v_r \frac{\delta_r}{\sin\delta_r}\boldsymbol{v}_r \times \xi \tag{4.54}$$

式中:m'_z为静力矩系数导数。静力矩在弹轴坐标系的投影为

$$\begin{bmatrix} M_{zr\xi} \\ M_{zr\eta} \\ M_{zr\zeta} \end{bmatrix} = \frac{1}{2}\rho Slm'_z v_r \frac{\delta_r}{\sin\delta_r}\begin{bmatrix} 0 \\ v_{r\zeta} \\ -v_{r\eta} \end{bmatrix} \tag{4.55}$$

2. 赤道阻尼力矩 $\boldsymbol{M}_{zdr}$

$\boldsymbol{M}_{zdr}$的方向与弹轴摆动角速度$\boldsymbol{\omega}_1$相反,故

$$\boldsymbol{M}_{zdr} = -\frac{1}{2}\rho v_r S l^2 m'_{zd}\,\boldsymbol{\omega}_1 \tag{4.56}$$

赤道阻尼力矩在弹轴坐标系的投影为

$$\begin{bmatrix} M_{zdr\xi} \\ M_{zdr\eta} \\ M_{zdr\zeta} \end{bmatrix} = -\frac{1}{2}\rho v_r S l^2 m'_{zd} \begin{bmatrix} \omega_\zeta \tan\varphi_2 \\ \omega_\eta \\ \omega_\zeta \end{bmatrix} \tag{4.57}$$

3. 极阻尼力矩 $\boldsymbol{M}_{xdr}$

极阻尼力矩与轴向角速度 $\boldsymbol{\omega}_\xi$ 方向相反，其表达式为

$$\boldsymbol{M}_{xdr} = -\frac{1}{2}\rho v_r S l d m'_{xd}\omega_\xi \boldsymbol{\xi} \tag{4.58}$$

式中：m'_{xd}为极阻尼力矩系数导数。极阻尼力矩在弹轴坐标系中的投影为

$$\begin{bmatrix} M_{xdr\xi} \\ M_{xdr\eta} \\ M_{xdr\zeta} \end{bmatrix} = -\frac{1}{2}\rho v_r S l d m'_{xd}\omega_\xi \begin{bmatrix} 1 \\ 0 \\ 0 \end{bmatrix} \tag{4.59}$$

4. 马格努斯力矩 $\boldsymbol{M}_{yr}$

马格努斯力矩的方向与 $\boldsymbol{\xi}\times(\boldsymbol{\xi}\times\boldsymbol{v}_r)$ 相同，表达式为

$$\boldsymbol{M}_{yr} = \frac{1}{2}\rho S l d m''_y \omega_\xi \frac{\delta_r}{\sin\delta_r}\boldsymbol{\xi}\times(\boldsymbol{\xi}\times\boldsymbol{v}_r) \tag{4.60}$$

式中：m''_y 为马格努斯力矩系数导数，马格努斯力矩在弹轴坐标系内投影为

$$\begin{bmatrix} M_{yr\xi} \\ M_{yr\eta} \\ M_{yr\zeta} \end{bmatrix} = \frac{1}{2}\rho S l d m''_y \omega_\xi v_r \frac{\delta_r}{\sin\delta_r} \begin{bmatrix} 0 \\ \sin\delta_{r1}\cos\alpha_{ar} + \cos\delta_{r1}\sin\delta_{r2}\sin\alpha_{ar} \\ -\sin\delta_{r1}\sin\alpha_{ar} + \cos\delta_{r1}\sin\delta_{r2}\cos\alpha_{ar} \end{bmatrix} \tag{4.61}$$

5. 尾翼导转力矩 $\boldsymbol{M}_{xwr}$

$$\boldsymbol{M}_{xwr} = \frac{1}{2}\rho v_r^2 S l m'_{xw}\delta_f \boldsymbol{\xi} \tag{4.62}$$

式中：m'_{xw}为尾翼导转力矩系数导数；δ_f 为尾翼斜置角。尾翼导转力矩在弹轴坐标系中的投影为

$$\begin{bmatrix} M_{xwr\xi} \\ M_{xwr\eta} \\ M_{xwr\zeta} \end{bmatrix} = \frac{1}{2}\rho v_r^2 S l m'_{xw}\delta_f \begin{bmatrix} 1 \\ 0 \\ 0 \end{bmatrix} \tag{4.63}$$

把上述各力矩进行向量叠加得到合力矩 $\boldsymbol{M}$ 的分量形式

$$\boldsymbol{M}=\begin{bmatrix}M_{\xi}\\M_{\eta}\\M_{\zeta}\end{bmatrix}=\begin{bmatrix}0\\M_{\mathrm{p}_\eta}\\M_{\mathrm{p}_\zeta}\end{bmatrix}+\begin{bmatrix}M_{z\mathrm{r}\xi}\\M_{z\mathrm{r}\eta}\\M_{z\mathrm{r}\zeta}\end{bmatrix}+\begin{bmatrix}M_{zd\mathrm{r}\xi}\\M_{zd\mathrm{r}\eta}\\M_{zd\mathrm{r}\zeta}\end{bmatrix}+\begin{bmatrix}M_{xd\mathrm{r}\xi}\\M_{xd\mathrm{r}\eta}\\M_{xd\mathrm{r}\zeta}\end{bmatrix}+\begin{bmatrix}M_{y\mathrm{r}\xi}\\M_{y\mathrm{r}\eta}\\M_{y\mathrm{r}\zeta}\end{bmatrix}+\begin{bmatrix}M_{xw\mathrm{r}\xi}\\M_{xw\mathrm{r}\eta}\\M_{xw\mathrm{r}\zeta}\end{bmatrix}$$

(4.64)

4.5 野战火箭质心运动方程

野战火箭质心相对地面坐标系 $O-xyz$ 的运动方程的向量形式为

$$m\frac{\mathrm{d}\boldsymbol{v}}{\mathrm{d}t}=\boldsymbol{F} \tag{4.65}$$

式中:$\boldsymbol{F}$ 为包括推力和重力在内的一切外力,此外还有科里奥利惯性力。

在弹道坐标系内建立质心运动方程,而弹道坐标系 $O-x_2y_2z_2$ 是一个动参考系,其转动角速度(图 4.2)为

$$\boldsymbol{\Omega}=\dot{\boldsymbol{\theta}}_1+\dot{\boldsymbol{\psi}}_2 \tag{4.66}$$

它在 $O-x_2y_2z_2$ 三轴上的投影分别是

$$\begin{cases}\Omega_{x_2}=\dot{\theta}_1\sin\psi_2\\\Omega_{y_2}=-\dot{\psi}_2\\\Omega_{z_2}=\dot{\theta}_1\cos\psi_2\end{cases} \tag{4.67}$$

如果用 $\mathrm{d}\boldsymbol{v}/\mathrm{d}t$ 表示 $\boldsymbol{v}$ 相对动坐标系 $O-x_2y_2z_2$ 对时间 t 的导数,称为 $\boldsymbol{v}$ 的相对导数,那么便有

$$\frac{\mathrm{d}\boldsymbol{v}}{\mathrm{d}t}=\frac{\mathrm{d}_\mathrm{r}\boldsymbol{v}}{\mathrm{d}t}+\boldsymbol{\Omega}\times\boldsymbol{v} \tag{4.68}$$

而 $\boldsymbol{v}$ 在 $O-x_2y_2z_2$ 三轴上的投影为

$$\begin{cases}v_{x_2}=v\\v_{y_2}=0\\v_{z_2}=0\end{cases} \tag{4.69}$$

将式(4.68)代入式(4.65),再将式(4.67)和式(4.69)代入,并用 e_{t1},e_{t2},e_{t3} 表示 $O-x_2y_2z_2$ 三轴上的单位向量,则得

$$\boldsymbol{e}_{t2} m \frac{\mathrm{d}\boldsymbol{v}}{\mathrm{d}t} + m\begin{vmatrix} \boldsymbol{e}_{t1} & \boldsymbol{e}_{t2} & \boldsymbol{e}_{t3} \\ \dot{\theta}_1 \sin\psi_2 & -\dot{\psi}_2 & \dot{\theta}_1 \cos\psi_2 \\ v & 0 & 0 \end{vmatrix} = \boldsymbol{F}$$

如果用 $F_{x_2}, F_{y_2}, F_{z_2}$ 表示 $\boldsymbol{F}$ 在 $O - x_2y_2z_2$ 三轴上的分量,那么标量形式的质心动力学方程组为

$$\begin{cases} m\dfrac{\mathrm{d}v}{\mathrm{d}t} = F_{x_2} \\ mv\cos\psi_2 \dfrac{\mathrm{d}\theta_1}{\mathrm{d}t} = F_{y_2} \\ mv\dfrac{\mathrm{d}\psi_2}{\mathrm{d}t} = F_{z_2} \end{cases} \tag{4.70}$$

从式(4.70)看出,$F_{x_2}, F_{y_2}, F_{z_2}$ 三者对速度变化的作用是各不相同的。F_{x_2} 是切向力,改变 v 的大小,火箭飞行是加速运动或是减速运动,完全取决于 F_{x_2},它为正时起加速作用,反之起减速作用。F_{y_2} 是铅垂面内的法向力,使速度方向在铅垂面内发生变化,它为正时,弹道向上弯曲,为负时向下弯曲。F_{z_2} 是横向力,使速度方向偏离射击面,F_{z_2} 为正时,使弹道向右偏转,反之向左偏转。

4.6 野战火箭转动运动方程

为了建立火箭转动运动方程式,应用动量矩定理

$$\frac{\mathrm{d}\boldsymbol{K}}{\mathrm{d}t} = \boldsymbol{M} \tag{4.71}$$

式中:$\boldsymbol{M}$ 为包括推力矩在内的一切外力矩;$\boldsymbol{K}$ 为弹体转动动量矩向量。火箭在发动机工作期间是变质点系,运用动量矩定理时必须注意刚化原理。在弹轴坐标系 $O - \xi\eta\zeta$ 中建立转动方程,对火箭运动而言,所得到的方程式形式简单明了。

如图 4.8 所示,弹轴坐标系 $O - \xi\eta\zeta$ 与平动坐标系 $O - xyz$ 之间的关系是由两个角度 φ_a 和 φ_2 所确定的:φ_a 为弹轴高低角,是弹轴在射击面(铅垂面)内的投影与水平面的夹角。φ_2 为侧向摆动角,是弹轴与射击面的夹角。

弹轴坐标系 $O - \xi\eta\zeta$ 是由平动坐标系 $O - xyz$ 经两次旋转得到的,且相对 $O - xyz$ 而言,其转动角速度 $\boldsymbol{\omega}_a$ 为

$$\boldsymbol{\omega}_a = \dot{\boldsymbol{\varphi}}_a + \dot{\boldsymbol{\varphi}}_2 \tag{4.72}$$

弹体坐标系 $O - x_1y_1z_1$ 与弹轴坐标系 $O - \xi\eta\zeta$ 仅相差一个自转角 γ,自转角

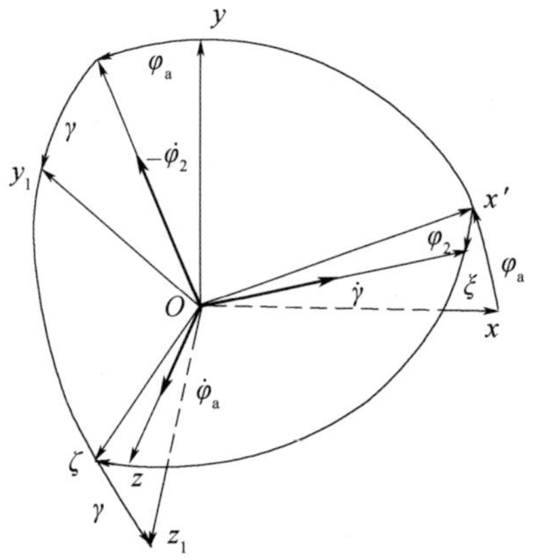

图 4.8　弹体转速诸分量

速度 $\dot{\gamma}$ 沿 $O\xi$ 方向。全弹的转动角速度 $\boldsymbol{\omega}$ 为

$$\boldsymbol{\omega} = \dot{\boldsymbol{\varphi}} + \boldsymbol{\omega}_a \tag{4.73}$$

另外,根据运动合成原理,类似式(4.68),$\mathrm{d}\boldsymbol{K}/\mathrm{d}t$ 可分解为对 $O-\xi\eta\zeta$ 坐标系的相对导数 $\mathrm{d_r}\boldsymbol{K}/\mathrm{d}t$ 与因 $O-\xi\eta\zeta$ 以角速度 $\boldsymbol{\omega}_a$ 转动时牵连速度之和,即

$$\frac{\mathrm{d}\boldsymbol{K}}{\mathrm{d}t} = \frac{\mathrm{d_r}\boldsymbol{K}}{\mathrm{d}t} + \boldsymbol{\omega}_a \times \boldsymbol{K}$$

代入到式(4.71)得转动方程的标量形式如下

$$\begin{cases} \dfrac{\mathrm{d}K_\xi}{\mathrm{d}t} + \omega_{a\eta}K_\xi - \omega_{a\zeta}K_\eta = M_\xi \\ \dfrac{\mathrm{d}K_\eta}{\mathrm{d}t} + \omega_{a\zeta}K_\xi - \omega_{a\xi}K_\zeta = M_\eta \\ \dfrac{\mathrm{d}K_\zeta}{\mathrm{d}t} + \omega_{a\xi}K_\eta - \omega_{a\eta}K_\xi = M_\zeta \end{cases} \tag{4.74}$$

其中下标 ξ,η,ζ 表示相应诸量在该轴上的投影。$\boldsymbol{\omega}_a$ 的三个分量组成的矩阵,依式(4.72)和图 4.6 可知

$$\boldsymbol{\omega}_a = \begin{bmatrix} \omega_{a\xi} \\ \omega_{a\eta} \\ \omega_{a\zeta} \end{bmatrix} = \begin{bmatrix} \dot{\varphi}_a \sin\varphi_2 \\ -\dot{\varphi}_2 \\ \dot{\varphi}_a \cos\varphi_2 \end{bmatrix} \tag{4.75}$$

至于 K 在 $O-\xi\eta\zeta$ 内的表达式,则要作一些推导。由理论力学可知,对同一坐标系而言,动量矩矩阵为转动惯量矩阵与全弹转动角速度矩阵之积,即

$$\boldsymbol{K} = J\boldsymbol{\omega} \tag{4.76}$$

由式(4.73)及图 4.8 可知

$$\boldsymbol{\omega}=\begin{bmatrix}\omega_\xi\\ \omega_\eta\\ \omega_\zeta\end{bmatrix}=\begin{bmatrix}\dot{\gamma}+\dot{\varphi}_{\mathrm{a}}\sin\varphi_2\\ -\dot{\varphi}_2\\ \dot{\varphi}_{\mathrm{a}}\cos\varphi_2\end{bmatrix}=\begin{bmatrix}\dot{\gamma}+\omega_{\mathrm{a}\xi}\\ \omega_{\mathrm{a}\eta}\\ \omega_{\mathrm{a}\zeta}\end{bmatrix}\tag{4.77}$$

而

$$\boldsymbol{J}=\begin{bmatrix}J_{\xi\xi} & -J_{\xi\eta} & -J_{\xi\zeta}\\ -J_{\eta\xi} & J_{\eta\eta} & -J_{\eta\zeta}\\ -J_{\zeta\xi} & -J_{\zeta\eta} & J_{\zeta\zeta}\end{bmatrix}\tag{4.78}$$

式中:$J_{\xi\xi}$,$J_{\eta\eta}$,$J_{\zeta\zeta}$为弹体对 ξ,η,ζ 轴的转动惯量;$J_{\xi\eta}$,$J_{\xi\zeta}$为惯性积。

考虑到质量分布不均,弹体惯量主纵轴的方向将与几何纵轴不一致,就是说,两者存在一个夹角 β_{D},在弹体坐标系 $O-x_1y_1z_1$ 内,可用两个分量表示:

β_{D1}——中心惯量主纵轴在 x_1Oy_1 平面内的投影与 Ox_1 轴的夹角;

β_{D2}——中心惯量主纵轴与 x_1Oy_1 平面内的夹角。

显然,由中心惯量主轴组成的坐标系 $O-x_1'y_1'z_1'$可以通过弹体坐标系 $O-x_1y_1z_1$ 经过两次旋转得到。对 $O-x_1'y_1'z_1'$坐标系来说,惯量矩阵具有简单形式

$$\boldsymbol{J}'=\begin{bmatrix}J_x & 0 & 0\\ 0 & J_y & 0\\ 0 & 0 & J_z\end{bmatrix}=\begin{bmatrix}C & 0 & 0\\ 0 & A & 0\\ 0 & 0 & A\end{bmatrix}\tag{4.79}$$

式中:J_z 和 J_y 绕轴 y_1'和 z_1'的转动惯量,当火箭为轴对称体时,J_y 和 J_z 是相等的,即赤道转动惯量 A;J_x 为极转动惯量,近似等于绕纵轴的转动惯量,以 C 记之。

可以通过坐标变换来把 J'转换到 J,下面作此推导。事实上,弹体中心惯量主轴坐标系 $O-x_1'y_1'z_1'$可认为是弹轴坐标系转到弹体坐标系,再转到中心惯量主轴坐标系这一过程所得到的。并考虑到 β_{D1} 和 β_{D2} 很小,可取 $\sin\beta_{\mathrm{D1}}\approx\beta_{\mathrm{D1}}$,$\sin\beta_{\mathrm{D2}}\approx\beta_{\mathrm{D2}}$,$\cos\beta_{\mathrm{D1}}\approx1$,$\cos\beta_{\mathrm{D2}}\approx1$ 并略去二阶小量,则得 $O-\xi\eta\zeta$ 到 $O-x_1'y_1'z_1'$的坐标变换矩阵为

$$\boldsymbol{C}_{\mathrm{b'a}}=\boldsymbol{C}_2(-\beta_{\mathrm{D2}})\boldsymbol{C}_3(\beta_{\mathrm{D1}})\boldsymbol{C}_1(\gamma)=\begin{bmatrix}1 & \beta_{\mathrm{D}\eta} & \beta_{\mathrm{D}\zeta}\\ -\beta_{\mathrm{D1}} & \cos\gamma & \sin\gamma\\ -\beta_{\mathrm{D2}} & -\sin\gamma & \cos\gamma\end{bmatrix}\tag{4.80}$$

式中

$$\begin{cases}\beta_{D\eta} = \beta_{D1}\cos\gamma - \beta_{D2}\sin\gamma \\ \beta_{D\zeta} = \beta_{D1}\sin\gamma + \beta_{D2}\cos\gamma\end{cases} \tag{4.81}$$

这样，弹轴坐标系内的矩阵 $\boldsymbol{K}$，$\boldsymbol{\omega}$ 便与惯量主轴坐标系内的 $\boldsymbol{K}'$，$\boldsymbol{\omega}'$ 存在转换关系

$$\begin{cases}\boldsymbol{K}' = \boldsymbol{C}_{b'a}\boldsymbol{K} \\ \boldsymbol{\omega}' = \boldsymbol{C}_{b'a}\boldsymbol{\omega}\end{cases} \tag{4.82}$$

由理论力学可知

$$\boldsymbol{K} = \boldsymbol{J}\boldsymbol{\omega} \tag{4.83}$$

$$\boldsymbol{K}' = \boldsymbol{J}\boldsymbol{\omega}' \tag{4.84}$$

将式(4.82)代入式(4.85)得

$$\boldsymbol{C}_{b'a}\boldsymbol{K} = \boldsymbol{J}'\boldsymbol{C}_{b'a}\boldsymbol{\omega}$$

此式与式(4.83)比较，便知

$$\boldsymbol{J} = \boldsymbol{C}_{b'a}^{\mathrm{T}}\boldsymbol{J}'\boldsymbol{C}_{b'a} \tag{4.85}$$

这是一个很重要的关系式，它给出了不同坐标系内惯量矩阵的转换关系，将式(4.79)和式(4.80)两式代入，经矩阵运算并整理得

$$\boldsymbol{J} = \begin{bmatrix} C & -(A-C)\beta_{D\eta} & -(A-C)\beta_{D\zeta} \\ -(A-C)\beta_{D\eta} & A & 0 \\ -(A-C)\beta_{D\zeta} & 0 & A \end{bmatrix} \tag{4.86}$$

顺便指出，当考虑到质心偏离几何中心时，上式也是基本正确的，因为它的影响是高阶小量。于是动量矩阵为

$$\begin{bmatrix} K_\xi \\ K_\eta \\ K_\zeta \end{bmatrix} = \begin{bmatrix} C & -(A-C)\beta_{D\eta} & -(A-C)\beta_{D\zeta} \\ -(A-C)\beta_{D\eta} & A & 0 \\ -(A-C)\beta_{D\zeta} & 0 & A \end{bmatrix}\begin{bmatrix} \omega_\xi \\ \omega_\eta \\ \omega_\zeta \end{bmatrix} \tag{4.87}$$

将式(4.87)代入式(4.74)，并由式(4.75)、式(4.77)得

$$\begin{cases}\omega_{a\xi} = \omega_\xi \tan\varphi_2 \\ \omega_{a\eta} = \omega_\eta \\ \omega_{a\zeta} = \omega_\zeta\end{cases} \tag{4.88}$$

方程式(4.74)在略去一些次要量后便成为

$$\begin{cases} C\dfrac{\mathrm{d}\omega_\xi}{\mathrm{d}t} = M_\xi + (A-C)\omega_\xi(\beta_{\mathrm{D}\zeta}\omega_\eta - \beta_{\mathrm{D}\eta}\omega_\zeta) + (A-C)\dfrac{\mathrm{d}}{\mathrm{d}t}(\beta_{\mathrm{D}\eta}\omega_\eta + \beta_{\mathrm{D}\zeta}\omega_\zeta) \\ A\dfrac{\mathrm{d}\omega_\eta}{\mathrm{d}t} + C_{\omega\xi\omega\zeta} - A\omega_\zeta^2\tan\varphi_2 = M_\eta + (A-C)\dfrac{\mathrm{d}}{\mathrm{d}t}(\beta_{\mathrm{D}\eta}\omega_\xi) \\ A\dfrac{\mathrm{d}\omega_\zeta}{\mathrm{d}t} - C_{\omega\xi\omega\eta} + A\omega_\eta\omega_\zeta\tan\varphi_2 = M_\zeta + (A-C)\dfrac{\mathrm{d}}{\mathrm{d}t}(\beta_{\mathrm{D}\zeta}\omega_\xi) \end{cases} \tag{4.89}$$

这就是绕心运动动力学方程组比较具体的形式。而绕心运动的运动学方程组，由式(4.77)可知

$$\begin{cases} \dfrac{\mathrm{d}\varphi_{\mathrm{a}}}{\mathrm{d}t} = -\dfrac{1}{\cos\varphi_2}\omega_\zeta \\ \dfrac{\mathrm{d}\varphi_2}{\mathrm{d}t} = -\omega_\eta \\ \dfrac{\mathrm{d}\gamma}{\mathrm{d}t} = -\omega_\xi - \omega_\zeta\tan\varphi_2 \end{cases} \tag{4.90}$$

4.7 野战火箭运动方程组

火箭运动的一般方程组将由式(4.29)、式(4.70)、式(4.89)和式(4.90)组成。其中火箭质量 $m(t)$ 及转动惯量都作为已知函数。考虑有风存在下的一般情况，所求参数有

$$v,\theta_1,\psi_2,\omega_\xi,\omega_\eta,\omega_\zeta,\varphi_{\mathrm{a}},\varphi_2,\gamma,x,y,z,a_{\mathrm{ar}},\theta_{\mathrm{r}},\psi_{\mathrm{r}},v_{\mathrm{r}},\delta_{\mathrm{r}},\delta_{\mathrm{r1}},\delta_{\mathrm{r2}}$$

19 个，其中后 7 个参数将包含在空气动力和力矩中。要求得 19 个参数，除了 12 个运动方程外，还需要 7 个联系方程，它们是式(4.9)~式(4.11)、式(4.23)~式(4.25)，以及

$$\cos\delta_{\mathrm{r}} = \cos\delta_{\mathrm{r1}}\cos\delta_{\mathrm{r2}} \tag{4.91}$$

这一关系式是明显的，只将弹轴上的单位向量以两种不同途径向 v_{r}(Ox_{r} 轴)方向投影即得：一是直接向 v_{r}(Ox_{r} 轴)投影；二是先向 $Ox_{\mathrm{r}}y_{\mathrm{r}}$ 平面投影，继而向 Ox_{r} 轴投影。

考虑地表曲率，取地表切面坐标系的转速 $\omega_{\mathrm{e}} = v_x/(r_{\mathrm{E}} + y_{\mathrm{g}} + y)$。在该动坐标系内建立运动方程时，需考虑由 ω_{e} 引起的牵连运动。

综上所述，得火箭运动方程组如下：

$$\begin{cases}
m\dfrac{\mathrm{d}v}{\mathrm{d}t}=F_{x_2}\\
mv\cos\psi_2\dfrac{\mathrm{d}\theta_1}{\mathrm{d}t}=F_{y_2}+m\dfrac{\omega_x}{r_{\mathrm{E}}+y_{\mathrm{g}}+y}\\
mv\dfrac{\mathrm{d}\psi_2}{\mathrm{d}x}=F_{z_2}\\
C\dfrac{\mathrm{d}\omega_\xi}{\mathrm{d}t}=M_\xi+(A-C)\omega_\xi(\beta_{\mathrm{D}\zeta}\omega_\eta-\beta_{\mathrm{D}\eta}\omega_\zeta)+(A-C)\dfrac{\mathrm{d}}{\mathrm{d}t}(\beta_{\mathrm{D}\eta}\omega_\eta+\beta_{\mathrm{D}\zeta}\omega_\zeta)\\
A\dfrac{\mathrm{d}\omega_\eta}{\mathrm{d}t}+C\omega_\xi\omega_\zeta-A\omega_\zeta^2\tan\varphi_2=M_\eta+(A-C)\dfrac{\mathrm{d}}{\mathrm{d}t}(\beta_{\mathrm{D}\eta}\omega_\xi)\\
A\dfrac{\mathrm{d}\omega_\zeta}{\mathrm{d}t}-C\omega_\xi\omega_\eta+A\omega_\eta\omega_\zeta\tan\varphi_2=M_\zeta+(A-C)\dfrac{\mathrm{d}}{\mathrm{d}t}(\beta_{\mathrm{D}\zeta}\omega_\xi)\\
\dfrac{\mathrm{d}\varphi_{\mathrm{a}}}{\mathrm{d}t}=-\dfrac{1}{\cos\varphi_2}\omega_\zeta+\dfrac{v_x}{r_{\mathrm{E}}+y_{\mathrm{g}}+y}\\
\dfrac{\mathrm{d}\varphi_2}{\mathrm{d}t}=-\omega_\eta\\
\dfrac{\mathrm{d}\gamma}{\mathrm{d}t}=-\omega_\xi-\omega_\zeta\tan\varphi_2\\
\dfrac{\mathrm{d}x}{\mathrm{d}t}=v\cos\psi_2\cos\theta_1\\
\dfrac{\mathrm{d}y}{\mathrm{d}t}=v\cos\psi_2\sin\theta_1\\
\dfrac{\mathrm{d}z}{\mathrm{d}t}=v\sin\psi_2\\
v_{\mathrm{r}}=[(v_x-w_x)^2+(v_y-w_y)^2+(v_z-w_z)^2]^{1/2}\\
\psi_{\mathrm{r}}=\arcsin[(v_z-w_z)/v_{\mathrm{r}}]\\
\theta_{\mathrm{r}}=\arcsin[(v_y-w_y)/(v_{\mathrm{r}}\cos\psi_{\mathrm{r}})]\\
\delta_{\mathrm{r2}}=\arcsin[\sin\varphi_2\cos\psi_{\mathrm{r}}-\sin\psi_{\mathrm{r}}\cos\varphi_2\cos(\varphi_{\mathrm{a}}-\theta_{\mathrm{r}})]\\
\delta_{\mathrm{r1}}=\arcsin[\sin(\varphi_{\mathrm{a}}-\theta_{\mathrm{r}})\cos\varphi_2/\cos\delta_{\mathrm{r2}}]\\
\delta_{\mathrm{r}}=\arccos(\cos\delta_{\mathrm{r1}}\cos\delta_{\mathrm{r2}})\\
a_{\mathrm{ar}}=\arcsin[\sin(\varphi_{\mathrm{a}}-\theta_{\mathrm{r}})\sin\psi_{\mathrm{r}}/\cos\delta_{\mathrm{r2}}]
\end{cases}\tag{4.92}$$

第5章 野战火箭的基本飞行性能

在火箭的设计、计算工作中，虽然尽一切努力使理想弹道符合真实飞行情况，但两者终究不可能完全一致，这就要求以理想弹道为基础，进一步研究在实际飞行中偏离理想弹道的动力学问题。这称为动态特性分析。

研究动态性质,一般分三个步骤进行：

第一步，首先研究火箭弹受到偶然干扰作用后，基准运动是否具有稳定性，这就要求分析自由扰动运动的性质。

第二步，研究火箭弹对控制作用的反应,这时除了要分析自由扰动运动的性质,更重要的是分析过渡过程的品质。

第三步，研究火箭弹在常值干扰下,可能产生的参数误差。

5.1 自由扰动运动特性

自由扰动运动的特点是在火箭弹上没有引起扰动运动的经常作用力和力矩,产生自由扰动运动的原因只是某种偶然干扰的作用,使一些运动参数出现了初始偏差,由此引起偶然干扰力和干扰力矩，以致火箭弹出现扰动运动。在扰动运动开始后，产生干扰的因素也随之消失。

5.1.1 纵向自由扰动运动方程组

火箭的自由扰动运动方程组如下：

$$\begin{cases}\Delta\dot{V}-a_{11}\Delta V-a_{13}\Delta\theta-a_{14}\Delta\alpha=a_{16}F_{gx}\\ \Delta\ddot{\vartheta}-a_{21}\Delta V-a_{22}\Delta\dot{\vartheta}-a_{24}\Delta\alpha-a'_{24}\Delta\dot{\alpha}=a_{25}\Delta\delta_z+a_{26}M_{gz}\\ \Delta\dot{\theta}-a_{31}\Delta V-a_{33}\Delta\theta-a_{34}\Delta\alpha=a_{35}\Delta\delta_z+a_{36}F_{gy}\\ -\Delta\vartheta+\Delta\theta+\Delta\alpha=0\end{cases}\tag{5.1}$$

采用系数冻结法后,方程式(5.1)为常系数线性齐次微分方程组。其变量为$\Delta V,\Delta\vartheta,\Delta\theta$和$\Delta\alpha$。只要给出初始条件,就可以求出这些变量的变化规律。

5.1.2 特征方程式及其根的特性

现在求自由扰动运动方程组指数函数形式的特解为

$$\Delta V = A\mathrm{e}^{\lambda t},\Delta\vartheta = B\mathrm{e}^{\lambda t},\Delta\theta = C\mathrm{e}^{\lambda t},\Delta\alpha = D\mathrm{e}^{\lambda t} \tag{5.2}$$

式中:A,B,C,D和λ都为常数。

将上式代入到自由扰动运动方程组中,消去共同因子$\mathrm{e}^{\lambda t}$后,得到代数方程组

$$\begin{cases}(\lambda - a_{11})A - a_{13}C - a_{14}D = 0\\ - a_{21}A + \lambda(\lambda - a_{22})B - (a'_{24}\lambda + a_{24})D = 0\\ - a_{31}A - (a_{33} - \lambda)C - a_{34}D = 0\\ - B + C + D = 0\end{cases} \tag{5.3}$$

显然,$A=B=C=D=0$为该方程组的明显解。为了得到非明显解,应当要求方程组的系数行列式为零,即

$$\Delta(\lambda) = \begin{vmatrix}\lambda - a_{11} & 0 & - a_{13} & - a_{14}\\ - a_{21} & \lambda(\lambda - a_{22}) & 0 & -(a'_{24}\lambda + a_{24})\\ - a_{31} & 0 & \lambda - a_{33} & - a_{34}\\ 0 & -1 & 1 & 1\end{vmatrix} = 0 \tag{5.4}$$

该方程为关于λ的四次代数方程,称为特征方程。将其展开,得到特征多项式为

$$\Delta(\lambda) = \lambda^4 + P_1\lambda^3 + P_2\lambda^2 + P_3\lambda + P_4 = 0 \tag{5.5}$$

式中

$$\begin{cases}P_1 = - a_{33} + a_{34} - a_{22} - a'_{24} - a_{11}\\ P_2 = a_{31}a_{14} - a_{31}a_{13} + a_{22}a_{33} - a_{22}a_{34} - a_{24} + a_{33}a'_{24}\\ \qquad + a_{33}a_{11} - a_{34}a_{11} + a_{22}a_{11} + a'_{24}a_{11}\\ P_3 = - a_{21}a_{14} - a_{31}a_{22}a_{14} + a_{22}a_{31}a_{13} + a'_{24}a_{31}a_{13}\\ \qquad + a_{24}a_{33} - a_{22}a_{33}a_{11} + a_{22}a_{34}a_{11} + a_{24}a_{11} - a_{33}a_{11}a'_{24}\\ P_4 = a_{21}a_{33}a_{14} - a_{13}a_{21}a_{34} + a_{24}a_{31}a_{13} - a_{24}a_{33}a_{11}\end{cases} \tag{5.6}$$

式中:P_1,P_2,P_3,P_4为实数,它们取决于扰动运动方程组的系数。特征方程的四个根$\lambda_1,\lambda_2,\lambda_3,\lambda_4$如果都不相同,则每一个根对应方程组有如下形式的特解:

$$\begin{cases}\Delta V_i = A_i e^{\lambda_i t},\ \Delta\vartheta_i = B_i e^{\lambda_i t} \\ \Delta\theta_i = C_i e^{\lambda_i t},\ \Delta\alpha_i = D_i e^{\lambda_i t}\end{cases} \tag{5.7}$$

方程组的通解将为四个特解之和,即

$$\begin{cases}\Delta V = \sum_{i=1}^{4} A_i e^{\lambda_i t},\ \Delta\vartheta = \sum_{i=1}^{4} B_i e^{\lambda_i t} \\ \Delta\theta = \sum_{i=1}^{4} C_i e^{\lambda_i t},\ \Delta\alpha = \sum_{i=1}^{4} D_i e^{\lambda_i t}\end{cases} \tag{5.8}$$

因为特征方程有 4 个根，它们可以是实数，也可能是共轭复数。因此，自由扰动运动有以下 3 种情况。

1. 全为实根

这时火箭的自由扰动运动由四个非周期运动组成。对应于正根的运动参数随着时间的增长而增大,对应于负根的运动参数随着时间的增长而减小。四个根中即使有一个是正根,则所有偏量均随时间的增长而无限增大。

2. 两个根为实数和两个根为共轭复数

一对共轭复根 $\lambda_1 = x + i\nu, \lambda_2 = x - i\nu$ 与下列形式的特解相对应

$$\Delta\vartheta_{1,2} = B_1 e^{\lambda_1 t} + B_2 e^{\lambda_2 t} \tag{5.9}$$

式中:B_1, B_2 为常数。利用欧拉公式

$$\begin{cases}e^{i\nu t} + e^{-i\nu t} = 2\cos\nu t \\ e^{i\nu t} - e^{-i\nu t} = 2i\sin\nu t\end{cases} \tag{5.10}$$

将 λ_1, λ_2 相对应的特解变换一下,则有

$$\begin{aligned}\Delta\vartheta_{1,2} &= B_1 e^{\lambda_1 t} + B_2 e^{\lambda_2 t} = (a - bi) e^{(\chi + \nu i)t} + (a + bi) e^{(\chi - \nu i)t} \\ &= a e^{\chi t}(e^{i\nu t} + e^{-i\nu t}) - ib e^{\chi t}(e^{i\nu t} - e^{-i\nu t}) \\ &= 2e^{\chi t}(a\cos\nu t + b\sin\nu t) = B e^{\chi t}\sin(\nu t + \varphi)\end{aligned} \tag{5.11}$$

式中:B, φ 为任意新的常数,其中

$$B = 2\sqrt{a^2 + b^2},\ \varphi = \arctan\frac{a}{b} \tag{5.12}$$

于是一对共轭复根给出了具有振幅为 $Be^{\chi t}$,角频率为 ν 和相位为 φ 的振荡运动。当 $\chi > 0$ 时,振幅随时间的增大而增长;当 $\chi < 0$ 时,振幅随时间的增大而衰减;当 $\chi = 0$ 时,振幅不随时间而变。在这种情况下,火箭弹自由扰动运动由两个非周期运动和一个振荡运动叠加而成。如果在实根和复根实部中,有一个符号为正,则增量将随时间的增长而增大。

3. 四个根为两对共轭复根

此时,火箭弹的自由扰动运动由两个振荡运动叠加而成,即

$$\begin{cases}\Delta V = Ae^{\chi t}\sin(\nu t + \varphi_1) + A'e^{\xi t}\sin(\eta t + \gamma_1)\\ \Delta\vartheta = Be^{\chi t}\sin(\nu t + \varphi_2) + B'e^{\xi t}\sin(\eta t + \gamma_2)\\ \Delta\theta = Ce^{\chi t}\sin(\nu t + \varphi_3) + C'e^{\xi t}\sin(\eta t + \gamma_3)\\ \Delta\alpha = De^{\chi t}\sin(\nu t + \varphi_4) + D'e^{\xi t}\sin(\eta t + \gamma_4)\end{cases} \tag{5.13}$$

如果任一复根的实部为正值,则增量将随时间的增长而增大。

总括以上所述，简而言之：

(1) 所有实根和复根的实部为负，火箭弹运动是稳定的。

(2) 只要有一个实根或一对复根的实部为正，火箭弹运动是不稳定的。

(3) 有一个实根或一对复根的实部为零，其余实根或根的实部为负，火箭弹运动是中立稳定的。

5.1.3 自由扰动的振荡周期及衰减程度

自扰扰动运动的特征方程的每一对共轭复根 $\lambda_{1,2}=\chi+\mathrm{i}\nu$ 均对应于特征方程组的一个特解,振荡周期

$$T = 2\pi/\nu \tag{5.14}$$

振荡衰减的程度由振幅(发散)减小一半的时间 $\Delta t=t_2-t_1$ 来表示。

以攻角 $\Delta\alpha$ 为例,当 $t=t_1$ 时,振幅 $|\Delta\alpha_1|=De^{\chi t_1}$;当 $t=t_2$ 时,振幅 $|\Delta\alpha_2|=De^{\chi t_2}$。

如果 $\chi<0$,则可从条件 $|\Delta\alpha_2|/|\Delta\alpha_1|=e^{\chi(t_2-t_1)}=1/2$ 求出 Δt 的大小,即 $\Delta t=-\ln 2/\chi=-0.693/\chi$, 则 $|\chi|$ 的绝对值越大,衰减程度越大。

如果 $\chi>0$,在不稳定的情况下,振幅增大一倍的时间约为 $\Delta t=-0.693/\chi$,则 $|\chi|$ 的绝对值越大时,发散程度越大。

振荡衰减(发散)的程度也可由一个周期内幅值的衰减(发散)程度来表示:

$$\frac{De^{\chi(n+1)T}}{De^{\chi nT}} = e^{\chi T} = e^{2\pi\chi/\nu} \tag{5.15}$$

式中:$De^{\chi(n+1)T}$ 和 $De^{\chi nT}$ 为相邻两周期所对应的瞬时幅值。$|\chi/\nu|$ 数值越大,在一个周期内衰减(发散)程度越大。

5.1.4 自由扰动的短周期和长周期运动

对于火箭的研究表明,其自由扰动运动的特征根有一对大复根和一对小复根的特点,且一对复根的实部和虚部的绝对值均远大于另一对复根的实部和虚部的绝对值。复根的实部大小,表征扰动运动的衰减程度,虚部大小表征振荡频率。由此可见,一对大复根对应于快衰减运动,而一对小复根则对应慢衰减

运动。

一对大复根对应的高频快衰减运动,称为短周期运动。一对小复根对应的低频慢衰减运动称为长周期运动。因此扰动运动由低频慢衰减的长周期和高频快衰减的短周期两种运动叠加而成,两者的周期和衰减程度有很大差别。

5.1.5 侧向自由扰动的动态特性分析

同纵向扰动运动一样,侧向自由扰动运动的一般解为

$$\begin{cases}\Delta\omega_x = \sum A_i e^{s_i t} \\ \Delta\omega_y = \sum B_i e^{s_i t} \\ \Delta\beta = \sum C_i e^{s_i t} \\ \Delta\gamma = \sum D_i e^{s_i t}\end{cases} \tag{5.16}$$

侧向自由扰动运动方程组的特征方程为

$$G(s) = s^4 + P_1 s^3 + P_2 s^2 + P_3 s + P_4 = 0 \tag{5.17}$$

其中

$$\begin{cases}P_1 = -a_{33} - b_{22} + b_{34} - b_{11} + \alpha\tan\vartheta b'_{24} + b'_{24}b_{32} \\ P_2 = -b_{22}b_{34} + a_{33}b_{22} + b_{11}b_{22} - b_{11}b_{34} + b_{11}a_{33} \\ \qquad + b_{24}b_{32} - b'_{24}b_{32}b_{11} - b_{21}b_{12} + (-b_{14} + b_{24}\tan\vartheta \\ \qquad - b'_{24}b_{11}\tan\vartheta - b'_{24}b_{12})\alpha - b'_{24}b_{36}\tan\vartheta \\ P_3 = (b_{22}b_{14} + b_{21}b_{14}\tan\vartheta - b_{24}b_{11}\tan\vartheta - b_{24}b_{12})\alpha \\ \qquad - (b_{24}\tan\vartheta + b'_{24}b_{11}\tan\vartheta - b'_{24}b_{12} - b_{14})b_{36} \\ \qquad + b_{22}b_{34}b_{11} - b_{22}b_{33}b_{11} + b_{21}b_{14}b_{32} + b_{21}b_{12}a_{33} - b_{21}b_{12}b_{34} - b_{24}b_{11}b_{32} \\ P_4 = -b_{36}(b_{22}b_{14} + b_{21}b_{14}\tan\vartheta - b_{24}b_{11}\tan\vartheta - b_{24}b_{12})\end{cases} \tag{5.18}$$

侧向自由扰动的特征方程的四个根对应于三种情况:一个大实根 s_1(负值);一个小实根 s_2(正值);一对共轭复根 $s_{3,4}$,每一个根决定了一种运动形态。

1. 倾斜运动模态

倾斜运动模态的特征根特点是存在大负实根 s_1,其运动参数特点是 $|\Delta\omega_x| \gg |\Delta\omega_y|$,$|\Delta\gamma| \gg |\Delta\beta|$。其扰动运动特点是非周期迅速衰减运动,基本上只有倾斜角 $\Delta\gamma$ 的变化。

2. 螺旋运动模态

螺旋运动模态的特征根特点是存在小的正实根 s_1,其运动参数特点是 $\Delta\omega_x$,$\Delta\omega_y$,$\Delta\beta$,$\Delta\gamma$ 均随着时间而缓慢增加,火箭沿螺旋线运动。

3. “荷兰滚”运动模态

“荷兰滚”运动模态的特征根特点是存在一对共轭复根 $s_{3,4}$,其运动参数特

点是 $\Delta\omega_x,\Delta\omega_y,\Delta\beta,\Delta\gamma$ 都有变化,但 $\Delta\omega_x$ 的变化大一点。在这种运动中,运动既有滚转,又有偏航和侧滑,它类似于滑冰运动中“荷兰滚”花式动作,习惯上又称荷兰滚运动。由于它的振荡频率比较高,如果不稳定,难以纠正,因此,要求必须是稳定的,并希望很快衰减。

按时间划分,侧向自由扰动运动可分为三个阶段:

第一阶段:大实根的倾斜运动。很快衰减而消失(约为 0.2 ~0.4s)。

第二阶段:振荡运动。延续时间约为几秒钟(4 ~5s)。

第三阶段:小正实根的螺旋运动。是一个慢发散的运动,虽然螺旋运动是不稳定的,但只需加以适当控制,就能摆脱螺线运动。

5.2 弹道飞行稳定性

5.2.1 稳定性的概念

火箭的运动由其运动微分方程确定,故对其飞行稳定性的研究在数学上就是研究其运动微分方程的稳定性。研究火箭飞行是否稳定,需要考察受干扰作用后的运动与未受干扰作用时的运动之间的偏差大小。根据李雅普诺夫提出的稳定性定义,设火箭的运动微分方程组为

$$\frac{\mathrm{d}x_i}{\mathrm{d}t}=f_i(t;x_1,x_2,\cdots,x_n)\ (i=1,2,\cdots,n) \tag{5.19}$$

式中:$x_1,x_2,\cdots,x_n$ 为火箭运动状态的变量。

设满足起始条件 $x_i(t_0)=\tilde{x}_{i0}(i=1,2,\cdots,n)$ 的方程的解为 $\tilde{x}_i(t)$,考察其他解 $x_i(t)$ 与 $\tilde{x}_i(t)$ 的偏差,即扰动运动

$$y_i(t)=x_i(t)-\tilde{x}_i(t) \tag{5.20}$$

如果任意给定 $\varepsilon>0$,总存在相应的正数 $\delta=\delta(t_0,\varepsilon)$,使得只要初始值 y_{i0} 满足不等式

$$|y_{i0}|<\delta \tag{5.21}$$

的扰动运动 $y_i(t)$ 对所有的 $t>t_0$ 都满足

$$|y_i(t)|<\varepsilon \tag{5.22}$$

则称未被扰动的运动 $\tilde{x}_i(t)$ 是稳定的;否则就是不稳定的。

如果 $\tilde{x}_i(t)$ 不仅稳定,而且

$$\lim_{t\to\infty}x_i(t)=0 \tag{5.23}$$

则称此运动是渐近稳定的。

对于火箭主动段的扰动运动而言,初始扰动不仅包括了起始扰动,还包括

其他扰动因素,如推力偏心、动不平衡等。只要火箭的攻角满足稳定性条件,火箭的运动就是稳定的。为保证火箭全弹道的飞行稳定性,必须满足下列条件:

(1) 火箭的自由运动是稳定的。

(2) 不产生共振效应。

(3) 在重力形成的弹道弯曲过程中,弹轴追随弹道切线方向变化,其攻角限制在允许数值之内。

5.2.2 稳定性准则

在经典的稳定性理论中,根据特征方程的系数来决定根的性质,从而判断系统的稳定性。常用的方法有劳斯判据、霍尔维茨判据、奈奎斯特判据及根轨迹法等。在分析火箭的动态特性时,如果特征方程式的阶数不高于四次,采用霍尔维茨准则最为方便。霍尔维茨判据可以用来判断以代数形式描述的特征方程式

$$\Delta(\lambda) = a_0\lambda^m + a_1\lambda^{m-1} + \cdots + a_m = 0 \tag{5.24}$$

的根的符号。

霍尔维茨判据为:要使特征方程式的所有根都具有负实部,充要条件是霍尔维茨行列式 Δm 及所有主子式 $\Delta_1, \Delta_2, \cdots, \Delta_{m-1}$ 具有同系数 a_0 一样的符号,其中

$$\Delta_1 = a_0, \Delta_2 = \begin{vmatrix} a_1 & a_3 \\ a_0 & a_2 \end{vmatrix}, \Delta_3 = \begin{vmatrix} a_1 & a_3 & a_5 \\ a_0 & a_2 & a_4 \\ 0 & a_1 & a_3 \end{vmatrix}, \cdots, \Delta_m = \begin{vmatrix} a_1 & a_3 & a_5 & \cdots & 0 \\ a_0 & a_2 & a_4 & \cdots & 0 \\ \vdots & \vdots & \vdots & & \vdots \\ 0 & 0 & 0 & a_{m-2} & a_m \end{vmatrix} \tag{5.25}$$

即当 $a_0 > 0$ 时,$\Delta_1, \Delta_2, \cdots, \Delta_m$ 都大于零。

5.2.3 弹道飞行的稳定性

如果火箭弹的弹体是稳定的,则当遇到外界的偶然干扰且当干扰消失后,运动的偏量 $\Delta V, \Delta\vartheta, \Delta\theta, \Delta\alpha$ 将逐渐趋于零。但是,若火箭没有操纵机构或操纵机构固定的情况下,飞行弹道是否能恢复到原来的弹道上,需要进行分析。

由纵向扰动运动方程组得到质心位置的扰动运动方程组如下:

$$\begin{cases} \Delta\dot{y} = \sin\theta\Delta V + V\cos\theta\Delta\theta \\ \Delta\dot{x} = \cos\theta\Delta V - V\sin\theta\Delta\theta \end{cases} \tag{5.26}$$

在已知起始扰动条件下,可以求出运动参数的偏量 $\Delta V(t), \Delta\theta(t)$,代入到

上述方程中,很容易通过积分得出弹道的偏离量 $\Delta x,\Delta y$ 为

$$\begin{cases}\Delta y = \int_{t_0}^{t} (\sin\theta\Delta V + V\cos\theta\Delta\theta)\mathrm{d}t \\ \Delta x = \int_{t_0}^{t} (\cos\theta\Delta V - V\sin\theta\Delta\theta)\mathrm{d}t\end{cases} \tag{5.27}$$

当 $t=t_0$ 时,$\Delta V=0,\Delta\theta=0$。

当 $t=t_1$ 时,$\Delta V\neq 0,\Delta\theta\neq 0$,则 $\Delta y\neq 0,\Delta x\neq 0$。

当时间 t 继续增加时,偏离量 $\Delta V,\Delta\vartheta,\Delta\theta,\Delta\alpha$ 趋于零时,$\Delta x,\Delta y$ 并不趋于零,即弹道有偏离。

因此,火箭弹在无控飞行时,会由于干扰而造成弹道的偏量;在控制飞行时,弹道的稳定性要依靠控制系统加以保证。

5.3 弹体纵向和侧向动态特性

分析火箭纵向和侧向扰动运动的性质,可通过转化为传递函数来进行。对于有控火箭,考虑到在整个飞行控制系统中,求出火箭的传递函数,就不仅可以分析弹体的动态性质,而且还可以将火箭作为操纵对象分析整个控制回路的特性。因此,建立火箭的纵向传递函数就十分必要。

以火箭纵向运动为例,在纵向控制回路中火箭环节的输出量为 $\Delta V,\Delta\vartheta,\Delta\theta,\Delta\alpha$,而输入量为 $\Delta\delta_z$。若还存在着外界干扰,那么,由经常干扰产生的力和力矩就与舵面偏转所起的作用类似,也就同样的视为输入量。定义传递函数 $W(s)$ 为输出量和输入量的拉普拉斯变换式之比。因此,为了得到飞行器传递函数,应首先将扰动运动方程组进行拉普拉斯变换,将原函数变为象函数。火箭纵向扰动运动经过拉普拉斯变换之后,已在方程组中列出了表示自由扰动运动的部分,根据线性叠加原理,在此基础上只要求出方程组各项的象函数,并对应地附加到方程组的右端,就可以得到以舵偏角 $\Delta\delta z$ 为输入量,或以相拟干扰力和干扰力矩(简称干扰力和力矩)为输入量的传递函数。因为在定义传递函数时,认为所有的初始值为零,所以用来建立火箭纵向传递函数的方程组的拉普拉斯变换式应为

$$\begin{cases}(s+a_{11})\Delta V + a_{13}\Delta\theta + a_{14}\Delta\alpha = F_{xd} \\ a_{21}\Delta V + (s^2 + a_{22})\Delta\theta + (a'_{24}s + a_{24})\Delta\alpha = -a_{25}\Delta\delta_z + M_{zd} \\ a_{31}\Delta V + (s + a_{33})\Delta\theta - a_{34}\Delta\alpha = a_{35}\Delta\delta_z + F_{yd} \\ \Delta\vartheta - \Delta\theta - \Delta\alpha = 0\end{cases} \tag{5.28}$$

5.3.1 纵向扰动运动的简捷处理

火箭的短周期运动具有重要的实际意义。为了获得满意的控制效果,不仅要求短周期运动具有稳定性,而且必须具备较好的动态效果。

1. 纵向短周期扰动运动模态

取 $\Delta\dot{V}=0,\Delta V=0$,略去 $a_{21}\Delta\dot{V}$ 及 $a_{31}\Delta V$,得到一种简捷形式的纵向扰动运动方程组为

$$\begin{cases}\dfrac{d^2\Delta\vartheta}{dt^2}-a_{22}\dfrac{d\Delta\vartheta}{dt}-a'_{24}\dfrac{d\Delta\alpha}{dt}-a_{24}\Delta\alpha=a'_{25}\dfrac{d\Delta\delta_z}{dt}+a_{25}\Delta\delta_z+a_{26}M_{gz}\\ \dfrac{d\Delta\theta}{dt}-a_{33}\Delta\theta-a_{34}\Delta\alpha=a_{35}\Delta\delta_z+a_{36}F_{gy}\\ \Delta\vartheta-\Delta\theta-\Delta\alpha=0\end{cases} \tag{5.29}$$

2. 纵向短周期扰动运动的传递函数

对短周期运动进行拉普拉斯变换,当运动参数偏量初始值为零时,得

$$\begin{bmatrix} s(s-a_{22}) & 0 & -(a'_{24}s+a_{24}) \\ 0 & s-a_{33} & -a_{34} \\ -1 & 1 & 1 \end{bmatrix}\begin{bmatrix}\Delta\vartheta\\ \Delta\theta\\ \Delta\alpha\end{bmatrix}=\begin{bmatrix}a_{25}\\ a_{35}\\ 0\end{bmatrix}\Delta\delta_z+\begin{bmatrix}a_{26}M_{gz}\\ a_{36}F_{gy}\\ 0\end{bmatrix} \tag{5.30}$$

得到短周期运动的传递函数如下:

$$\begin{cases}W_{\delta_z}^{\vartheta}(s)=\dfrac{\Delta\vartheta(s)}{\Delta\delta_z(s)}=\dfrac{(-a_{35}a'_{24}+a_{25})s+a_{25}(a_{34}-a_{33})-a_{35}a_{24}}{s^3+P_1s^2+P_2s+P_3}\\ W_{\delta_z}^{\theta}(s)=\dfrac{\Delta\theta(s)}{\Delta\delta_z(s)}=\dfrac{a_{35}s^2-a_{35}(a_{22}+a'_{24})s+a_{25}a_{34}-a_{35}a_{24}}{s^3+P_1s^2+P_2s+P_3}\\ W_{\delta_z}^{\alpha}(s)=\dfrac{\Delta\alpha(s)}{\Delta\delta_z(s)}=\dfrac{-a_{35}s^2+(a_{35}a_{22}+a_{25})s-a_{25}a_{33}}{s^3+P_1s^2+P_2s+P_3}\end{cases} \tag{5.31}$$

3. 短周期纵向扰动运动传递函数简化

忽略重力的影响,则 $a_{33}=0,P_3=0$,传递函数简化为

$$\begin{cases}W_{\delta_z}^{\vartheta}(s)=\dfrac{\Delta\vartheta(s)}{\Delta\delta_z(s)}=\dfrac{K_M(T_1s+1)}{s(T_M^2s^2+2T_M\xi_Ms+1)}\\ W_{\delta_z}^{\theta}(s)=\dfrac{\Delta\theta(s)}{\Delta\delta_z(s)}=\dfrac{K_M(T_{1\theta}s+1)(T_{2\theta}s+1)}{s(T_M^2s^2+2T_M\xi_Ms+1)}\\ W_{\delta_z}^{\alpha}(s)=\dfrac{\Delta\alpha(s)}{\Delta\delta_z(s)}=\dfrac{K_M(T_\alpha s+1)}{T_M^2s^2+2T_M\xi_Ms+1}\end{cases} \tag{5.32}$$

忽略下洗 a'_{24} 的影响，正常布局 $\frac{Y^{\delta_z}}{mV}=a_{35}$，　$a_{34}=\frac{P+Y^{\alpha}}{mV}$，进一步简化得

$$\begin{cases} W_{\delta_z}^{\vartheta}(s)=\frac{\Delta\vartheta(s)}{\Delta\delta_z(s)}=\frac{K_M(T_1s+1)}{s(T_M^2s^2+2T_M\xi_Ms+1)} \\ W_{\delta_z}^{\theta}(s)=\frac{\Delta\theta(s)}{\Delta\delta_z(s)}=\frac{K_M}{s(T_M^2s^2+2T_M\xi_Ms+1)} \\ W_{\delta_z}^{\alpha}(s)=\frac{\Delta\alpha(s)}{\Delta\delta_z(s)}=\frac{K_MT_1}{T_M^2s^2+2T_M\xi_Ms+1} \end{cases} \tag{5.33}$$

5.3.2　纵向扰动纵向动态特性分析

下面采用纵向传递函数来分析纵向动态特性。

1. 重力对稳定性的影响

在重力作用下，运动方程的特征方程为

$$s^3+P_1s^2+P_2s+P_3=0 \tag{5.34}$$

式中：$P_3=a_{24}a_{33}$，$a_{33}=g\sin\theta/V$。

弹道上升段，$P_3=a_{24}a_{33}<0$，有正实根；弹道下滑段，$P_3=a_{24}a_{33}>0$，有负实根。

2. 动态稳定性条件

特征方程为

$$T_M^2s^2+2T_M\xi_Ms+1-0 \tag{5.35}$$

特征根为

$$s_{1,2}=\frac{-\xi_M\pm\sqrt{\xi_M^2-1}}{T_M}=-\frac{1}{2}(a_{34}-a_{22}-a'_{24})\pm\sqrt{\frac{1}{4}(a_{34}-a_{22}-a'_{24})^2+(a_{22}a_{34}+a_{24})} \tag{5.36}$$

1）实根

$$\frac{1}{4}(a_{34}-a_{22}-a'_{24})^2+(a_{22}a_{34}+a_{24})\geqslant 0 \tag{5.37}$$

$a_{24}+a_{22}a_{34}=0$ 出现一个零根，扰动运动，中立稳定；

$a_{24}+a_{22}a_{34}>0$ 必然出现一个正实根，扰动运动不稳定；

$a_{24}+a_{22}a_{34}<0$ 全为负实根，扰动运动将是稳定的。

综上，火箭具有纵向稳定性的条件为

$$a_{24}+a_{22}a_{34}<0 \tag{5.38}$$

2）共轭复根

$$\frac{1}{4}(a_{34}-a_{22}-a'_{24})^2+(a_{22}a_{34}+a_{24})<0 \tag{5.39}$$

$s_{1,2}$为一个共轭复根，运动是振荡的，这时

$$\begin{aligned} s_{1,2}&=\frac{-\xi_{\mathrm{M}}\pm\sqrt{\xi_{\mathrm{M}}^2-1}}{T_{\mathrm{M}}}=-\frac{1}{2}(a_{34}-a_{22}-a'_{24}) \\ &\pm \mathrm{i}\sqrt{-\frac{1}{4}(a_{34}-a_{22}-a'_{24})^2-(a_{22}a_{34}+a_{24})} \end{aligned} \tag{5.40}$$

式中：$\sigma=-\frac{\xi_{\mathrm{M}}}{T_{\mathrm{M}}}=-\frac{1}{2}(a_{34}-a_{22}-a'_{24})$。

因为 $a_{34}>0$，$-a_{22}>0$，$-a'_{24}>0$，所以 $\sigma<0$，所以短周期运动是稳定的。

3. 飞行状态对短周期振荡扰动运动的影响

1）衰减程度

$$\begin{aligned} \sigma&=-\frac{\xi_{\mathrm{M}}}{T_{\mathrm{M}}}=\frac{1}{4}\left(\frac{C_y^{\alpha}\rho VS+2P/V}{m}-\frac{m_z^{\bar{\omega}_z}\rho VSl^2}{J_z}-\frac{m_z^{\bar{\dot{\alpha}}}\rho VSl^2}{J_z}\right) \\ &\approx-\frac{1}{4}\left(\frac{C_y^{\alpha}\rho VS+2P/V}{m}-\frac{m_z^{\bar{\omega}_z}\rho VSl^2}{J_z}\right) \end{aligned} \tag{5.41}$$

式中：σ 与 m_z^{α} 无关，即衰减程度与静稳定性无关，它仅依赖于气动阻尼 $m_z^{\bar{\omega}_z}$ 和 $m_z^{\bar{\dot{\alpha}}}$。随着速度的增加，σ 增加，故衰减程度增大。随着高度的增加，密度减小，衰减程度下降，故高空稳定性小于低空。

2）振荡频率

$$\begin{aligned} \omega&=\sqrt{-\frac{1}{4}(a_{34}-a_{22}-a'_{24})^2-(a_{22}a_{34}+a_{24})} \\ &\approx\sqrt{-\frac{1}{4}(a_{34}-a_{22})^2-a_{24}} \end{aligned} \tag{5.42}$$

振荡频率 ω 受 m_z^{α} 影响最大。

3）弹体固有频率

当衰减系数 $\sigma=-\frac{\xi_{\mathrm{M}}}{T_{\mathrm{M}}}=-\frac{1}{2}(a_{34}-a_{22}-a'_{24})=0$ 时，有

$$\omega_d=\sqrt{-(a_{24}+a_{22}a_{34})}\approx\sqrt{-a_{24}}=\sqrt{\frac{-m_z^{\alpha}\rho V^2Sl}{2J_z}} \tag{5.43}$$

总之：

(1) $a_{24}+a_{22}a_{34}<0$，$\xi_{\mathrm{M}}<1$ 时，满足振荡条件，出现振荡。

(2) 无阻尼时，振荡频率主要取决于静稳定性。

（3）衰减程度取决于气动阻尼、法向力、下洗延迟。

4. 火箭时间常数过渡过程的影响

$$\frac{\Delta X(s)}{\Delta\delta_z(s)}=\frac{K}{T_M^2 s^2+2\xi_M T_M s+1} \tag{5.44}$$

当 $\xi_M>1$ 时

$$\begin{aligned}\Delta X(t)=\Bigg[1&-\frac{1}{2\xi_M(\sqrt{\xi_M^2-1}-\xi_M)+2}e^{-\left(\frac{\xi_M-\sqrt{\xi_M^2-1}}{T_M}\right)t}\\&+\frac{1}{2\xi_M(\sqrt{\xi_M^2-1}+\xi_M)-2}e^{-\left(\frac{\xi_M+\sqrt{\xi_M^2-1}}{T_M}\right)t}\Bigg]K\Delta\delta_z(t)\end{aligned} \tag{5.45}$$

火箭运动由两个衰减的非周期运动组成。

当 $\xi_M<1$ 时

$$\begin{cases}\Delta X(t)=\left[1-\dfrac{e^{-\frac{\xi_M}{T_M}t}}{\sqrt{1-\xi_M^2}}\cos\left(\dfrac{\sqrt{1-\xi_M^2}}{T_M}t-\varphi_1\right)\right]K\Delta\delta_z(t)\\ \tan\varphi_1=\dfrac{\xi_M}{\sqrt{1-\xi_M^2}}\end{cases} \tag{5.46}$$

火箭运动是一个二阶周期振荡运动。

过渡过程所需真实时间为 $t_p=3T_M$，时间常数的计算公式如下：

$$T_M=\frac{1}{\sqrt{-(a_{24}+a_{22}a_{34})}} \tag{5.47}$$

增大火箭的静稳定性，将使动力系数 $|a_{24}|$ 变大，有利于缩短过渡过程的时间而提高操纵性。但是增大动力系数 $|a_{24}|$，则要降低传递系数 K_M，这对操纵性又是不利的。因此设计火箭的控制系统时，恰当确定弹体的静稳定性甚为重要。

弹体固有频率如下：

$$\begin{cases}\omega_c=\sqrt{-(a_{24}+a_{22}a_{34})}=\dfrac{1}{T_M}\\ f_c=\dfrac{\omega_c}{2\pi}=\dfrac{1}{2\pi}\dfrac{1}{T_M}\approx\dfrac{\sqrt{-a_{24}}}{2\pi}\\ \quad\approx\dfrac{1}{2\pi}\sqrt{\dfrac{-m_z^\alpha qSb_A}{J_z}}\\ \quad=\dfrac{1}{2\pi}\sqrt{-\dfrac{(\overline{X}_g-\overline{X}_f)C_y^\alpha qSb_A}{J_z}}\end{cases} \tag{5.48}$$

动力系数 $|a_{24}|$ 变大，ω_c 将减小。设计控制系统时，一般情况下要求弹体自振频率低于自动驾驶仪的频率，以免出现共振，因此静稳定性的大小从这一角度讲也是有限制的。固有频率随飞行状态的变化关系。

5. 火箭时间常数过渡过程的影响

1）超调量

$$
\begin{aligned}
t_p &= \frac{\pi}{\omega_c} \\
X_{max} &= K\delta_z(1 + e^{-\pi\xi_M/\sqrt{1-\xi_M^2}}) \\
\sigma &= \frac{X_{max} - K\delta_z}{K\delta_z} = e^{-\pi\xi_M/\sqrt{1-\xi_M^2}}
\end{aligned}
\tag{5.49}
$$

2）最大过载

$$
\begin{cases}
\Delta n_{ymax} = \Delta n_{ys}(1 + \sigma) = \dfrac{V}{g}K_M\delta_z(1 + \sigma) \\
n_{ymax} = n_{yP} + \Delta n_{ymax} = n_{yP} + \dfrac{V}{g}K_M\delta_z(1 + \sigma) \\
n_{yP} = -\left(\dfrac{P + C_y^\alpha qS}{G}\right)\left(\dfrac{m_z^{\delta_z}}{m_z^\alpha}\right)(\pm\delta_{zmax}) \\
\xi_M = \dfrac{a_{34} - a_{22} - a'_{24}}{2\sqrt{-(a_{24} + a_{22}a_{34})}} \approx \dfrac{a_{34} - a_{22}}{2\sqrt{-a_{24}}}
\end{cases}
\tag{5.50}
$$

增大火箭的气动阻尼动力系数 $|a_{22}|$ 和法向力动力系数 a_{34} 总是有益的。当然，弹体的静稳定性不太大，也能增大 ξ_M 值，这一点与传递系数 K_M 对静稳定性的要求相同，但是静稳定性太小时，将使时间常数 T_M 增大，这又是我们所不希望的。

3）变化关系

$$
\xi_M \approx \frac{a_{34} - a_{22}}{2\sqrt{-a_{24}}} \approx \frac{(-m_z^{\omega_z}\sqrt{\rho S}b_A^2/J_z) - C_y^\alpha\sqrt{\rho S}/m}{2\sqrt{-2m_z^\alpha b_A/J_z}}
\tag{5.51}
$$

气动阻尼动力系数与飞行速度无直接关系，所以超调量也不随速度变化而发生明显变化，但其与密度有关。

5.3.3 侧向扰动运动的传递函数

1. 在侧向扰动运动中导弹对副翼偏转角 $\Delta\delta_x$ 的传递函数

$$
\begin{cases}
W_{\delta_x}^{\omega_x}(s) = \dfrac{-b_{17}(s^3 + A'_2s^2 + A'_3s + A'_4)}{s^4 + P_1s^3 + P_2s^2 + P_3s + P_4}, W_{\delta_x}^{\omega_y}(s) = \dfrac{-b_{17}(B'_2s^2 + B'_3s + B'_4)}{s^4 + P_1s^3 + P_2s^2 + P_3s + P_4} \\
W_{\delta_x}^{\beta}(s) = \dfrac{-b_{17}(D'_2s^2 + D'_3s + D'_4)}{s^4 + P_1s^3 + P_2s^2 + P_3s + P_4}, W_{\delta_x}^{\gamma}(s) = \dfrac{-b_{17}(s^2 + E'_3s + E'_4)}{s^4 + P_1s^3 + P_2s^2 + P_3s + P_4}
\end{cases}
\tag{5.52}
$$

2. 导弹侧向扰动运动中对方向舵偏转角 $\Delta\delta_y$ 的传递函数

$$\begin{cases} W_{\delta_y}^{\omega_x}(s) = \dfrac{A_1 s^3 + A_2 s^2 + A_3 s + A_4}{s^4 + P_1 s^3 + P_2 s^2 + P_3 s + P_4}, W_{\delta_x}^{\omega_y}(s) = \dfrac{B_1 s^3 + B_2 s^2 + B_3 s + B_4}{s^4 + P_1 s^3 + P_2 s^2 + P_3 s + P_4} \\ W_{\delta_y}^{\beta}(s) = \dfrac{D_1 s^3 + D_2 s^2 + D_3 s + D_4}{s^4 + P_1 s^3 + P_2 s^2 + P_3 s + P_4}, W_{\delta_y}^{\gamma}(s) = \dfrac{E_2 s^2 + E_3 s + E_4}{s^4 + P_1 s^3 + P_2 s^2 + P_3 s + P_4} \end{cases} \tag{5.53}$$

5.3.4 轴对称火箭侧向运动特性

1. 模型

轴对称导弹力矩系数的导数 $m_x^{\beta}, m_y^{\omega_x}, m_x^{\omega_y}, m_x^{\delta_y}$ 都比较小，可略去不计；或者是将 $b_{14}\beta, b'_{12}\dot{\psi}$ 和 $b_{15}\delta_y$ 的作用看成是已知的干扰力矩。

根据方程

$$\begin{cases} \Delta\ddot{\gamma} - b_{11}\Delta\dot{\gamma} = b_{17}\Delta\delta_x + b_{18}M_{gx} \\ \Delta\dot{\omega}_x - b_{11}\Delta\omega_x = b_{17}\Delta\delta_x + b_{18}\Delta M_{gx} \end{cases} \tag{5.54}$$

求出倾斜运动的传递函数为

$$\begin{cases} W_{\delta_x}^{\gamma}(s) = \dfrac{b_{17}}{s(s - b_{11})} = \dfrac{K_{M_x}}{s(T_{M_x}s + 1)} \\ W_{\delta_x}^{\omega_x}(s) = \dfrac{b_{17}}{s - b_{11}} = \dfrac{K_{M_x}}{T_{Mx}s + 1} \end{cases} \tag{5.55}$$

式中：$T_{Mx} = -1/b_{11}$ 为导弹滚动扰动运动的时间常数；$K_{Mx} = -b_{17}/b_{11}$ 为导弹滚动扰动运动的放大系数。

2. 动态特性

1）偶然干扰（自由扰动运动）

由于火箭的时间常数 T_{Mx} 都是正的，因此自由扰动运动总是衰减的。

2）经常干扰（强迫扰动运动）

如果火箭上有经常的倾斜干扰力矩。

（1）副翼单位脉冲偏转，则

$$\begin{cases} \Delta\omega_{xw} = \lim\limits_{s\to 0} s\dfrac{b_{17}}{s - b_{11}} = 0 \\ \Delta\gamma_w = \lim\limits_{t\to\infty}\Delta\gamma(t) = \lim\limits_{t\to 0} s\Delta\gamma(s) = -\dfrac{M_x^{\delta_x}}{M_x^{\omega_x}} \end{cases} \tag{5.56}$$

（2）副翼正单位阶跃偏转，即 $\Delta\delta_x(t)=1$，则

$$\begin{cases}\Delta\omega_{xw}=\lim\limits_{s\to 0}\dfrac{b_{17}}{s-b_{11}}=-\dfrac{b_{17}}{b_{11}}\\ \Delta\gamma_w=\lim\limits_{s\to 0}\dfrac{b_{17}}{(s-b_{11})}=-\dfrac{b_{17}}{b_{11}}=\infty\end{cases}\tag{5.57}$$

第6章 野战火箭在稀薄大气中的运动特性

随着高新技术的应用，弹箭技术得到了很大发展，新的作战需求也对弹箭的性能提出了更高的要求，从而促进了弹箭增程技术的发展。目前，野战火箭的射程已发展到了二三百千米，其最大弹道高也早已超过了30km，有些远程火箭甚至达到了80km的弹道高度。这一高度已经远远超出了稠密大气，进入了稀薄气体的研究范围。

我国以往常规野战火箭的弹道模型及弹道气动力计算都立足于稠密大气层，处理气体流动采用的是连续介质模型。而随着弹道高度的大幅度增加，气体变得越来越稀薄，当空气稀薄到一定程度，气体出现显著的间断粒子效应，仅用常规连续介质空气动力学方法已经不能准确地描述弹丸的空气动力学特性，因此需要引入细观模型进行研究。

本章主要根据气体分子动力学的理论，基于常规超远程弹箭的特征尺度和标准气象，将经历高空飞行弹箭的空气动力划分为不同的领域来计算；分析了不同高度下空气动力的工程计算方法；针对某远程火箭，计算和分析了其空气动力随高度和马赫数的变化特性。此外，本章也探讨了适用于高空和超远程稀薄气体条件下的弹道模型；研究了地表为正常椭球面时射程和飞行高度的计算方法，建立了考虑地表为曲面，重力为正常重力的六自由度刚体弹道模型；通过实例仿真讨论了椭球地球模型及气动力系数随高度变化对弹道计算的影响。

6.1 野战火箭在稀薄大气中飞行的受力特性

6.1.1 气体分子运动的动力学方程

大气是由不同成分的气体分子组成的，在任一瞬间，任一气体的分子可由其位置 $\boldsymbol{r}$ 确定，因此任一气体分子速度 $\boldsymbol{c}$ 的分布函数可记为 $f(\boldsymbol{c},\boldsymbol{r},t)$。如图6.1

所示，在时刻 t，在物理空间元素 $\mathrm{d}\boldsymbol{r}\equiv \mathrm{d}x\mathrm{d}y\mathrm{d}z$ 内，速度在速度空间 $\boldsymbol{c}$ 附近元素 $\mathrm{d}\boldsymbol{c}\equiv \mathrm{d}u\mathrm{d}v\mathrm{d}\omega$ 内的分子数目为 $f(\boldsymbol{c},\boldsymbol{r},t)\mathrm{d}\boldsymbol{c}\mathrm{d}\boldsymbol{r}$。

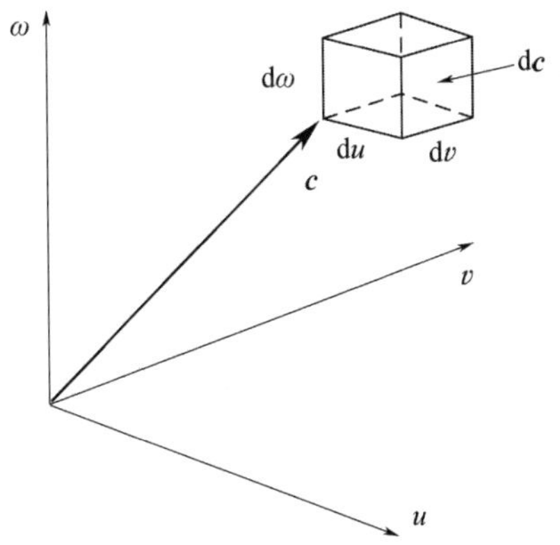

图 6.1　速度空间 $\boldsymbol{c}$ 附近速度元 $\mathrm{d}\boldsymbol{c}\equiv \mathrm{d}u\mathrm{d}v\mathrm{d}\omega$

在固定的相空间体积之内，分子数目的时间变化率为

$$\frac{\partial}{\partial t}f(\boldsymbol{c},\boldsymbol{r},t)\mathrm{d}\boldsymbol{c}\mathrm{d}\boldsymbol{r} \tag{6.1}$$

这一变化率是由三种过程引起的：①分子通过 $\mathrm{d}\boldsymbol{r}$ 的表面的对流；②分子通过 $\mathrm{d}\boldsymbol{c}$ 表面的对流；③体积元 $\mathrm{d}\boldsymbol{r}$ 内分子间的碰撞使 $\boldsymbol{c}$ 类分子不再具有 $\boldsymbol{c}$ 的速度以及原本不是 $\boldsymbol{c}$ 类的分子碰撞后获得 $\boldsymbol{c}$ 速度。

首先考察通过 $\mathrm{d}\boldsymbol{r}$ 各表面的对流，$\mathrm{d}t$ 时间内通过与 x 垂直的表面 $\mathrm{d}y\mathrm{d}z$ 进入 $\mathrm{d}\boldsymbol{r}$ 的分子数为 $f\mathrm{d}\boldsymbol{c}u\mathrm{d}t\mathrm{d}y\mathrm{d}z$，在距此表面 $\mathrm{d}x$ 处沿同一方向在 $\mathrm{d}t$ 内通过 $\mathrm{d}y\mathrm{d}z$ 离开 $\mathrm{d}\boldsymbol{r}$ 的分子数为

$$\left[uf+\frac{\partial(uf)}{\partial x}\mathrm{d}x\right]\mathrm{d}\boldsymbol{c}\mathrm{d}t\mathrm{d}y\mathrm{d}z$$

这样，通过 $\mathrm{d}\boldsymbol{r}$ 与 x 垂直的两个表面的通量引起 $\mathrm{d}t$ 内 $\boldsymbol{c}$ 类分子数的增加为

$$-\frac{\partial}{\partial x}(uf)\mathrm{d}\boldsymbol{c}\mathrm{d}\boldsymbol{r}\mathrm{d}t$$

而通过 $\mathrm{d}\boldsymbol{r}$ 所有表面的分子数增加则为

$$-\left[\frac{\partial}{\partial x}(uf)+\frac{\partial}{\partial y}(vf)+\frac{\partial}{\partial z}(\omega f)\right]\mathrm{d}\boldsymbol{c}\mathrm{d}\boldsymbol{r}\mathrm{d}t \tag{6.2}$$

由于 u,v,ω 与 x,y,z 是 f 平等的自变量，此式可写为

$$-\left[u\frac{\partial}{\partial x}+v\frac{\partial}{\partial y}+\omega\frac{\partial}{\partial z}\right]f\cdot\mathrm{d}\boldsymbol{c}\mathrm{d}\boldsymbol{r}\mathrm{d}t=-\boldsymbol{c}\cdot\frac{\partial f}{\partial \boldsymbol{r}}\mathrm{d}\boldsymbol{c}\mathrm{d}\boldsymbol{r}\mathrm{d}t \tag{6.3}$$

其次来考察通过 d$\boldsymbol{c}$ 各表面的对流。在气体中作用有外力，其量值为每单位质量上作用外力 $\boldsymbol{F}$。$\boldsymbol{F}$ 使分子产生加速度，其在 $\boldsymbol{c}$ 相空间中对 $\boldsymbol{c}$ 的改变作用，有如速度 $\boldsymbol{c}$ 在物理空间中对 $\boldsymbol{r}$ 的变化所起的作用。利用 $\boldsymbol{F}$，$\boldsymbol{c}$ 与 $\boldsymbol{c}$ 和 $\boldsymbol{r}$ 的这种类比，可以写出时间 dt 内通过 d$\boldsymbol{c}$ 的所有表面的 $\boldsymbol{c}$ 类分子的数目变化为

$$-\left[F_x\frac{\partial}{\partial u}+F_y\frac{\partial}{\partial v}+F_z\frac{\partial}{\partial \omega}\right]f\cdot \mathrm{d}\boldsymbol{c}\mathrm{d}\boldsymbol{r}\mathrm{d}t=-F\cdot\frac{\partial f}{\partial \boldsymbol{c}}\mathrm{d}\boldsymbol{c}\mathrm{d}\boldsymbol{r}\mathrm{d}t \tag{6.4}$$

现在来考察 d$\boldsymbol{r}$ 中分子的碰撞引起的 $\boldsymbol{c}$ 类分子数的变化$(\partial f/\partial \boldsymbol{c})_c\mathrm{d}\boldsymbol{c}\mathrm{d}\boldsymbol{r}\mathrm{d}t$。$\boldsymbol{c}$ 类分子和$\boldsymbol{c}_1$ 类分子的在碰撞后，它们在速度分别变为$\boldsymbol{c}^*$ 和$\boldsymbol{c}_1^*$。我们将 $\boldsymbol{c}$ 类分子视为以相对速度$\boldsymbol{c}_r$ 在$\boldsymbol{c}_1$ 类分子群中运动。在时间 dt 内，一个 $\boldsymbol{c}$ 类分子扫过的体积为$\boldsymbol{c}_r\sigma_T\mathrm{d}t$，其中 σ_T 为气体分子运动过程中的碰撞截面。由于$\boldsymbol{c}_1$ 类分子的数密度为$f_2\mathrm{d}\,\boldsymbol{c}_1$，这样，一个 $\boldsymbol{c}$ 类分子与$\boldsymbol{c}_1$ 类分子在 dt 内的碰撞数为 $\boldsymbol{c}_r f_1\sigma_T\mathrm{d}\,\boldsymbol{c}_1\mathrm{d}t$，但在相空间元素 d$\boldsymbol{c}d\boldsymbol{r}$ 中共有 fd$\boldsymbol{c}$d$\boldsymbol{r}$ 个 $\boldsymbol{c}$ 类分子，所以在时间 dt 内在相空间元素 d$\boldsymbol{c}$dr 中 $\boldsymbol{c}$ 类分子与$\boldsymbol{c}_1$ 类分子的碰撞次数为

$$\boldsymbol{c}_r ff_1\sigma_T\mathrm{d}\boldsymbol{c}\mathrm{d}\,\boldsymbol{c}_1\mathrm{d}\boldsymbol{r}\mathrm{d}t \tag{6.5}$$

这是$(\boldsymbol{c},\boldsymbol{c}_1\to\boldsymbol{c}^*,\boldsymbol{c}_1^*)$这类碰撞在 d$t$ 内在 d$\boldsymbol{c}$d$\boldsymbol{r}$ 相空间内的碰撞次数。而对于$(\boldsymbol{c},\boldsymbol{c}_1\to\boldsymbol{c}^*,\boldsymbol{c}_1^*)$这类的碰撞存在着$(\boldsymbol{c}^*,\boldsymbol{c}_1^*\to\boldsymbol{c},\boldsymbol{c}_1)$这样的逆碰撞。设$\boldsymbol{c}^*$类和$\boldsymbol{c}_1^*$ 类分子的速度分布函数分别为f^* 和f_1^*，根据与式(6.5)的类比，可以写出 dt 时间内在相空间元素 d$\,\boldsymbol{c}^*$d$\boldsymbol{r}$ 中逆碰撞$(\boldsymbol{c}^*,\boldsymbol{c}_1^*\to\boldsymbol{c},\boldsymbol{c}_1)$的碰撞次数为

$$\boldsymbol{c}_r^* f^* f_1^*\sigma_T^*\mathrm{d}\,\boldsymbol{c}^*\mathrm{d}\,\boldsymbol{c}_1^*\mathrm{d}\boldsymbol{r}\mathrm{d}t \tag{6.6}$$

根据碰撞的对称性，由能量守恒和动量守恒定律可以证明 $c_r^*=c_r$，$\sigma_T^*\mathrm{d}\,\boldsymbol{c}^*\mathrm{d}\,\boldsymbol{c}_1^*=\sigma_T\mathrm{d}\boldsymbol{c}\mathrm{d}\,\boldsymbol{c}_1$，这样可将式(6.6)写为

$$\boldsymbol{c}_r f^* f_1^*\sigma_T\mathrm{d}\boldsymbol{c}\mathrm{d}\,\boldsymbol{c}_1\mathrm{d}\boldsymbol{r}\mathrm{d}t \tag{6.7}$$

由于$(\boldsymbol{c},\boldsymbol{c}_1\to\boldsymbol{c}^*,\boldsymbol{c}_1^*)$碰撞将导致 $\boldsymbol{c}$ 类分子数量减少，$(\boldsymbol{c}^*,\boldsymbol{c}_1^*\to\boldsymbol{c},\boldsymbol{c}_1)$碰撞导致 $\boldsymbol{c}$ 类分子数量的增加，于是相空间中由于$\boldsymbol{c}_1$ 类分子碰撞在 d$t\boldsymbol{c}$ 类分子的增加数为

$$(f^*f_1^*-ff_1)c_r\sigma_T\mathrm{d}\boldsymbol{c}\mathrm{d}\,\boldsymbol{c}_1\mathrm{d}\boldsymbol{r}\mathrm{d}t \tag{6.8}$$

考虑 $\boldsymbol{c}$ 类分子与所有的分子的碰撞，则在相空间 d$\boldsymbol{c}$d$\boldsymbol{r}$ 内 $\boldsymbol{c}$ 类分子因碰撞产生的增加数为

$$\left(\frac{\partial f}{\partial \boldsymbol{c}}\right)_c\mathrm{d}\boldsymbol{c}\mathrm{d}\boldsymbol{r}\mathrm{d}t=\left[\int_{-\infty}^{\infty}(f^*f_1^*-ff_1)\boldsymbol{c}_r\sigma_T\mathrm{d}\,\boldsymbol{c}_1\right]\mathrm{d}\boldsymbol{c}\mathrm{d}\boldsymbol{r}\mathrm{d}t \tag{6.9}$$

将式(6.3)、式(6.4)和式(6.9)之和除以 dt,即得到相应的由对流和碰撞引起 $\boldsymbol{c}$ 类分子数目在 d$\boldsymbol{c}$d$\boldsymbol{r}$ 相空间内随时间的变化率(单位时间内分子数目的变化)。将式(6.1)与以上各式平衡,并将由对流引起的项移到方程的左端即得到气体分子的动力学方程——玻耳兹曼方程

$$\frac{\partial f}{\partial t}+\boldsymbol{c}\cdot\frac{\partial f}{\partial \boldsymbol{r}}+\boldsymbol{F}\cdot\frac{\partial f}{\partial \boldsymbol{c}}=\left(\frac{\partial f}{\partial \boldsymbol{c}}\right)_c=\int_{-\infty}^{\infty}(f^*f_1^*-ff_1)c_r\sigma_T\mathrm{d}\boldsymbol{c}_1 \tag{6.10}$$

这就是分子气体动力学的基本方程,在整个稀薄气体动力学中占据着中心的地位,而且从它的推导过程可以看出,它同样适用于非稀薄的气体,即它是适用于所有气体运动的普遍方程。以上的推导仅针对单组分气体,对于混合气体,每一成分的气体速度分布函数 f_i 均满足方程式(6.10),只是式(6.10)右边的项(称为碰撞项)将更加复杂,它将是各组分气体碰撞前后速度分布函数的函数。从式(6.10)可以看出,玻耳兹曼方程虽然只有一个自变量,但却有许多因变量,对于一般的情况(三维与非定常)f 依赖于 7 个标量自变量,而且速度空间要延展到很大的值,这将给数值求解带来在相空间布置网点的极大的困难,因此应当针对不同的情况对玻耳兹曼方程进行简化求解。

6.1.2 流动领域的划分及玻耳兹曼方程的求解方法

克努森数 Kn 定义为分子平均自由程 λ(一个分子在两次碰撞间走过距离的平均值)与流动特征长度 L 的比值

$$Kn=\lambda/L \tag{6.11}$$

显然 Kn 是一个衡量流场连续性程度的量,当 λ 很大或 L 很小时,都有可能使得 Kn 变得很大,这时流动特征尺度与分子的平均自由程相比量级相当或更小,气体的间断效应就会变得显著起来,这时连续性假设将不再成立,描写介质的质量、动量和能量的守恒方程中的剪切应力和热流不再能由低阶的宏观量(速度、温度)表征,即纳维—斯托克斯中的输运系数表达式不再成立,这时就必须采用玻耳兹曼方程来求解流场。高空大气密度随高度降低,分子平均自由程由海平面的 7×10^{-8}m 增加到 70km 处的约 1mm 和 85km 处的约 1cm,研究飞行器的受力问题时稀薄气体效应的作用就显著起来。

钱学森最先根据 Kn 数将气体的流动分为四个领域,即连续流领域、滑流领域、过渡领域和自由分子流领域。选择 Kn 的数值范围,这四个领域为

$$Kn\leqslant 0.01\quad(\text{连续流领域}) \tag{6.12}$$

$$0.01<Kn\leqslant 0.1\quad(\text{滑流领域}) \tag{6.13}$$

$$0.1 < Kn \leqslant 10 \quad (\text{过渡领域}) \tag{6.14}$$

$$Kn > 10 \quad (\text{自由分子流领域}) \tag{6.15}$$

滑流领域、过渡领域和自由分子流领域都属于稀薄大气范畴,其中自由分子流领域是稀薄程度最高的领域。随着稀薄程度的增加,气体中分子的平均自由程要超过物体特征长度的许多倍,从物体表面散射出来的分子要运动到距离物体很远处才与来流分子发生碰撞。这时可忽略由于碰撞引起气体的速度分布函数的变化。所以有时也称这种流动为无碰撞流动,这时气体分子运动的基本方程是无碰撞项的玻耳兹曼方程

$$\frac{\partial f}{\partial t} + \boldsymbol{c} \cdot \frac{\partial f}{\partial \boldsymbol{r}} + \boldsymbol{F} \cdot \frac{\partial f}{\partial \boldsymbol{c}} = 0 \tag{6.16}$$

特别地,对于物体定常绕流问题,来流的速度分布函数是平衡态的分布,即麦克斯韦分布

$$f_0 = n\left(\frac{m}{2\pi kT}\right)^{3/2} \exp\left[-\frac{m}{2kT}(u'^2 + \boldsymbol{v}'^2 + \omega'^2)\right] = n\left(\frac{\beta}{\pi^{1/2}}\right)^{3/2} \exp(-\beta^2 c'^2) \tag{6.17}$$

式中:n,T 为来流的分子数密度和温度;m 为分子的质量;c' 和 u',$\boldsymbol{v}'$,ω' 分别为分子热运动速度的幅值及其三个分量;β 为运动速度的倒数

$$\beta = \frac{1}{\sqrt{2RT}} \tag{6.18}$$

式中:R 为气体常数。根据式(6.17),来流分子对物体表面的动量传递和能量传递就可以用通过对麦克斯韦分布求解的方法计算出来。

在连续流和滑流领域,Kn 数小于 0.1,Chapman 和 Enskog 为了求解玻耳兹曼方程,渐近理论将分布函数 f 展开为正比于 Kn 数的幂次的级数(在考虑的领域内 Kn 数小于 1)

$$f = \sum_{r=0}^{\infty} f^{(r)} \tag{6.19}$$

式中:$f^{(0)}$ 为 f 的零级近似,取为平衡态的麦克斯韦分布式(6.17);$f^{(r)}$ 为 $f^{(0)}$ 的 r 级修正项,显然 Kn 数越小,f 项数取得越多,式(6.19)越精确。根据气体动理论,可以证明在零阶近似下,即 $f = f^{(0)}$ 时,玻耳兹曼方程可简化为欧拉方程,在一阶近似的情况下,玻耳兹曼方程可简化为纳维—斯托克斯方程,而在二阶近似的情况下,玻耳兹曼方程可简化为 Burnett 方程:

$$\begin{cases}\dfrac{d\rho}{dt}+\rho\dfrac{du_i}{dx_i}=0\\ \rho\dfrac{du_i}{dt}+\dfrac{dp}{dx_i}+\rho\dfrac{d\tau_{ij}}{dx_j}=0\\ \rho\dfrac{de}{dt}+p\dfrac{du_i}{dx_i}+\tau_{ij}\dfrac{du_i}{dx_j}+\rho\dfrac{dq_i}{dx_i}=0\end{cases}\tag{6.20}$$

式中：独立变量为密度 ρ、压强 p、速度向量 u_i、热流向量 q_i 和应力张量 τ_{ij} 共 13 个（e 可用 ρ 和 p 表示，对于空气 $e=7p/(2\rho)$）。由于 τ_{ij} 是对称张量，因此方程(6.20) 共包含有 11 方程，所以它是不封闭的。为了使 Burnett 方程封闭，应补充以下联系方程：

$$\tau_{ij}=\tau_{ij}^{(1)}+\tau_{ij}^{(2)}\tag{6.21}$$

$$q_i=q_i^{(1)}+q_i^{(2)}\tag{6.22}$$

其中

$$\tau_{ij}^{(1)}=-2\mu\overline{\frac{\partial u_i}{\partial x_j}}\tag{6.23}$$

$$q_i^{(1)}=-K\frac{\partial T}{\partial x_i}\tag{6.24}$$

$$\begin{aligned}\tau_{ij}^{(2)}=&K_1\frac{\mu^2}{p}\frac{\partial u_k}{\partial x_k}\frac{\partial u_i}{\partial x_j}+K_2\frac{\mu^2}{p}\left[-\overline{\frac{\partial}{\partial x_i}\frac{1}{p}\frac{\partial u_i}{\partial x_j}}-\overline{\frac{\partial u_k}{\partial x_i}\frac{\partial u_j}{\partial x_k}}-2\overline{\overline{\frac{\partial u_i}{\partial x_k}}\frac{\partial u_k}{\partial x_j}}\right]\\&+K_4\frac{\mu^2}{\rho RT}\overline{\frac{\partial p}{\partial x_i}\frac{\partial T}{\partial x_j}}+K_5\frac{\mu^2}{\rho T}\overline{\frac{\partial T}{\partial x_i}}\,\overline{\frac{\partial T}{\partial x_j}}+K_6\frac{\mu^2}{p}\overline{\overline{\frac{\partial u_i}{\partial x_k}\frac{\partial u_k}{\partial x_j}}}\end{aligned}\tag{6.25}$$

$$\begin{aligned}q_i^{(2)}=&\theta_1\frac{\mu^2}{\rho T}\frac{\partial u_j}{\partial x_j}\frac{\partial T}{\partial x_i}+\theta_2\frac{\mu^2}{\rho T}\left[\frac{2}{3}\frac{\partial}{\partial x_i}\left(T\frac{\partial u_j}{\partial x_j}\right)+2\frac{\partial u_j}{\partial x_i}\frac{\partial T}{\partial x_j}\right]\\&+\left[\theta_3\frac{\mu^2}{\rho p}\frac{\partial p}{\partial x_j}+\theta_4\frac{\mu^2}{\rho}\frac{\partial}{\partial x_j}+\theta_5\frac{\mu^2}{\rho T}\frac{\partial T}{\partial x_j}\right]\overline{\frac{\partial u_j}{\partial x_i}}\end{aligned}\tag{6.26}$$

式中：μ 为黏性系数；K 为传热系数；而 K_i 和 θ_i 均为常数，其具体值取决于所采用的分子模型，张量上加横线表示由对应张量构成的无散度对称张量，即

$$\overline{A_{ij}}=\frac{1}{2}(A_{ij}+A_{ji})-\frac{1}{3}\delta_{ij}A_{kk}\tag{6.27}$$

显然 Burnett 方程要比纳维－斯托克斯方程复杂得多，而且由于在 Burnett 方程中，附加的热流项 $q_i^{(2)}$ 与应力项 $\tau_{ij}^{(2)}$ 包含高于一阶的导数，使偏微分方程组

阶数增高,从而要求比纳维—斯托克斯方程更多的边界条件。幸而,钱学森在分析了 Burnett 方程的二阶项和一阶项的比值后指出,仅在高马赫数下的滑流领域才有必要采用 Burnett 方程,因此对于马赫数不是特别高的常规弹箭,在计算滑流领域的气动力时,仍可采用纳维—斯托克斯方程,只是方程的边界条件应当改为滑流边界条件。

在过渡领域,Kn 数的值在 0.1 ~ 10 之间,这时分子的平均自由程 λ 与典型的流场尺度 L 之比不太大也不太小。这时不能忽略分子间的碰撞,即不能采用比较简单的自由分子流理论来求解流场,同时也不能忽略气体分子的间断效应,即比较成熟的连续介质方法也不适用,从而不得不求解完全的玻耳兹曼方程。由于玻耳兹曼方程的复杂性,许多研究者设想出了各种各样的方法来求解过渡领域的问题。在这些方法中直接模拟的蒙特卡罗法(DSMC)是一种成功地解决了过渡领域中各种实际流动问题的方法,其意义和作用已得到了学术界的公认。DSMC 方法是一种直接从流动的物理模拟出发的方法,它用大量的模拟分子模拟真实的气体,以使它们在流场网格中能够充分地代表真实气体分子的分布。这一数目比起真实分子的数目要小得多,即一个模拟分子代表着巨大的真实分子。计算机中存储每一模拟分子的位置坐标、速度分量及内能,它们随分子的运动、与边界的碰撞以及分子之间的碰撞而随时间不断地改变。模拟中的时间参数与真实流动中的物理实际等同。所有的计算都是非定常的,定常流作为非定常流的长时间渐近状态而得到。DSMC 方法的本质是在小的时间步长 Δt 内,将分子的运动与分子间的碰撞或分子与物面的碰撞解耦。在 Δt 内所有模拟分子依其速度运动一段距离,然后计算 Δt 时间内有代表性的分子间的碰撞及分子与边界的相互作用。Δt 应该比平均碰撞时间小得多。流场划分线性尺度为 Δr 的网格,空间网格用来从中选择碰撞对,又用来从分子的诸量求和中得到流场的宏观量。

以上所讨论不同 Kn 数时玻耳兹曼方程的各种简化和算法,除了自由分子流领域能得到玻耳兹曼方程的简单解析解外,连续流和滑流领域的纳维—斯托克斯方程和过渡领域的 DSMC 方法的直接求解都得借助于计算机进行数值求解,这种数值求解要花费大量的机时,而且不便于分析弹箭的气动特性,为了便于工程使用,有必要发展较为简单的工程计算方法。

6.1.3 自由分子流领域气动力计算方法

如图 6.2 所示,考察以宏观速度 $\boldsymbol{U}$ 向表面 d$\boldsymbol{A}$ 运动气体,表面外法向为 $\boldsymbol{l}$,坐标系的选取使 x 轴指向与 $\boldsymbol{l}$ 相反的方向,而 xy 平面之内且与 x 轴及 y 轴均成锐角,表面元素位于 yz 平面内,θ 为 $\boldsymbol{U}$ 与 x 轴夹角。

气体分子通过表面 d$\boldsymbol{A}$ 的动量,亦即来流分子对物体表面产生的压力为

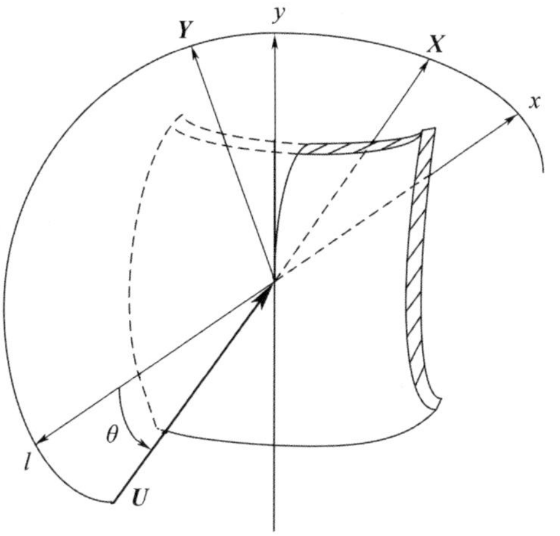

图6.2　表面元素上入射分子方向 $\boldsymbol{U}$,外法线方向 $\boldsymbol{l}$,阻力、升力方向 $\boldsymbol{X},\boldsymbol{Y}$,法向、切向应力方向 x,y

$$p_i = \int_{u>0} muuf_0 \mathrm{d}\boldsymbol{c} = \int_{-\infty}^{\infty}\int_{-\infty}^{\infty}\int_{0}^{\infty} mu^2 f_0 \mathrm{d}u\mathrm{d}\boldsymbol{v}\mathrm{d}\omega \tag{6.28}$$

式中:$\boldsymbol{c}$ 为相对于表面坐标的气体分子的速度,它在 x,y,z 轴上的分量$(u,\boldsymbol{v},\omega)$与热运动速度$(u',\boldsymbol{v}',\omega')$的关系如下:

$$\begin{cases} u = u' + U\cos\theta \\ \boldsymbol{v} = \boldsymbol{v}' + U\sin\theta \\ \boldsymbol{\omega} = \boldsymbol{\omega}' \end{cases} \tag{6.29}$$

将式(6.29)代入式(6.28)并考虑来流速度分布函数 f_0 的表达式(6.17),积分得

$$\begin{aligned} p_{\mathrm{i}} &= \int_{-\infty}^{\infty}\int_{-\infty}^{\infty}\int_{0}^{\infty} mu^2 f_0 \mathrm{d}u\mathrm{d}\boldsymbol{v}\mathrm{d}\omega \\ &= \frac{nmU^2}{2\sqrt{\pi}}\left\{(S\cos\theta)\mathrm{e}^{-(S\cos\theta)^2} + \sqrt{\pi}\left[\frac{1}{2} + (S\cos\theta)^2\right]\left[1 + \mathrm{erf}(S\cos\theta)\right]\right\} \end{aligned} \tag{6.30}$$

其中

$$S = U\beta = U/\sqrt{2RT} = \sqrt{\gamma/2}Ma \tag{6.31}$$

称为速度比,常代替 Ma 出现在自由分子流的计算中;erf 为误差函数

$$\mathrm{erf}(a) = \frac{2}{\sqrt{\pi}}\int_0^a \mathrm{e}^{-y^2}\mathrm{d}y \tag{6.32}$$

p_i 仅表示入射气体分子产生的压力，实际上气体分子碰到物面后不会穿过物面而将反射回来，这时气体分子在物面产生的压力就不再是 p_i，而应当由入射部分 p_i 和反射部分 p_r 组成。气体分子在物面的反射模型应当由试验获得，为了简化起见，假设气体分子在物面仅产生两种反射：σ 部分的分子为完全的漫反射，$(1-\sigma)$ 部分分子为完全的镜面反射。完全镜面反射的气体分子对物面产生反射部分压力 $p_{rm}=p_i$，而完全漫反射气体分子对物面产生的反射部分 p_{rd} 可通过令式(6.30)中的 $S=0$ 来求得

$$p_{rd} = p_i|_{S=0} = \frac{mn}{2}RT \tag{6.33}$$

式中：T 应为物面温度 T_ω，而 n 应当取漫反射时气体分子的密度 n_ω。n_ω 可通过来流与反射流的分子数字通量相等的条件来计算。来流分子数目流量为

$$\begin{aligned} N_i &= \int_{-\infty}^{\infty}\int_{-\infty}^{\infty}\int_{0}^{\infty} uf_0 \mathrm{d}u\mathrm{d}v\mathrm{d}\omega \\ &= n\sqrt{\frac{RT}{2\pi}}\left\{ \mathrm{e}^{-(S\cos\theta)^2} + \sqrt{\pi}(S\cos\theta)[1+\mathrm{erf}(S\cos\theta)] \right\} \end{aligned} \tag{6.34}$$

令上式中的 $S=0$，$n=n_\omega$，$T=T_\omega$ 即可得到物面以麦克斯韦反射的气体分子数字通量

$$N_\omega = n_\omega\sqrt{\frac{RT_\omega}{2\pi}} \tag{6.35}$$

令 $N_i=N_\omega$ 得

$$n_\omega = N_i\sqrt{\frac{2\pi}{RT_\omega}} \tag{6.36}$$

将 $n=n_\omega$，$T=T_\omega$ 代入式(6.33)得

$$p_{rd} = mN_i\sqrt{\frac{\pi RT_\omega}{2}} \tag{6.37}$$

这样物体表面所受的总压力为

$$\begin{aligned} p &= (1-\sigma)(p_i+p_i) + \sigma(p_i+p_{rd}) = (2-\sigma)p_i + \sigma p_{rd} \\ &= \frac{\rho_\infty U_\infty{}^2}{2S^2}\left[\left(\frac{2-\sigma}{\sqrt{\pi}}S\cos\theta + \frac{\sigma}{2}\sqrt{\frac{T_\omega}{T}}\right)\mathrm{e}^{-(S\cos\theta)^2}\right. \\ &\quad \left. + \left\{(2-\sigma)\left[(S\cos\theta)^2+\frac{1}{2}\right] + \frac{\sigma}{2}\sqrt{\frac{\pi T_\omega}{T}}(S\cos\theta)\right\}[1+\mathrm{erf}(S\cos\theta)]\right] \end{aligned} \tag{6.38}$$

完全镜面反射产生的切应力为零,漫反射产生的切应力等于入射气体分子产生的切应力,即

$$\tau = \sigma\tau_{\mathrm{i}} = \sigma\int_{-\infty}^{\infty}\int_{-\infty}^{\infty}\int_{0}^{\infty} muvf_0\mathrm{d}u\mathrm{d}v\mathrm{d}\omega$$

$$= \frac{\sigma\rho_\infty U^2\sin\theta}{2\sqrt{\pi}S}\{\mathrm{e}^{-(S\cos\theta)^2} + \sqrt{\pi}(S\cos\theta)[1 + \mathrm{erf}(S\cos\theta)]\} \tag{6.39}$$

式(6.38)和式(6.39)中用到了来流密度公式 $\rho_\infty = mn$。有了式(6.38)和式(6.39),就可以对物面进行积分方便地得到自由分子流领域绕流物体的气动力。

6.1.4 过渡领域和滑流领域气动力工程计算方法

在过渡领域气体分子的控制方程是玻耳兹曼方程,目前其有效的求解方法是 DSMC 方法。虽然 DSMC 方法能提供较为精确的计算结果,但是 DSMC 方法是一种数值算法,它需要耗费大量的计算时间和机器内存,在初期设计阶段,由于要在不同的气动外形和不同的飞行参数下计算火箭气动参数,因此采用 DSMC 方法将导致非常高的计算成本。对于滑流领域,其控制方程为 Burnett 方程,虽然在马赫数不大时也可以通过求解滑流边界条件的纳维—斯托克斯来求解气动力,但是无论是数值求解纳维—斯托克斯方程或 Burnett 方程都需要大量的机时。由 Kn 数的定义可知它与绕流物体的特征尺度有关,因此绕流物体的 Kn 数与局部 Kn 可能相差很大,对于某些复杂外形的飞行器,很难确定 Kn 数,也就很难决定采用什么样的模型计算气动力。理论上 DSMC 方法可以推广到滑流领域,但是随着空气密度的增加,DSMC 方法中的模拟气体分子数也急剧增加,因此用 DSMC 方法计算空气密度相对比较稠密的滑流领域的气动力也是比较困难的。为了解决这个问题,人们发展了各种能在很大的 Kn 数范围内仅需较短计算时间但有一定精度的工程计算方法,其中被广泛应用的一类工程计算方法称为桥函数法。桥函数法可计算 $0.001 \leqslant Kn \leqslant 10$ 之间的气动力系数,它是根据连续流气动力系数和自由分子流的气动力系数,通过某种桥函数插值计算过渡领域气动力的一种计算方法,即

$$C_k = C_{k,\mathrm{FM}} \times F(Kn,S,\alpha,\cdots) + C_{k,\mathrm{Cont}} \times [1 - F(Kn,S,\alpha,\cdots)] \tag{6.40}$$

式中:$F(Kn,S,\alpha,\cdots)$称为桥函数,它可以是飞行 Kn 数、速度比 S 和攻角 α 的函数。桥函数法分为两种,一种称为整体桥函数法(Global Bridging Method),另一种称为局部桥函数法(Local Bridging Method),顾名思义,整体桥函数法就是根据连续流和自由分子流领域飞行器的整体气动力系数通过桥函数插值计算过渡领域气动力的方法,而局部桥函数法则是先将飞行器外形划分为很小的计算网格,然后在每个网格内使用桥函数法计算过渡领域的气动力系数,最后通过

积分得到过渡领域飞行器的整体气动力系数。一般来说,局部桥函数法要比整体桥函数法的精度高。

比较著名的整体桥函数法有两种,第一种是由洛克希德提出的

$$C_{k,\mathrm{Tran}} = C_{k,\mathrm{Cont}} + (C_{k,\mathrm{FM}} - C_{k,\mathrm{Cont}}) \times \sin^2[\pi(A + B\lg Kn_\infty)] \quad (6.41)$$

式中:$A=3/8$,$B=3/8$,Kn_∞为来流克努森数;C_k为气动力系数(如升力、阻力、俯仰力矩系数等),下标Tran、Cont、FM分别表示“过渡”“连续流”和“自由分子流”领域。连续流和自由分子流系数C_k之值由对应于$Kn=0.001$和$Kn=10$处的气动力系数确定。

另一种整体桥函数法是由Fred W. Mating提出的,是一种根理论分析和试验数据相结合而得到的一种计算钝头体的半理论半经验公式

$$C_{k,\mathrm{Tran}} = C_{k,\mathrm{Cont}} + (C_{k,\mathrm{FM}} - C_{k,\mathrm{Cont}}) \times \exp[-15 \times 10^6 (R\rho_\infty)(1+E)] \quad (6.42)$$

式中:R为球锥头部半径;E为可调参数,主要与物形、攻角、气体种类有关,当缺乏数据时,对于空气一般取为零。

通过使用DSMC的计算结果对这两种计算方法进行分析和评价,结果表明在近连续区Fred W. Mating公式要比洛克希德公式有更高的精度,但是在近自由分子流区,洛克希德公式却又比Fred W. Mating公式有更高的精度,因此建议在近连续区采用Fred W. Mating公式而在近自由分子流区采用洛克希德公式。

6.1.5 气动力系数随高度变化特性分析

为了分析高空稀薄大气对弹箭空气动力系数的影响,本节以某超远程火箭为例,计算并讨论其空气动力系数随高度的变化情况。根据以上介绍的方法容易计算自由分子流领域和过渡领域的空气动力系数,对于连续流领域,如果能知道无黏流的流动参数,亦可算得这个领域内空气动力系数随高度的变化,由于无黏流空气动力的计算方法在空气动力学中已有详细论述,这里仅对某些常用计算方法的原理进行简要介绍。

6.1.6 弹体无黏流空气动力计算的激波膨胀波理论

对于在连续流领域超声速飞行的弹箭,其弹体无黏流压力系数可使用二次激波膨胀波理论来计算。其主要思想是使用普朗特－迈耶关系式计算弹体下游表面上马赫数变化,同时使用二次激波膨胀波理论考虑流动三维效应的影响。具体的计算过程是用相割或相切的办法,把弹体分割成一个顶部的小圆锥和若干个小圆台,如图6.3所示。

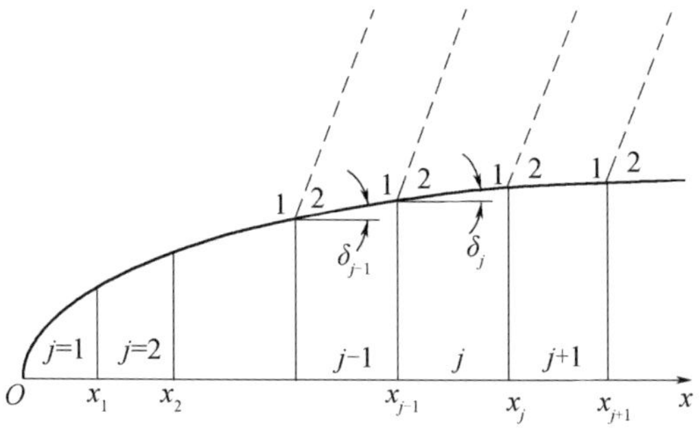

图 6.3　弹体的分割

顶部截锥可根据半顶角和来流马赫数查锥形流表，获得其流动参数如马赫数 Ma 和压力系数 p_c。然后以顶部截锥上的流动参数作为后续锥台计算的初始条件，计算锥台上的流动参数。但是更一般的情况是已知 $(j-1,1)$ 点处的流动参数，来计算第 j 个锥台上流动参数。在已知 $M_{j-1,1}$ 和 $\delta_j-\delta_{j-1}$ 时，$M_{j,2}$ 可用普朗特－迈耶流动关系式计算。

$$\delta_j-\delta_{j-1}=\sqrt{\frac{k+1}{k-1}}\arctan\sqrt{\frac{k-1}{k+1}(M^2{}_{j,2}-1)}-\arctan\sqrt{M^2{}_2-1}$$
$$-\sqrt{\frac{k+1}{k-1}}\arctan\sqrt{\frac{k-1}{k+1}(M^2{}_{j-1,1}-1)}+\arctan\sqrt{M^2{}_{j-1,1}-1} \tag{6.43}$$

在已知 $M_{j-1,1}$，$M_{j,2}$ 和 $p_{j-1,1}$ 时，$p_{j,2}$ 可用等熵关系式来计算

$$p_{j,2}=p_{j-1,1}\left(1+\frac{k-1}{2}M_{j,2}^2\right)^{\frac{K}{K-1}}\Big/\left(1+\frac{k-1}{2}M_{j-1,2}^2\right)^{\frac{K}{K-1}} \tag{6.44}$$

根据普朗特－迈耶关系式，由于在每个锥台上的 δ_j 是不变的，因此其压力也不会变化，但实际流动中，由于流动的三维性质，压力沿锥台也是变化的，这就是二次激波膨胀波理论所要解决的问题。在已知 $(\partial p/\partial s)_{j-1,1}$ 时，根据二次激波膨胀波理论 $(\partial p/\partial s)_{j,2}$ 的计算公式为

$$\left(\frac{\partial p}{\partial s}\right)_{j,2}=\frac{B_{j,2}}{r_{j-1}}\left(\frac{\Omega_{j-1,1}}{\Omega_{j,1}}\sin\delta_{j-1}-\sin\delta_j\right)+\frac{B_{j,2}}{B_{j-1,1}}\frac{\Omega_{j-1,1}}{\Omega_{j,2}}\left(\frac{\partial p}{\partial s}\right)_{j-1,1} \tag{6.45}$$

式中：r 为弹体的当地半径，而

$$B=\frac{kpM^2}{2(M^2-1)},\quad \Omega=\frac{1}{M}\left[\frac{1+(k-1)M^2/2}{(k+1)/2}\right]^{\frac{k+1}{2(k+1)}} \tag{6.46}$$

计算得 $(\partial p/\partial s)_{j,2}$ 后，定义压力分布系数 K_j 为

$$K_j = \frac{-(\partial p/\partial s)_{j,2}}{p_{cj} - p_{j,2}} \tag{6.47}$$

式中：p_{cj}按照半顶角δ_j的相当锥，其锥面马赫数用$M_{j,2}$，查锥形流表可获得。这样第j个锥台上的压力分布按下式确定

$$p_{j,1} = p_{cj} - (p_{cj} - p_{j,2})\exp\left(K_j \frac{x - x_{j-1}}{\cos\delta_j}\right) \tag{6.48}$$

为了计算下一个锥台上的参数做准备，还必须计算$(\partial p/\partial s)_{j-1,1}$和$M_{j,1}$，$(\partial p/\partial s)_{j-1,1}$的计算公式为

$$\left(\frac{\partial p}{\partial s}\right)_{j,1} = \left(\frac{\partial p}{\partial s}\right)_{j,2}\left(\frac{p_{cj} - p_{j,1}}{p_{cj} - p_{j,2}}\right) \tag{6.49}$$

$M_{j,1}$可以从以下公式中解出来

$$p_{j,1}\left(1 + \frac{k-1}{2}M_{j,1}^2\right)^{\frac{k}{k-1}} = p_{j,2}\left(1 + \frac{k-1}{2}M_{j,2}^2\right)^{\frac{k}{k-1}} \tag{6.50}$$

根据以上介绍的方法可求得当地压力系数及当地马赫数，再根据等熵关系式就可以求得有黏流以及弹体空气动力计算过程中所需的流动参数。

6.1.7 弹翼无黏流空气动力计算的点源法

根据空气动力学的理论，可使用激波膨胀波理论计算弹体无黏流的压力系数，使用Moore公式计算底阻，使用点源法计算弹翼的空气动力，使用本章介绍的方法计算黏性对空气动力的影响，使用干扰因子法（P－N－K法）计算弹翼组合体的空气动力，此超远程火箭的主要外形尺寸如图6.4所示。

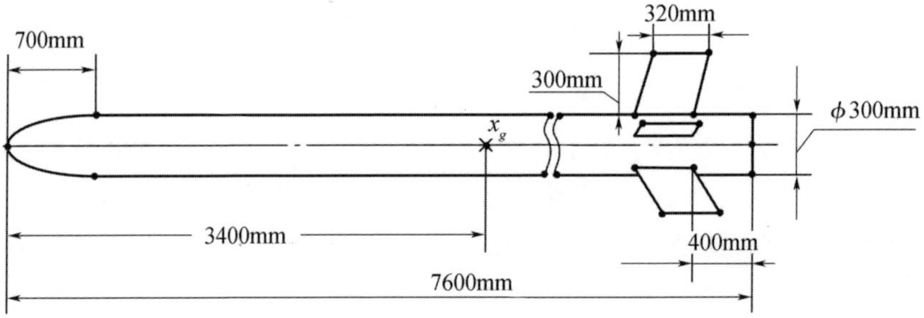

图6.4　某火箭的外形示意图

从图6.4中可以看出此火箭的主要外形参数，其中x_g表示重心位置，尾翼共六片，其前后沿后掠角均为20°，弹径$D = 300$mm，头部长$x_m = 300$mm，母线方程为

$$r = \frac{Dx}{2x_m}\left(2 - \frac{x}{x_m}\right)$$

式中:r 为母线半径;x 为母线上任一点距头部顶点的距离。

针对此超远程火箭,取弹径 D 为特征尺寸,根据第 1 章中建立的弹道标准气象条件以及本章的分析,可算得其经历高空飞行时,流动领域的划分如表 6.1 所列。

表 6.1　某火箭经历大空域飞行时流动领域的划分

流动领域	Kn 数	对应高度/km
连续流	$Kn < 0.001$	0 ~ 60
过渡领域	$0.001 < Kn < 10$	60 ~ 110
自由分子流领域	$Kn > 10$	>110

在自由分子流领域使用自由分子流理论;在过渡领域使用 Fred W. Mating 桥函数法,可计算此火箭在不同飞行高度的空气动力系数如图 6.5 ~ 图 6.10 所示,由图中可以看出:

(1) 空气动力系数除了受马赫数的影响,同时还随着高度的变化而变化,在精确计算弹道时应予以考虑。

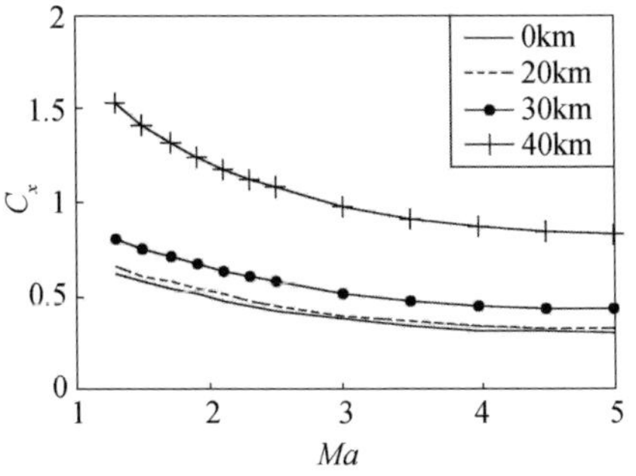

图 6.5　不同飞行高度的阻力系数曲线

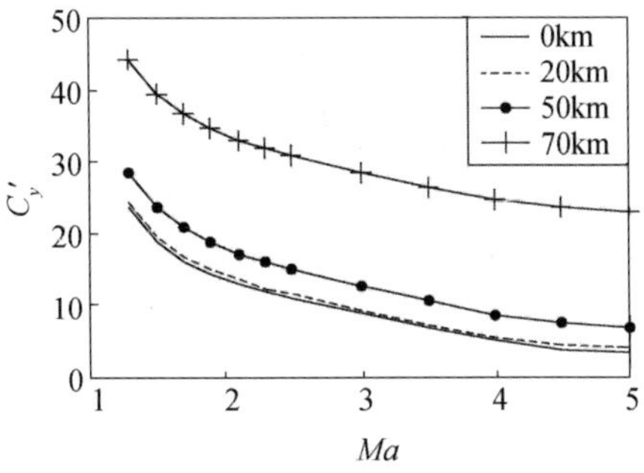

图 6.6　不同飞行高度的升力系数曲线

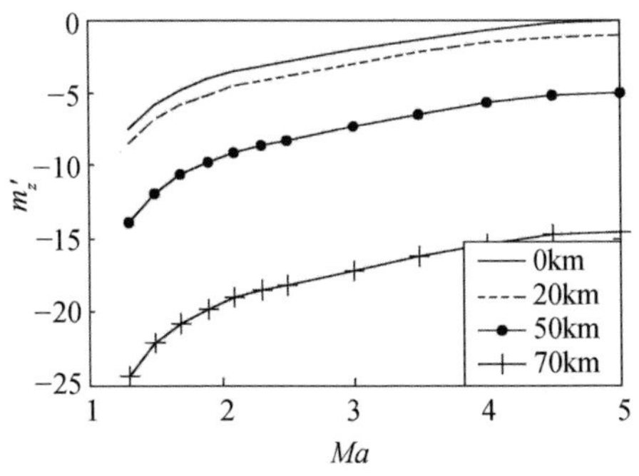

图 6.7　静力矩系数导数曲线

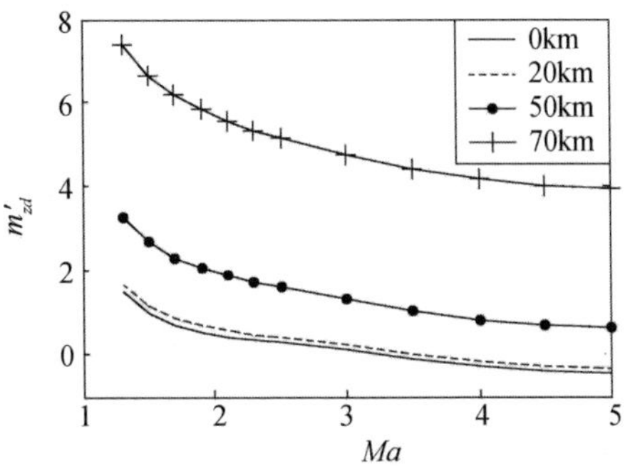

图 6.8　赤道阻尼力矩系数导数曲线

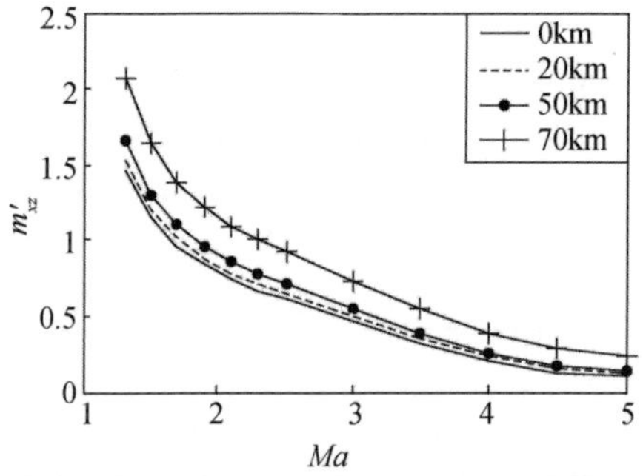

图 6.9　极阻尼力矩系数导数曲线

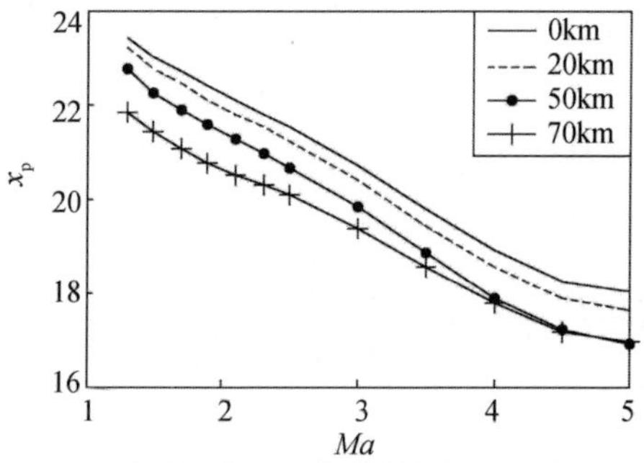

图 6.10　不同飞行高度的压心位置曲线

注:压心位置是指压心与头部顶点的距离与弹径之比。

(2) 虽然空气动力系数是随高度变化的,但是它对空气动力的影响与空气密度随高度变化的直接影响相比要小得多,因此各气动力随高度的变化率主要受空气密度变化直接影响,稀薄效应对气动力系数变化率的影响是间接而次要的。

(3) 当火箭以较高的超声速飞行时,其空气动力随马赫数变化比较缓慢。

根据以上空气动力系数的后两个特性可知,在分析弹箭的角运动时,可近似认为弹道空气动力系数随飞行过程的相对变化率与空气密度的相对变化率相等,因此可得

$$\frac{b'}{b} \approx \frac{k'}{k} \approx \frac{\rho'}{\rho} = -\beta \frac{\mathrm{d}y}{\mathrm{d}s} = -\beta \sin\theta \tag{6.51}$$

式中:b,k 分别为弹箭的弹道气动力和力矩系数;上标“′”为对弧长的导数;θ 为弹道倾角。

6.2 野战火箭在稀薄大气中飞行的力学模型

在弹道学中,已经建立了地表为平面或圆球模型的刚体弹道模型,这种模型对于射程不大的弹道并不会引起大的计算误差,事实上地球接近于一个椭球体,因此随着射程和高度的增加,这些模型的误差将越来越大,特别是对于在稀薄气体中飞行的火箭而言,由于其射程和高度通常很大,这些误差的影响往往会严重影响武器的精度。因此,为了精确计算超远程弹道或评价上述弹道模型的精度,有必要建立基于椭球地表的弹道模型。

6.2.1 稀薄气体中野战火箭的刚体弹道方程组

在弹箭的质量、转动惯量、气象条件为已知的情况下,根据第 4 章中的内容

可得稀薄气体中野战火箭的弹道模型。

$$
\begin{cases}
\dfrac{\mathrm{d}v_x}{\mathrm{d}t} = \dfrac{F_x}{m} \\
\dfrac{\mathrm{d}v_y}{\mathrm{d}t} = \dfrac{F_y}{m} \\
\dfrac{\mathrm{d}v_z}{\mathrm{d}t} = \dfrac{F_z}{m} \\
\dfrac{\mathrm{d}x}{\mathrm{d}t} = v_x;\ \dfrac{\mathrm{d}y}{\mathrm{d}t} = v_y;\ \dfrac{\mathrm{d}z}{\mathrm{d}t} = v_z \\
C\dfrac{\mathrm{d}\omega_\xi}{\mathrm{d}t} = M_\xi \\
A\dfrac{\mathrm{d}\omega_\eta}{\mathrm{d}t} + C\omega_\xi\omega_\zeta - A(\omega_\xi - \dot{\gamma})\omega_\zeta = M_\eta \\
A\dfrac{\mathrm{d}\omega_\zeta}{\mathrm{d}t} - C\omega_\xi\omega_\eta + A(\omega_\xi - \dot{\gamma})\omega_\eta = M_\zeta \\
\dfrac{\mathrm{d}\varphi_a}{\mathrm{d}t} = \dfrac{1}{\cos\varphi_2}(\omega_\zeta - \omega_{\zeta s}) \\
\dfrac{\mathrm{d}\varphi_2}{\mathrm{d}t} = -(\omega_\eta - \omega_{\eta s}) \\
\dfrac{\mathrm{d}\gamma}{\mathrm{d}t} = \omega_\xi - \omega_{\xi s} - (\omega_\zeta - \omega_{\zeta s})\tan\varphi_2 \\
\sin\delta_2 = \sin\varphi_2\cos\psi_2 - \sin\psi_2\cos\varphi_2\cos(\varphi_a - \theta_1) \\
\sin\delta_1 = \sin(\varphi_a - \theta_1)\cos\varphi_2/\cos\delta_2 \\
\sin\alpha_a = \sin(\varphi_a - \theta_1)\sin\psi_2/\cos\delta_2 \\
\delta = \arccos(\cos\delta_1\cos\delta_2)
\end{cases}
\tag{6.52}
$$

在式(6.52)中,气动力和力矩以及科里奥利惯性力的计算方法已在第4章和本章6.1节中分析过,但是弹箭的飞行高度和射程的计算上还有待于进一步分析。

6.2.2 飞行高度及射程的计算

对于平面地表模型,为了计算气动力和判断弹道计算结束条件所需的弹箭飞行高度 $H=y$,对于椭球地表模型,则应当是弹箭所处的位置到大地椭球面的距离。如图6.11所示,设弹箭飞行过程中所处的位置为 P,它在地心大地直接坐标系中的坐标为 $P(x_{sP}, y_{sP}, z_{sP})$。过 P 点作垂直于地球表面的直线 PQ 且垂直于椭球地表于 $Q(x_{sQ}, y_{sQ}, z_{sQ})$,由于 Q 点位于地表上,因此其坐标应当满足下述方程:

$$\frac{x_{sQ}^2 + y_{sQ}^2}{a^2} + \frac{z_{sQ}^2}{b^2} = 1 \tag{6.53}$$

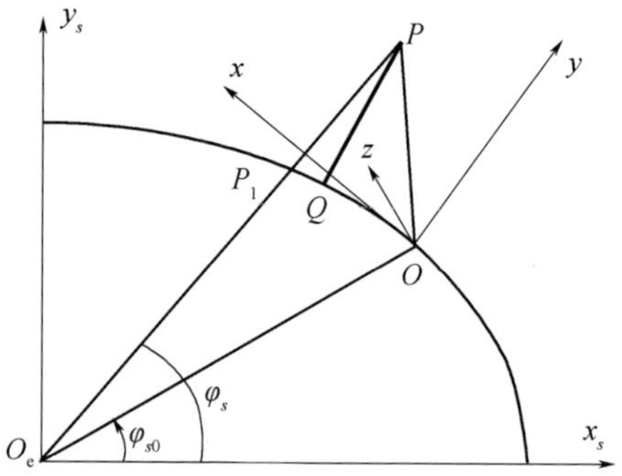

图 6.11　弹箭飞行过程中高度的计算方法

过 Q 点椭球面的法向向量应当与直线 PQ 的方向一致,即

$$\frac{x_{sQ}}{a^2(x_{sQ} - x_{sP})} = \frac{y_{sQ}}{a^2(y_{sQ} - y_{sP})} = \frac{z_{sQ}}{b^2(z_{sQ} - z_{sP})} \tag{6.54}$$

联立方程式(6.53)和式(6.54)就可求解 Q 点的坐标,再根据两点间的距离公式就可以求得弹箭在飞行过程中的飞行高度

$$h_1 = \sqrt{(x_Q - x_P)^2 + (y_Q - y_P)^2 + (z_Q - z_P)^2} \tag{6.55}$$

在求解方程式(6.54)和式(6.55)的过程中,需要解一元四次方程,虽然一元四次方程有代数解,但由于其复杂性,将给实际的弹道计算带来困难,可以使用以下公式近似计算高度,即

$$h_2 = |O_eP - O_eP_1| \tag{6.56}$$

式中:P_1 为直线 OP 与椭球地表的交线。O_eP 可由向量加法公式$O_eP = O_eO + OP$ 容易求得,因为点 P_1 在椭球地表上,O_eP_1 可根据以下公式计算

$$|O_eP_1| = \frac{a^2b^2(1 + \tan^2\varphi_s)}{a^2\tan^2\varphi_s + b^2} \tag{6.57}$$

式中:φ_s 为点 P_1 的地心纬度,可根据点 P 的坐标求得。在地面坐标系中,取 $x = 300\text{km}$, $y = 20,40,60,80,100\text{km}$,$z = 0\text{km}$ 的五个点,在不同的发射纬度上使用式(6.57)计算的误差如图 6.12 所示,从图 6.12 可以看出,使用式(6.56)的误差很小,可用于远程弹道的高度计算。

考虑地表为椭球面时,有时要用到地球表面的曲线射程,这时弹箭的射程不再是落点处的 x 坐标,而应当是椭球地表上,介于发射点和落点之间的测地线。在北半球将椭球地表在地心大地坐标系中的方程写为

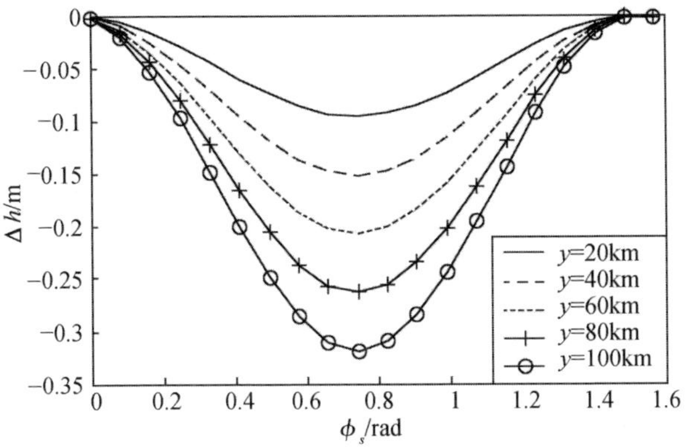

图 6.12　高度近似计算公式的误差

$$z = \frac{b}{a}\sqrt{a^2 - (x^2 + y^2)} \tag{6.58}$$

这样测地线的微分方程为

$$(1 + p^2 + q^2)\frac{\mathrm{d}^2 y}{\mathrm{d}x^2} = pt\left(\frac{\mathrm{d}y}{\mathrm{d}x}\right)^3 + (2ps - qt)\left(\frac{\mathrm{d}y}{\mathrm{d}x}\right)^2 + (pr - 2qs)\frac{\mathrm{d}y}{\mathrm{d}x} - qr \tag{6.59}$$

其中

$$\begin{cases} r = \dfrac{\partial^2 z}{\partial x^2} = \dfrac{-bx^2}{a[a^2 - (x^2 + y^2)]^{3/2}} + \dfrac{-b}{a[a^2 - (x^2 + y^2)]^{1/2}} \\ s = \dfrac{\partial^2 z}{\partial x^2} = \dfrac{-bxy}{a[a^2 - (x^2 + y^2)]^{3/2}} \\ t = \dfrac{\partial^2 z}{\partial y^2} = \dfrac{-by^2}{a[a^2 - (x^2 + y^2)]^{3/2}} + \dfrac{-b}{a[a^2 - (x^2 + y^2)]^{1/2}} \\ p = \dfrac{\partial z}{\partial x} = \dfrac{-bx}{a[a^2 - (x^2 + y^2)]^{1/2}}, \quad q = \dfrac{\partial z}{\partial y} = \dfrac{-by}{a[a^2 - (x^2 + y^2)]^{1/2}} \end{cases} \tag{6.60}$$

测地线的长度可使用弧长积分公式计算

$$l = \int_{x_0}^{x}\sqrt{1 + \left(\frac{\partial y}{\partial x}\right)^2 + \left(\frac{\partial z}{\partial x}\right)^2}\mathrm{d}x = \int_{x_0}^{x}\sqrt{1 + \left(\frac{\partial y}{\partial x}\right)^2 + \frac{b^2}{a^2}\frac{x^2}{a^2 - (x^2 + y^2)}}\mathrm{d}x \tag{6.61}$$

联立式(6.59)~式(6.61)就可以计算测地线的长度,取不同的初值(x,y)就对应于地球上不同的位置,不同的初值$(x,\mathrm{d}y/\mathrm{d}x)$就对应于不同方向上的测地线。

显然使用以上方法直接计算射程是相当麻烦的，对于射程不超过 300km 的常规弹箭，建议使用圆球模型上的一段圆弧来等效弹箭的射程，其中圆球的半径等于发射点和落地点处地心半径的平均值，球心角等于发射点和落地点在总地球椭球上所张开的球心角。以测地线为标准，当测地长度等于 300km，不同初值组合时，等效圆球模型的射程计算误差如图 6.13 所示，由于标准地球椭球是一个旋成体，因此图 6.13 中所有的计算过程中，y 的初值均为 0。

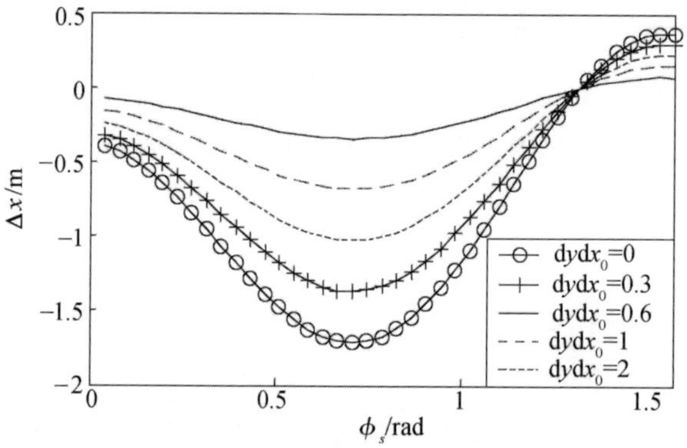

图 6.13　使用等效圆球模型计算射程所产生的误差

从图 6.13 可以看出，射程不超过 300km 时，使用等效圆球模型上的圆弧段等效射程具有相当高的精度，因此可使用等效圆球模型上的圆弧段来近似计算曲线射程。

6.3　野战火箭在稀薄大气中的运动

根据本章建立的超远程弹箭的计算模型，可以分别计算和讨论考虑地表为椭球面以及气动力系数随高度变化等因素对弹道计算的影响。计算中以某超远程火箭为例，通过改变火箭推力改变火箭的总射程，从而讨论不同射程和射高情况下各因素对射程计算的影响。

6.3.1　地表为椭球面对弹道计算的影响

在讨论椭球地表模型对射程的影响时，采用了值为 $9.8\mathrm{m/s^2}$，方向指向地面坐标系 $-y$ 方向的重力模型，并且不考虑气动力系数随高度的变化。在不同发射纬度 B_T 和不同天文瞄准方位角 A_T 的情况下，以椭球地表模型为基准，使用平面地表模型计算所产生的射程及飞行时间误差如表 6.2 ~ 表 6.4 所列。

表 6.2 $B_T=20°$时不同 A_T 情况下的射程和飞行时间对比

F_p/F_{p0}	$A_T=0°$		$A_T=60°$		$A_T=120°$		$A_T=180°$	
	ΔX_1/m	Δt_1/s	ΔX_2/m	Δt_2/s	ΔX_3/m	Δt_3/s	ΔX_4/m	Δt_4/s
1	-231.566	-0.891	-230.544	0.887	-230.55	-0.887	-231.578	0.891
1.4	-1037.992	-2.704	-1033.443	-2.692	-1033.495	-2.692	-1038.098	2.705
1.8	-3072.31	-6.867	-3059.157	-6.831	-3059.415	-6.831	-3072.829	-6.869

表 6.3 $B_T=45°$时不同 A_T 情况下的射程和飞行时间对比

F_p/F_{p0}	$A_T=0°$		$A_T=60°$		$A_T=120°$		$A_T=180°$	
	ΔX_1/m	Δt_1/s	ΔX_2/m	Δt_2/s	ΔX_3/m	Δt_3/s	ΔX_4/m	Δt_4/s
1	-230.674	-0.887	-230.099	-0.885	-230.108	-0.885	-230.692	-0.887
1.4	-1033.996	-2.693	-1031.449	-2.686	-1031.53	-2.686	-1034.159	-2.694
1.8	-3060.653	-6.853	-3053.34	-6.815	-3053.741	-6.816	-3061.457	-6.837

表 6.4 $B_T=70°$时不同 A_T 情况下的射程和飞行时间对比

F_p/F_{p0}	$A_T=0°$		$A_T=60°$		$A_T=120°$		$A_T=180°$	
	ΔX_1/m	Δt_1/s	ΔX_2/m	Δt_2/s	ΔX_3/m	Δt_3/s	ΔX_4/m	Δt_4/s
1	-269.79	-0.884	-229.657	-0.883	-229.663	-0.883	-229.801	-0.884
1.4	-1030.063	-2.682	-1029.485	-2.681	-1029.537	-2.681	-1030.167	-2.683
1.8	-3049.294	-6.804	-3047.667	-6.799	-3047.924	-6.8	-3049.808	-6.805

从表6.2~表6.4可以看出,采用平面地表模型计算弹道所产生的误差几乎不受发射点的地理纬度 B_T 和天文瞄准方位角 A_T 的影响。这是由于采用平面地表模型所产生射程计算误差的原因在于落点条件不对。因此采用平面地表模型将使弹箭的飞行时间变短,从而使得计算射程减少;这个结论和表6.2~表6.4中的计算结果是吻合的。由于总地球椭球扁率很小,因此和圆球体很接近,这是采用平面地表模型所产生计算误差几乎不随 B_T 和 A_T 变化的原因。

6.3.2 空气动力系数随高度变化对弹道计算的影响

在讨论空气动力系数随高度变化对弹箭计算的影响时,采用了平面地表模型,重力值为9.8m/s^2,方向指向地面坐标系 $-y$ 方向。气动力随高度的变化通过对空气动力系数进行马赫数和高度二维插值的方法来获得。在不同射程的情况下,不考虑气动力系数随高度变化导致射程的计算误差如表6.5所列,其中 X_1 表示考虑气动力系数随高度变化时的射程,而 $\Delta X_2=X_2-X_1$ 表示未考虑气动力系数随高度变化所产生的射程误差,H 表示火箭的最大飞行高度。

从图6.2可知,随着飞行高度的增加,阻力系数变化很大,当火箭的飞行高度从 20km 处飞至 70km 处时，阻力系数增大了 1 倍多，但是从表 6.5 的计算结果可以看出，随着最大飞行高度的增加，阻力系数随高度的变化并没有对射程计算误差产生大的影响，这是由于随着飞行高度的增加，虽然阻力系数与地面值的差异较大，但是高空空气密度小，因此阻力系数的变化所产生阻力的变化并不大，对射程的影响也不大。和重力以及椭球地表对弹道计算的影响不同，阻力系数随高度变化对弹道计算的影响可以通过符合系数来消除。分别在 $F_p/F_{p0}=1.8$ 和 $F_p/F_{p0}=1.2$ 时对阻力系数进行符合，符合后的射程误差 ΔX_3 和 ΔX_4 亦列于表 6.5 中，从表 6.5 可以看出，经阻力系数符合后，在较大的射程范围内，射程计算误差都比较小；但是当射程变化较大时，仍会导致较大的计算误差，因此研究阻力系数随高度的变化有一定的意义。

表 6.5　考虑气动力系数随高度变化时的射程差异

F_p/F_{p0}	0.6	0.8	1.0	1.2	1.4	1.6	1.8
X_1/km	28.735	47.026	72.829	1057.684	145.419	192.443	247.182
ΔX_2/m	0.121	0.464	1.024	1.626	2.293	3.097	4.006
H/km	10.542	17.393	26.115	36.493	50.073	66.068	85.005
ΔX_3/m	−0.213	−0.304	−0.23	−0.171	−0.146	−0.08	0
ΔX_4/m	0.037	−0.23	−0.111	0	0.085	0.22	0.377

第7章 野战火箭非线性运动分析

7.1 概述

野战火箭作为刚体在大气中运动，会受到自身重力、空气动力和力矩的作用。在研究野战火箭的动力学特性时，常将其作为一个线性系统来处理，这样可以获得许多有效的结果。这种分析方法在小攻角情况下一般都是正确的，在大攻角时空气动力和力矩包含有显著的非线性且考虑不能再用 $\sin\delta\approx\delta$、$\cos\delta\approx 1$ 进行线性化而形成的几何非线性时，火箭的运动方程为非线性方程，此时应该用非线性分析方法分析其运动。

国内外在火箭的试验和飞行过程中都出现过一些用线性理论难以解释，而用非线性运动理论却可以解释的现象。20 世纪 60 年代，美国在进行奈特霍克探空火箭飞行试验时，50 多次的飞行试验中，出现了 20 多次发射的锥形运动。美国的 2.75 英寸[①]航空火箭弹在亚声速风洞的三旋转自由度试验，以及在超声速风洞的自由飞试验也曾出现发散的锥形运动。西班牙的 140 火箭弹在 28 次飞行试验中出现过 9 次锥形运动。我国在远程火箭的研制试验中也出现过试验射程与计算射程差别较大、攻角不衰减的现象。

随着各种新型火箭的出现以及作战任务的扩大，许多时候都有处于大攻角，非线性气动力飞行的状态。例如，大起始扰动、运动载体中侧向射击、某些弹道修正火箭在较大横向脉冲瞬间作用后的大攻角飞行、强随机风干扰、高原大射角射击等。发展火箭非线性运动理论一方面可以根据火箭的结构参数和气动力非线性大小预测火箭可能的飞行形态，改变设计，扩大稳定域的范围；另一方面也可以对一些被证实是非线性造成飞行不稳定的火箭设计其发射方式和发射时机。因此，开展火箭的非线性运动问题研究，将为火箭的飞行理论及

① 英寸是非法定计量单位，1 英寸 = 2.54cm。

弹体结构设计、气动力参数设计等提供理论基础,具有十分重要的意义。

7.2 弹箭非线性空气动力学特性

7.2.1 简介

弹箭的气动力和力矩数据主要通过风洞试验、自由飞行试验及流场数值计算等方法得到,由上述几种方法得到的数据证明在大攻角时几乎所有的气动力和力矩都呈现非线性,因此,弹箭在大攻角飞行时需要同时考虑几何非线性和气动非线性。同时,有关资料显示,在小攻角飞行的情况下,可以忽略掉几何非线性,但弹箭也会出现较大的气动非线性现象。本节将介绍弹箭的非线性气动力和力矩的一般特性,后面章节以此为基础分析其对火箭姿态运动的影响。

目前,国内外研究人员建立了多种模型用于描述非线性气动力和力矩,具有代表性的有代数多项式模型、傅里叶函数分析模型、状态空间模型、差分方程模型等。其中代数多项式模型结构形式简单,物理意义清晰,容易分析,本章采用此方法来描述非线性气动系数。Maple - synge 的分析结果显示,在气动系数的幂级数多项式模型中只需要考虑总攻角 δ。因此,气动系数的幂级数展开式可以表示为

$$C = C_0 + C_{\delta^2}\delta^2 + \cdots \tag{7.1}$$

式中:C 为气动系数;C_0 为在零攻角时的线性气动系数;C_{δ^2} 为气动系数的非线性项。

7.2.2 非线性阻力系数

阻力系数 C_D 随着火箭俯仰运动和偏航运动的变化而变化,其幂级数展开式为

$$C_D = C_{D0} + C_{D_{\delta^2}}\delta^2 + \cdots \tag{7.2}$$

式中:C_{D0}为零攻角阻力系数;$C_{D_{\delta^2}}$为二次方阻力系数。

图 7.1 是美国空军在 20 世纪 50 年代收集的 30mm 弹丸的气动试验数据,通过 BRL 超声速风洞和自由飞行闪光摄影得到了线性和非线性气动力和力矩,比较可以发现,风洞试验和飞行闪光摄影得到的气动力数据比较接近。

图 7.2 是 1955 年得到的 20mm 弹丸在总攻角为 25°时的气动数据。$M_\alpha = 2.3$ 时风洞试验得到的 $C_{D0} = 0.425$,$C_{D_{\delta^2}} = 4.6$,在相同马赫数下,闪光摄影得到的 $C_{D_{\delta^2}} = 4.7$。

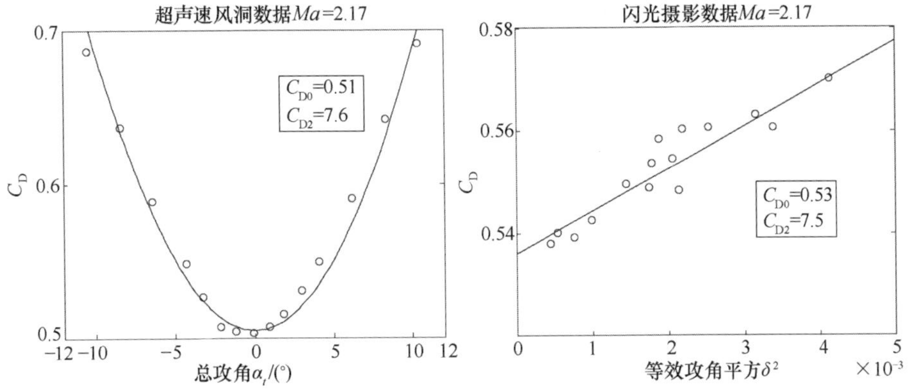

(a)　　　　(b)

图 7.1　30mm 弹丸气动试验数据

（a）风洞试验数据；（b）飞行试验数据。

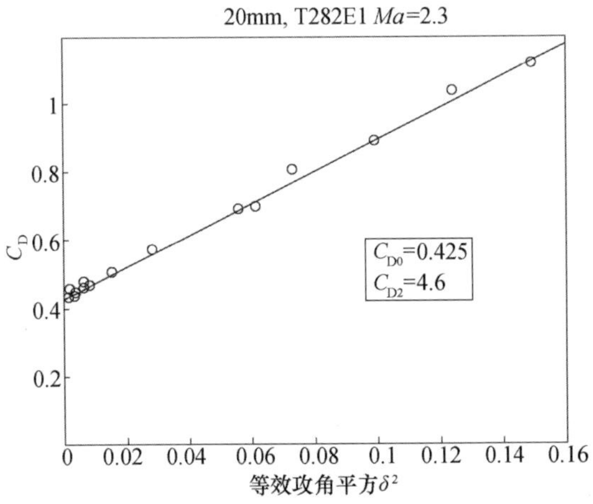

图 7.2　20mm 弹丸总攻角 25°时气动数据

7.2.3　非线性俯仰力矩系数

俯仰力矩系数的级数展开式为

$$C_{M_\alpha} = C_{M_{\alpha 0}} + C_{M_{\alpha 2}}\delta^2 + \cdots \tag{7.3}$$

式中：$C_{M_{\alpha 0}}$为零攻角时的线性俯仰力矩系数；$C_{M_{\alpha 2}}$为立方俯仰力矩系数。

图 7.3 给出了 120mm 非旋转尾翼稳定迫弹在亚声速和跨声速时的立方俯仰力矩系数。结果显示其线性俯仰力矩系数在两种速度下都为负数。在马赫数为 0.64 时，120mm 迫弹处于亚声速飞行，其立方马格努斯力矩为负。由于在此速度下线性和立方马格努斯力矩都为负数，故迫弹在小攻角情况下是静态稳定的，在大攻角时静态稳定性更强。当马赫数为 0.87 时，弹体表面的流场是跨

声速的,弹体表面会产生激波。跨声速时,立方马格努斯力矩变为正数。这表示迫弹在大攻角时的静态稳定性弱于小攻角。在跨声速时,立方俯仰力矩系数为正数是非旋或低旋尾翼稳定迫弹的基本特性。如果攻角超过 35.5°,则迫弹静态不稳定。

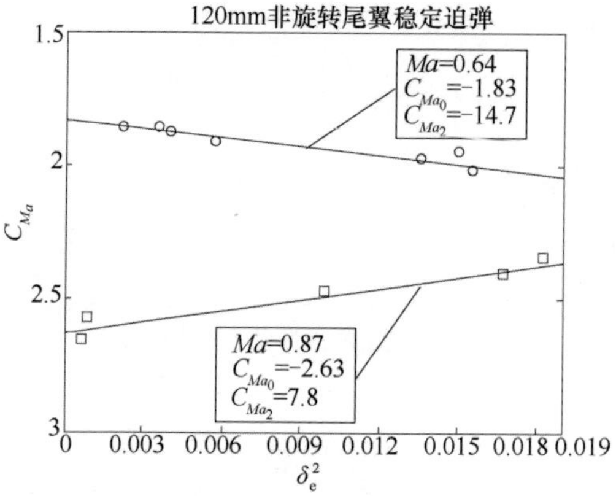

图 7.3　120mm 迫弹立方俯仰力矩系数

105mm 旋转稳定弹丸在马赫数 1.48 时,线性俯仰力矩系数为正,立方俯仰力矩系数为负(图 7.4)。事实上,105mm 弹丸的立方俯仰力矩系数在所有的飞行马赫数内都为负数。同样,0.50 口径弹丸的线性俯仰力矩系数为正,立方俯仰力矩系数为负(图 7.5),所以弹丸在大攻角时的陀螺稳定性强于小攻角。在许多不同的旋转稳定弹中都发现了类似的特性,故可认为典型的旋转稳定弹都具有负的立方俯仰力矩系数。

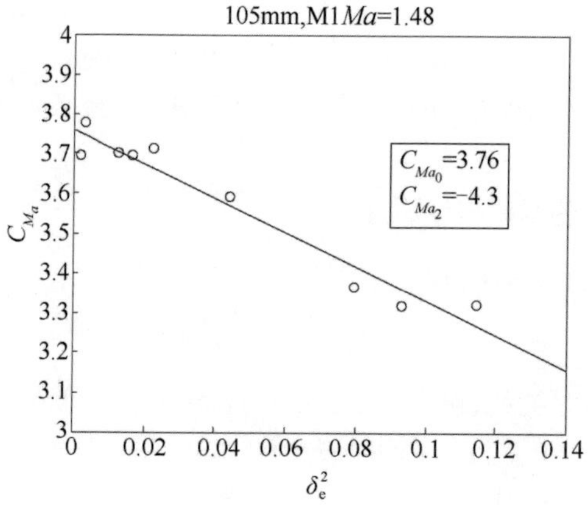

图 7.4　105mm 迫弹立方俯仰力矩系数

立方俯仰力矩系数对弹箭稳定性的影响如表 7.1 所列。

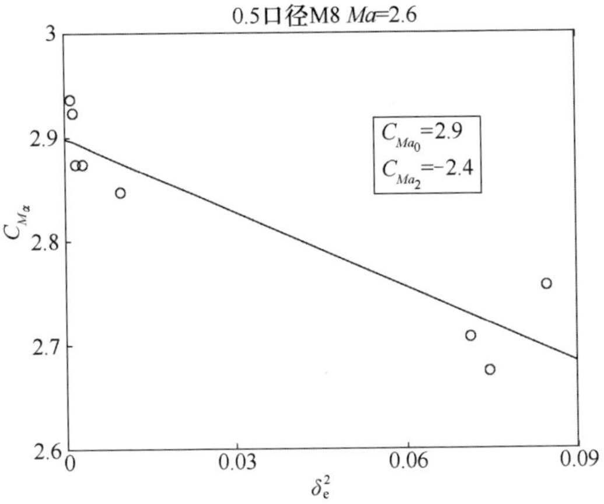

图 7.5　0.5 口径弹丸立方俯仰力矩系数

表 7.1　立方俯仰力矩系数对弹道箭稳定性的影响

气动力情况		稳定性
旋转稳定弹	1. $C_{M_{\alpha0}}>0$、$C_{M_{\alpha2}}<0$、$S_{g0}>1$	弹丸小攻角下陀螺稳定,大攻角下陀螺稳定性加强。可能出现各种振幅的周期角运动
	2. $C_{M_{\alpha0}}>0$、$C_{M_{\alpha2}}<0$、$S_{g0}<1$	弹丸小攻角下陀螺不稳定,大攻角下陀螺稳定性加强。若中间出现了 δ^2 使得弹丸陀螺稳定,则可能出现周期角运动
	3. $C_{M_{\alpha0}}>0$、$C_{M_{\alpha2}}>0$、$S_{g0}>1$	弹丸小攻角下陀螺稳定,大攻角下陀螺稳定性减弱。对于周期角运动,要求立方系数不超过线性系数的 2/3
	4. $C_{M_{\alpha0}}>0$、$C_{M_{\alpha2}}>0$、$S_{g0}<1$	弹丸陀螺不稳定。对于任何初始条件,角运动都沿弹道以指数形式发散
尾翼稳定弹	5. $C_{M_{\alpha0}}<0$、$C_{M_{\alpha2}}<0$	弹丸小攻角下静态稳定,大攻角下静态稳定性加强。可能出现各种振幅的周期角运动
	6. $C_{M_{\alpha0}}<0$、$C_{M_{\alpha2}}>0$	弹丸小攻角下静态,大攻角下静态稳定性减弱。若总的俯仰力矩系数始终为负,则可能出现各种振幅的周期角运动
	7. $C_{M_{\alpha0}}>0$、$C_{M_{\alpha2}}<0$	弹丸小攻角下静态不稳定,大攻角下静态稳定性加强。若中间出现了 δ^2 使得弹丸静态稳定,则可能出现周期角运动
	8. $C_{M_{\alpha0}}>0$、$C_{M_{\alpha2}}>0$	弹丸静态不稳定。对于任何初始条件,角运动都沿弹道以指数形式发散

对于旋转弹,情况 1 是最佳情况。因为旋转弹不管角运动幅值大小总是陀螺稳定的。对大多数旋转弹在大部分的飞行时间里,都有负的立方俯仰力矩系数,故情况 1 是最常出现的。

对于情况 2,弹丸在小攻角时陀螺不稳定,随着攻角增大,负的俯仰力矩系数使得陀螺稳定,又使得攻角减小。结果就产生周期角运动,角运动的振幅大于始终陀螺稳定的弹丸,如情况 1。

情况 3 很少出现,因为对于静态不稳定的旋转弹,很少出现正的立方俯仰力矩系数。情况 4 也很少出现。

对于静态稳定、非旋或低旋尾翼稳定弹,情况 5 是最佳情况,因为不管角运动的幅值大小,弹箭始终处于静态稳定。对大多数静态稳定弹箭,在超声速或亚声速,都有负的立方俯仰力矩系数。

对于情况 6,正的立方俯仰力矩系数通常出现在静态稳定尾翼弹跨声速期间。只要角运动幅值大到总的俯仰力矩系数变为正值,角运动就会维持周期运动。

情况 7 需要特别注意,弹箭在小攻角时静态不稳定,大攻角时静态稳定。问题是,此时的攻角需要多大。如果弹箭只在某些攻角时静态稳定,那么弹箭飞行可能符合要求。然而,如果临界静态稳定发生在大攻角,飞行很大可能不满足要求,弹箭需要重新设计。

7.2.4 立方马格努斯力矩系数

立方马格努斯力矩系数和俯仰阻尼力矩系数是耦合的,这意味着如果试验得到其中任何一个系数是非线性的,那么两个系数都要同时分析。此外,用于非线性系数分析的等效攻角每一次射击都必须重新计算。

墨菲分析了多组超声速闪光摄影数据,没有发现立方俯仰阻尼力矩系数的有效值。但是 Robert L. McCoy 得到了旋转稳定弹丸亚声速飞行时的立方俯仰阻尼力矩系数,同时也得到了非旋转尾翼稳定迫弹的立方俯仰阻尼力矩系数的有效值,但没有得到旋转稳定弹丸超声速飞行时的有效立方俯仰阻尼力矩系数。

图 7.6 是 120mm 非旋转迫弹($C_{M_q}+C_{M_{\dot\alpha}}$)在亚声速下随等效攻角 δ_e^2 的变化情况。

墨菲分析了 9 倍口径旋转火箭弹在马赫数为 1.8 时的非线性马格努斯力矩和俯仰阻尼力矩系数。通过作出马格努斯力矩系数随等效攻角 δ_e^2 变化的曲线可得,前、后质心的立方马格努斯力矩系数分别为 71 ±8 和 13 ±1(± 是由最小二乘产生的标准差),如图 7.7 所示。通过作出俯仰阻尼力矩系数随等效攻角 δ_e^2 变化的曲线可得,前质心的立方马格努斯力矩系数为 66 ±8,如图 7.8 所示。将前面的斜率 13 ±1 用于后质心,可以很好地符合俯仰阻尼力矩数据。通过马格努斯力矩和俯仰阻尼力矩分析得到的数据具有一致性,证明了在这种弹箭上没有有效的立方俯仰阻尼力矩。在 $C_{M_{p\alpha}}$ 和($C_{M_q}+C_{M_{\dot\alpha}}$)上观察到的非线性都是由于立方马格努斯力矩系数引起的。

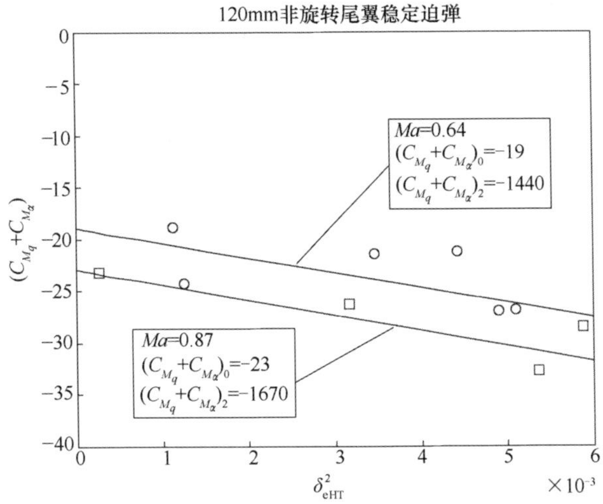

图 7.6　120mm 迫弹亚声速下变化情况

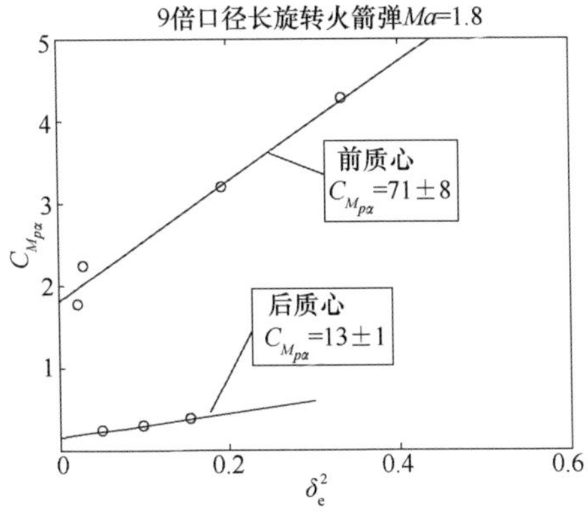

图 7.7　马格努斯力矩系数曲线

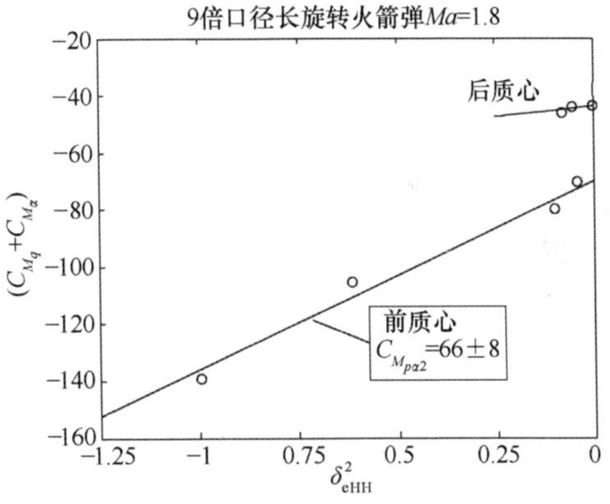

图 7.8　俯仰阻尼力矩系数曲线

7.2.5　双立方和三立方马格努斯力矩

SARP(Small Arms Research Program)得到了 SARP Model 1 弹丸亚声速时马格努斯力矩系数随 δ_e^2 变化的数据，通过最小二乘拟合得到两条不同的直线，称为双立方非线性(图 7.9)。在小攻角时得到一般的立方马格努斯力矩系数。大攻角时，马格努斯力矩系数在某个特定的攻角下变平。SARP Model 1 弹丸的转折点发生在攻角大约为 9°时。超声速和亚声速范围内，考虑立方马格努斯力矩效应得到的俯仰阻尼力矩系数的平均值是 -5.7 ±1.2。

另一个双立方马格努斯力矩系数是 0.5 口径的弹丸，图 7.10、图 7.11 给出了低超声速和亚声速时马格努斯力矩系数随 δ_e^2 的变化数据。

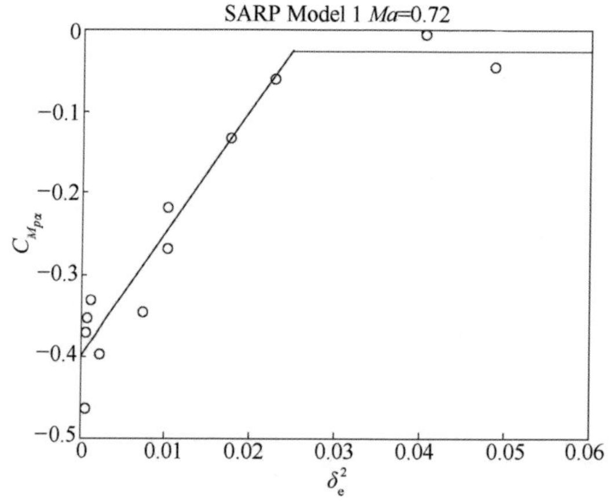

图 7.9 SARP Model 弹丸亚声速时马格努斯力矩系数曲线

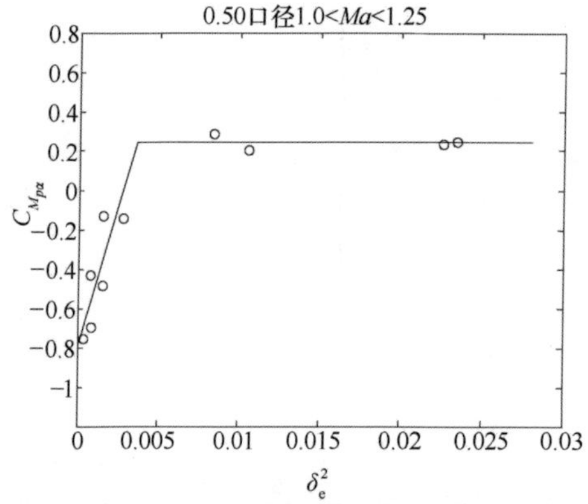

图 7.10 低超声速时马格努斯力矩系数曲线

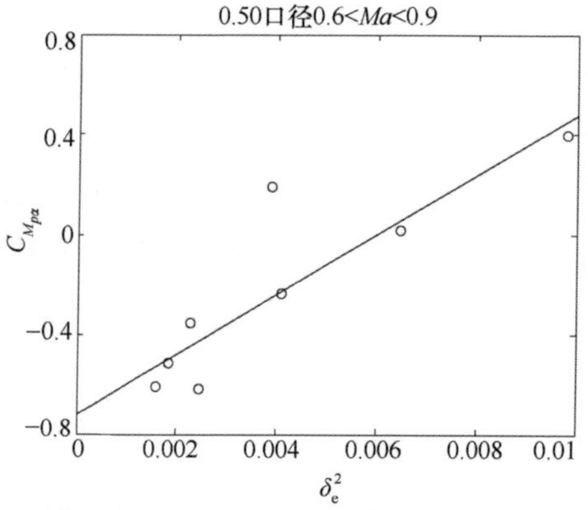

图 7.11 0.5 口径弹丸亚声速时马格努斯力矩系数曲线

低超声速时,马格努斯力矩系数在0°攻角时为 -0.80,在总攻角为3.4°时增加到0.27,此时系数变为直线,并且一直保持到9°攻角。在攻角为0°~3.4°之间时,立方马格努斯力矩系数为290。考虑立方马格努斯力矩系数的作用得到的俯仰阻尼力矩系数的平均值是 -5.7。

亚声速时,马格努斯力矩系数在攻角为6°的范围内都服从立方非线性,在马赫数0.6~0.9的范围内都为120。考虑立方马格努斯力矩效应得到的俯仰阻尼力矩系数的平均值是 -3.0。

105mm,0.5 口径弹丸在亚声速时具有三立方马格努斯力矩系数,包含了小攻角、中等攻角和大攻角数据,在三个攻角范围内的斜率不一样(图7.12)。

零攻角时的马格努斯力矩系数为 -0.39,小攻角时的立方马格努斯力矩系

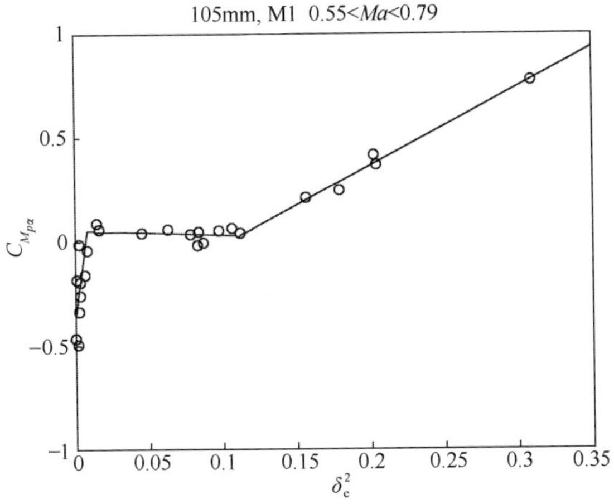

图 7.12 M13 弹丸亚声速马格力矩系数曲线

数为52,曲线与横坐标轴相交于 $\delta_e^2=0.00742$,此时对应的攻角为4.9°。在 $\delta_e^2=0.00849$(对应攻角5.3°)时,第一段直线结束。第二段直线的斜率为负,到 $\delta_e^2=0.1081$ 结束(对应攻角19.2°)。第三段直线斜率为正,持续到攻角为35°。

对几乎所有的旋转稳定弹丸,亚跨声速时都已在风洞试验和闪光摄影中观察到了非线性马格努斯力矩。如果弹丸始终以小攻角飞行,亚跨声速的马格努斯力矩系数为一个依赖于总攻角的立方非线性。在许多情况下,立方马格努斯力矩系数导致极限环运动。许多观察到的飞行不稳定都是由非线性马格努斯力矩导致的。

关于非线性马格努斯力矩的流体动力学机理如下:

(1) 对于旋转稳定弹,小攻角时的非线性马格努斯力矩系数是由于轴向旋转、攻角和不对称边界层位移厚度的联合作用产生的。如果弹丸有攻角、不旋转、边界层背风侧比迎风侧厚,则位移厚度关于攻角平面对称,不会产生侧向力和侧向力矩。轴向旋转导致不对称位移厚度从而改变了攻角平面,产生了侧向力和侧向力矩。这种侧向力和侧向力矩通常非线性较强,即便是在小攻角时。

(2) 随着攻角逐渐增大到中等攻角,在某个重要的攻角时,弹丸背风侧的边界层首先开始分离。边界层分离产生空气旋涡,但在中等攻角时,它们靠近弹丸的背风侧。同样,如果弹丸不旋转,则两侧的旋涡强度相同,相对于攻角平面对称。但是,弹丸旋转导致旋涡强度不同且不对称,产生侧向力和侧向力矩。通常中等攻角处的马格努斯力矩系数小于小攻角时的马格努斯力矩系数。

(3) 大攻角时,弹丸背风面全部的边界层完全分离,气流与绕圆柱体的2D横流相似。对于普通的旋转稳定弹丸,大攻角区域在攻角19°开始。大攻角飞行时,立方马格努斯力矩系数为正值,故 $C_{M_{p\alpha}}$ 的值变得很大。

7.3 复数形式的野战火箭非线性姿态动力学方程

第4章中建立的是精确的火箭运动方程组，不能求出解析解，因此不便于理论分析火箭的姿态运动特性与其结构参数、气动参数等之间的关系。因此，本节将方程组作适当简化，通过推导得到反映火箭姿态运动的复攻角运动方程。

7.3.1 复攻角的定义

在火箭的线性化角运动理论中都采用小攻角线性化假设，这样就可以采用复攻角 $\boldsymbol{\Delta}=\delta_1+\mathrm{i}\delta_2$ 来描述角运动。但是当攻角大于15°后，这种线性化假设的误差就会增大。在研究弹箭的非线性运动中，必须考虑大攻角下的几何非线性。但是如果再以 δ_1,δ_2 作为变量，将会在运动方程中大量引入三角和反三角函数，使运动方程过于复杂，不方便分析。为了保留几何非线性，又使运动方程简单化，采用新的角运动变量。

定义复数平面平行于弹轴坐标系的平面 $O\eta\zeta$，这里采用速度 $\boldsymbol{v}$ 在弹轴坐标系中的 $O\eta$ 轴和 $O\zeta$ 轴上的投影 (v_η,v_ζ) 与速度绝对值 v 的比值作为运动变量。根据速度坐标系和弹轴坐标系的定义，弹轴与速度之间的关系以及各攻角如图7.13所示。

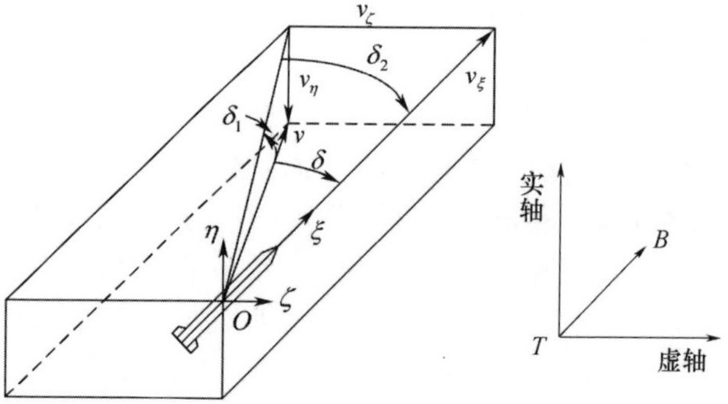

图7.13 攻角的几何描述

火箭的速度 v 沿 OX_2 轴，它在弹轴坐标系三轴上的投影 v_ξ,v_η,v_ζ 分别为

$$\begin{bmatrix} v_\xi \\ v_\eta \\ v_\zeta \end{bmatrix} = A_{A_2V}\begin{bmatrix} v \\ 0 \\ 0 \end{bmatrix} = v\begin{bmatrix} \cos\delta_2\cos\delta_1 \\ -\sin\delta_1 \\ -\sin\delta_2\cos\delta_1 \end{bmatrix} \tag{7.4}$$

定义一个复变量：

$$\boldsymbol{\xi} = \left(-\frac{v_\eta}{v}\right) + \mathrm{i}\left(-\frac{v_\zeta}{v}\right) = \sin\delta_1 + \mathrm{i}\cos\delta_1\sin\delta_2 \tag{7.5}$$

式中：ξ 为广义复攻角，当 δ_1，δ_2 较小时，有 $\boldsymbol{\xi}\approx\delta_1 + \mathrm{i}\delta_2 = \boldsymbol{\Delta}$。可见，复攻角 $\boldsymbol{\Delta}$ 是 $\boldsymbol{\xi}$ 的特殊情况。定义速度线和弹轴之间的夹角称为总攻角 δ，记总攻角的正弦为 α，余弦为 $\boldsymbol{\eta}$，则可知

$$\alpha = \sin\delta = \frac{\sqrt{{v_\eta}^2 + {v_\zeta}^2}}{v} = |\boldsymbol{\xi}|, \boldsymbol{\eta} = \cos\delta = \frac{v_\xi}{v} \tag{7.6}$$

显然，当总攻角 δ 较小时，$\boldsymbol{\eta} = \cos\delta\approx1$，故 $\boldsymbol{\eta}$ 反映了由于大攻角 δ 产生的几何非线性。

7.3.2 火箭的非线性姿态运动方程

为了方便建立火箭非线性姿态运动方程，在弹轴坐标系下建立质心运动方程和绕质心转动方程。

1. 火箭质心运动方程组

根据推广的泊松公式，弹箭质心运动方程组用向量形式的描述如下：

$$m\left(\frac{\partial \boldsymbol{v}}{\partial t} + \boldsymbol{\omega}\times\boldsymbol{v}\right) = \boldsymbol{F} + m\boldsymbol{g} \tag{7.7}$$

式中：m 为弹箭的质量；$\boldsymbol{F}$ 为弹箭受到的合外力向量；$\boldsymbol{g}$ 为重力加速度向量；$\boldsymbol{\omega}$ 为转动坐标系的角速度；$\partial\boldsymbol{v}/\partial t$ 为相对导数；$\boldsymbol{\omega}\times\boldsymbol{v}$ 为牵连导数。将方程向弹轴坐标系投影得到质心运动方程组的标量形式为

$$\begin{cases}\dfrac{\mathrm{d}v_\xi}{\mathrm{d}t} + qv_\zeta - rv_\eta = \dfrac{F_\xi}{m} + g_\xi \\ \dfrac{\mathrm{d}v_\eta}{\mathrm{d}t} + rv_\xi = \dfrac{F_{\eta N}}{m} + g_\eta \\ \dfrac{\mathrm{d}v_\zeta}{\mathrm{d}t} - qv_\xi = \dfrac{F_\zeta}{m} + g_\zeta\end{cases} \tag{7.8}$$

2. 火箭绕质心的转动方程

弹箭绕质心的转动方程组用向量形式的描述如下：

$$\frac{\partial \boldsymbol{K}}{\partial t} + \omega\times\boldsymbol{K} = \boldsymbol{M} \tag{7.9}$$

式中：$\boldsymbol{K}$ 为弹箭关于质心的动量矩；$\boldsymbol{M}$ 为作用于弹箭的外力对质心的力矩。动量矩 $\boldsymbol{K}$ 和外力矩 $\boldsymbol{M}$ 在弹轴坐标系上的分量为

$$\boldsymbol{K} = K_\xi\boldsymbol{i}_\xi + K_\eta\boldsymbol{j}_\eta + K_\zeta\boldsymbol{k}_\zeta \tag{7.10}$$

$$\boldsymbol{M} = M_\xi\boldsymbol{i}_\xi + M_\eta\boldsymbol{j}_\eta + M_\zeta\boldsymbol{k}_\zeta \tag{7.11}$$

则绕质心转动方程组在弹轴坐标系中的标量形式为

$$\begin{cases}\dfrac{\mathrm{d}K_\xi}{\mathrm{d}t}+qK_\zeta-rK_\eta=M_\xi\\ \dfrac{\mathrm{d}K_\eta}{\mathrm{d}t}+rK=M_\eta\\ \dfrac{\mathrm{d}K_\zeta}{\mathrm{d}t}-qK=M_\zeta\end{cases}\tag{7.12}$$

根据定义,动量矩用转动惯量矩阵表示如下:

$$\boldsymbol{K}=\boldsymbol{J\omega}\tag{7.13}$$

$$\boldsymbol{K}=\begin{bmatrix}K_{\xi N}\\K_{\eta N}\\K_{\zeta N}\end{bmatrix};\ \boldsymbol{J}=\begin{bmatrix}J_\xi & -J_{\xi\eta} & -J_{\xi\zeta}\\ -J_{\eta\xi} & J_\eta & -J_{\eta\zeta}\\ -J_{\zeta\xi} & -J_{\zeta\eta} & J_\zeta\end{bmatrix}\tag{7.14}$$

对于轴对称火箭,其质量也是轴对称分布的,故火箭纵轴以及过质心垂直于纵轴的平面上任一过质心的直径都是惯性主轴,即有 $J_{\xi\eta}=J_{\eta\xi}=J_{\xi\xi}=0$,记

$$J_\xi=C,J_\eta=J_\zeta=A\tag{7.15}$$

得到火箭的动量矩计算如下:

$$\begin{cases}K_\xi=Cp\\K_\eta=Aq\\K_\zeta=Ar\end{cases}\tag{7.16}$$

将其代入到绕质心运动的标量方程得

$$\begin{cases}C\dfrac{\mathrm{d}p}{\mathrm{d}t}=M_\xi\\ A\dfrac{\mathrm{d}q}{\mathrm{d}t}+Cpr=M_\eta\\ A\dfrac{\mathrm{d}r}{\mathrm{d}t}-Cpq=M_\zeta\end{cases}\tag{7.17}$$

式中

$$[p\quad q\quad r]^{\mathrm{T}}=[\omega_\xi\quad\omega_\eta\quad\omega_\zeta]^{\mathrm{T}}\tag{7.18}$$

3. 火箭的运动方程的复数形式

质心运动的两个横向运动方程与绕质心运动的两个横向运动方程一起组成弹箭的角运动方程。

将质心横向运动方程的自变量由时间 t 改为弧长 s 并除以 v^2 得

$$\frac{v'_\eta}{v}+\frac{v_\xi}{v}\left(\frac{r}{v}\right)=\frac{F_\eta}{mv^2}+\frac{g_\eta}{v^2}\tag{7.19}$$

$$\frac{v'_\zeta}{v} - \frac{v_\xi}{v}\left(\frac{q}{v}\right) = \frac{F_\zeta}{mv^2} + \frac{g_\zeta}{v^2} \tag{7.20}$$

将式(7.70)乘以虚数 i,式(7.19)相加得质心横向运动方程为

$$\frac{v'_\eta + \mathrm{i}v'_\zeta}{v} - \mathrm{i}\frac{v_\xi}{v}\left(\frac{q + \mathrm{i}r}{v}\right) = \frac{F_\eta + \mathrm{i}F_\zeta}{mv^2} + \frac{g_\eta + \mathrm{i}g_\zeta}{v^2} \tag{7.21}$$

令

$$\boldsymbol{\mu} = \frac{q + \mathrm{i}r}{v}, \ \boldsymbol{F}_\perp = F_\eta + \mathrm{i}F_\zeta, \ \boldsymbol{g}_\perp = g_\eta + \mathrm{i}g_\zeta \tag{7.22}$$

式中:$\boldsymbol{\mu}$ 为以复数形式表示火箭总的横向角速度向量的大小和方向;$\boldsymbol{F}_\perp$ 为以复数形式表示作用在火箭上的合外力的横向分量的大小和方向;$\boldsymbol{g}_\perp$ 为以复数形式表示火箭重力的横向分量的大小和方向。

注意到,$\boldsymbol{\xi} = -(v_\eta + \mathrm{i}v_\zeta)/v$,$\boldsymbol{\eta} = v_\xi/v$,有

$$\boldsymbol{\xi}' = -\frac{v'_\eta + \mathrm{i}v'_\zeta}{v} + \frac{v_\eta + \mathrm{i}v_\zeta}{v}\frac{v'}{v} \tag{7.23}$$

将质心横向运动方程改写如下:

$$\boldsymbol{\xi}' + \frac{v'}{v}\boldsymbol{\xi} + \mathrm{i}\boldsymbol{\eta}\boldsymbol{\mu} = -\frac{\boldsymbol{F}_\perp}{mv^2} - \frac{\boldsymbol{g}_\perp}{v^2} \tag{7.24}$$

将绕质心转动的横向运动方程的自变量也由时间 t 改为弧长 s,并除以 Av^2 得

$$\frac{q'}{q} + \frac{C}{A}\frac{r}{v}\frac{p}{v} = \frac{M_\eta}{Av^2} \tag{7.25}$$

$$\frac{r'}{r} - \frac{C}{A}\frac{p}{v}\frac{q}{v} = \frac{M_\zeta}{Av^2} \tag{7.26}$$

将式(7.76)乘以虚数 i,与式(7.25)相加得

$$\frac{q' + \mathrm{i}r'}{v} - \mathrm{i}\frac{C}{A}\frac{p}{v}\left(\frac{q + \mathrm{i}r}{v}\right) = \frac{M_\eta + \mathrm{i}M_\zeta}{Av^2} \tag{7.27}$$

又由于$\boldsymbol{\mu} = \dfrac{q + \mathrm{i}r}{v}$得

$$\boldsymbol{\mu}' = \frac{q' + \mathrm{i}r'}{v} - \frac{q + \mathrm{i}r}{v}\frac{v'}{v} \tag{7.28}$$

于是得到复数形式的横向转动方程

$$\boldsymbol{\mu}' + \frac{v'}{v}\boldsymbol{\mu} - \mathrm{i}P\boldsymbol{\mu} = \frac{M_\eta + \mathrm{i}M_\zeta}{Av^2} \tag{7.29}$$

式中：$P=\frac{Cp}{Av}\approx\frac{C\dot{\gamma}}{Av}$。

4. 作用在火箭上的气动力和力矩

火箭在空气中运动除受到重力作用外，还受到空气动力和力矩的作用，此外，考虑地球旋转的影响，还有科氏惯性力作用。由于科氏惯性力可用修正的方法考虑，因此主要研究作用在火箭上的空气动力和力矩。为了使火箭的角运动模型尽量简单，一般采用形式比较简明的复数运动方程，因此，相关的力和力矩也应该表示为复数形式。

在不考虑风的影响下，将火箭上的作用力和作用力矩投影到弹轴坐标系中，写出其标量形式。

（1）阻力：

$$\boldsymbol{R}_x=-\frac{\rho v}{2}SC_x\begin{bmatrix}v_\xi\\v_\eta\\v_\zeta\end{bmatrix}\tag{7.30}$$

$$\boldsymbol{R}_{x\perp}=-\frac{\rho v}{2}SC_x(\nu_\eta+\mathrm{i}v_\zeta)=\frac{\rho v^2}{2}SC_x\xi=mb_xv^2\xi\tag{7.31}$$

式中：$b_x=\frac{\rho S}{2m}C_x$。

（2）升力：

$$\boldsymbol{R}_y=\frac{\rho Sv^2}{2}C_y\frac{1}{\sin\delta}\left\{\begin{bmatrix}1\\0\\0\end{bmatrix}-\begin{bmatrix}\cos\delta_1\cos\delta_2\\-\sin\delta_1\\-\cos\delta_1\sin\delta_2\end{bmatrix}\cos\delta\right\}\tag{7.32}$$

$$\boldsymbol{R}_{y\perp}=\frac{\rho Sv^2}{2}C_y\frac{1}{\sin\delta}\xi\cos\delta=mb_yv^2\xi\cos\delta\frac{\delta}{\sin\delta}\tag{7.33}$$

式中：$b_y=\frac{\rho S}{2m}C'_y$。

（3）马格努斯力：

$$\boldsymbol{R}_z=\frac{\rho v}{2}SC_z\frac{1}{\sin\delta}(\boldsymbol{\xi}\times\boldsymbol{v})\tag{7.34}$$

$$\boldsymbol{R}_{z\perp}=-mb_zv\dot{\gamma}\mathrm{i}\xi\frac{\delta}{\sin\delta}\tag{7.35}$$

式中：$b_z=\frac{\rho S\mathrm{d}}{2m}C''_z$。

(4) 静力矩:

$$\boldsymbol{M}_z = \frac{\rho v}{2} S l m_z \frac{1}{\sin\delta}(\boldsymbol{v} \times \boldsymbol{\xi}) \tag{7.36}$$

$$\boldsymbol{M}_{z\perp} = A k_z v^2 \mathrm{i}\xi \frac{\delta}{\sin\delta} \tag{7.37}$$

式中:$k_z = \frac{\rho S l}{2A} m'_z$。

(5) 赤道阻尼力矩:

$$\boldsymbol{M}_{zz} = -\frac{\rho v}{2} S l \mathrm{d} m'_{zz} \boldsymbol{\omega}_1 \tag{7.38}$$

$$M_{zz\perp} = -A k_{zz} v^2 \mu \tag{7.39}$$

式中:$k_{zz} = \frac{\rho S l^2}{2A} m'_{zz}$。

(6) 极阻尼力矩。极阻尼力矩 M_{xz}的方向指向弹轴负方向,有

$$M_{xz\parallel} = -C k_{xz} v \dot{\gamma} \tag{7.40}$$

$$M_{xz\perp} = 0 \tag{7.41}$$

式中:$k_{xz} = \frac{\rho S l \mathrm{d}}{2C} m'_{xz}$。

(7) 尾翼导转力矩。尾翼导转力矩 M_{xw}的方向指向弹轴正方向,有

$$M_{xw\parallel} = C k_{xw} v^2 \varepsilon \tag{7.42}$$

$$M_{xw\perp} = 0 \tag{7.43}$$

式中:$k_{xw} = \frac{\rho S l}{2C} m'_{xw}$。

(8) 马格努斯力矩:

$$\boldsymbol{M}_y = \frac{\rho}{2} S l \mathrm{d} \dot{\gamma} m'_y \frac{1}{\sin\delta} \boldsymbol{\xi} \times (\boldsymbol{\xi} \times \boldsymbol{v}) \tag{7.44}$$

$$\boldsymbol{M}_{y\perp} = \frac{\rho}{2} S l \mathrm{d} v \dot{\gamma} m''_y \frac{\delta}{\sin\delta} \xi = A k_y v \dot{\gamma} \xi \frac{\delta}{\sin\delta} \tag{7.45}$$

式中:$k_y = \frac{\rho S l \mathrm{d}}{2A} m''_y$。

(9) 非定态阻尼力矩:

$$\boldsymbol{M}_{\dot{\alpha}} = -\frac{\rho v}{2} S l \mathrm{d} m'_{\dot{\alpha}} \dot{\delta} \tag{7.46}$$

$$M_{\dot{\alpha}\perp} = -\mathrm{i}\frac{\rho v^2}{2}Sl\mathrm{d}m'_{\dot{\alpha}}\xi' = -\mathrm{i}Av^2k_{\dot{\alpha}}\xi' \tag{7.47}$$

式中：$k_{\dot{\alpha}} = \frac{\rho Sl\mathrm{d}}{2A}m'_{\dot{\alpha}}$。

需要注意的是，$\boldsymbol{R}_y$ 是垂直于速度 $\boldsymbol{v}$ 的升力，而力向非滚转系投影需要的是垂直于弹轴的法向力 $\boldsymbol{R}_N$，有

$$\boldsymbol{R}_N = \boldsymbol{R}_y\cos\delta + \boldsymbol{R}_x\sin\delta \tag{7.48}$$

即

$$\frac{1}{2}\rho v^2 SC'_N\delta = \frac{1}{2}\rho v^2 SC'_y\delta\cos\delta + \frac{1}{2}\rho v^2 SC_x\sin\delta \tag{7.49}$$

则

$$C'_N \approx C'_y\cos\delta + C_x \tag{7.50}$$

又有 $\eta = \cos\delta$，所以 $\boldsymbol{R}_N$ 的复数形式为

$$\boldsymbol{R}_N = mb_n v^2\boldsymbol{\xi}, b_n = \frac{\rho S}{2m}C'_N = \eta b_y\frac{\delta}{\sin\delta} + b_x \tag{7.51}$$

5. 速度方程

在火箭的复攻角方程中，其系数不但与火箭的气动系数和结构系数有关，还与火箭的飞行参数$\frac{v'}{v}$有关。为了求得速度大小的变化规律，将质心运动向量方程两边向速度线方向投影。以零攻角飞行的火箭，质心速度方向与地面成 θ 角，重力 $m\boldsymbol{g}$ 铅直向下，阻力 $\boldsymbol{R}_x$ 与速度 $\boldsymbol{v}$ 方向相反。将 $m\mathrm{d}\boldsymbol{v}/\mathrm{d}t = \boldsymbol{F} + m\boldsymbol{g}$ 投影到速度方向得

$$m\frac{\mathrm{d}v}{\mathrm{d}t} = -\frac{\rho v^2}{2}SC_x - m\boldsymbol{g}\sin\theta \tag{7.52}$$

将自变量由时间 t 改为弧长 s 得

$$\frac{v'}{v} = -\frac{\rho S}{2m}C_x - \frac{g\sin\theta}{v^2} = -b_x - \frac{g\sin\theta}{v^2} \tag{7.53}$$

将质心速度向量方程向垂直于速度的方向投影得

$$\dot{\theta} = -\frac{g\cos\theta}{v} \tag{7.54}$$

6. 火箭非线性角运动方程

将上述力和力矩代入火箭横向运动方程的复数形式，并令$\frac{\delta}{\sin\delta} = \kappa$，得

$$\begin{cases}\boldsymbol{\xi}' - \left(b_x + \dfrac{g\sin\theta}{v^2}\right)\boldsymbol{\xi} + \mathrm{i}\eta\boldsymbol{\mu} = -\left(b_n - \mathrm{i}b_z\dfrac{\dot{\gamma}}{v}\boldsymbol{\kappa}\right)\boldsymbol{\xi} - \dfrac{g_\perp}{v^2}\\ \boldsymbol{\mu}' - \left(b_x + \dfrac{g\sin\theta}{V^2}\right)\boldsymbol{\mu} - \mathrm{i}P\boldsymbol{\mu} = (\kappa k_y P + \mathrm{i}\kappa k_z)\boldsymbol{\xi} - k_{zz}\boldsymbol{\mu} - \mathrm{i}k_{\dot{\alpha}}\boldsymbol{\xi}'\end{cases} \tag{7.55}$$

对式(7.55)中第一个公式求一次导,计算出$\boldsymbol{\mu}'$得

$$\boldsymbol{\mu}' = \frac{-1}{\mathrm{i}\eta}\{\boldsymbol{\xi}'' - \boldsymbol{\xi}'\boldsymbol{b} - \boldsymbol{b}'\boldsymbol{\xi} + \boldsymbol{a}\boldsymbol{\xi}' + \boldsymbol{a}'\boldsymbol{\xi}\} + \frac{-1}{\mathrm{i}\eta}\left(\frac{\boldsymbol{g}_\perp}{v^2}\right)' - \frac{\eta'}{\eta}\boldsymbol{\mu} \tag{7.56}$$

其中

$$\boldsymbol{a} = b_n - \mathrm{i}b_z\frac{\dot{\gamma}}{v}\boldsymbol{\kappa}$$

$$\boldsymbol{b} = b_x + \frac{g\sin\theta}{v^2}$$

将一式和三式代入二式,消去μ和μ',化简得

$$\begin{aligned}&\boldsymbol{\xi}'' - \left(-b + a - \left(\frac{\eta'}{\eta} + b + \mathrm{i}P - k_{zz}\right) + \eta k_{\dot{\alpha}}\right)\boldsymbol{\xi}'\\ &\quad + \left(-b' + a' - \left(\frac{\eta'}{\eta} + b + \mathrm{i}P - k_{zz}\right)(a - b) + \mathrm{i}\eta\mathrm{d}\right)\boldsymbol{\xi}\\ &= -\left(\frac{g_\perp}{v^2}\right)' + \left(\frac{\eta'}{\eta} + b + \mathrm{i}P - k_{zz}\right)\left(\frac{\boldsymbol{g}_\perp}{v^2}\right)\end{aligned} \tag{7.57}$$

其中,$\boldsymbol{d} = \kappa k_y P + \mathrm{i}\kappa k_z$,进一步简化得

$$\boldsymbol{\xi}'' + \left(\widetilde{H} - \frac{\eta'}{\eta} - \mathrm{i}\widetilde{P}\right)\boldsymbol{\xi}' - (\widetilde{M} + \mathrm{i}\widetilde{P}\widetilde{T})\boldsymbol{\xi} = G \tag{7.58}$$

式中

$$\widetilde{H} = -b_x - 2\frac{g\sin\theta}{v^2} + \kappa\eta b_y + k_{zz} + \eta k_{\dot{\alpha}}$$

$$\widetilde{P} = P + b_z\frac{\dot{\gamma}}{v}\boldsymbol{\kappa}$$

$$P = \frac{C\dot{\gamma}}{Av} \tag{7.59}$$

$$\begin{aligned}\widetilde{M} = \eta\kappa k_z + Pb_z\frac{\dot{\gamma}}{v}\boldsymbol{\kappa} - \left(-b_x - \frac{g\sin\theta}{v^2} + k_{zz} + \frac{\eta'}{\eta}\right)\\ \left(\kappa\eta b_y - \frac{g\sin\theta}{v^2}\right) - \left(\kappa\eta b_y - \frac{g\sin\theta}{v^2}\right)'\end{aligned}$$

$$\begin{aligned}\widetilde{T} = \frac{1}{\widetilde{P}}\Big[b_z\frac{\dot{\gamma}}{v}\boldsymbol{\kappa}\left(-b_x - \frac{g\sin\theta}{v^2} + k_{zz}\right) - \frac{\eta'}{\eta}\kappa b_z\frac{\dot{\gamma}}{v}\\ + \left(b_z\frac{\dot{\gamma}}{v}\boldsymbol{\kappa}\right)' - \kappa k_y P + P\left(\kappa\eta b_y - \frac{g\sin\theta}{v^2}\right)\Big]\end{aligned}$$

$$G = -\left(\frac{g_{\perp}}{v^2}\right)' + \left(\frac{\eta'}{\eta} + \mathrm{i}P + b_x + \frac{g\sin\theta}{v^2} - k_{zz}\right)\left(\frac{g_{\perp}}{v^2}\right)$$

式中：$\widetilde{H}$ 项为角运动的阻尼，主要取决于赤道阻尼力矩和非定态阻尼力矩的大小，同时升力也有助于增大阻尼，阻力会使阻尼力矩减小，起负阻尼作用。$\widetilde{M}$ 主要与静力矩有关，角运动的频率主要取决于此项。$\widetilde{T}$ 主要与升力和马格努斯力矩有关，常称为升力和马格努斯力矩耦合项。$\widetilde{G}$ 为重力非齐次项，它描述重力改变速度方向。

在推导过程中，气动系数未做微分运算，它们可以是非线性形式的。此外，方程中还保留了几何非线性项，这主要是由 η 和 η' 所体现的，因此该方程适用于火箭的线性和非线性稳定性分析。

7.4 一般形式的野战火箭非线性姿态方程

7.3 节建立了复数形式的火箭非线性角运动方程，其在目前的火箭非线性运动分析中有着很多的应用。本节介绍从弹箭的刚体动力学的基本形式开始，推导火箭非线性姿态运动方程的过程将火箭的质心运动方程向第二弹轴系投影得

$$\begin{bmatrix}\dot{v}_\xi\\ \dot{v}_\eta\\ \dot{v}_\zeta\end{bmatrix} + \begin{bmatrix}\omega_{1\xi}\\ \omega_{1\eta}\\ \omega_{1\zeta}\end{bmatrix} \times \begin{bmatrix}v_\xi\\ v_\eta\\ v_\zeta\end{bmatrix} = \frac{1}{m}L(\delta_1,\delta_2)\left\{\begin{bmatrix}X\\ Y\\ Z\end{bmatrix} + L(\theta_a,\psi_2)\begin{bmatrix}0\\ -G\\ 0\end{bmatrix}\right\} \tag{7.60}$$

由

$$\begin{bmatrix}\dot{v}_\xi\\ \dot{v}_\eta\\ \dot{v}_\zeta\end{bmatrix} = L(\delta_1,\delta_2)\begin{bmatrix}\dot{v}\\ 0\\ 0\end{bmatrix} + \dot{L}(\delta_1,\delta_2)\begin{bmatrix}v\\ 0\\ 0\end{bmatrix} \tag{7.61}$$

$$\begin{bmatrix}\omega_{1\xi}\\ \omega_{1\eta}\\ \omega_{1\zeta}\end{bmatrix} \times \begin{bmatrix}v_\xi\\ v_\eta\\ v_\zeta\end{bmatrix} = \begin{bmatrix}\omega_{1\xi}\\ \omega_{1\eta}\\ \omega_{1\zeta}\end{bmatrix} \times \left\{L(\delta_1,\delta_2)\begin{bmatrix}v\\ 0\\ 0\end{bmatrix}\right\} = v\begin{bmatrix}\omega_{1\zeta}\sin\delta_1 - \omega_{1\eta}\sin\delta_2\cos\delta_1\\ \omega_{1\zeta}\cos\delta_2\cos\delta_1 + \omega_{1\xi}\sin\delta_2\cos\delta_1\\ -\omega_{1\xi}\sin\delta_1 - \omega_{1\eta}\cos\delta_2\cos\delta_1\end{bmatrix} \tag{7.62}$$

并在等号两边同时乘上 $\boldsymbol{L}^{\mathrm{T}}(\delta_1,\delta_2)$，则有

$$\begin{bmatrix}\dot{v}\\ 0\\ 0\end{bmatrix} + \boldsymbol{L}^{\mathrm{T}}(\delta_1,\delta_2)\dot{L}(\delta_1,\delta_2)\begin{bmatrix}v\\ 0\\ 0\end{bmatrix} = \frac{1}{m}\left\{\begin{bmatrix}X\\ Y\\ Z\end{bmatrix} + L(\theta_a,\psi_2)\begin{bmatrix}0\\ -G\\ 0\end{bmatrix}\right\}$$

$$-\boldsymbol{L}^{\mathrm{T}}(\delta_1,\delta_2)v\begin{bmatrix}\omega_{1\zeta}\sin\delta_1-\omega_{1\eta}\sin\delta_2\cos\delta_1\\ \omega_{1\zeta}\cos\delta_2\cos\delta_1+\omega_{1\xi}\sin\delta_2\cos\delta_1\\ -\omega_{1\xi}\sin\delta_1-\omega_{1\eta}\cos\delta_2\cos\delta_1\end{bmatrix} \tag{7.63}$$

进一步,有

$$\begin{bmatrix}\dot{v}\\ -\dot{\delta}_1 v\\ -\dot{\delta}_2 v\cos\delta_1\end{bmatrix}=\frac{1}{m}\left\{\begin{bmatrix}X\\ Y\\ Z\end{bmatrix}+\begin{bmatrix}-G\cos\psi_2\sin\theta_a\\ -G\cos\theta_a\\ G\sin\psi_2\sin\theta_a\end{bmatrix}\right\}-v\begin{bmatrix}0\\ \omega_{1\zeta}\cos\delta_2+\omega_{1\xi}\sin\delta_2\\ \omega_{1\zeta}\sin\delta_2\sin\delta_1-\omega_{1\xi}\cos\delta_2\sin\delta_1-\omega_{1\eta}\cos\delta_1\end{bmatrix} \tag{7.64}$$

整理得

$$\begin{bmatrix}\dot{v}\\ \dot{\delta}_1\\ \dot{\delta}_2\end{bmatrix}=\begin{bmatrix}X/m-G\cos\psi_2\sin\theta_a\\ \omega_{1\zeta}\cos\delta_2+\omega_{1\xi}\sin\delta_2+(Y-G\cos\theta_a)/(-mv)\\ -\omega_{1\eta}+(\omega_{1\zeta}\sin\delta_2-\omega_{1\xi}\cos\delta_2)\tan\delta_1+(Z+G\sin\psi_2\sin\theta_a)/(-mv\cos\delta_1)\end{bmatrix} \tag{7.65}$$

将火箭绕质心的转动方程向第二弹轴系投影得

$$\begin{bmatrix}\dot{\omega}_\xi\\ \dot{\omega}_\eta\\ \dot{\omega}_\zeta\end{bmatrix}=\begin{bmatrix}M_\xi/C\\ M_\eta/A-C\omega_\xi\omega_\zeta/A+\omega_\zeta(\omega_\zeta\tan\varphi_2+\dot{\beta})\\ M_\zeta/A+C\omega_\xi\omega_\eta/A-\omega_\eta(\omega_\zeta\tan\varphi_2+\dot{\beta})\end{bmatrix} \tag{7.66}$$

以上建立的代表火箭非线性姿态运动的方程组,不适合直接用于弹箭的非线性运动分析,因此有必要做进一步简化。为此进一步假设:

(1)忽略弹箭空间位置对动力学特性的影响。

(2)在弹道上的每一小段认为速度和轴向角速度保持不变。

(3)不计重力和科氏惯性力的影响。

(4)$\varphi_2\approx\delta_2,\dot{\beta}\approx0$。

则得到便于非线性分析的4阶运动方程组:

$$\begin{aligned}\dot{\delta}_1&=\omega_\zeta\cos\delta_2+\omega_\zeta\sin\delta_2\tan\delta_2+Y/(-mv)\\ \dot{\delta}_2&=-\omega_\eta+Z/(-mv\cos\delta_1)\\ \dot{\omega}_\eta&=M_\eta/A-C\omega_\xi\omega_\zeta/A+\omega_\zeta^2\tan\delta_2\\ \dot{\omega}_\zeta&=M_\zeta/A+C\omega_\xi\omega_\eta/A-\omega_\eta\omega_\zeta\tan\delta_2\end{aligned} \tag{7.67}$$

7.5 野战火箭非线性动力学特性分析

7.5.1 非线性系统分岔分析概述

随着分岔理论的发展,其已成为非线性系统分析的重要工具。分岔理论的研究方法大致可分为定性方法、定量方法和数值方法三大类。定性方法主要有奇异性理论、PB 规范形法、后继函数法、李雅普诺夫方法、次谐梅尔尼科夫函数法等。定量方法主要有基于摄动法的平均法、多尺度法、WKB 法、幂级数方法、谐波平衡法等。数值方法包括稳定性条件的判别、分岔值的确定、分岔解的追踪等,主要方法为牛顿迭代法和伪弧长延拓法等。

定性方法能判断非线性系统极限环的存在性及其稳定性,但不能求出周期解的解析表达式,不能了解解的性质与各个参数之间的数量关系,且定性方法中如李雅普诺夫函数的构造没有通用的方法。

定量方法通过精确或近似地解析求解非线性微分方程,进而得到非线性系统的运动规律及其对系统参数和初始条件的依赖关系。优点是:通过少量计算即能得到有关解的性质及其与一些参数之间定量关系的一个概貌。缺点是:计算精度不可能很高。如果为了提高精度而在近似展开式中取较多的项,一方面会大大增加推导和计算工作量,另一方面这样得到的解与参数之间的关系不再明白易见,从而失去分析方法的主要优点;非线性不能很强,因为这些方法的基础几乎总是在于对线性解作修正;非线性一般需用解析函数表达,因为用分析方法处理非解析函数总是困难的;对于多自由度系统,用分析方法一般只能求一阶近似解,求高阶近似解的工作量很大。

由于非线性动力学问题的复杂性,且理论分析往往需要较深奥的数学理论,使得定性分析和定量分析均很困难,因而数值计算方法在分岔问题研究中具有十分重要的地位。数值方法可以较准确地给出某一时刻的位移、速度、加速度的数值,但是不能给出解的表达式,无法对系统的整体性质做定性分析。数值方法在非线性系统分析中的作用是发现新现象,补充理论研究结果,使一些理论结果定量化,或揭示有关条件不成立时可能发生的情况。

7.5.2 相平面的平衡点和极限环

非线性系统的平衡点是描述非线性系统不随时间变化的解,它反映了非线性系统的静止平衡状态,判断平衡点的类型及其附近轨线的关系是十分重要的问题。而极限环则是非线性系统定性结构中的另一个重要问题,它反映了轨线的极限集中的闭轨线。本节主要讲述相平面上平衡点和极限环的概念、稳定性性质及其判别方法等内容，为后面非线性分岔分析提供基础。

1. 相平面

设二阶自治系统的状态方程为

$$\begin{cases}\dfrac{\mathrm{d}x}{\mathrm{d}t}=P(x,y)\\[2ex]\dfrac{\mathrm{d}y}{\mathrm{d}t}=Q(x,y)\end{cases}\tag{7.68}$$

式中：$(x,y)\in\boldsymbol{R}^2$；$P(x,y)$和$Q(x,y)$都是定义在$\boldsymbol{R}^2$上的连续函数。

以x,y为坐标轴构成的平面称为相平面，相平面上的每一个点都代表一个状态。如果已知(x_0,y_0)，则可以在相平面上描绘出一条轨线，这条轨线也称为相轨线。

从式(7.68)中消去时间t，可得

$$\frac{\mathrm{d}y}{\mathrm{d}x}=\frac{Q(x,y)}{P(x,y)}\tag{7.69}$$

它在相平面上每一点都规定了一个方向。当$P(x,y)$和$Q(x,y)$不同时为零时，有唯一确定的方向。而当$P(x,y)$和$Q(x,y)$同时为0时，方向不能确定，下面将详细讨论该点的性质。

2. 相平面上的平衡点及稳定性

1）平衡点定义

在上节描述的系统中，满足$P(x,y)=0,Q(x,y)=0$的解$(\bar{x},\bar{y})$称为系统的平衡点(奇点)。除平衡点外，相平面上其他点称为常点。如果系统的平衡点$(\bar{x},\bar{y})$不是原点，则可通过作线性变换$(x-\bar{x},y-\bar{y})$将系统的平衡点变为原点。

2）平衡点分类

设非线性系统的平衡点位于坐标原点，将方程在原点附近进行泰勒展开，则有

$$\begin{bmatrix}\dot{x}\\ \dot{y}\end{bmatrix}=\boldsymbol{A}\begin{bmatrix}x\\ y\end{bmatrix}+\begin{bmatrix}\varepsilon_1(x,y)\\ \varepsilon_2(x,y)\end{bmatrix}\tag{7.70}$$

$\boldsymbol{A}$为系统在原点处的雅可比矩阵，$\det\boldsymbol{A}\neq0$则称原点为初等平衡点，反之为高阶平衡点。如果$\boldsymbol{A}$的两个特征根的实部不为0，则称平衡点是双曲的。双曲平衡点必为初等平衡点，反之不然，中心为初等平衡点，但不是双曲的。

根据线性代数理论，当$\det\boldsymbol{A}\neq0$($\boldsymbol{A}$非奇异)时，系统只有唯一的平衡点(0,0)，并且与线性方程$\dot{\boldsymbol{x}}=\boldsymbol{A}\boldsymbol{x}$在平衡点附近有相同的拓扑关系。存在矩阵$\boldsymbol{T}$，使$\boldsymbol{T}^{-1}\boldsymbol{A}\boldsymbol{T}$成为约当标准型。从而可以借助非奇异线性变换

$$\begin{bmatrix}x\\ y\end{bmatrix}=\boldsymbol{T}\begin{bmatrix}\xi\\ \eta\end{bmatrix}\tag{7.71}$$

将线性近似系统变为

$$\begin{bmatrix} \dot{\xi} \\ \dot{\eta} \end{bmatrix} = \boldsymbol{T}^{-1}\boldsymbol{A}\boldsymbol{T}\begin{bmatrix} \xi \\ \eta \end{bmatrix} \tag{7.72}$$

二维系统约当标准型的形式有下列 4 种

$$\begin{bmatrix} \lambda_1 & 0 \\ 0 & \lambda_2 \end{bmatrix},\begin{bmatrix} \lambda_1 & 0 \\ 1 & \lambda_1 \end{bmatrix},\begin{bmatrix} \lambda_1 & 0 \\ 0 & \lambda_1 \end{bmatrix},\begin{bmatrix} \alpha & \beta \\ -\beta & \alpha \end{bmatrix}$$

式中：λ_1，λ_2 为矩阵 $\boldsymbol{A}$ 的两个不同的实特征根；$\alpha \pm \beta\mathrm{i}$ 为 $\boldsymbol{A}$ 的一对共轭复根。由此，可将系统分为以下 5 种情形。

(1) λ_1 和 λ_2 是同号不相等的实根，平衡点为节点。

这时，系统可化为

$$\begin{cases} \dfrac{\mathrm{d}\xi}{\mathrm{d}t} = \lambda_1\xi \\ \dfrac{\mathrm{d}\eta}{\mathrm{d}t} = \lambda_2\eta \end{cases} \tag{7.73}$$

其通解为 $\xi = c_1\mathrm{e}^{\lambda_1 t}$，$\eta = c_2\mathrm{e}^{\lambda_2 t}$。由稳定性理论可知，$\lambda_1$ 和 λ_2 都为正数，平衡点为不稳定节点。λ_1 和 λ_2 都为负数，平衡点为稳定节点。

(2) λ_1 和 λ_2 是异号实根，平衡点为鞍点。

其通解和(1)相同，当 $t\to+\infty$，或者 $\xi\to 0$，$\eta\to\infty$ 或者 $\xi\to\infty$，$\eta\to 0$，平衡点称为鞍点，鞍点总是不稳定的。

(3) λ_1 和 λ_2 是相等实根，平衡点为节点，这时有两种可能情形。

① 系统形如

$$\begin{cases} \dfrac{\mathrm{d}\xi}{\mathrm{d}t} = \lambda_1\xi \\ \dfrac{\mathrm{d}\eta}{\mathrm{d}t} = \lambda_1\eta \end{cases} \tag{7.74}$$

其轨线方程满足

$$\frac{\eta}{\xi} = \frac{c_2}{c_1} \tag{7.75}$$

相轨线均为进入或离开平衡点的半射线，这时平衡点称为临界节点。

② 系统形如

$$\begin{cases} \dfrac{\mathrm{d}\xi}{\mathrm{d}t} = \lambda_1\xi \\ \dfrac{\mathrm{d}\eta}{\mathrm{d}t} = \xi + \lambda_1\eta \end{cases} \tag{7.76}$$

其通解为 $\xi=c_1 e^{\lambda_1 t}, \eta=(c_1 t+c_2) e^{\lambda_1 t}$。其轨线方程满足

$$\frac{\eta}{\xi}=\frac{c_1 t+c_2}{c_1} \tag{7.77}$$

当 $\lambda_1<0$ 时,轨线在 $t\to+\infty$ 时,都沿 η 轴趋近平衡点,这时平衡点称为稳定退化节点。当 $\lambda_1>0$ 为非稳定退化节点。

(4) λ_1 和 λ_2 是一对实部不为零的共轭复根,平衡点为焦点。

这时,系统可化为

$$\begin{cases}\dfrac{\mathrm{d}\xi}{\mathrm{d}t}=\alpha\xi+\beta\eta \\ \dfrac{\mathrm{d}\eta}{\mathrm{d}t}=-\beta\xi+\alpha\eta\end{cases} \tag{7.78}$$

作极坐标转换 $\xi=r\cos\theta, \eta=r\sin\theta$,系统可化为

$$\begin{cases}\dfrac{\mathrm{d}r}{\mathrm{d}t}=\alpha r \\ \dfrac{\mathrm{d}\theta}{\mathrm{d}t}=-\beta\end{cases} \tag{7.79}$$

其通解为 $r=c_1 e^{\alpha t}, \theta=-\beta t+c_2$。其轨线为环绕平衡点的螺旋线,$\alpha<0$ 时平衡点为稳定焦点,$\alpha>0$ 时平衡点为不稳定焦点。

(5) λ_1 和 λ_2 是一对共轭的纯虚特征根,平衡点为中心。

这时,系统可化为

$$\begin{cases}\dfrac{\mathrm{d}\xi}{\mathrm{d}t}=\beta\eta \\ \dfrac{\mathrm{d}\eta}{\mathrm{d}t}=-\beta\xi\end{cases} \tag{7.80}$$

轨线是以平衡点为中心的同心圆族。

3. 非线性项对初等平衡点的影响

从几何上说,非线性项的引入会使线性部分向量场的大小和方向发生改变。但对位于平衡点充分小邻域内的向量场而言,由于非线性项与线性项相比较是高阶小量,因而对线性部分向量场的大小与方向的影响也就很微小。故对于节点、焦点和鞍点,非线性项将不会改变它们的类型。但对于中心,在非线性项的影响下,一般将变成稳定或不稳定焦点,也可能依然为中心。

因此,当线性近似系统平衡点不是中心时,原非线性系统的平衡点类别及稳定性与其一致;当线性近似系统平衡点是中心时,原非线性系统的平衡点既可能是中心,也可能是稳定或不稳定焦点。判断中心和焦点可以用后继函数判别法、形式级数判别法、直接求周期解判别法等。

7.5.3 极限环的定义及存在性

1. 极限环的定义及意义

对于平面自治系统，如果它在坐标平面内存在一条孤立的闭轨线，而其邻域内的其他轨线均以螺旋线形状沿 t 的正（负）向向该闭轨无限逼近，则这条闭轨线称为极限环。当内、外两侧轨线均沿 t 的正向逼近时，称闭轨线为稳定极限环；均沿 t 的负向逼近时，称闭轨线为不稳定极限环；如果一侧沿 t 的正向逼近，另一侧沿 t 的负向逼近，则称半稳定极限环。

极限环的数学意义：极限环表示一孤立周期解。除此之外，它把坐标平面分为内外两个区域，使得每个区域的轨线只能始终停留在该区域之内而不能进入另一区域，所以它在定性分析中起到分界线的作用。

极限环的力学意义：极限环表示周期解，但与中心型平衡点邻域内的周期解不同。中心型平衡点邻域内的周期解在受到扰动后所得到的是振幅与周期均不相同的另一个周期解，而极限环这种周期解在受到扰动后或又趋于原来的周期解（稳定的极限环），或又使原来的周期解消失（不稳定极限环或半稳定极限环）。即不论初始条件如何，系统最终都会建立起唯一的具有确定振幅与周期的周期运动。

2. 极限环存在性定理

极限环具有很好的物理性质，但证明系统存在极限环是一个很复杂的过程。目前有很多种判断极限环存在的充分条件，主要分为两类：一类是根据环域定理或由它所推演出来的判定定理；另一类是基于分支理论。

庞加莱 - 本迪克松环域定理具体如下。

设在平面上有两条闭曲线 S_1 与 $S_2(S_1 \subset S_2)$，满足如下条件：

(1) 在 S_1 上方程的向量场 $\boldsymbol{v}(x,y)$ 除在有限个点处与 S_1 相切外，均自内部指向外部，在 S_2 上除在有限点处与之相切外均自外部指向内部。

(2) S_1 和 S_2 所围成的环域 G 内无方程的平衡点，则在该环域内必至少存在方程的一个稳定极限环。

反之，如条件(1)中向量场反向，则 G 内必存在一个不稳定极限环。

3. 极限环不存在性的判定法

构造极限环存在性定理中的环域有一定的技巧，因此，如果能判断它肯定不存在极限环，这对于讨论它的轨线结构是很有帮助的。极限环不存在性的判定主要有两种方法。

对于平面自治系统

$$\begin{cases} \dfrac{dx}{dt} = P(x,y) \\ \dfrac{dy}{dt} = Q(x,y) \end{cases} \tag{7.81}$$

式中：$(x,y) \in G$。

1）庞加莱切性曲线法

若存在函数 $F(x,y)$ 在域 G 上有一阶连续偏导数，使得它沿方程轨线的导数为

$$\frac{\mathrm{d}F}{\mathrm{d}t} = \frac{\partial F}{\partial x}\frac{\mathrm{d}x}{\mathrm{d}t} + \frac{\partial F}{\partial y}\frac{\mathrm{d}y}{\mathrm{d}t} \tag{7.82}$$

此外沿方程的整条轨线有 $\frac{\mathrm{d}F}{\mathrm{d}t} \neq 0$，则方程在 G 上不存在极限环。

2）本迪克松—杜拉克判别法

设在单连通域 G 中能找到函数 $k(x,y)$，使得 $\frac{\partial(kP)}{\partial x} + \frac{\partial(kQ)}{\partial y}$ 在 G 上保持常号，且不在 G 的任何子域中恒等于零，则方程在 G 内不存在极限环。函数 $k(x,y)$ 称为杜拉克函数。

极限环存在或不存在的判定定理能用来判断非线性系统极限环的存在性、数目及其稳定性，但构造环域或者函数并无规则可循，因此具体应用起来也相当困难。另外即使证明了极限环的存在性及稳定性，也无法对该极限环的位置作出较精确的估计，因此在实际系统分析中，并不需要直接去判断是否存在极限环。而是证明系统发生了出现极限环的分岔，如霍普（hopf）分岔，从而断定系统存在极限环。

7.5.4 分岔理论

设非线性动力系统可用如下形式的非线性微分方程来描述

$$\dot{\boldsymbol{x}} = f(\boldsymbol{x},\boldsymbol{\mu}) \tag{7.83}$$

式中：$\boldsymbol{x} = [x_1\ x_2 \cdots\ x_n]^{\mathrm{T}} \in \boldsymbol{R}^n$ 为状态向量；$\boldsymbol{\mu} = [u_1\ u_2 \cdots\ u_m]^{\mathrm{T}} \in \boldsymbol{R}^m$ 为控制向量。

当参数 $\boldsymbol{\mu}$ 连续变动时，系统的拓扑结构在 $\boldsymbol{\mu} = \boldsymbol{\mu}_0$ 处发生突然变化，则称系统在 $\boldsymbol{\mu} = \boldsymbol{\mu}_0$ 处出现分岔，并称 $\boldsymbol{\mu}_0$ 为一个分岔值。在参数 $\boldsymbol{\mu}$ 的空间中，由分岔值组成的集合称为分岔集。为了清楚地表示分岔情况，在 $(\boldsymbol{x},\boldsymbol{\mu})$ 空间中画出系统的极限集（如平衡点、极限环等）随参数 $\boldsymbol{\mu}$ 变化的图形，称为分岔图。分岔常常伴随着稳定性的改变。

按所研究的分岔空间域划分，分岔研究可以分为全局分岔和局部分岔。研究在平衡点或闭轨附近的某个邻域内向量场的分岔，称为局部分岔。研究向量场的全局结构，称为全局分岔。目前主要的理论分析只集中于局部分岔，全局分岔主要依靠相平面内平衡点/闭轨的局部分岔特性得出轨线的局部流向。

按所研究的对象划分，分岔又可分为静态分岔和动态分岔。静态分岔研究

静态方程$f(\boldsymbol{x},\boldsymbol{\mu})=0$的解的数目和稳定性随参数$\boldsymbol{\mu}$变动而发生的突然变化，属于平衡点分岔的研究范围。典型的静态分岔有鞍节分岔、跨临界分岔、叉式分岔等。动态分岔研究方程$\dot{x}=f(\boldsymbol{x},\boldsymbol{\mu})$的解的数目随参数$\boldsymbol{\mu}$变动而发生的突然变化。主要研究闭轨、同宿或异宿轨线、不变环面等的分岔。典型的动态分岔有霍普分岔。

1. 静态分叉

静态分岔的研究不但能提供平衡点的数目随参数变化的信息，而且往往与平衡点稳定性的变化密切相关。

考虑静态方程$f(\boldsymbol{x},\boldsymbol{\mu})=0$，设$f(\boldsymbol{x}_0,\boldsymbol{\mu}_0)=0$。研究局部分岔问题，只关心$(\boldsymbol{x}_0,\boldsymbol{\mu}_0)$附近静态方程的解的数目随参数$\boldsymbol{\mu}$变化的情况。取$(\boldsymbol{x}_0,\boldsymbol{\mu}_0)$的某个足够小的邻域，记$n(\boldsymbol{\mu})$为当$\boldsymbol{\mu}$固定时在邻域内解的数目，如果当$\boldsymbol{\mu}$经过$\boldsymbol{\mu}_0$时，$n(\boldsymbol{\mu})$突然发生变化，则称$(\boldsymbol{x}_0,\boldsymbol{\mu}_0)$为一个静态分岔点，$\boldsymbol{\mu}_0$是静态分岔值。

静态分岔的必要条件：设点$(\boldsymbol{x}_0,\boldsymbol{\mu}_0)$使得$f(\boldsymbol{x}_0,\boldsymbol{\mu}_0)=0$，在点$(\boldsymbol{x}_0,\boldsymbol{\mu}_0)$附近，$f$对$\boldsymbol{x}$可微，且$f(\boldsymbol{x},\boldsymbol{\mu})$和$D_x f(\boldsymbol{x}_0,\boldsymbol{\mu}_0)$对$\boldsymbol{x},\boldsymbol{\mu}$是连续的。若$(\boldsymbol{x}_0,\boldsymbol{\mu}_0)$是的静态分岔点，则$D_x f(\boldsymbol{x}_0,\boldsymbol{\mu}_0)$，$(\boldsymbol{x}_0,\boldsymbol{\mu}_0)$称为向量场$f(\boldsymbol{x},\boldsymbol{\mu})$的一个奇异点。

利用上面的定理，可以得到静态分岔其他的必要条件：

(1) $D_x f(\boldsymbol{x}_0,\boldsymbol{\mu}_0)$不可逆。

(2) $f(\boldsymbol{x}_0,\boldsymbol{\mu}_0)=0$，且$D_x f(\boldsymbol{x}_0,\boldsymbol{\mu}_0)$的行列式为零。

(3) $f(\boldsymbol{x}_0,\boldsymbol{\mu}_0)=0$，且$D_x f(\boldsymbol{x}_0,\boldsymbol{\mu}_0)$至少有一个特征值为零。

介绍二维系统一些重要的静态分岔。

(1) 鞍节分岔（临界点分岔）。

平衡点在分岔时变为一个鞍点和一个节点，这样的分岔称为鞍节分岔。典型的鞍节分岔由下列系统改变参数μ产生：

$$\begin{cases}\dot{x}=\mu-x^2\\ \dot{y}=-y\end{cases}\tag{7.84}$$

当$\mu<0$时，没有平衡点；$\mu=0$时，有非双曲平衡点$(0,0)$，线性化系统属于退化情形，是一种高阶平衡点，由半个鞍点和半个节点组成，称为鞍节点；当$\mu>0$时，系统有两个平衡点，即稳定节点$(\sqrt{\mu},0)$和鞍点$(-\sqrt{\mu},0)$。在$\mu=0$时发生分岔，称为鞍节分岔。

(2) 跨临界分岔。

如果平衡点与参数无关，当控制参数变化时，能够产生跨临界分岔。典型的跨临界分岔由下列系统改变参数μ产生：

$$\begin{cases}\dot{x}=\mu x-x^2\\ \dot{y}=-y\end{cases}\tag{7.85}$$

当$\mu<0$时，系统有稳定节点(0,0)和鞍点$(\mu,0)$；当$\mu=0$时，有非双曲平衡点(0,0)，为鞍节点；当$\mu>0$时，系统有两个平衡点，即鞍点(0,0)和稳定节点$(\mu,0)$。在$\mu=0$处两个平衡点性质及稳定性互换，出现分岔，称为跨临界分岔，具有反对称性质。

(3) 叉式分岔。

典型的叉式分岔由下列系统改变参数μ产生：

$$\begin{cases}\dot{x}=\mu x-x^3\\ \dot{y}=-y\end{cases} \tag{7.86}$$

当$\mu<0$时，系统有稳定节点(0,0)；$\mu=0$时，有非双曲平衡点(0,0)；$\mu>0$时，系统有三个平衡点，即鞍点(0,0)和稳定节点$(\pm\sqrt{\mu},0)$。在$\mu=0$时出现分岔，称为叉式分岔。当新增加的平衡点在μ大于分岔值的范围出现时，称分岔是超临界的，否则称为亚临界的。

2. 霍普分岔

霍普分岔是一类比较简单但很重要的动态分岔。霍普分岔是指当分岔参数变化经过分岔值时从平衡状态产生孤立的周期运动的现象。从相图上看，有极限环从平衡点冒出来。霍普主要解决两方面的问题：①分岔的存在性，即是否存在周期解。归结为系统控制参数μ变化时平衡点的稳定性是否突然改变，如果有突然的改变，则分岔可能存在；②分岔的方向和稳定性。

考虑单参数系统$\dot{\boldsymbol{x}}=f(\boldsymbol{x},\mu)$，当$\mu=0$时有平衡点$f(0,0)=0$，且$\boldsymbol{A}=D_{\boldsymbol{x}}f(0,0)$有一对单重纯虚特征值$\pm \mathrm{i}\omega(\omega>0)$，其余的特征值的实部皆不为零。因为$\boldsymbol{A}$是可逆的，故由隐函数定理可知，在$\mu=0$附近时，存在唯一的单值函数$\boldsymbol{x}=\varphi(\mu)$使得$f(\varphi(\mu),\mu)=0$且$\boldsymbol{x}_0=\varphi(0)=0$。这表明，$f(\boldsymbol{x},\mu)=0$解的个数在(0,0)发生变化，可见当$\mu=0$时在原点的邻域内不会出现静态分岔，因此，这是动态分岔问题。由于$\mu=0$时系统存在二维中心流形，可以用中心流形定理将n维系统的分岔问题化为二维系统的分岔问题来研究。

霍普分岔定理：对于由$\dot{x}=f(\boldsymbol{x},\mu)$所描述的系统，如果满足：

(1) $f(0,0)=0$，且(0,0)是系统的非双曲平衡点。

(2) $A(\mu)=D_x f(0,\mu)$在$\mu=0$附近有一对共轭复特征根$\alpha(\mu)\pm \mathrm{i}\beta(\mu)$。

当$\mu=0$时满足$\alpha(0)=0,\beta(0)=\beta_0>0$，且$d=\dot{\alpha}(\mu_0)\neq 0$，即$\alpha(\mu)+\mathrm{i}\beta(\mu)$当$\mu$通过0时，横穿虚轴，则存在一个参数$\varepsilon_0>0$和一个解析函数

$$\mu(\varepsilon)=\sum_{i=2}^{\infty}\mu_i\varepsilon^i \tag{7.87}$$

当$\mu=\mu(\varepsilon)\neq 0$(其中$\varepsilon\in(0,\varepsilon_0)$)，系统在原点的充分小的邻域内有唯一的闭轨(即周期解)Γ_ε，该周期解的解析表达式为

$$x(s,\varepsilon) = \sum_{i=1}^{\infty} x_i(\varepsilon)\varepsilon^i \tag{7.88}$$

其中 $s=\frac{2\pi}{T}t$。解的周期为

$$T(\varepsilon) = \frac{2\pi}{\beta_0}\left(1 + \sum_{i=2}^{\infty}\tau_i\varepsilon^i\right) \tag{7.89}$$

当 $\varepsilon\to 0$ 时,$\mu(\varepsilon)\to 0$,Γ_ε 趋近于原点。记 μ_{j1} 为展开式中第一个不为 0 的系数,当 μ_{j1} 与 d 同号时,Γ_ε 是稳定极限环;当 μ_{j1} 与 d 异号时,Γ_ε 是不稳定极限环。

由上面的定理可知,当 $\mu=0$ 时,有 $\alpha(0)=0$ 且 $\dot{\alpha}(0)\neq 0$,故对充分小的 $\mu\neq 0$(即 μ 在 $\mu=0$ 的充分小的邻域内),有 $\alpha(\mu)\neq 0$,且 $\alpha(\mu)$ 在 $\mu=0$ 的两侧异号。因此,当 $\mu\neq 0$ 时,原点是粗焦点(即稳定焦点或不稳定焦点);当 $\mu=0$ 时,原点是细焦点(即中心)。当 μ 经过 0 时,系统的稳定性发生改变,产生分岔。

极限环的产生条件:当 $\mu_j>0$ 时,有 $\mu(\varepsilon)>0$。故当 $\mu<0$ 时,不可能有 $\mu=\mu(\varepsilon)$,因此不会产生极限环。只有当 $\mu>0$ 时才可能有 $\mu=\mu(\varepsilon)$,从而产生极限环。$\mu_j<0$ 时,情况正好相反。

7.5.5 中心流形定理

对于低维的动力系统,可以直接研究其动力学行为。但对于高维系统,其分岔行为可能很复杂。一般采用降维措施将其化为低维方程再进行研究。常用的降维方法有李雅普洛夫－施密特方法、中心流形方法、非线性伽辽金方法和本征正交分解技术等。目前在高维非线性系统的降维中,使用比较多的是基于中心流形定理的方法,本节主要介绍这一方法。

1. 基本概念

考虑 n 维线性系统

$$\dot{\boldsymbol{x}} = \boldsymbol{A}\boldsymbol{x},\boldsymbol{x}\in\boldsymbol{R}^n \tag{7.90}$$

其中 $\boldsymbol{A}$ 为 $n\times n$ 常值矩阵,原点 O 为系统的平衡点。考虑线性系统所对应的矩阵 $\boldsymbol{A}$,设其特征值的重数与特征向量所张成的子空间维数相同,设特征值 $\lambda_i(i=1,2,\cdots,n)$ 对应特征向量 $\boldsymbol{\xi}_i$,每一组特征向量张成一个子空间。

$\mathrm{Re}(\lambda_i)<0,E^S=\mathrm{span}\{\xi_{S_1},\xi_{S_2},\cdots,\xi_{S_s}\}$,称为稳定子空间

$\mathrm{Re}(\lambda_i)=0,E^C=\mathrm{span}\{\xi_{C_1},\xi_{C_2},\cdots,\xi_{C_c}\}$,称为中心子空间

$\mathrm{Re}(\lambda_i)>0,E^U=\mathrm{span}\{\xi_{U_1},\xi_{U_2},\cdots,\xi_{U_u}\}$,称为不稳定子空间

式中:$S_s+C_c+U_u=n$。

2. 中心流形定理

考虑系统 $\dot{\boldsymbol{x}}=f(\boldsymbol{x})(\boldsymbol{x}\in\boldsymbol{R}^n)$,设 $f(\boldsymbol{x})$ 是 $\boldsymbol{C}^r(1\leqslant r\leqslant\infty)$ 向量场,点 O 是系统

的一个非双曲平衡点，E^S、E^U 和 E^C 分别为线性近似系统的稳定子空间、不稳定子空间和中心子空间，则在 O 的某邻域 D 内，存在过 O 点并在该处分别与 E^S、E^U 和 E^C 相切的 C^r 局部稳定流形 W^S，C^r 局部不稳定流形 W^U 和 C^r 局部中心流形 W^C，它们都是局部不变集。W^S 和 W^U 是唯一的，W^C 不唯一。

设系统 $\dot{\boldsymbol{x}}=f(\boldsymbol{x})(\boldsymbol{x}\in R^n)$ 的平衡点位于原点 O，且线性导算子 $\boldsymbol{A}=D_{\boldsymbol{x}}f(0)$ 不具有正实部的特征值(即稳定系统开始失稳的临界状态)。D 为点 O 的某个邻域，给定非奇异线性变换矩阵 $\boldsymbol{T}$ 将系统的雅可比矩阵化成对角形式，即

$$\boldsymbol{T}^{-1}\boldsymbol{A}\boldsymbol{T}=\begin{bmatrix}\boldsymbol{B} & \boldsymbol{0}\\ \boldsymbol{0} & \boldsymbol{C}\end{bmatrix} \tag{7.91}$$

式中：$\boldsymbol{B}$ 和 $\boldsymbol{C}$ 分别为 $n_C\times n_C$ 和 $n_S\times n_S$ 矩阵，它们的特征值分别为零实部和负实部，$n_S=\dim E^S$，$n_C=\dim E^C$，$n_S+n_C=n$。令 $\boldsymbol{x}=\boldsymbol{T}\cdot\boldsymbol{y}$，其中 $\boldsymbol{y}=[u\quad v]^{\mathrm{T}}$，$u\in E^C$、$v\in E^S$，则有

$$\begin{cases}\dot{u}=\boldsymbol{B}u+F(u,v)\\ \dot{v}=\boldsymbol{C}v+G(u,v)\end{cases} \tag{7.92}$$

由于中心流形 W^C 存在，且在原点处与 E^C 相切，因此可以在 D 内把 W^C 表示为 $W^C:v=h(u)$，其中 $h(0)=h'(0)=0$。代入得到中心流形上流的方程为

$$\dot{u}=\boldsymbol{B}u+F(u,h(u)) \tag{7.93}$$

为确定 $h(u)$，将 $v=h(u)$ 代入式(7.92)中第二个公式，利用求导的链式法则，有

$$\frac{\partial h(u)}{\partial u}\dot{u}=\boldsymbol{C}h(u)+G(u,h(u))$$

再利用式(7.92)中第一个公式整理得到 $h(u)$ 的微分方程

$$\frac{\partial h(u)}{\partial u}(\boldsymbol{B}u+F(u,h(u)))-\boldsymbol{C}h(u)-G(u,h(u))=0 \tag{7.94}$$

由于精确求解 $h(u)$ 很困难，往往采用级数展开法求解。根据需要求解中心流形的阶数及中心流形的维数，令 $h(u)$ 的展开式为

$$h(u)=\sum_{n_i+n_j=2}a_{n_in_j}u_i^{\ n_i}u_j^{\ n_j}+\sum_{n_i+n_j=3}a_{n_in_j}u_i^{\ n_i}u_j^{\ n_j}+\cdots \tag{7.95}$$

将式(7.95)代入到 $h(u)$ 的微分方程中，并比较两端同次幂的系数可得到 $a_{n_in_j}$ 直到所需的阶数。然后将 $h(u)$ 的表达式代入到第一个公式即可得到中心流形上流的约化方程。

7.5.6 PB 规范形理论

分岔理论的另一重要问题是降维以后所得到系统的简化，在保持分岔特性

的前提下使简化系统尽可能转化为较为简单和规范的形式，以便于分析平衡点附近轨线的走向。本节介绍利用非线性系统平衡点邻域的 PB 规范形对约化系统进行简化。

PB 规范形理论可以在平衡点邻域通过非线性的坐标变换将微分方程化简为尽可能简单的形式，即从方程右端函数的幂级数展开式中消去尽可能多的高阶项。其中非线性变换可由一系列线性方程确定。这种规范形式虽然可能与原来的微分方程不完全等价，但可以提供定性性态方面的重要信息。PB 规范形不仅是微分方程定性研究的工具，而且在分析含参数系统时成为分岔研究的基本方法。

1. PB 规范形的基本概念

考虑非线性微分方程 $\dot{\boldsymbol{x}}=f(\boldsymbol{x})$，其中 $x=[x_1 \quad x_2 \quad \cdots \quad x_n]^{\mathrm{T}}\in\boldsymbol{R}^n$。设 $f(\boldsymbol{x})$ 足够光滑，且 $f(\boldsymbol{0})=0$，假设向量场在平衡点 $\boldsymbol{x}=0$ 附近有泰勒展开式

$$f(\boldsymbol{x}) = \boldsymbol{A}x + f_2(\boldsymbol{x}) + \cdots + f_k(\boldsymbol{x}) + O(|x|^{k+1}) \tag{7.96}$$

式中：$\boldsymbol{A}=Df(0)$，$f_j\in H_n^j(j=2,\cdots,k)$（$H_n^j$ 是从 $\boldsymbol{R}^n\sim\boldsymbol{R}^n$ 的全部 j 次齐次多项式映射组成的有限维向量空间）。

为了将方程的非线性部分化简，引入变换 $\boldsymbol{x}=\boldsymbol{y}+g_2(\boldsymbol{y})$，$g_2(y)\in H_n^2$。将其代入式(7.96)得

$$\begin{aligned}\dot{\boldsymbol{y}} = {} & [\boldsymbol{I}+Dg_2(\boldsymbol{y})]^{-1}[\boldsymbol{A}(\boldsymbol{y}+g_2(\boldsymbol{y}))+f_2(\boldsymbol{y}+g_2) \\ & +\cdots+f_k(\boldsymbol{y}+g_2)+O(|y|^{r+1})]\end{aligned} \tag{7.97}$$

式中：$\boldsymbol{I}$ 为 $n\times n$ 单位矩阵。由于 $[\boldsymbol{I}+Dg_2(y)]^{-1}=\boldsymbol{I}-Dg_2(y)+o(|y|^k)$，于是式(7.97)化为

$$\begin{aligned}\dot{\boldsymbol{y}} &= \boldsymbol{A}\boldsymbol{y}+f_2(y)+Ag_2(y)-Dg_2(y)Ay+\tilde{f}_3(y)+\cdots+\tilde{f}_k(y)+o(|y|^{k+1}) \\ &= Ay+f_2(y)-L_A^2g_2(y)+\tilde{f}_3(y)+\cdots+\tilde{f}_k(y)+o(|y|^{k+1})\end{aligned} \tag{7.98}$$

式中：$\tilde{f}_i\in H_n^j(j=3,\cdots,k)$；$L_A^2g_2(y)=Dg_2(y)Ay-Ag_2(y)$；$L_A^2$ 为 H_n^2 到自身的线性变换。B_n^2 为子空间 $R(L_A^2)$ 在 H_n^2 中的补空间，对 $f_2\in H_n^2$ 作分解 $f_2=\tilde{h}_2+h_2$，$\tilde{h}_2\in R(L_A^2)$，$h_2\in B_n^2$，因此总存在 $g_2\in H_n^2$，使得 $L_A^2g_2=\tilde{h}_2$。式(7.98)变为

$$\dot{y} = Ay+h_2(y)+\tilde{f}_3(y)+\cdots+\tilde{f}_k(y)+o(|y|^{k+1}) \tag{7.99}$$

记同调 $L_A^k:H_n^k\to H_n^k$ 为由 $L_A^kg_k(y)=Dg_k(y)A(y)-Ag_k(y)(g\in H_n^k)$ 给出的线性变换，B_n^k 为 $R(L_A^k)$ 的补空间。经过 k 步的变换，式(7.99)变为

$$\dot{y} = Ay+h_2(y)+h_3(y)+\cdots+h_k(y)+o(|y|^{k+1}) \tag{7.100}$$

L_A 称为同调算子。式(7.100)称为系统 k 阶 PB 规范形。由于补空间 B_n^k 不唯一，所以规范形并不唯一。

2. 约化系统的 PB 规范形

不失一般性,考虑约化后的系统

$$\begin{cases}\dot{u}_1 = F_1(u_1,u_2,\mu) \\ \dot{u}_2 = F_2(u_1,u_2,\mu)\end{cases}(u_1,u_2) \in \boldsymbol{R}^2,\mu \in \boldsymbol{R} \tag{7.101}$$

零点 $O(0,0)$ 对于 $\mu=0$ 邻域内的任意 μ 值均为平衡点,且在 $\mu=0$ 时在零点处的线性近似系统的平衡点为中心,利用适当的非奇异线性变换,可将上式变为

$$\begin{cases}\dot{u}_1 = \alpha(\mu)u_1 - \beta(\mu)u_2 + f_1(u_1,u_2,\mu) \\ \dot{u}_2 = \beta(\mu)u_1 + \alpha(\mu)u_2 + f_2(u_1,u_2,\mu)\end{cases} \tag{7.102}$$

式中:$f_1,f_2=o(u_1^2+u_2^2)$,在零点邻域的线性近似系统的共轭特征值为 $\alpha(\mu)\pm \mathrm{i}\beta(\mu)$,当 $\mu=0$ 时有 $\alpha(0)=0,\beta(0)>0$。

为了计算系统的 PB 规范形,采用复坐标,令

$$z = u_1 + \mathrm{i}u_2,\bar{z} = u_1 - \mathrm{i}u_2 \tag{7.103}$$

$$\lambda(\mu) = \alpha(\mu) + \mathrm{i}\beta(\mu),\bar{\lambda}(\mu) = \alpha(\mu) + \mathrm{i}\beta(\mu)$$

代入到式(7.102)中得到

$$\begin{cases}\dot{z} = \lambda(\mu)z + F(z,\bar{z},\mu) \\ \dot{\bar{z}} = \bar{\lambda}(\mu)\bar{z} + \bar{F}(z,\bar{z},\mu)\end{cases} \tag{7.104}$$

其中

$$\begin{cases}F(z,\bar{z},\mu) = f_1(u_1(z,\bar{z}),u_2(z,\bar{z}),\mu) + \mathrm{i}f_2(u_1(z,\bar{z}),u_2(z,\bar{z}),\mu) \\ \bar{F}(z,\bar{z},\mu) = f_1(u_1(z,\bar{z}),u_2(z,\bar{z}),\mu) - \mathrm{i}f_2(u_1(z,\bar{z}),u_2(z,\bar{z}),\mu)\end{cases} \tag{7.105}$$

由于式(7.105)的两个式子是共轭的,只需研究第一个式子,展开成幂级数形式

$$\dot{z} = \lambda(\mu)z + F_2(z,\bar{z},\mu) + F_3(z,\bar{z},\mu) + \cdots + F_{k-1}(z,\bar{z},\mu) + o(k) \tag{7.106}$$

式中:$F_j(j=2,3,\cdots,k-1)$ 为 z 和 $\bar{z}$ 的 j 次多项式,利用 PB 规范形理论对上式进行化简,引入变换

$$z = w + p_k(w,\bar{w},\mu) \tag{7.107}$$

所以对于 w 和 $\bar{w}$ 的齐次多项式所组成空间的 $m+n$ 次基函数 $w^m\bar{w}^n$,在算子 L_A 的作用下

$$L_A(w^m\bar{w}^n) = \frac{\partial(w^m\bar{w}^n)}{\partial w}\lambda(\mu)w + \frac{\partial(w^m\bar{w}^n)}{\partial \bar{w}}\bar{\lambda}(\mu)\bar{w} - \lambda(\mu)w^m\bar{w}^n$$

$$= (m\lambda(\mu) + n\bar{\lambda}(\mu) - \lambda(\mu))w^m\bar{w}^n \tag{7.108}$$

当算子 L_A 可逆时，其零空间是 0 维，PB 规范形中的非线性项可以消去。则当 $\mu=0$ 时，算子有零空间的条件是

$$m\lambda(\mu) + n\bar{\lambda}(\mu) - \lambda(\mu) = 0 \tag{7.109}$$

由于 $\bar{\lambda}(\mu) = -\lambda(\mu)$，故得 $m-n=1$。考虑 $m+n<5$ 的情形，则仅有 $m=2,n=1$ 满足。

根据以上分析，在 μ 充分小时，式(7.106)经过 PB 规范形简化为如下形式：

$$\dot{w} = \lambda(\mu)w + pw^2\bar{w} + o(5) \tag{7.110}$$

将式(7.110)改写为实数形式，令

$$w = u + \mathrm{i}v,\ p = a + \mathrm{i}b \tag{7.111}$$

在 μ 充分小时有

$$\lambda(\mu) = (\alpha(0) + \alpha'(0)\mu) + \mathrm{i}(\beta(0) + \beta'(0)\mu) \tag{7.112}$$

将式(7.111)和式(7.106)代入式(7.110)得

$$\begin{aligned}\dot{u} + \mathrm{i}\dot{v} = &(\alpha'(0)\mu + \mathrm{i}(\omega + \beta'(0)\mu))(u + \mathrm{i}v) + \\ &(a + b\mathrm{i})(u + \mathrm{i}v)^2(u - \mathrm{i}v) + o(5)\end{aligned} \tag{7.113}$$

将上式写成实部和虚部分开的形式，忽略高阶小量，即得到 PB 规范形的实数形式

$$\begin{cases}\dot{u} = c\mu u - (\omega + e\mu)v + (au - bv)(u^2 + v^2) \\ \dot{v} = c\mu v + (\omega + e\mu)u + (av + bu)(u^2 + v^2)\end{cases} \tag{7.114}$$

其中

$$c = \alpha'(0),\omega = \beta(0),e = \beta'(0) \tag{7.115}$$

3. 三阶 PB 规范形

引入极坐标变换

$$\begin{cases}u = \rho\cos\varphi \\ v = \rho\sin\varphi\end{cases} \tag{7.116}$$

将式(7.116)代入规范形方程式(7.114)中得

$$\begin{cases}\dot{\rho}\cos\varphi - \rho\dot{\varphi}\sin\varphi = c\mu\rho\cos\varphi - (\omega + e\mu)\rho\sin\varphi + (a\rho\cos\varphi - b\rho\sin\varphi)\rho^2 \\ \dot{\rho}\sin\varphi + \rho\dot{\varphi}\cos\varphi = c\mu\rho\sin\varphi + (\omega + e\mu)\rho\cos\varphi + (a\rho\sin\varphi + b\rho\cos\varphi)\rho^2\end{cases} \tag{7.117}$$

化简得到如下方程：

$$\begin{cases}\dot{\rho} = c\mu\rho + a\rho^3 \\ \dot{\varphi} = \omega + e\mu + b\rho^2\end{cases} \tag{7.118}$$

系统的极限环由方程

$$c\mu\rho + a\rho^3 = 0 \tag{7.119}$$

的非零解确定。

参数 c 前面已经给出，对于参数 a，其推导过程很复杂，下面只给出其表达式

$$a = \frac{1}{16}\left(\frac{\partial^3 f_1}{\partial y_1^3} + \frac{\partial^3 f_1}{\partial y_1 \partial y_2^2} + \frac{\partial^3 f_2}{\partial y_1^2 \partial y_2} + \frac{\partial^3 f_2}{\partial y_2^3}\right) - \frac{1}{16\omega}\left[\frac{\partial^2 f_1}{\partial y_1 \partial y_2}\left(\frac{\partial^2 f_1}{\partial y_1^2} + \frac{\partial^2 f_1}{\partial y_2^2}\right) - \right.$$

$$\left.\frac{\partial^2 f_2}{\partial y_1 \partial y_2}\left(\frac{\partial^2 f_2}{\partial y_1^2} + \frac{\partial^2 f_2}{\partial y_2^2}\right) - \frac{\partial^2 f_1}{\partial y_1^2}\frac{\partial^2 f_2}{\partial y_1^2} + \frac{\partial^2 f_1}{\partial y_2^2}\frac{\partial^2 f_2}{\partial y_2^2}\right] \tag{7.120}$$

综上所述，当 $a \neq 0, c \neq 0$ 时，系统在 $\mu = 0$ 处出现霍普分支，其分岔特性为：

(1) 当 $c > 0$ 和 $a > 0$ 时，原点对 $\mu > 0$ 不稳定，对 $\mu < 0$ 渐近稳定，当 $\mu < 0$ 存在不稳定极限环。

(2) 当 $c > 0$ 和 $a < 0$ 时，原点对 $\mu > 0$ 不稳定，对 $\mu < 0$ 渐近稳定，当 $\mu > 0$ 存在渐进稳定极限环。

(3) 当 $c < 0$ 和 $a > 0$ 时，原点对 $\mu > 0$ 渐近稳定，对 $\mu < 0$ 不稳定，当 $\mu > 0$ 存在不稳定极限环。

(4) 当 $c < 0$ 和 $a < 0$ 时，原点对 $\mu > 0$ 渐近稳定，对 $\mu < 0$ 不稳定，当 $\mu < 0$ 存在渐进稳定极限环。

7.5.7 火箭非线性姿态运动特性分析

1. 系统的平衡点稳定性分析

将火箭所受的力和力矩代入非线性姿态方程中，结果为

$$\begin{aligned}
\dot{\delta}_1 &= \omega_\zeta(\cos\delta_2 + \tan\delta_2\sin\delta_2) - \frac{1}{2mv}\rho v^2 S C_{L_\alpha}\cos\delta_2\sin\delta_1 \\
\dot{\delta}_2 &= -\omega_\eta - \frac{1}{2mv\cos\delta_1}\rho v^2 S C_{L_\alpha}\sin\delta_2
\end{aligned} \tag{7.121}$$

$$\dot{\omega}_\eta = -\frac{C}{A}\omega_\xi\omega_\zeta + \omega_\zeta^2\tan\delta_2 + \frac{1}{2A}\rho v^2 Sl$$

$$\left(-C_{M\alpha}\sin\delta_2\cos\delta_1 - \left(\frac{l}{v}\right)C_{M_q}\omega_\eta + \left(\frac{\omega_\xi \mathrm{d}}{v}\right)C_{M_{p\alpha}}\sin\delta_1\right)$$

$$\dot{\omega}_\zeta = \frac{C}{A}\omega_\xi\omega_\eta - \omega_\eta\omega_\zeta\tan\delta_2 + \frac{1}{2A}\rho v^2 Sl$$

$$\left(C_{M\alpha}\sin\delta_1 - \left(\frac{l}{v}\right)C_{Mq}\omega_\zeta + \left(\frac{\omega_\xi d}{v}\right)C_{Mp\alpha}\sin\delta_2\cos\delta_1\right)$$

下面利用前面章节的理论,对弹箭的非线性姿态运动稳定性进行分析。通过分析,得到系统平衡点稳定性条件和极限环产生的条件。

1）确定分岔参数,求出系统的平衡点

确定需要研究的分岔参数 μ,在弹箭非线性运动方程中,分岔参数可选取 v,ω_ξ,ρ,设定其变化范围,令方程组右边为零,求出系统的平衡点 $\boldsymbol{x}^*(\mu)$。

$$\begin{aligned}
&\omega_\zeta(\cos\delta_2 + \tan\delta_2\sin\delta_2) - \frac{1}{2mv}\rho v^2 SC_{L_\alpha}\cos\delta_2\sin\delta_1 = 0 \\
&-\omega_\eta - \frac{1}{2mv\cos\delta_1}\rho v^2 SC_{L_\alpha}\sin\delta_2 = 0 \\
&-\frac{C}{A}\omega_\xi\omega_\zeta + \omega_\zeta^2\tan\delta_2 + \frac{1}{2A}\rho v^2 Sl \\
&\left(-C_{M_\alpha}\sin\delta_2\cos\delta_1 - \left(\frac{l}{v}\right)C_{M_q}\omega_\eta + \left(\frac{\omega_\xi \mathrm{d}}{v}\right)C_{M_{p\alpha}}\sin\delta_1\right) = 0 \\
&\frac{C}{A}\omega_\xi\omega_\eta - \omega_\eta\omega_\zeta\tan\delta_2 + \frac{1}{2A}\rho v^2 Sl \\
&\left(C_{M_\alpha}\sin\delta_1 - \left(\frac{l}{v}\right)C_{M_q}\omega_\zeta + \left(\frac{\omega_\xi \mathrm{d}}{v}\right)C_{M_{p\alpha}}\sin\delta_2\cos\delta_1\right) = 0
\end{aligned} \tag{7.122}$$

显然 $O(0,0,0,0)$ 为系统的平衡点。

2）求出系统在平衡点 $O(0,0,0,0)$ 处的雅可比矩阵

$$\boldsymbol{A} = \begin{bmatrix} -b_y v & 0 & 0 & 1 \\ 0 & -b_y v & -1 & 0 \\ k_y v\omega_\xi & -k_z v^2 & -k_{zz}v & -J_r\omega_\xi \\ k_z v^2 & k_y v\omega_\xi & J_r\omega_\xi & -k_{zz}v \end{bmatrix} \tag{7.123}$$

式中:$b_y = \frac{\rho S}{2m}C_{L_\alpha}$;$k_z = \frac{\rho Sl}{2A}C_{M_\alpha}$; $k_{zz} = \frac{\rho Sl^2}{2A}C_{M_q}$;$k_y = \frac{\rho Sld}{2A}C_{M_{p\alpha}}$;$J_r = \frac{C}{A}$。

求出 $\boldsymbol{A}$ 的特征多项式

$$f(\lambda) = a_4\lambda^4 + a_3\lambda^3 + a_2\lambda^2 + a_1\lambda + a_0 \tag{7.124}$$

其中:

$$\begin{aligned}
a_4 &= 1 \\
a_3 &= 2(b_y + k_{zz})v \\
a_2 &= J_r{}^2\omega_\xi{}^2 + (b_y{}^2 + 4b_y k_{zz} + k_{zz}{}^2 - 2k_z)v^2 \\
a_1 &= (2J_r{}^2 b_y - 2J_r k_y)\omega_\xi{}^2 v + (2b_y{}^2 k_{zz} + 2b_y k_{zz}{}^2 - 2k_z b_y - 2k_z k_{zz})v^3
\end{aligned}$$

$$a_0 = (J_r^{\ 2} b_y^{\ 2} - 2J_r b_y k_y + k_y^{\ 2})\omega_\xi^{\ 2} v^2 + (b_y^{\ 2} k_{zz}^{\ 2} - 2b_y k_z k_{zz} + k_z^{\ 2}) v^4$$

根据四维系统的霍尔维茨判据

$$\Delta_1 = a_3$$

$$\Delta_2 = \begin{vmatrix} a_3 & 1 \\ a_1 & a_2 \end{vmatrix} = a_3 a_2 - a_1$$

$$\Delta_3 = \begin{vmatrix} a_3 & 1 & 0 \\ a_1 & a_2 & a_3 \\ 0 & a_0 & a_1 \end{vmatrix} = a_1 \begin{vmatrix} a_3 & 1 \\ a_1 & a_2 \end{vmatrix} - a_0 \begin{vmatrix} a_3 & 0 \\ a_2 & a_3 \end{vmatrix} = a_1 \Delta_2 - a_0 a_3^2 \tag{7.125}$$

$$\Delta_4 = \begin{vmatrix} a_3 & 1 & 0 & 0 \\ a_1 & a_2 & a_3 & 1 \\ 0 & a_0 & a_1 & a_2 \\ 0 & 0 & 0 & a_0 \end{vmatrix} = a_0 \Delta_3$$

求出系统的特征值$\lambda_1,\lambda_2,\lambda_3,\lambda_4$,选取不同的分岔参数$\mu$,判断特征值的实部大于零、等于零、小于零的情况,从而确定分岔点。选取分岔点μ_0,使得系统的雅可比矩阵的特征多项式有一对纯虚的特征根和一对实部为负的特征根,求出系统在分岔点处的特征值$\lambda_1,\lambda_2,\lambda_3,\lambda_4$及特征向量$\boldsymbol{\xi}_1,\boldsymbol{\xi}_2,\boldsymbol{\xi}_3,\boldsymbol{\xi}_4$。

2. 中心流形定理降维

根据中心流形定理,系统存在二维稳定流形和二维中心流形。引入非奇异线性变换$\boldsymbol{x}=\boldsymbol{p}\boldsymbol{y}$,其中$\boldsymbol{y}=[y_1\quad y_2\quad y_3\quad y_4]^{\mathrm{T}}$,$p$为对应的特征多项式的特征根所对应的特征向量构成的方阵$\boldsymbol{p}=[\boldsymbol{\xi}_1\quad \boldsymbol{\xi}_2\quad \boldsymbol{\xi}_3\quad \boldsymbol{\xi}_4]^{\mathrm{T}}$。令$\boldsymbol{u}=[y_1\quad y_2]^{\mathrm{T}}$,$\boldsymbol{v}=[y_3\quad y_4]^{\mathrm{T}}$,代入系统方程得

$$\begin{cases} \dot{\boldsymbol{u}} = \boldsymbol{B}\boldsymbol{u} + F(\boldsymbol{u},\boldsymbol{v}) \\ \dot{\boldsymbol{v}} = \boldsymbol{C}\boldsymbol{v} + G(\boldsymbol{u},\boldsymbol{v}) \end{cases} \tag{7.126}$$

由中心流形定理,可以把$\boldsymbol{v}$表示为$\boldsymbol{v}=h(\boldsymbol{u})$,其中$h(\boldsymbol{0})=h'(\boldsymbol{0})=0$。为确定$h(\boldsymbol{u})$,将$\boldsymbol{v}=h(\boldsymbol{u})$代入式(7.126)第二式,利用求导的链式法则,有

$$\frac{\partial h(\boldsymbol{u})}{\partial \boldsymbol{u}}\dot{\boldsymbol{u}} = \boldsymbol{C}h(\boldsymbol{u}) + G(\boldsymbol{u},h(\boldsymbol{u})) \tag{7.127}$$

再利用式(7.126)第一式整理得到$h(u)$的微分方程

$$\frac{\partial h(\boldsymbol{u})}{\partial \boldsymbol{u}}(\boldsymbol{B}\boldsymbol{u} + F(\boldsymbol{u},h(\boldsymbol{u}))) - \boldsymbol{C}h(\boldsymbol{u}) - G(\boldsymbol{u},h(\boldsymbol{u})) = 0 \tag{7.128}$$

精确地求解 $h(\boldsymbol{u})$ 有困难，可以令 $h(\boldsymbol{u})$ 为幂级数展开代入到式(7.128)。由初始条件 $h(\boldsymbol{0})=h'(\boldsymbol{0})=0$，求出 $h(\boldsymbol{u})$。

将求出的 $h(\boldsymbol{u})$ 代入式(7.126)第一式，即可得到中心流形上流的约化方程

$$\begin{cases}\dot{y}_1 = f_1 + (y_1, y_2) \\ \dot{y}_2 = f_2 + (y_1, y_2)\end{cases} \tag{7.129}$$

这样就利用中心流形定理将原来的四维系统约化成了二维系统。

3. 非线性姿态运动方程极限环计算

将约化后的方程写成如下形式：

$$\begin{cases}\dot{y}_1 = \alpha(\mu)y_1 - \beta(\mu)y_2 + k_1(y_1, y_2, \mu) \\ \dot{y}_2 = \beta(\mu)y_1 + \alpha(\mu)y_2 + k_2(y_1, y_2, \mu)\end{cases} \tag{7.130}$$

根据规范形理论，其三阶规范形为

$$\begin{cases}\dot{y}_1 = c\mu y_1 - (\omega + e\mu)y_2 + (ay_1 - by_2)(y_1^2 + y_2^2) \\ \dot{y}_2 = c\mu y_2 + (\omega + e\mu)y_1 + (ay_2 + by_1)(y_1^2 + y_2^2)\end{cases} \tag{7.131}$$

其中

$$c = \partial\alpha/\partial\mu\,|_{\mu=0}, \omega = \beta\,|_{\mu=0}, e = \partial\beta/\partial\mu\,|_{\mu=0},$$

$$a = \frac{1}{16}\left(\frac{\partial^3 k_1}{\partial y_1^3} + \frac{\partial^3 k_1}{\partial y_1 \partial y_2^2} + \frac{\partial^3 k_2}{\partial y_1^2 \partial y_2} + \frac{\partial^3 k_2}{\partial y_2^3}\right) - \frac{1}{16\omega}\left[\frac{\partial^2 k_1}{\partial y_1 \partial y_2}\left(\frac{\partial^2 k_1}{\partial y_1^2} + \frac{\partial^2 k_1}{\partial y_2^2}\right) - \frac{\partial^2 k_2}{\partial y_1 \partial y_2}\left(\frac{\partial^2 k_2}{\partial y_1^2} + \frac{\partial^2 k_2}{\partial y_2^2}\right) - \frac{\partial^2 k_1}{\partial y_1^2}\frac{\partial^2 k_2}{\partial y_1^2} + \frac{\partial^2 k_1}{\partial y_2^2}\frac{\partial^2 k_2}{\partial y_2^2}\right]$$

引入极坐标变换 $y_1 = r\cos\theta$、$y_2 = r\sin\theta$，得到如下方程：

$$\begin{cases}\dot{r} = c\mu r + ar^3 \\ \dot{\theta} = \omega + e\mu + br^2\end{cases} \tag{7.132}$$

由此得到系统的近似平衡方程 $c\mu r + ar^3 = 0$。系统的极限环由 $c\mu r + ar^3 = 0$ 的非零解决定。极限环的摆幅 $r = \sqrt{-c\mu/a}$，周期 $T = 2\pi/\omega$。其分岔特性由 7.5.6 小节给出。

7.6 算例

7.6.1 系统参数

对某型火箭弹，选取主动段结束时刻进行分析。参数如下：

1. 弹体参数(表 7.2)

表 7.2 弹体参数

质量/kg	44.5	直径/mm	122
极转动惯量/(kg·m^2)	0.11466	特征面积/m^2	0.01169
赤道转动惯量/(kg·m^2)	30.627	弹长/mm	2700

2. 气动参数

主动段结束时刻速度 $v = 1012.3\text{m/s}$,轴向角速度 $\omega_\xi = 79.0064\text{rad/s}$,需用到的气动参数如表 7.3 所列。

表 7.3 气动参数

线性升力系数	6.5000	线性马格努斯力矩系数	-5.8
线性静力矩系数	-1.2546	立方马格努斯力矩系数	30
赤道阻尼力矩系数	0.4600		

7.6.2 不同分岔参数对弹箭非线性姿态运动的影响分析

火箭弹在主动段结束时刻,由于推力消失,稳定性变得复杂,特别在高空低密度情况下,稳定性问题尤为突出。影响弹箭稳定性的因素很多,因此可选的分岔参数也很多,本节主要分析选取密度、线性静力矩、线性马格努斯力矩作为分岔参数时,弹箭非线性姿态运动稳定性的情况。具体操作是选取一个分岔参数后,其他的量设为固定值。对于任何分岔参数,计算流程大致一样,故着重以密度为例,给出详细的计算过程及结果,其他分岔参数仅给出计算结果。程序计算流程如图 7.14 所示。

1. 密度对弹箭非线性姿态运动的影响分析

1) 姿态运动方程分岔点计算

将火箭弹参数和所受的力和力矩代入到非线性姿态方程中

$$
\begin{aligned}
\dot{\delta}_1 &= \omega_\zeta(\cos\delta_2 + \sin\delta_2\tan\delta_2) - 0.8643\rho\cos\delta_2\sin\delta_1 \\
\dot{\delta}_2 &= -\omega_\eta - 0.8643\rho\sin\delta_2/\cos\delta_1 \\
\dot{\omega}_\eta &= -0.2958\omega_\zeta + \omega_\zeta^2\tan\delta_2 - 0.6479\rho\omega_\eta + 662.4721\rho\cos\delta_1\sin\delta_2 \\
&\quad + 5.0278\rho\sin\delta_1(C_{M_{p\alpha0}} + C_{M_{p\alpha2}}(\cos^2\delta_2\sin^2\delta_1 + \sin^2\delta_2)) \\
\dot{\omega}_\zeta &= 0.2958\omega_\eta - \omega_\zeta\omega_\eta\tan\delta_2 - 0.6479\rho\omega_\zeta - 662.4721\rho\sin\delta_1 \\
&\quad + 5.0278\rho\sin\delta_2\cos\delta_1(C_{M_{p\alpha0}} + C_{M_{p\alpha2}}(\cos^2\delta_2\sin^2\delta_1 + \sin^2\delta_2))
\end{aligned}
\tag{7.133}
$$

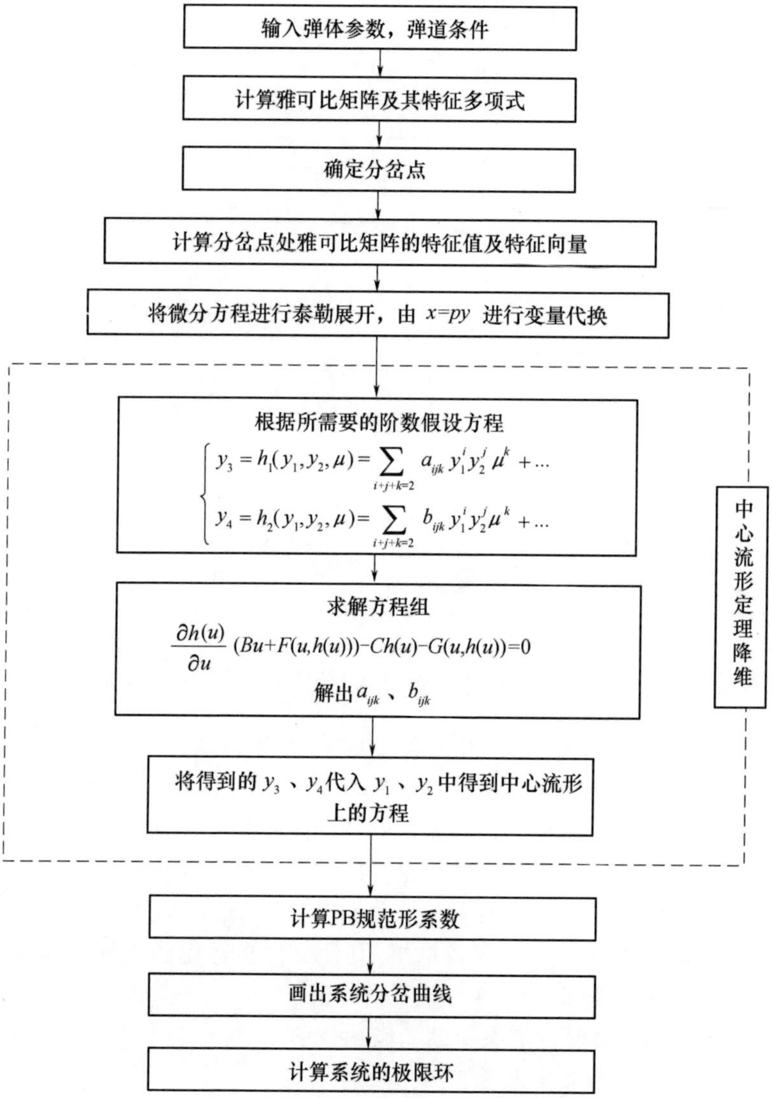

图 7.14　火箭姿态运动分岔计算流程图

系统在平衡点 $O(0,0,0,0)$ 处的雅可比矩阵

$$
\boldsymbol{A}=\begin{bmatrix} -0.8643\rho & 0 & 0 & 1 \\ 0 & -0.8643\rho & -1 & 0 \\ 5.0278\rho C_{M_{p\alpha0}} & 662.4721\rho & -0.6479\rho & -0.2958 \\ -662.4721\rho & 5.0278\rho C_{M_{p\alpha0}} & 0.2958 & -0.6479\rho \end{bmatrix} \tag{7.134}
$$

它的特征多项式可以写成如下形式：

$$a_4\lambda^4 + a_3\lambda^3 + a_2\lambda^2 + a_1\lambda + a_0 = 0 \tag{7.135}$$

其中

$a_4 = 1, a_3 = 3.0242\rho$

$a_2 = 0.0875 + 1324.9442\rho + 3.4063\rho^2$

$a_1 = (0.1512 - 2.9742C_{M_{p\alpha 0}})\rho + 2003.4688\rho^2 + 1.6933\rho^3$

$a_0 = (4.3887\times10^5 - 2.5705C_{M_{p\alpha 0}} + 25.2784C_{M_{p\alpha 0}}{}^2)\rho^2 + 741.8555\rho^3 + 0.3135\rho^4$

考虑以下各项

$$\Delta_1 = a_3$$

$$\Delta_2 = \begin{vmatrix} a_3 & 1 \\ a_1 & a_2 \end{vmatrix} = a_3a_2 - a_1$$

$$\Delta_3 = \begin{vmatrix} a_3 & 1 & 0 \\ a_1 & a_2 & a_3 \\ 0 & a_0 & a_1 \end{vmatrix} = a_1\begin{vmatrix} a_3 & 1 \\ a_1 & a_2 \end{vmatrix} - a_0\begin{vmatrix} a_3 & 0 \\ a_2 & a_3 \end{vmatrix} = a_1\Delta_2 - a_0a_3^2 \tag{7.136}$$

$$\Delta_4 = \begin{vmatrix} a_3 & 1 & 0 & 0 \\ a_1 & a_2 & a_3 & 1 \\ 0 & a_0 & a_1 & a_2 \\ 0 & 0 & 0 & a_0 \end{vmatrix} = a_0\Delta_3$$

根据四维系统的霍尔维茨判据：稳定条件是特征方程的所有系数为正数，还要 $\Delta_3 > 0$。可以看出姿态方程雅可比矩阵的特征方程所有系数都为正数，因此只需要判断 Δ_3 的符号。由

$$\begin{aligned}\Delta_3 = \rho^2(&-231.1960C_{M_{p\alpha 0}}{}^2\rho^2 - 8.8461C_{M_{p\alpha 0}}{}^2 + 2.9435C_{M_{p\alpha 0}}\rho^2 \\ &+ 0.1126C_{M_{p\alpha 0}} + 11.7091\rho^4 + 1.3853\times10^4\rho^3 + 0.8960\rho^2 \\ &+ 530.0747\rho + 0.0171)\end{aligned} \tag{7.137}$$

根据 ρ 和 $C_{M_{p\alpha 0}}$ 的变化作出图 7.15。其中，稳定区域内 $\Delta_3 > 0$，不稳定区域内 $\Delta_3 < 0$，曲线上 $\Delta_3 = 0$。

取 $C_{M_{p\alpha 0}} = -5.8$ 时，计算得出，当 $\rho < 0.5623$ 时，系统平衡点 O 是不稳定的，$\rho > 0.5623$ 时平衡点 O 是稳定的，所以 $\bar{\rho} = 0.5623$ 为分岔点，此时高度约为 7420m。

2）姿态运动方程降维

为了对非线性姿态运动进行更详细的分析，用中心流形定理对系统进行降维。对平衡点 O，得到系统在平衡位置处的中心流形以及中心流形上的约化方程。

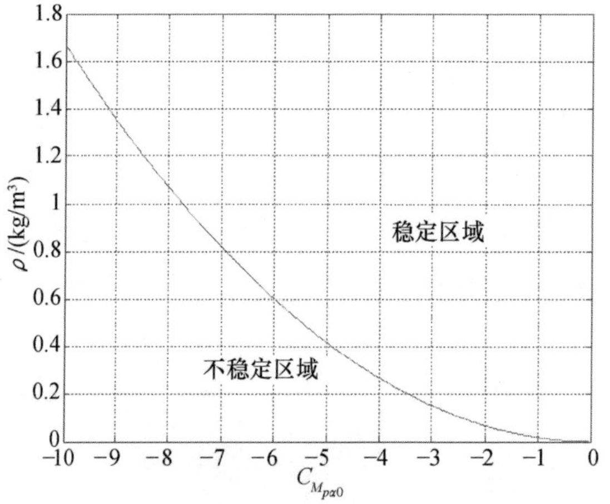

图 7.15 密度随马格努斯力矩变化平衡曲线

当 $\bar{\rho}=0.5623$，系统雅可比矩阵为

$$A=\begin{bmatrix}-0.4860 & 0 & 0 & 1\\ 0 & -0.4860 & -1 & 0\\ -16.3981 & 372.5266 & -0.3643 & -0.2958\\ -372.5266 & -16.3981 & 0.2958 & -0.3643\end{bmatrix} \tag{7.138}$$

其四个特征根分别为

$$\lambda_1=-19.4540\mathrm{i};\ \lambda_2=19.454\mathrm{i};$$
$$\lambda_3=-0.8503-19.1582\mathrm{i};\ \lambda_4=-0.8503+19.1582\mathrm{i} \tag{7.139}$$

特征向量分别为

$$\boldsymbol{\xi}_1=[-0.0363+0.0009\mathrm{i}\quad -0.0009-0.0363\mathrm{i}\quad 0.7062\quad 0.7062\mathrm{i}]^{\mathrm{T}}$$
$$\boldsymbol{\xi}_2=[-0.0363-0.0009\mathrm{i}\quad -0.0009+0.0363\mathrm{i}\quad 0.7062\quad -0.7062\mathrm{i}]^{\mathrm{T}}$$
$$\boldsymbol{\xi}_3=[0.0368+0.0007\mathrm{i}\quad 0.0007-0.0368\mathrm{i}\quad 0.7061\quad -0.7061\mathrm{i}]^{\mathrm{T}}$$
$$\boldsymbol{\xi}_4=[0.0368-0.0007\mathrm{i}\quad 0.0007+0.0368\mathrm{i}\quad 0.7061\quad 0.7061\mathrm{i}]^{\mathrm{T}}$$
$$\tag{7.140}$$

由于式(7.133)含有三角函数，不容易处理，由三角函数在零点临域内的泰勒级数公式

$$\sin x=x-\frac{x^3}{6}+o(x^3),\ \cos x=1-\frac{x^2}{2}+o(x^2),$$
$$\tan x=x+\frac{x^3}{3}+o(x^3),\ \sec x=1+\frac{x^2}{2}+o(x^2) \tag{7.141}$$

将式(7.133)中的三角函数展开，方程如下：

$$\dot{\delta}_1 = \omega_\zeta\left(\left(1-\frac{\delta_2^2}{2}\right)+\left(\delta_2-\frac{\delta_2^3}{6}\right)\left(\delta_2+\frac{\delta_2^3}{3}\right)\right)-0.8643\rho\left(1-\frac{\delta_2^2}{2}\right)\left(\delta_1-\frac{\delta_1^3}{6}\right)$$

$$\dot{\delta}_2 = -\omega_\eta-0.8643\rho\left(\delta_2-\frac{\delta_2^3}{6}\right)\left(1+\frac{\delta_1^2}{2}\right)$$

$$\begin{aligned}\dot{\omega}_\eta &= -0.2958\omega_\zeta+\omega_\zeta^2\left(\delta_2+\frac{\delta_2^3}{3}\right)-0.6479\rho\omega_\eta+662.4721\rho\left(1-\frac{\delta_1^2}{2}\right)\left(\delta_2-\frac{\delta_2^3}{6}\right)\\&\quad+5.0278\rho\sin\delta_1\left(-5.8+C_{M_{p\alpha2}}\left(\left(1-\frac{\delta_2^2}{2}\right)^2\left(\delta_1-\frac{\delta_1^3}{6}\right)^2+\left(\delta_2-\frac{\delta_2^3}{6}\right)^2\right)\right)\end{aligned}$$

$$\begin{aligned}\dot{\omega}_\zeta &= 0.2958\omega_\eta-\omega_\zeta\omega_\eta\left(\delta_2+\frac{\delta_2^3}{3}\right)-0.6479\rho\omega_\zeta-662.4721\rho\left(\delta_1-\frac{\delta_1^3}{6}\right)\\&\quad+5.0278\rho\left(\delta_2-\frac{\delta_2^3}{6}\right)\left(1-\frac{\delta_1^2}{2}\right)\left(-5.8+C_{M_{p\alpha2}}\left(\left(1-\frac{\delta_2^2}{2}\right)^2\left(\delta_1-\frac{\delta_1^3}{6}\right)^2+\left(\delta_2-\frac{\delta_2^3}{6}\right)^2\right)\right)\end{aligned} \tag{7.142}$$

忽略三次以上的高阶小量,令 $\boldsymbol{x}=[\delta_1 \quad \delta_2 \quad \omega_\eta \quad \omega_\zeta]$,$\boldsymbol{y}=[y_1 \quad y_2 \quad y_3 \quad y_4]$,$\mu=\rho-\bar{\rho}$,引入非奇异线性变换 $\boldsymbol{x}=\boldsymbol{p}\boldsymbol{y}$,其中 $\boldsymbol{p}$ 为 $\boldsymbol{A}$ 的第 2 和第 4 个特征值所对应的特征向量的实部和虚部所构成的方阵

$$\boldsymbol{p}=\begin{bmatrix}-0.0363 & -0.0009 & 0.0368 & -0.0007\\-0.0009 & 0.0363 & 0.0007 & 0.0368\\0.7062 & 0 & 0.7061 & 0\\0 & -0.7062 & 0 & 0.7061\end{bmatrix} \tag{7.143}$$

系统化成

$$\dot{\boldsymbol{y}}=\boldsymbol{B}_1\boldsymbol{y}+\mu\boldsymbol{B}_2\boldsymbol{y}+f(\boldsymbol{y}) \tag{7.144}$$

根据中心流形定理,计算其二阶中心流形

$$\begin{aligned}y_3 &= h_1(y_1,y_2,\mu)=0.4254\mu y_1-0.4309\mu y_2+o(3)\\y_4 &= h_2(y_1,y_2,\mu)=0.4367\mu y_1-0.4695\mu y_2+o(3)\end{aligned} \tag{7.145}$$

忽略三阶以上的项,中心流形上的约化方程为

$$\begin{aligned}\dot{y}_1 &= 19.4540y_2-0.3780\mu y_1+17.1651\mu y_2-0.0001C_{M_{p\alpha2}}y_1^3\\&\quad+7.4510\mu^2y_1-8.0204\mu^2y_2-0.0006y_1y_2^2-0.0063y_1^2y_2\\&\quad+0.0001y_1^3+0.0171y_2^3-0.0001C_{M_{p\alpha2}}y_1y_2^2\\\dot{y}_2 &= -19.4540y_1-17.1651\mu y_1-0.3780\mu y_2-0.0001C_{M_{p\alpha2}}y_2^3\\&\quad+7.5805\mu^2y_1-7.6881\mu^2y_2-0.0129y_1y_2^2+0.0021y_1^3\\&\quad+0.0001y_2^3-0.0001C_{M_{p\alpha2}}y_1^2y_2\end{aligned} \tag{7.146}$$

这样就利用中心流形定理将原四维系统约化成了二维系统。

3）姿态运动极限环计算

在弹箭姿态运动分析中,极限环是比较重要的问题之一。通过研究发现,系统发生霍普分岔时,可能发生稳定或不稳定极限环运动。本节讨论密度对极限环的影响,包括极限环的产生条件及极限环幅值和周期的计算两部分。

（1）姿态运动极限环产生条件。

将约化后的方程写成如下形式:

$$\begin{cases}\dot{y}_1 = \alpha(\mu)y_1 - \beta(\mu)y_2 + f_1(y_1, y_2, \mu)\\ \dot{y}_2 = \beta(\mu)y_1 + \alpha(\mu)y_2 + f_2(y_1, y_2, \mu)\end{cases} \tag{7.147}$$

则

$$\begin{aligned}\dot{y}_1 =& (-0.3780\mu + 7.4510\mu^2)y_1 + (19.4540 + 17.1651\mu - 8.0204\mu^2)y_2 - \\ & 0.0001C_{M_{p\alpha 2}}y_1^3 - 0.0006y_1y_2^2 - 0.0063y_1^2y_2 + 0.0001y_1^3 + \\ & 0.0171y_2^3 - 0.0001C_{M_{p\alpha 2}}y_1y_2^2 \\ \dot{y}_2 =& (-19.4540 - 17.1651\mu + 7.5805\mu^2)y_1 + (-0.3780\mu - 7.6881\mu^2)y_2 - \\ & 0.0001C_{M_{p\alpha 2}}y_2^3 - 0.0129y_1y_2^2 + 0.0021y_1^3 + \\ & 0.0001y_2^3 - 0.0001C_{M_{p\alpha 2}}y_1^2y_2\end{aligned} \tag{7.148}$$

根据规范形理论,其三阶规范形为

$$\begin{cases}\dot{y}_1 = c\mu y_1 - (\omega + e\mu)y_2 + (ay_1 - by_2)(y_1^2 + y_2^2)\\ \dot{y}_2 = c\mu y_2 + (\omega + e\mu)y_1 + (ay_2 + by_1)(y_1^2 + y_2^2)\end{cases} \tag{7.149}$$

其中

$$c = \frac{\partial\alpha}{\partial\mu}\Big|_{\mu=0} = -0.3780, \omega = \left|(\beta|_{\mu=0})\right| = 19.4540, e = \frac{\partial\beta}{\partial\mu}\Big|_{\mu=0} = -17.1651$$

$$\begin{aligned}a =& \frac{1}{16}\left(\frac{\partial^3 f_1}{\partial y_1^3} + \frac{\partial^3 f_1}{\partial y_1 \partial y_2^2} + \frac{\partial^3 f_2}{\partial y_1^2 \partial y_2} + \frac{\partial^3 f_2}{\partial y_2^3}\right) - \frac{1}{16\omega}\left[\frac{\partial^2 f_1}{\partial y_1 \partial y_2}\left(\frac{\partial^2 f_1}{\partial y_1^2} + \frac{\partial^2 f_1}{\partial y_2^2}\right) - \right. \\ & \left. \frac{\partial^2 f_2}{\partial y_1 \partial y_2}\left(\frac{\partial^2 f_2}{\partial y_1^2} + \frac{\partial^2 f_2}{\partial y_2^2}\right) - \frac{\partial^2 f_1}{\partial y_1^2}\frac{\partial^2 f_2}{\partial y_1^2} + \frac{\partial^2 f_1}{\partial y_2^2}\frac{\partial^2 f_2}{\partial y_2^2}\right] \\ =& 0.000019 - 0.0001\mathrm{C}_{M_{p\alpha 2}}\end{aligned}$$

引入极坐标变换 $y_1 = r\cos\theta$、$y_2 = r\sin\theta$,得到

$$\begin{cases}\dot{r} = c\mu r + ar^3 \\ \dot{\theta} = \omega + e\mu + br^2\end{cases} \tag{7.150}$$

由此得到系统的近似平衡方程 $c\mu r + ar^3 = 0$。系统的极限环由 $c\mu r + ar^3 = 0$ 的非零解决定。极限环的摆幅 $r = \sqrt{-\frac{c\mu}{a}}$，周期 $T = \frac{2\pi}{|\omega|}$。

当 $C_{M_{p\alpha2}} = 30$ 时，系统的平衡方程为 $0.3780\mu r + 0.0029r^3 = 0$，系统的分岔图如图 7.16 所示，其中横坐标 μ 为系统分岔参数，纵坐标 r 表示霍普分岔分支。实线代表稳定的平衡点，虚线代表不稳定平衡点。

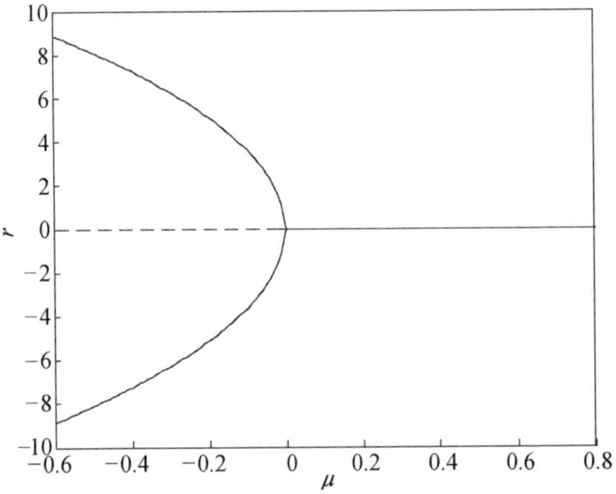

图 7.16　分岔曲线

由分岔图 7.16 看出，当 $\mu > 0$ 时，平衡点渐近稳定，平衡方程的只有唯一解 $r = 0$；当 $\mu < 0$ 时，平衡点不稳定，平衡方程有解 $r = \sqrt{-\frac{c\mu}{a}}$，由平衡点分岔出稳定极限环。

(2) 姿态运动极限环计算。

由二维中心流形

$$\begin{bmatrix} y_3 \\ y_4 \end{bmatrix} = \begin{bmatrix} 0.4254\mu & -0.4309\mu \\ 0.4367\mu & -0.4695\mu \end{bmatrix} \begin{bmatrix} y_1 \\ y_2 \end{bmatrix} \tag{7.151}$$

则 y_3, y_4 表示为

$$\begin{cases} y_3 = 0.4254\mu r\cos\theta - 0.4309\mu r\sin\theta \\ y_4 = 0.4367\mu r\cos\theta - 0.4695\mu r\sin\theta \end{cases} \tag{7.152}$$

由 $\boldsymbol{x} = \boldsymbol{p}\boldsymbol{y}$ 得，$\boldsymbol{x}$ 计算如下：

$$
\begin{bmatrix} \delta_1 \\ \delta_2 \\ \omega_\eta \\ \omega_\zeta \end{bmatrix} = \begin{bmatrix} -0.0363 & -0.0009 & 0.0368 & -0.0007 \\ -0.0009 & 0.0363 & 0.0007 & 0.0368 \\ 0.7062 & 0 & 0.7061 & 0 \\ 0 & -0.7062 & 0 & 0.7061 \end{bmatrix}
$$

$$
\begin{bmatrix} r\cos\theta \\ r\sin\theta \\ 0.4254\mu r\cos\theta - 0.4309\mu r\sin\theta \\ 0.4367\mu r\cos\theta - 0.4695\mu r\sin\theta \end{bmatrix}
$$

$$
= \begin{bmatrix} 0.0154\mu r\cos\theta - 0.0009r\sin\theta - 0.0363r\cos\theta - 0.0155\mu r\sin\theta \\ 0.0363r\sin\theta - 0.0009r\cos\theta + 0.0164\mu r\cos\theta - 0.0176\mu r\sin\theta \\ 0.7062r\cos\theta + 0.3004\mu r\cos\theta - 0.3043\mu r\sin\theta \\ 0.3084\mu r\cos\theta - 0.7062r\sin\theta - 0.3315\mu r\sin\theta \end{bmatrix} \tag{7.153}
$$

ρ 分别取 0.3,0.4,0.5 时,系统的极限环如图 7.17 所示。

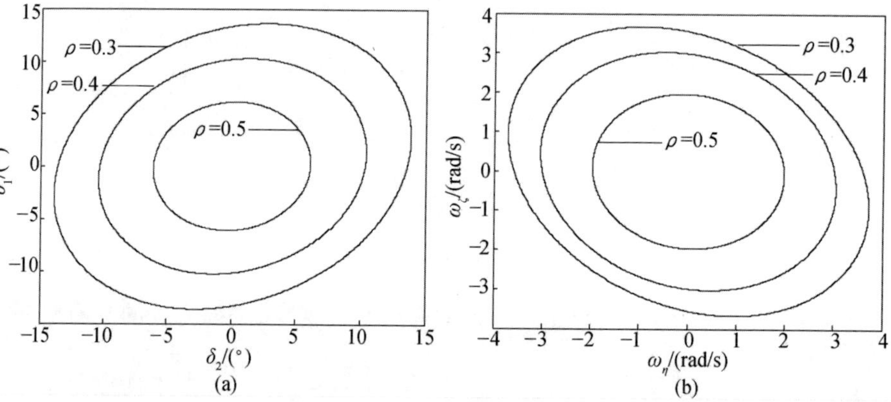

图 7.17　攻角运动极限环

由图 7.18 可以看出,密度对极限环的幅值影响比较大,当密度减小时,极限环幅值增大。

2. 静力矩系数对弹箭非线性姿态运动的影响分析

1) 分岔点的确定

取 $C_{M_{p\alpha0}} = -5.8$,$C_{M_{p\alpha2}} = 30$,$\rho = 0.5623$,将静力矩系数设为参数,将火箭弹参数和所受的力和力矩代入到非线性姿态方程中,得到的方程如下:

$$
\dot{\delta}_1 = \omega_\zeta(\cos\delta_2 + \sin\delta_2\tan\delta_2) - 0.4860\cos\delta_2\sin\delta_1
$$

$$
\dot{\delta}_2 = -\omega_\eta - 0.4860\sin\delta_2/\cos\delta_1
$$

$$\dot{\omega}_\eta = -0.2958\omega_\zeta + \omega_\zeta^2\tan\delta_2 - 0.3643\omega_\eta - 296.9138C_{M_\alpha}\cos\delta_1\sin\delta_2 + 2.8271\sin\delta_1(-5.8 + 30(\cos^2\delta_2\sin^2\delta_1 + \sin^2\delta_2))$$

$$\dot{\omega}_\zeta = 0.2958\omega_\eta - \omega_\zeta\omega_\eta\tan\delta_2 - 0.3643\omega_\zeta + 296.9138C_{M_\alpha}\sin\delta_1 + 2.8271\sin\delta_2\cos\delta_1(-5.8 + 30(\cos^2\delta_2\sin^2\delta_1 + \sin^2\delta_2)) \quad (7.154)$$

方程在平衡点处的雅可比矩阵为

$$\boldsymbol{A}_O = \begin{bmatrix} -0.4860 & 0 & 0 & 1 \\ 0 & -0.4860 & -1 & 0 \\ -16.3973 & -296.9138C_{M_\alpha} & -0.3643 & -0.2958 \\ 296.9138C_{M_\alpha} & -16.3973 & 0.2958 & -0.3643 \end{bmatrix} \quad (7.155)$$

它的特征多项式可以写成

$$a_4\lambda^4 + a_3\lambda^3 + a_2\lambda^2 + a_1\lambda + a_0 = 0 \quad (7.156)$$

其中

$$a_4 = 1, a_3 = 1.7005$$

$$a_2 = 1.1645 - 593.8276C_{M_\alpha}$$

$$a_1 = 10.0861 - 504.9094C_{M_\alpha}$$

$$a_0 = 273.6360 - 105.1280C_{M_\alpha} + 8.8158\times10^4 C_{M_\alpha}{}^2$$

由于 $C_{M_\alpha}<0$,故雅可比矩阵的特征多项式所有系数都为正数,因此判断系统稳定性只需要判断 Δ_3 的符号即可。经计算

$$\Delta_3 = -695.8466C_{M_\alpha} - 873.0526 \quad (7.157)$$

Δ_3 随 C_{M_α} 的变化曲线如图 7.18 所示。

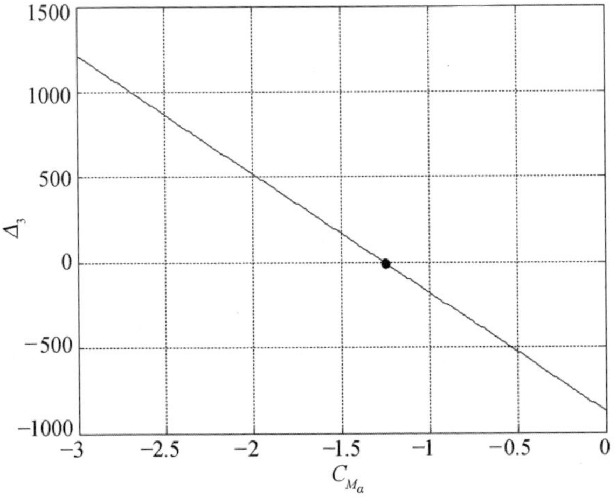

图 7.18　Δ_3 随 C_{M_α} 的变化曲线

当 $C_{M_\alpha} > -1.2547$ 时，系统平衡点 O 是不稳定的，当 $C_{M_\alpha} < -1.2547$ 时，平衡点 O 是稳定的，所以 $\overline{C}_{M_\alpha} = -1.2547$ 为分岔点，此时静稳定度约为 19%。

2）极限环计算

结合中心流形定理和 PB 规范形理论，姿态方程化为

$$\begin{aligned}\dot{y}_1 &= (0.1692\mu + 1.6319\mu^2)y_1 + (19.4540 - 7.6859\mu - 1.5549\mu^2)y_2 \\ &\quad - 0.0028y_1^3 - 0.0035y_1y_2^2 - 0.0064y_1^2y_2 + 0.0171y_2^3 \\ \dot{y}_2 &= (-19.4540 + 7.6859\mu + 1.5349\mu^2)y_1 + (0.1692\mu - 1.4041\mu^2)y_2 \\ &\quad - 0.0028y_2^3 - 0.0129y_1y_2^2 + 0.0021y_1^3 - 0.0029y_1^2y_2\end{aligned} \tag{7.158}$$

计算其三阶规范形系数得 $c = \dfrac{\partial\alpha}{\partial\mu}\Big|_{\mu=0} = 0.1692$，$\omega = |(\beta|_{\mu=0})| = 19.4540$，$e = \dfrac{\partial\beta}{\partial\mu}\Big|_{\mu=0} = 7.6135$，$a = -0.0029$。

系统的平衡方程为 $0.1692\mu r - 0.0029r^3 = 0$，其分岔图如图 7.19 所示。

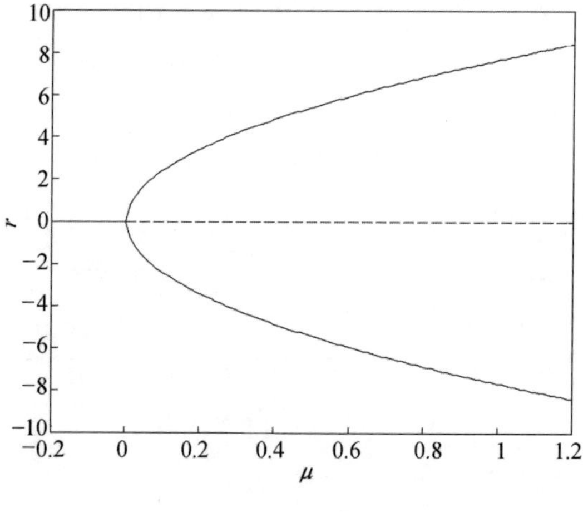

图 7.19　分岔曲线

由分岔图 7.18 看出，当 $\mu < 0$ 时，平衡点渐近稳定，平衡方程的只有唯一解 $r = 0$；当 $\mu > 0$ 时，平衡点不稳定，平衡方程的有解 $r = \sqrt{-\dfrac{c\mu}{a}}$，由平衡点分岔出稳定极限环。

换回物理坐标,$\boldsymbol{x}$ 计算如下：

$$\begin{bmatrix}\delta_1\\ \delta_2\\ \omega_\eta\\ \omega_\zeta\end{bmatrix}=\begin{bmatrix}0.0066\mu r\sin\theta-0.0009r\sin\theta-0.0072\mu r\cos\theta-0.0363r\cos\theta\\ 0.0363r\sin\theta-0.0009r\cos\theta-0.0077\mu r\cos\theta+0.0075\mu r\sin\theta\\ 0.7062r\cos\theta-0.1412\mu r\cos\theta+0.1292\mu r\sin\theta\\ 0.413\mu r\sin\theta-0.7062r\sin\theta-0.1454\mu r\cos\theta\end{bmatrix}\tag{7.159}$$

C_{M_α}分别取 -0.9，-1.0，-1.1，-1.2 时,系统的极限环如图 7.20 所示。

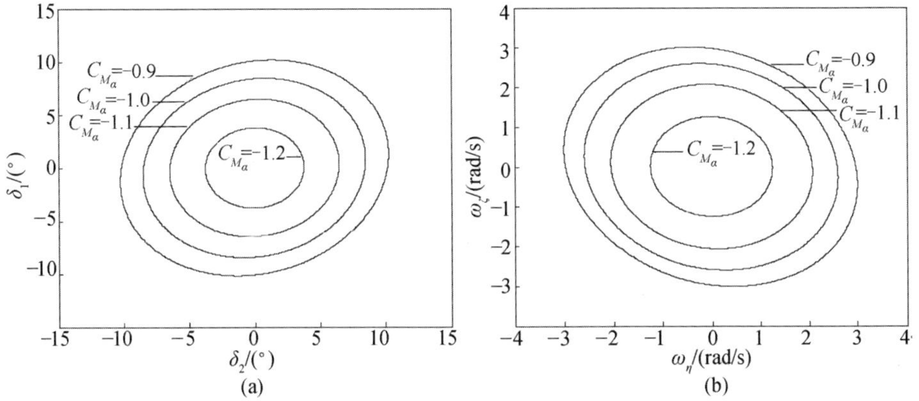

图 7.20　攻角运动极限环

3. 马格努斯力矩系数对弹箭非线性姿态运动的影响分析

1）分岔点的确定

将马格努斯力矩系数设为参数,将火箭弹参数和所受的力及力矩代入非线性姿态方程中,得到的方程如下：

$$\begin{aligned}\dot{\delta}_1&=\omega_\zeta(\cos\delta_2+\sin\delta_2\tan\delta_2)-0.4860\cos\delta_2\sin\delta_1\\ \dot{\delta}_2&=-\omega_\eta-0.4860\sin\delta_2/\cos\delta_1\\ \dot{\omega}_\eta&=-0.2958\omega_\zeta+\omega_\zeta^2\tan\delta_2-0.3643\omega_\eta+372.5080\cos\delta_1\sin\delta_2\\ &\quad+2.8271\sin\delta_1(C_{M_{p\alpha0}}+30(\cos^2\delta_2\sin^2\delta_1+\sin^2\delta_2))\\ \dot{\omega}_\zeta&=0.2958\omega_\eta-\omega_\zeta\omega_\eta\tan\delta_2-0.3643\omega_\zeta+372.5080\sin\delta_1\\ &\quad+2.8271\sin\delta_2\cos\delta_1(C_{M_{p\alpha0}}+30(\cos^2\delta_2\sin^2\delta_1+\sin^2\delta_2))\end{aligned}\tag{7.160}$$

方程在平衡点处的雅可比矩阵为

$$A_O = \begin{bmatrix} -0.4860 & 0 & 0 & 1 \\ 0 & -0.4860 & -1 & 0 \\ 2.8271C_{M_{p\alpha0}} & 372.5080 & -0.3643 & -0.2958 \\ -372.5080 & 2.8271C_{M_{p\alpha0}} & 0.2958 & -0.3643 \end{bmatrix} \tag{7.161}$$

它的特征多项式可以写成

$$a_4\lambda^4 + a_3\lambda^3 + a_2\lambda^2 + a_1\lambda + a_0 = 0 \tag{7.162}$$

其中

$$a_4 = 1$$

$$a_3 = 1.7005$$

$$a_2 = 746.1806$$

$$a_1 = 633.8454 - 1.6724C_{M_{p\alpha0}}$$

$$a_0 = 1.3889 \times 10^5 - 0.8128C_{M_{p\alpha0}} + 7.9926C_{M_{p\alpha0}}{}^2$$

可以看出雅可比矩阵的特征多项式所有系数都为正数，因此判断系统稳定性只需要判断 Δ_3 的符号即可。经计算

$$\Delta_3 = -25.9098C_{M_{p\alpha0}}{}^2 + 0.3299C_{M_{p\alpha0}} + 873.4742 \tag{7.163}$$

Δ_3 随 $C_{M_{p\alpha0}}$ 的变化曲线如图 7.21 所示。

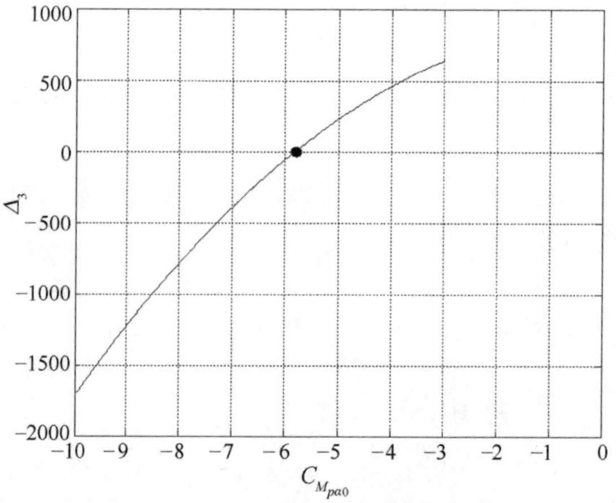

图 7.21　Δ_3 随 $C_{M_{p\alpha0}}$ 的变化曲线

$C_{M_{p\alpha0}} > -5.8$ 时，系统平衡点 O 是稳定的，当 $C_{M_{p\alpha0}} < -5.8$ 时，平衡点 O 是不稳定的，所以，$\overline{C}_{M_{p\alpha0}} = -5.8$ 为分岔点。

2）极限环计算计算

结合中心流形定理和 PB 规范形理论，姿态方程化为

$$\dot{y}_1 = (-0.0732\mu + 0.0001\mu^2)y_1 + (19.4535 - 0.0016\mu + 0.0001\mu^2)y_2 - 0.0028y_1^3 - 0.0035y_1y_2^2 - 0.0064y_1^2y_2 + 0.0171y_2^3$$

$$\dot{y}_2 = (-19.4525 + 0.0016\mu - 0.0001\mu^2)y_1 + (-0.0732\mu - 0.0001\mu^2)y_2 - 0.0028y_2^3 - 0.0129y_1y_2^2 + 0.0022y_1^3 - 0.0029y_1^2y_2$$

(7.164)

计算其三阶规范形系数得 $c = \frac{\partial\alpha}{\partial\mu}\big|_{\mu=0} = -0.0732$，$\omega = \big|(\beta\big|_{\mu=0})\big| = 19.4535$，$e = \frac{\partial\beta}{\partial\mu}\big|_{\mu=0} = 7.6135$，$a = -0.0029$。

系统的平衡方程为 $-0.0732\mu r - 0.0029r^3 = 0$，系统的分岔图如图 7.22 所示。

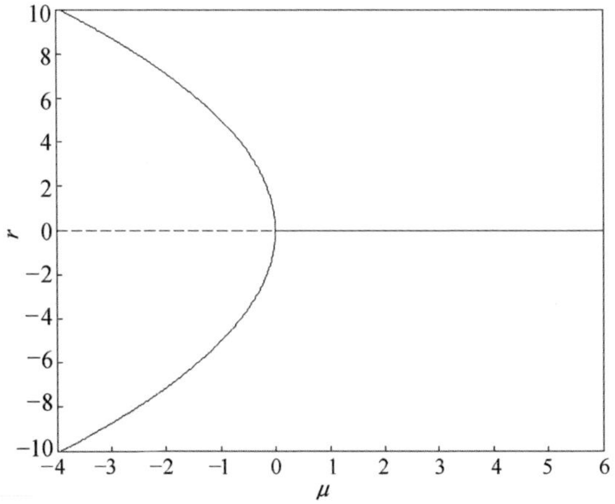

图 7.22　分岔曲线

由分岔图 7.22 看出，当 $\mu > 0$ 时，平衡点渐近稳定，平衡方程的只有唯一解 $r = 0$；当 $\mu < 0$ 时，平衡点不稳定，平衡方程的有解 $r = \sqrt{-\frac{c\mu}{a}}$，由平衡点分岔出稳定极限环。

换回物理坐标，$\boldsymbol{x}$ 计算如下：

$$\begin{bmatrix} \delta_1 \\ \delta_2 \\ \omega_\eta \\ \omega_\zeta \end{bmatrix} = \begin{bmatrix} 0.0001\mu r\sin\theta - 0.0009r\sin\theta + 0.0001\mu r\cos\theta - 0.0363r\cos\theta \\ 0.0363r\sin\theta - 0.0001r\cos\theta + 0.0007\mu r\cos\theta + 0.0001\mu r\sin\theta \\ 0.7062r\cos\theta + 0.0012\mu r\cos\theta + 0.0013\mu r\sin\theta \\ 0.0014\mu r\sin\theta - 0.7062r\sin\theta + 0.0013\mu r\cos\theta \end{bmatrix}$$

(7.165)

$C_{M_{p\alpha 0}}$分别取 -9、-8、-7、-6 时，系统的极限环如图 7.23 所示。

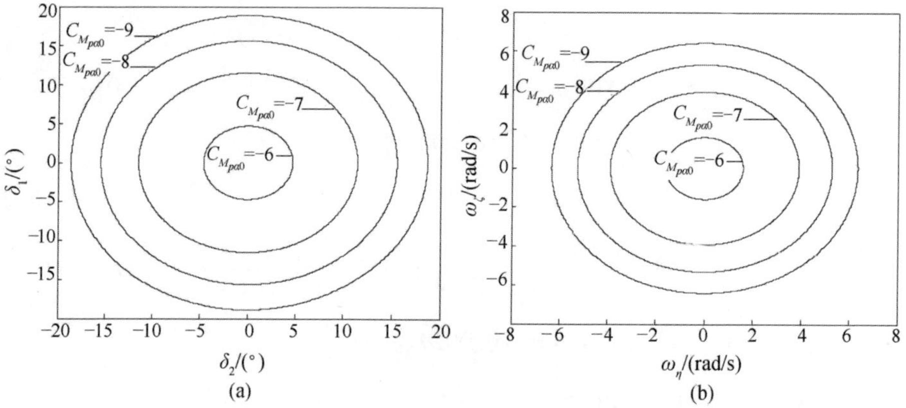

图 7.23　攻角运动极限环

7.6.3　数值模拟

选取密度变化时，对姿态方程进行数值模拟，以验证以上的分析。

当 $\rho=1.2$，初始条件为(-1.1°, -1.1°,0.6rad/s,0.6rad/s)时系统的运动相图如图 7.24 所示。

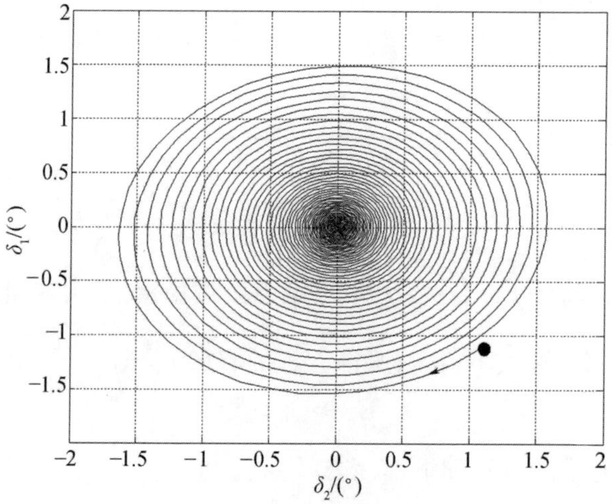

图 7.24　攻角运动相图

当 $\rho=0.3$ 时，初始条件为(3.8°,8.0°, -2.1rad/s,7.5rad/s)时系统的运动相图如图 7.25 所示。

从图 7.25 可以看出，在初始值给定的情况下，$\rho>\bar{\rho}$ 时，系统的运动为趋近于平衡点，$\rho<\bar{\rho}$ 时，系统的运动为趋近于极限环。当 $\rho=0.3$ 时，数值模拟得到

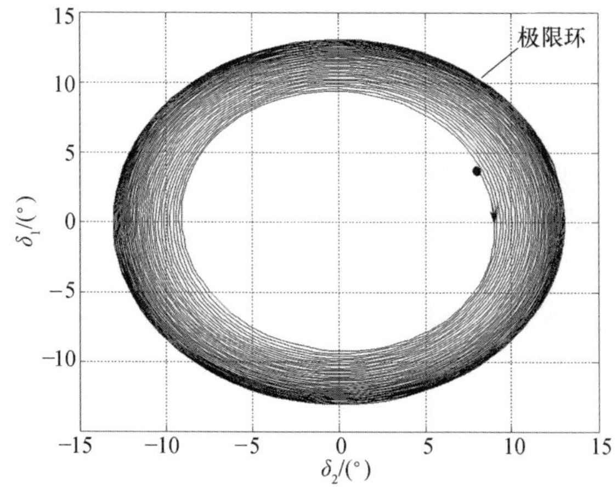

图 7.25　攻角运动相图

δ_1, δ_2 的极限环摆幅为 $r_\delta \approx 13°$，周期为 $T \approx 0.4\text{s}$，和计算基本相同。

第8章 野战火箭柔体飞行力学分析

对于远程火箭等细长飞行体来说，随着弹体长径比的增大和飞行速度的提高，其在空中的柔性变形已经不可忽略，变形的大小可能远超过弹箭设计时所允许的公差，而且由此将产生新的弹道现象，从而严重影响弹箭的飞行性能。柔体弹道是继质点弹道和刚体弹道模型之后产生的新的弹道模型，该模型将大长径比弹箭作为柔性变形体，弹体在飞行的同时存在动态变形，而且两者相互耦合和相互影响。目前，对柔体弹道的研究尚未形成一定的理论体系，有许多问题尚待解决，如建模问题、稳定性问题等。本章主要探讨柔性火箭动力学特性及其建模方法。

8.1 野战火箭细长弹体的柔性变形描述

假设非旋转火箭在飞行中只发生弯曲变形，且符合欧拉－伯努利的梁理论，即暂不考虑转动惯量和剪切效应对弹体弯曲的影响；变形前火箭为轴对称体；其运动限制在铅垂平面内。火箭结构如图 8.1 所示。

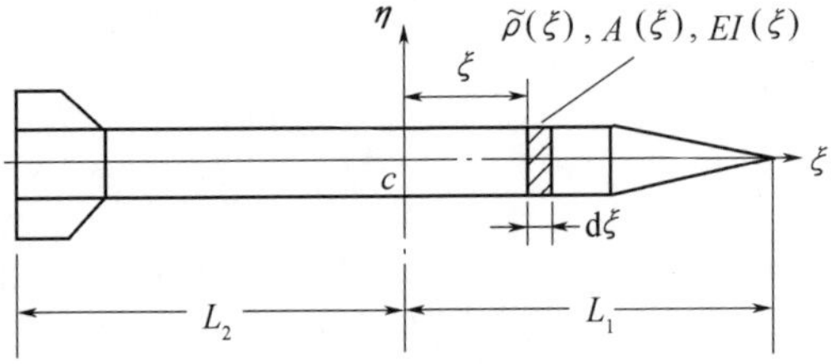

图 8.1　细长弹体结构图

其中，c 为火箭质心，$\tilde{\rho}(\xi)$，$A(\xi)$ 和 $EI(\xi)$ 分别为沿弹轴方向任一 ξ 处火箭单位长度上的质量密度、横截面积和弯曲刚度。对于柔性变形的火箭来说，弹轴系的选取有一定的任意性。对一定的弹体变形形式,在不同的弹轴系下变形位移的描述是不同的。弹轴系的任意选取对火箭运动的研究是不利的,将导致火箭刚体运动的不确定性,而且弹轴系选取的不同也直接影响火箭刚体运动和柔体运动的耦合情况。为此,定义一种平均弹轴,即相对于平均弹轴,沿弹体轴线上任一点处的柔性变形位移 $\eta(\xi,t)$ 满足下列关系

$$\int_L \eta(\xi,t)\tilde{\rho}A\mathrm{d}\xi = 0,\ \int_L \xi\eta(\xi,t)\tilde{\rho}A\mathrm{d}\xi = 0 \tag{8.1}$$

此式为平均弹轴条件,L 为全弹长,$\int_L(\cdot)\mathrm{d}\xi$ 为沿全弹积分。从上式可以看出,平均弹轴必通过火箭的质心。若弹体不发生柔性变形,则必有 $\eta(\xi,t)=0$。平均弹轴条件还限制了在选择弹体变形模式时的任意性,即任何形式的变形模式 $\eta(\xi,t)$,必须用平均弹轴条件进行规范化。

利用平均弹轴可方便地定义火箭的平均弹轴系 $c-\xi\eta\zeta$。即原点在火箭质心上,$c\xi$ 轴与平均弹轴一致,指向弹头为正;$c\eta$ 轴垂直于 $c\xi$ 轴,向上为正。$c\zeta$ 按右手法则确定。根据平均弹轴条件,在平均弹轴系中,火箭柔性变形引起的总的相对动量和总的相对动量矩为零,即

$$\int_L \frac{\partial\eta(\xi,t)}{\partial t}\tilde{\rho}A\mathrm{d}\xi = 0,\ \int_L \xi\frac{\partial\eta(\xi,t)}{\partial t}\tilde{\rho}A\mathrm{d}\xi = 0 \tag{8.2}$$

柔性火箭的刚体运动定义为:火箭的质心运动和平均弹轴系的转动运动,在铅垂面内共有三个自由度。设火箭质心的速度向量为 $\boldsymbol{v}$,加速度向量为 $\boldsymbol{a}$,则

$$\boldsymbol{v} = \dot{x}\boldsymbol{i}_x + \dot{y}\boldsymbol{j}_y,\ \boldsymbol{a} = \dot{v}\boldsymbol{i}_{x2} + v\dot{\theta}\boldsymbol{j}_{y2} \tag{8.3}$$

式中:$\boldsymbol{i}_x$,$\boldsymbol{j}_y$ 和 $\boldsymbol{i}_{x2}$,$\boldsymbol{j}_{y2}$ 分别为基准系和弹道系的正交单位向量。

沿弹轴线上任一点 ξ 处微元梁($\mathrm{d}\xi$)的运动为火箭的刚体运动和微元变形运动的合成,设微元中心的速度为 $\boldsymbol{v}_\xi$、加速度为 $\boldsymbol{a}_\xi$,则

$$\boldsymbol{v}_\xi = v\boldsymbol{i}_\xi + (-v\delta + \varepsilon\dot{\varphi} + \dot{\eta})\boldsymbol{j}_\eta$$

$$\boldsymbol{a}_\xi = a_{\xi1}\boldsymbol{i}_\xi + a_{\xi2}\boldsymbol{j}_\eta,\ a_{\xi1} = \dot{v}, a_{\xi2} = -\dot{v}\delta + v\dot{\theta} + \xi\ddot{\varphi} + \ddot{\eta} \tag{8.4}$$

式中:$\boldsymbol{i}_\xi$ 和 $\boldsymbol{j}_\eta$ 为平均弹轴系的正交单位向量。

8.2 作用在柔性火箭上的空气动力

沿弹轴 ξ 方向任取一微元体($\mathrm{d}\xi$),在变形过程中,该微元的受力情况如图 8.2 所示。微元受到内力、外力和惯性力的作用。其中内力为微元体两端受到的压力$\left(N,N+\dfrac{\partial N}{\partial\xi}\mathrm{d}\xi\right)$、剪切力$\left(V,V+\dfrac{\partial V}{\partial\xi}\mathrm{d}\xi\right)$和弯矩$\left(M,M+\dfrac{\partial M}{\partial\xi}\mathrm{d}\xi\right)$;外力有重

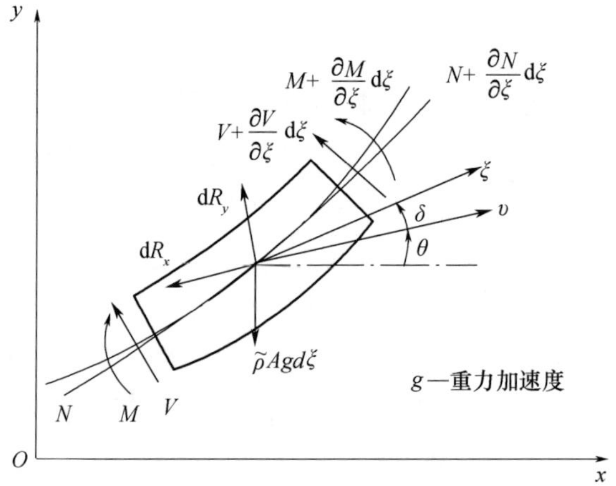

图 8.2　柔体弹体微元图

力 $\tilde{\rho}Ag\mathrm{d}\xi$、空气阻力 $\mathrm{d}R_x$ 和升力 $\mathrm{d}R_y$。设微元体单位长度上的阻力系数为 $f_{cx}(\xi,M)$，升力系数为 $f'_{cy}(\xi,M)$，则作用在微元上的空气阻力和升力可表示为

$$\mathrm{d}R_x = \frac{1}{2}\rho v^2 A_{ch} f_{cx}(\xi,Ma)\mathrm{d}\xi,\mathrm{d}R_y = \frac{1}{2}\rho v^2 A_{ch} f'_{cy}(\xi,Ma)\delta_\xi \mathrm{d}\xi \qquad (8.5)$$

式中：Ma 为马赫数；ρ 为空气密度；A_{ch} 为火箭特征横截面积；δ_ξ 为微元的当地攻角，可表示为

$$\delta_\xi = \delta + \frac{\partial \eta}{\partial \xi} - \frac{\xi}{v}\dot{\varphi} - \frac{\partial \eta}{\partial t}\frac{1}{v} \qquad (8.6)$$

8.3 野战火箭柔体飞行力学模型

8.3.1 柔性弹道的描述

1. 基本假设

(1) 弹箭的一般运动为六自由度刚体运动与弯曲变形的合成。

(2) 弹箭的章动角较小。

(3) 变形前弹箭为轴对称体，但存在质量偏心。

(4) 弹体弯曲变形符合欧拉－伯努利的梁理论。

2. 运动描述

弹箭的一般运动可表示为弹箭质心运动、平均弹轴系的摆动运动、弹箭的自转运动和弹箭相对于弹体系的动态变形等几部分组成。沿平均弹轴线上任一点 ξ 处取一微元梁，把过微元梁质心且垂直于平均弹轴的平面与平均弹轴的交点称为该微元梁的轴心,该微元梁轴心的变形位移为 $\boldsymbol{e}$,微元梁质心 P 偏离轴心的位移为 $\boldsymbol{\delta}_{\mathrm{m}}$。任一时刻,微元梁质心相对于发射点的位置向量为

$$\boldsymbol{r}_{\mathrm{p}} = \boldsymbol{r}_{\mathrm{d}} + \boldsymbol{\xi} + \boldsymbol{e} + \boldsymbol{\delta}_{\mathrm{m}} \tag{8.7}$$

式中:$\boldsymbol{r}_{\mathrm{d}}$ 为火箭瞬时质心相对于发射点的位置向量。

8.3.2 火箭柔性变形的动力学方程

1. 质心运动方程

根据质点系质心运动定理,可得

$$\frac{\mathrm{d}v}{\mathrm{d}t} = -b_x v^2 - g\sin\theta$$

$$\frac{\mathrm{d}\boldsymbol{\Psi}}{\mathrm{d}t} = b_y v\boldsymbol{\Delta} - \mathrm{i}b_z\dot{\gamma}\boldsymbol{\Delta} - \mathrm{i}\dot{\gamma}b_{ye}\exp(\mathrm{i}\gamma) - b_{yet}\exp(\mathrm{i}\gamma) + b_{ye\xi}v\exp(\mathrm{i}\gamma) \tag{8.8}$$

式中:v 为火箭质心速度;g 为重力加速度;b_x,b_y 和 b_z 为全弹阻力、升力和马格努斯力等有关的参数。而

$$\boldsymbol{\Psi} = \psi_1 + \mathrm{i}\psi_2,\boldsymbol{\Delta} = \delta_1 + \mathrm{i}\delta_2$$

$$b_{ye} = \frac{\rho S}{2m}\int_L f'_y e\mathrm{d}\xi, b_{yet} = \frac{\rho S}{2m}\int_L f'_y \frac{\partial e}{\partial t}\mathrm{d}\xi, b_{ye\xi} = \frac{\rho S}{2m}\int_L f'_y \frac{\partial e}{\partial \xi}\mathrm{d}\xi \tag{8.9}$$

式中:$\psi_1 = \theta - \theta_{\mathrm{i}}$;$\psi_2 = \psi$;$e = e_1 + \mathrm{i}e_2$;$\dot{\theta}_{\mathrm{i}} = -g\cos\theta_{\mathrm{i}}/v$;$\boldsymbol{\Delta}$ 为复攻角;$\boldsymbol{\Psi}$ 为复偏角;θ_{i} 为理想弹道倾角;e_1 和 e_2 为弹体系内的变形位移分量;ρ 为空气密度;S 为火箭特征横截面积;m 为火箭质量;f'_y 为沿弹轴方向单位长度上的升力系数。

2. 弹体转动方程

根据质点系相对质心的动量矩定理,可得

$$\frac{\mathrm{d}\dot{\gamma}}{\mathrm{d}t} = -k_{xz}v\dot{\gamma}$$

$$\begin{aligned}\frac{\mathrm{d}\dot{\boldsymbol{\Phi}}}{\mathrm{d}t} =& k_z v^2\Delta - k_{zz}v\dot{\boldsymbol{\Phi}} - \mathrm{i}\frac{C}{A}k_y v\dot{\gamma}\Delta + \mathrm{i}\frac{C}{A}\dot{\gamma}\dot{\boldsymbol{\Phi}} - \ddot{\theta}_{\mathrm{i}} + \left(-k_{zz}v + \mathrm{i}\frac{C}{A}\dot{\gamma}\right)\dot{\theta}_{\mathrm{i}}\\ & - \mathrm{i}k_{ze}\dot{\gamma}v\exp(\mathrm{i}\gamma) - k_{zet}v\exp(\mathrm{i}\gamma) + k_{ze\xi}v^2\exp(\mathrm{i}\gamma)\\ & - \left(1 - \frac{C}{A}\right)(\beta_e + \beta_0)(\dot{\gamma} - \mathrm{i}\ddot{\gamma})\exp(\mathrm{i}\gamma)\end{aligned} \tag{8.10}$$

式中:A,C 分别为火箭的赤道转动惯量和极转动惯量;β_0 为火箭变形前的动不平衡角;k_{xz},k_z,k_y 和 k_{zz}是全弹极阻尼力矩、静力矩、马格努斯力矩和赤道阻尼力矩系数,而

$$\boldsymbol{\Phi} = \phi_1 + \mathrm{i}\phi_2,\beta_e = \frac{1}{A-C}\int_L mA\xi e\mathrm{d}\xi, k_{ze} = \frac{\rho S}{2A}\int_L \xi f'_N e\mathrm{d}\xi, k_{zet} = \frac{\rho S}{2A}\int_L \xi f'_N \frac{\partial e}{\partial t}\mathrm{d}\xi,$$

$k_{ze\xi} = \frac{\rho S}{2A}\int_L \xi f'_N \frac{\partial e}{\partial \xi}\mathrm{d}\xi$。其中，$\boldsymbol{\Phi}$ 为复摆动角，$\phi_1 = \varphi_1 - \theta_i$，$\phi_2 = \varphi_2$，$f'_N$ 为沿弹轴方向单位长度上的法向力系数。

3. 弹体弯曲的动力学方程

$$
\begin{aligned}
& mA\frac{\partial^2 e}{\partial t^2} + \frac{\partial^2}{\partial \xi^2}\left[EI\left(\frac{\partial^2 e}{\partial \xi^2} + c_v\frac{\partial^3 e}{\partial \xi^2 \partial t} + \mathrm{i}c_v\dot{\gamma}\frac{\partial^2 e}{\partial \xi^2}\right)\right] + N\frac{\partial^2 e}{\partial \xi^2} \\
& \quad + \frac{\rho v^2}{2}Sf'_N\left(\mathrm{i}\frac{\dot{\gamma} e}{v} + \frac{1}{v}\frac{\partial e}{\partial t} - \frac{\partial e}{\partial \xi}\right) - mA\left[(\dot{\gamma}^2 - t\ddot{\gamma})e - 2\mathrm{i}\dot{\gamma}\frac{\partial e}{\partial t}\right] \\
& = \exp(-\mathrm{i}\gamma)\left[\frac{\rho v^2}{2}Sf'_N\left(\boldsymbol{\Delta} - \frac{\xi\dot{\boldsymbol{\Phi}}}{v}\right) - mA(-\dot{v}\boldsymbol{\Delta} + \xi\ddot{\boldsymbol{\Phi}} + v\dot{\Psi} + \mathrm{i}\xi\dot{\gamma}\dot{\boldsymbol{\Phi}})\right. \\
& \quad \left. - \frac{\rho v^2}{2}Sf'_N\frac{\xi\dot{\theta}_i}{v_i} - mA(\xi\ddot{\theta}_i + \mathrm{i}\xi\dot{\gamma}\dot{\theta}_i)\right] + mA(\dot{\gamma}^2 - t\ddot{\gamma})(\boldsymbol{\Delta}_{m\xi} - \boldsymbol{\Delta}_{m0})
\end{aligned}
\tag{8.11}
$$

式中：ξ 为沿弹轴方向的坐标，指向弹头为正，设在弹尾处 $\xi = -L_2$，在弹头处 $\xi = L_1$，且 $L_1 + L_2 = L$，L 为全弹长；E 为弹体材料的杨氏模量；I 为弹体的截面惯性矩，它是断面位置 ξ 的函数；c_v 为具有时间量纲的黏弹性系数；N 为弹体轴向受力；$\boldsymbol{\Delta}_{m\xi}$ 为沿弹轴方向任一 ξ 处微元的质量偏心分量；$\boldsymbol{\Delta}_{m0}$ 为弹箭系统的质量偏心分量。方程应满足边界条件

$$
\left.\frac{\partial^2 e}{\partial \xi^2}\right|_{\xi=-L_2} = \left.\frac{\partial^2 e}{\partial \xi^2}\right|_{\xi=L_1} = 0,\ \left.\frac{\partial}{\partial \xi}\left(EI\frac{\partial^2 e}{\partial \xi^2}\right)\right|_{\xi=-L_2} = \left.\frac{\partial}{\partial \xi}\left(EI\frac{\partial^2 e}{\partial \xi^2}\right)\right|_{\xi=L_1} = 0
\tag{8.12}
$$

式中：L_1 和 L_2 为弹顶和弹尾距弹箭质心的距离。

上述方程以简洁的复数形式给出了弹箭空间六自由度运动和动态变形耦合的动力学模型。

4. 火箭弹轴运动微分方程组

假设火箭在运动中攻角变化较小，则在线性条件下有

$$
\boldsymbol{\Phi} = \boldsymbol{\Delta} + \boldsymbol{\Psi} \tag{8.13}
$$

对时间求导一次，可得

$$
\dot{\boldsymbol{\Psi}} = b_y v\dot{\boldsymbol{\Delta}} - \mathrm{i}b_z\dot{\gamma}\dot{\boldsymbol{\Delta}} + b_y\dot{v}\boldsymbol{\Delta} - \mathrm{i}b_z\ddot{\gamma}\boldsymbol{\Delta} + \dot{v}\sum_{i=1}^{n}A_{1i}\eta_i + v\sum_{i=1}^{n}A_{1i}\dot{\eta}_i - \sum_{i=1}^{n}A_{2i}\ddot{\eta}_i
\tag{8.14}
$$

将式(8.13)、式(8.14)代入式(8.10)合并得

$$\ddot{\boldsymbol{\Delta}} + (P_1 - \mathrm{i}P_2)v\dot{\boldsymbol{\Delta}} + (H_1 + \mathrm{i}H_2)v^2\boldsymbol{\Delta} - \sum_{i=1}^{n} A_{2i}\ddot{\boldsymbol{\eta}}_i + v\sum_{i=1}^{n}(A_{1i} + A_{5i} + \mathrm{i}2\alpha A_{2i})\dot{\boldsymbol{\eta}}_i$$

$$- \sum_{i=1}^{n}[v^2A_{3i} + (\dot{\gamma}^2 - \mathrm{i}\ddot{\gamma})A_{4i}]\boldsymbol{\eta}_i$$

$$= \left[1 - \frac{C}{A}\beta_0(\dot{\gamma}^2 - \mathrm{i}\ddot{\gamma})\exp(\mathrm{i}\gamma)\right] - \ddot{\theta}_i + (-k_{zz} + \mathrm{i}2\alpha)v\dot{\theta}_i$$

$$\sum_{i=1}^{n} m_{ij}\ddot{\boldsymbol{\eta}}_j + \sum_{i=1}^{n} c_{ij}\dot{\boldsymbol{\eta}}_j + \sum_{i=1}^{n} k_{ij}\boldsymbol{\eta}_j + B_{1i}\ddot{\boldsymbol{\Delta}} + (B_{2i}v + \mathrm{i}B_{3i}\dot{\gamma})\dot{\boldsymbol{\Delta}} - (B_{4i}v^2 + B_{5i}\dot{v})\boldsymbol{\Delta}$$

$$= -B_{1i}\ddot{\theta}_i - (B_{2i}v + \mathrm{i}B_{3i}\dot{\gamma})\dot{\theta}_i + (\dot{\gamma}^2 - \mathrm{i}\ddot{\gamma})B_{6i}\exp(\mathrm{i}\gamma)$$

(8.15)

式中：$\alpha = \dfrac{C\dot{\gamma}}{2Av}$；$P_1 = k_{zz} + b_y$；$P_2 = 2\alpha$；$H_1 = -k_z - 2\alpha\dfrac{\dot{\gamma}}{v}b_z$；$H_2 = 2\alpha(k_y - b_y)$。

上述方程即为弹轴摆动和变形振动耦合的运动微分方程。

8.4 野战火箭柔体弹道飞行稳定性

8.4.1 准静态变形条件下火箭的攻角运动方程

柔性火箭的动力学方程组中包括常微分方程和偏微分方程，求解过程是较复杂的。通常可以利用有限元法或模态叠加法将柔性火箭的偏微分方程转化为常微分方程来求解。为了便于分析，这里仅讨论柔性火箭准静态变形情况。

1. 柔性火箭的准静态变形

忽略火箭柔性变形的惯性力和阻尼力后，可简化得到火箭的准静态变形方程

$$\frac{\partial^2}{\partial\xi^2}\left[EI\left(\frac{\partial^2\eta}{\partial\xi^2}\right)\right] + N\frac{\partial^2\eta}{\partial\xi^2} + \frac{\partial N}{\partial\xi}\frac{\partial\eta}{\partial\xi} - \frac{1}{2}\rho v^2 A_{\mathrm{ch}} f'_{\mathrm{cy}}\frac{\partial\eta}{\partial\xi}$$

$$= \left[\tilde{\rho}A\frac{v^2}{} + \frac{1}{2}\rho A_{\mathrm{ch}}(f'_{\mathrm{cy}} + f_{\mathrm{cx}})\right]v^2\delta - \frac{1}{2}\rho v A_{\mathrm{ch}}\xi f'_{\mathrm{cy}}\dot{\varphi} - \tilde{\rho}A\xi\ddot{\varphi} - \tilde{\rho}Av\dot{\theta} - \tilde{\rho}Ag\cos\theta$$

(8.16)

从方程可以看出，引起火箭准静态弯曲变形的因素有攻角(δ)、弹轴摆动($\dot{\varphi}$,$\ddot{\varphi}$)、弹道弯曲($\dot{\theta}$)和重力($g\cos\theta$)等，其中后三种因素影响较小，故暂不考虑。这样，考虑边界条件和平均弹轴条件求解方程，可得准静态解为

$$\eta(\xi,t) = \phi_\delta(\xi,t)\delta \tag{8.17}$$

2. 攻角运动方程

将准静态解代入火箭刚体运动方程，经整理和忽略高阶小量之后，可得弹丸的攻角运动方程

$$\ddot{\delta}+(k_{zz}-b_y-b_{y\eta\delta}v^2-k_{z\dot{\eta}\delta}v^2)v\dot{\delta}+(k_z-k_{z\eta\delta}v^2)v^2\delta=-\frac{\dot{\overbrace{g\cos\theta}}}{v}+k_{zz}g\cos\theta \tag{8.18}$$

式中

$$b_{y\eta\delta}=-\frac{\rho A_{\mathrm{ch}}}{2m}\int_L\frac{\partial\phi_\delta}{\partial\xi}f'_{\mathrm{cy}}\mathrm{d}\xi,\ k_{z\eta\delta}=\frac{\rho A_{\mathrm{ch}}}{2J}\int_L\xi\frac{\partial\phi_\delta}{\partial\xi}f'_{\mathrm{cy}}\mathrm{d}\xi,\ k_{z\dot{\eta}\delta}=-\frac{\rho A_{\mathrm{ch}}}{2J}\int_L\xi\phi_\delta f'_{\mathrm{cy}}\mathrm{d}\xi$$

若以弹道弧长 s 为自变量，则对应的齐次方程可写为

$$\delta''s+2\bar{b}\delta'_s+\tilde{k}_z\delta=0 \tag{8.19}$$

式中

$$\bar{b}=\frac{1}{2}\left(k_{zz}+b_y-b_x-\frac{g\sin\theta}{v^2}-b_{y\eta\delta}v^2-k_{z\dot{\eta}\delta}v^2\right),\ \tilde{k}_z=k_z-k_{z\eta\delta}v^2$$

弹轴运动的起始条件为：当 $s=0$ 时，$\delta_0=0$，$\delta'_{s0}=\dot{\delta}_0/v_0$。

8.4.2 柔性火箭的飞行稳定性条件

攻角运动方程一般为变系数线性常微分方程，但由于系数 $\bar{b}$ 和 $\tilde{k}_z$ 相对于攻角来说是慢变的，因此在较短时间上不妨设为常数。这样方程在其起始条件下的解为

$$\delta=\frac{\dot{\delta}_0}{v_0\sqrt{\tilde{k}_z}}\mathrm{e}^{-\bar{b}s}\sin\sqrt{\tilde{k}_z}s \tag{8.20}$$

由此可见，为了保证攻角 δ 的振荡衰减特性，柔性火箭必须满足下列稳定性条件：

（1）静态稳定性条件：$\tilde{k}_z>0$，即

$$k_z-k_{z\eta\delta}v^2>0 \tag{8.21}$$

（2）动态稳定性条件：$\bar{b}>0$，即

$$k_{zz}+b_y-b_x-\frac{g\sin\theta}{v^2}-b_{y\eta\delta}v^2-k_{z\dot{\eta}\delta}v^2>0 \tag{8.22}$$

式中的系数 $b_{y\eta\delta}$，$k_{z\eta\delta}$ 和 $k_{z\dot{\eta}\delta}$ 反映了火箭柔性弯曲变形对弹丸静稳定性和动稳定性的影响情况。对尾翼式火箭来说，这些系数一般为正值，因此可以看出柔性变形将降低火箭的静态稳定性和动态稳定性，而且柔性越大和飞行速度越高，则影响越明显。

第9章 野战火箭随机飞行力学分析

前面章节讨论的是弹箭在理想的稳定大气中飞行，然而实际的大气环境并不总是处于静态平衡状体，而是处于湍流运动状态。由于太阳辐射和各种气象因素所引起的大气温度的微小的随机变化，大气总是在不停地流动，从而形成了压强、密度、温度、流速、大小等不同的气流旋涡，这些旋涡也总是处于不停的运动变化之中，它们的运动相互联系、叠加，就形成随机的湍流运动，这就是大气湍流，它是大气中的一种很重要的不规则的随机运动形式。

湍流运动的基本特征是速度场沿空间和时间分布的不规则性，它导致了大气参数场分布的不规则性，使大气成为一种随机非均匀介质。考虑到湍流是一种随机场，因此本章采用统计方法来确定其结构特性，这就需要随机过程的相关知识：均值函数、方差、相关函数及频率谱。而对于随机过程的规律，通常要采用大量的试验和统计分析方法。目前常用的湍流描述模型有 Press 模型和 Bullen 模型。对于中性大气状态，常采用 Dryden 和 von Karman 模型，它们是 Bullen 模型的特例。此外，在随机过程扰动下的火箭运动采用随机微分方程加以描述，并通过状态变量表示通用的弹道方程。最后讨论了在计算机上通过数值方法生成随机大气湍流的模拟过程。

9.1 随机过程基础

9.1.1 单变量随机过程的相关和频谱

首先研究单变量随机过程，例如 $u(t)$。一般而言。随机过程的统计特性(平均值、均方差、相关函数和频谱函数等)也是随时间而变化的。这种过程称为非平稳随机过程。但是，非平稳随机过程的处理还没有成熟的方法。目前在工程技术问题(其中包括飞机在湍流中飞行的问题)中，往往限于研究平稳随机过程,即该过程的统计特性不随时间而变化。本节只讨论平稳随机过程的特性。

平稳随机过程 $u(t)$ 的平均值定义为

$$u_{\infty} = \lim_{T\to\infty}\frac{1}{2T}\int_{-T}^{T}u(t)\,\mathrm{d}t \tag{9.1}$$

并假设 $u_u=0$,于是 $u(t)$ 的平均方差定义为

$$\sigma_u^2 = \lim_{T\to\infty}\frac{1}{2T}\int_{-T}^{T}u^2(t)\,\mathrm{d}t \tag{9.2}$$

定义 $u(t)$ 的相关函数如下:

$$R_u(\tau) = \lim_{T\to\infty}\frac{1}{2T}\int_{-T}^{T}u(t)u(t+\tau)\,\mathrm{d}t \tag{9.3}$$

在物理意义上,$R_u(\tau)$ 反映随机过程 $u(t)$ 在时间坐标轴上的先后相关程度(图9.1)。

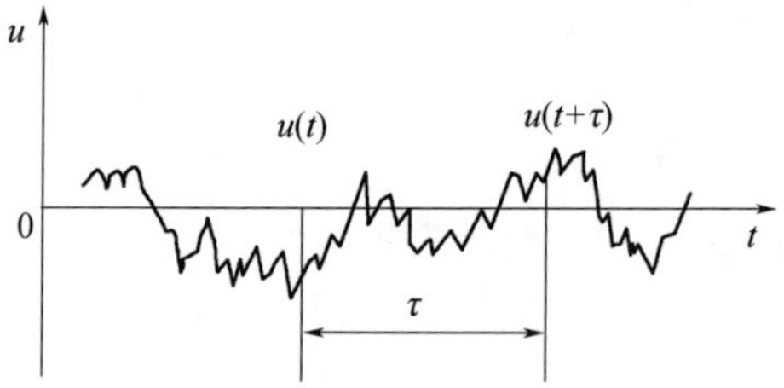

图9.1　相关函数 $R_u(\tau)$ 定义

由定义式(9.3)可见,相关函数的值等于均方差,即

$$R_u(0) = \sigma_u^2 \tag{9.4}$$

由定义式还可以推论出,相关函数是 τ 的函数,即

$$R(-\tau) = R(\tau) \tag{9.5}$$

当时间间隔 τ 无限增大时,随机过程就失去了先后相关性,即

$$\lim_{\tau\to\infty}R(\tau) = 0 \tag{9.6}$$

为了方便,还引入所谓范化相关函数

$$r_u(\tau) = \frac{R_u(\tau)}{R_u(0)} = \frac{R_u(\tau)}{\sigma_u^2} \tag{9.7}$$

显然 $r_u(0)=1$。

此外,把

$$T = \frac{1}{\sigma_u^2}\int_0^{\infty}R_u(\tau)\,\mathrm{d}\tau = \int_0^{\infty}r_u(\tau)\,\mathrm{d}\tau \tag{9.8}$$

称为随机过程 $u(t)$ 的特征时间。

与随机过程的相关函数相对应的是频谱函数，它是相关函数的傅里叶变换

$$\phi_u(\omega) = \frac{1}{2\pi}\int_{-\infty}^{\infty} R_u(\tau)\mathrm{e}^{-\mathrm{i}\omega\tau}\mathrm{d}\tau \tag{9.9}$$

式中：ω 为时间频率。由于 $R_u(\tau)$ 是 τ 的偶函数，可以推知，$\phi_u(\omega)$ 也是 ω 的偶函数。

相关函数是频谱函数的傅里叶逆变换

$$R_u(\tau) = \int_{-\infty}^{\infty} \phi_u(\omega)\mathrm{e}^{\mathrm{i}\omega\tau}\mathrm{d}\omega \tag{9.10}$$

由此得到

$$\sigma_u^2 = R_u(0) = \int_{-\infty}^{\infty} \phi_u(\omega)\mathrm{d}\omega \tag{9.11}$$

$$\sigma_u^2 = 2\int_0^{\infty} \phi_u(\omega)\mathrm{d}\omega \tag{9.12}$$

可见，频谱函数曲线以下的面积就等于 $u(t)$ 的均方差 σ_u^2，而均方差 σ_u^2 表征随机过程（例如湍流）的功率（或能量），频谱函数 $\phi_u(\omega)$ 表征过程的功率按频率 ω 的分布，所以，频谱函数又称为功率密度谱，常用符号 PDS(Power Density Spectrum) 表示。

这里必须指出两点：

第一，在文献中，关于傅里叶变换和逆变换中的系数规定还不统一，有时候系数 $1/2\pi$ 不出现在正变换中，而出现在逆变换中；有时候在正变换和逆变换中都有系数 $1/\sqrt{2\pi}$，因此，$\phi(\omega)$ 和 $R(\tau)$ 的公式与这里有所不同。

第二，在有的文献中，由 $R(\tau)$ 到 $\phi(\omega)$ 的公式中系数为 $1/\pi$，$\phi(\omega)$ 的定义域为 $(0,\infty)$，因此，在由 $\phi(\omega)$ 到 $R(\tau)$ 的公式中积分限为 $(0,\infty)$，这种频谱称为单侧频谱；而本书定义的频谱 $\phi(\omega)$ 的定义域为 $(-\infty,\infty)$，称为双侧频谱，两者的关系（图 9.2）为

$$\text{单侧频谱} = 2\times(\text{双侧频谱})$$

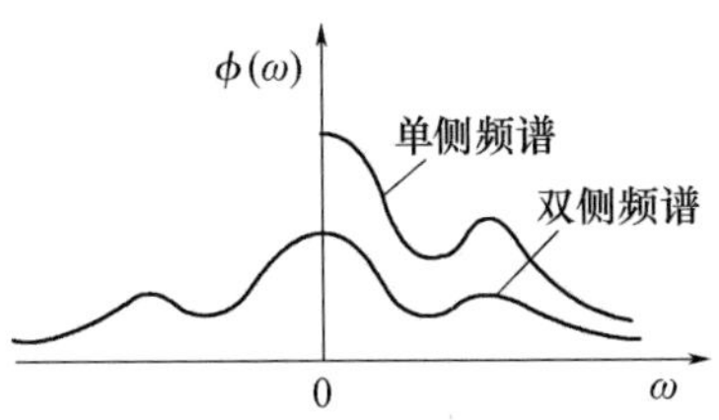

图 9.2　单侧频谱与双侧频谱

下面考察一个典型的相关函数,即指数形式的相关函数

$$R_u(\tau) = \sigma_u^2 e^{-a|\tau|} \tag{9.13}$$

按式(9.8)求出相应的特征时间

$$T = \frac{1}{\sigma_u^2}\int_0^\infty \sigma_u^2 e^{-a|\tau|} d\tau = \frac{1}{a}$$

因此,得到以无因次时间表示的范化相关函数

$$r_u(\tau) = \frac{R_u(\tau)}{\sigma_u^2} = e^{-|\tau|/T} \tag{9.14}$$

指数型相关函数如图 9.3 所示。

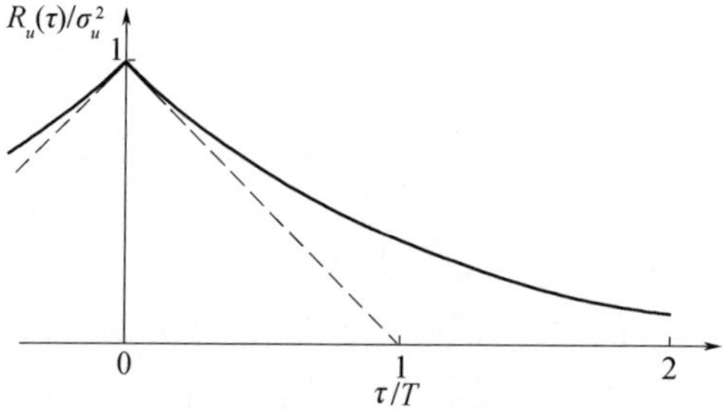

图 9.3　指数型相关函数

按式(9.9)求相应的频谱函数

$$\phi_u(\omega) = \frac{\sigma_u^2}{2\pi}\int_{-\infty}^{\infty} e^{-|\tau|/T} e^{-i\omega\tau} d\tau = \frac{\sigma_u^2}{2\pi}\int_{-\infty}^{\infty} e^{-|\tau|/T}(\cos\omega\tau - i\sin\omega\tau) d\tau$$

$$= \frac{\sigma_u^2}{\pi}\int_0^\infty e^{-|\tau|/T}\cos\tau d\tau$$

用分部积分法求出

$$\phi_u(\omega) = \frac{\sigma_u^2}{\pi} \cdot \frac{T}{(1+\omega^2 T^2)} \tag{9.15}$$

该函数的图像如图 9.4 所示。

这种函数 $\phi_u(\omega)$ 具有以下性质:

(1) $\phi_u(-\omega) = \phi_u(\omega)$。

(2) $\lim\limits_{\omega\to\infty}\phi_u(\omega) = 0$ 且 $\lim\limits_{\omega\to\infty}\phi_u(\omega) \propto \omega^{-2}$。

(3) $\phi_u(0) = \frac{\sigma_u^2}{\pi}T$。

为了在广阔的频率范围内显示频谱函数的特性,可以以对数坐标画出频谱曲线,如图 9.5 所示。

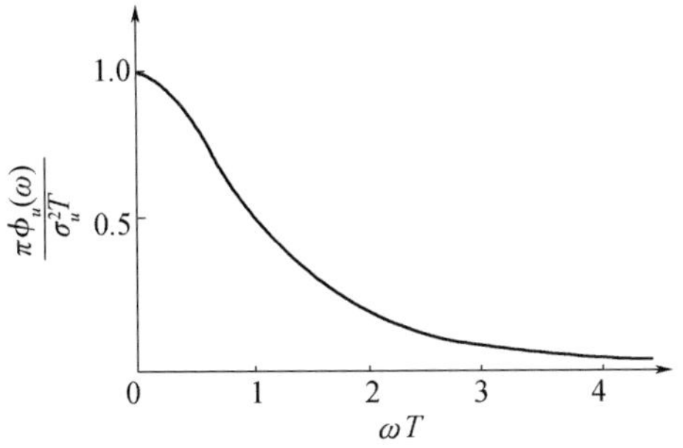

图 9.4　式(9.15)描述的频谱函数

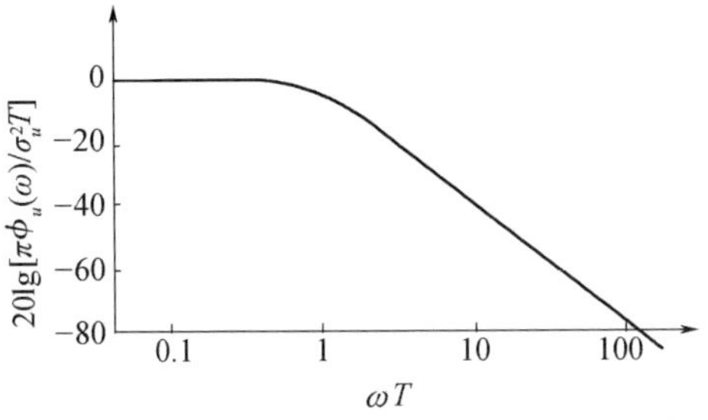

图 9.5　对数尺度中的频谱曲线

9.1.2　多变且随机过程的特性

下面研究多变量随机过程 $u_1(t), u_2(t), \cdots, u_n(t)$ 的情况。这时不仅要考虑这些过程本身的特性，而且要考虑它们之间的相互关系特性。

过程 $u_i(t)$ 与 $u_j(t)$ 的互相关函数定义为(图 9.6)

$$R_{u_iu_j}(\tau) = R_{ij}(\tau) = \lim_{T\to\infty}\int_{-T}^{T} u_i(t)u_j(t+\tau)\mathrm{d}\tau \tag{9.16}$$

当 $i=j$ 时，$R_{u_iu_j}(\tau)=R_{ij}(\tau)$，就是过程 $u_i(t)$ 本身的相关函数。

为了区别起见，把 $R_{ij}(\tau)$ 称为自相关函数，把 $R_{ij}(i\neq j)$ 称为互相关（或交叉相关）函数。例如，有三个随机过程 $x(t), y(t), z(t)$，则 $R_{xx}(\tau)$，$R_{yy}(\tau)$，$R_{zz}(\tau)$ 是自相关函数，$R_{xy}(\tau), R_{yz}(\tau), R_{zx}(\tau), \cdots$ 是互相关函数。

这样的 $n\times n$ 个相关函数组成相关矩阵

$$R(\tau) = \begin{bmatrix} R_{11} & R_{12} & \cdots & R_{1n} \\ R_{21} & R_{22} & \cdots & R_{2n} \\ \vdots & \vdots & & \vdots \\ R_{n1} & R_{n2} & \cdots & R_{nn} \end{bmatrix} \tag{9.17}$$

对角线函数是自相关函数，非对角线函数是互相关函数。

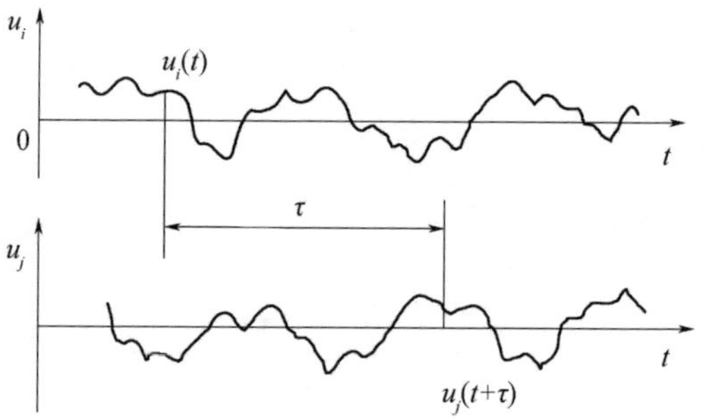

图 9.6 相关函数 $R_u(\tau)$ 定义

按照定义式(9.16),有

$$R_{ij}(\tau) = \lim_{T\to\infty}\frac{1}{2T}\int_{-T}^{T}u_j(t)u_i(i+\tau)\mathrm{d}\tau$$

作变换 $t=t'-\tau$,则

$$R_{ij}(\tau) = \lim_{T\to\infty}\frac{1}{2T}\int_{-T+t}^{T+t}u_j(t'-\tau)u_i(t')\mathrm{d}t' = R_{ij}(-\tau)$$

所以,得到相关函数的性质

$$R_{ji}(\tau) = R_{ij}(-\tau) \tag{9.18}$$

特别是

$$R_{ji}(0) = R_{ij}(0) \tag{9.19}$$

把 $R_{u_iu_j}(0)$ 即 $R_{ij}(0)$ 称为 $u_i(t)$ 与 $u_j(t)$ 的协方差,用 $V_{u_iu_j}$ 或 V_{ij} 表示。按式(9.16), 有

$$V_{u_iu_j} = V_{ij} = R_{ij}(0) = \lim_{T\to\infty}\frac{1}{2T}\int_{-T}^{T}u_i(t)u_j(t)\mathrm{d}t \tag{9.20}$$

当 $i=j$ 时,v_{ij}就是 $u_i(t)$的均方差 $\sigma_{u_i}^2$。

这样的 $n\times n$ 个协方差组成协方差矩阵

$$\boldsymbol{V} = \begin{bmatrix} V_{11} & V_{12} & \cdots & V_{1n} \\ V_{21} & V_{22} & \cdots & V_{2n} \\ \vdots & \vdots & & \vdots \\ V_{n1} & V_{n2} & \cdots & V_{nn} \end{bmatrix} \tag{9.21}$$

其对角线元素是均方差或自方差,非对角线元素是互方差或协方差。由性质式(9.19)可见

$$V_{ij} = V_{ji} \tag{9.22}$$

所以,协方差矩阵是对称矩阵。

与式(9.19)类似,过程 $u_i(t)$ 与 $u_j(t)$ 的自频谱函数为

$$\phi_{u_iu_j}(\omega) = \phi_{ij}(\omega) = \frac{1}{2\pi}\int_{-\infty}^{\infty} R_{ij}(\tau)\mathrm{e}^{-\mathrm{i}\omega\tau}\mathrm{d}\tau \tag{9.23}$$

$\phi_{u_iu_j}(\omega)$ 或 $\phi_{ij}(\omega)$ 称为过程 $u_i(t)$ 的自频谱函数,即功率密度谱函数,$\phi_{u_iu_j}(\omega)$ 或 $\phi_{ij}(\omega)(i\neq j)$ 称为互(或交叉)频谱函数。

$n\times n$ 个频谱函数组成频谱矩阵

$$\phi(\omega) = \begin{bmatrix} \phi_{11} & \phi_{12} & \cdots & \phi_{1n} \\ \phi_{21} & \phi_{22} & \cdots & \phi_{2n} \\ \vdots & \vdots & & \vdots \\ \phi_{n1} & \phi_{n2} & \cdots & \phi_{nn} \end{bmatrix} \tag{9.24}$$

根据表达式(9.23)和性质式(9.24),有

$$\phi_{ij}(\omega) = \frac{1}{2\pi}\int_{-\infty}^{\infty} R_{ij}(\tau)\mathrm{e}^{-\mathrm{i}\omega\tau}\mathrm{d}\tau$$

作变换 $\tau = -\tau'$,则

$$\phi_{ij}(\omega) = \frac{1}{2\pi}\int_{-\infty}^{\infty} R_{ij}(\tau')\mathrm{e}^{-\mathrm{i}\omega\tau'}\mathrm{d}\tau'$$

由于 $\mathrm{e}^{\mathrm{i}\omega\tau} = (\mathrm{e}^{-\mathrm{j}\omega\tau})^*$,所以,得到交叉频谱的重要性质

$$\phi_{ji}(\omega) = [\phi_{ij}(\omega)]^* \tag{9.25}$$

式中:上标 * 为复共轭。由此还可以推出自频谱函数 $\phi_{ji}(\omega)$ 是实函数。

式(9.23)的逆运算是

$$R_{ij}(\tau) = \int_{-\infty}^{\infty} \phi_{ij}(\omega)\mathrm{e}^{\mathrm{i}\omega\tau}\mathrm{d}\omega \tag{9.26}$$

当 $\tau=0$ 时

$$V_{ij} = R_{ij}(0) = \int_{-\infty}^{\infty} \phi_{ij}(\omega)\mathrm{d}\omega \tag{9.27}$$

特别是

$$\sigma_i^2 = V_{ii} = 2\int_{0}^{\infty} \phi_{ii}(\omega)\mathrm{d}\omega \tag{9.28}$$

9.2 大气湍流的数学描述

9.2.1 大气湍流概述

地球被大气层包围,大气按气温的分布特征,可划分为四个层次,即对流

层、平流层、中间层和热成层。对流层的厚度在中纬度平均为 10 ~ 12km，它的最下面的厚度约为 1km 的气层，被称为行星边界层（或摩擦层、大气边界层），其中紧贴地面厚度约为 50 ~ 100m 的一层，称为贴地层。在该层中，下垫面的影响极为强烈，气温、风速和温度的垂直梯度很大，贴地层实为地球的附面层。行星边界层以上的气层称为自由大气，可视为理想气体。

平流层在对流层之上，顶界可伸展到 50km 左右。大气总质量的 99.9% 都集中在对流层和平流层中。一般常规武器的最大弹道高在 50km 以下，研究这两层大气的特性及其对弹箭运动的影响是很重要的。

在一般外弹道学著作中，把大气看作静态平衡的理想气体，并确定出大气参数（气温、气压、密度）随高度 y 的标准分布。然而，大气还有一个重要性质，就是它处于湍流运动状态之中。湍流运动的基本特征，是速度场沿空间和时间分布的不规则性；它导致了大气参数场（温度等）分布的不规则性，使大气变成一种随机非均匀介质。

湍流的流元是涡旋。湍流涡旋可有不同的特征尺度。小涡旋的尺度只有几毫米或几厘米，大涡旋的尺度可达数千米；但都属于大气湍流的小尺度范畴。对气象而言，更大的特征尺度可达几百到几千千米，称其为大尺度大气湍流，它与小尺度大气湍流在物理本质上没有根本区别。

大气湍流场是一种随机场，拟采用统计研究的方法来确定它的结构特性。一个随机过程，就是一个依赖于参数 t 的随机向量的集合 $\{X(t), t \in D\}$，其中，D 为 t 的定义域。随机过程 $X(t)$ 以数学期望和相关函数来表征其特性。其数学期望（均值函数）为

$$\bar{X}(t) = E[X(t)] \tag{9.29}$$

自协方差函数（标准相关函数，或简称相关函数）定义为

$$R(t_1, t_2) = E\{[X(t_1) - \bar{X}(t_1)][X(t_2) - \bar{X}(t_2)]^{\mathrm{T}}\} \tag{9.30}$$

显然，当 $t_1 = t_2$ 时，相关函数成为方差。若 $\bar{X}(t)$ 和 $R(t,t)$ 是常量，且

$$R(t_1, t_2) = R(t_2 - t_1) = R(\tau) = R(-\tau) \quad (\tau = t_2 - t_1) \tag{9.31}$$

则称 $X(t)$ 为广义平稳随机过程，或简称平稳过程。在实际应用中，主要研究广义平稳随机过程。若讨论的是彼此相距 $r = r_2 - r_1$ 两点上的运动，该两点速度为 $w(r_1)$ 和 $w(r_2)$，其相关函数为

$$R_w(r_1, r_2) = E\{[w(r_1) - \bar{w}(r_1)][w(r_2) - \bar{w}(r_2)]^{\mathrm{T}}\} = R_w(r) \tag{9.32}$$

在气象学中，时间尺度 τ 与线尺度 r 具有依存关系。泰勒曾提出所谓“冻结湍流”的假设：对于相当小的时间间隔 τ，给定点的脉动速度可以无变化地随平均速度（风速）$\bar{w}$ 移动。则

$$r = \bar{w} \cdot \tau \tag{9.33}$$

试验表明,“冻结湍流”的假设,对几千米以下尺度的湍流是正确的。

就大气湍流而言,通常被看成是平稳随机过程;且满足遍历性定理,即只要用平稳过程在足够长时间内的一次现实,就可以确定过程的均值和相关函数。

对平稳随机函数 $X(t)$,可取其相关函数 $R(\tau)$ 的傅里叶变换作为 $X(t)$ 的频谱密度,即

$$S(\omega) = \int_{-\infty}^{\infty} R(\tau)\exp(-\mathrm{i}\omega\tau)\,\mathrm{d}\tau \tag{9.34}$$

其逆变换为

$$R(\tau) = \frac{1}{2\pi}\int_{-\infty}^{\infty} S(\omega)\exp(\mathrm{i}\omega\tau)\,\mathrm{d}\omega \tag{9.35}$$

利用 $S(\omega)$ 和 $R(\tau)$ 的偶函数性质,可将式(9.34)、式(9.35)写成三角函数形式表示:

$$S(\omega) = 2\int_{0}^{\infty} R(\tau)\cos\omega\tau\,\mathrm{d}\tau \tag{9.36}$$

$$R(\tau) = \frac{1}{\pi}\int_{0}^{\infty} S(\omega)\cos\omega\tau\,\mathrm{d}\omega \tag{9.37}$$

9.2.2 大气湍流模型建立的基本假设

实际的大气湍流是十分复杂的物理现象。为了使飞机响应问题的研究不至于过分复杂,不得不把大气湍流适当地加以理想化,即可对它作几条基本假设。当然,这些假设仅仅是针对研究飞机在大气湍流中飞行的问题而作的,不一定能推广到其他问题。

一般地说,大气湍流速度既是时间又是位置的随机函数。不仅如此,而且大气湍流的统计特征即平均值和均方差以及相关函数和频谱函数,也可能随时间和位置而变化。但是,对于在航空工程中的应用而言,为了使问题不太复杂,人们假设:大气湍流的统计特征既不随时间而变(认为湍流是平稳的),也不随位置而变(认为湍流是均匀的)。这就是大气湍流的平稳性和均匀性假设。

由于湍流速度 $W = W(t,r)$ 是随机地随时间和位置而变化的,当飞机以一定的规律在大气中飞行时,它的位置变化是 $r = r(t)$,因而,飞机所经受的湍流速度也是随时间而变化的

$$W = W(t, r(t)) = W(t) \tag{9.38}$$

由前述大气湍流的平稳性和均匀性假设,可导致如下结果,即以均匀速度在大气中飞行的飞机所经受(面临)的湍流速度是平稳的随机过程,其统计特性不随时间而变化。

1. 各向同性假设

各向同性假设的含意是，认为大气湍流的统计特性不随坐标系的旋转而变化，即与方向无关。因而当研究三维湍流场结构时，坐标轴的方向可以任意选取。

这个假设对于中空和高空湍流是符合实际的，但是在低空（大约 300m 以下），特别是在大气边界层内，存在着明显的各向异性。例如，铅锤方向的湍流分量均方根值 σ_w 小于水平方向的 σ_u 和 σ_v。

2. 高斯分别假设

该假设认为大气湍流是高斯型的，即速度大小服从于正态分布。这个假设对于飞机运动量的频谱和均方差来说是不起作用的，但对于有关概率的计算却是很有益的。

虽然有些测量结果表明，瑞利分布或威布尔分布更符合实际，但对于飞机响应问题的分析来说，采用高斯分布假设仍是合理的。

3. 泰勒冻结场假设

大气湍流的速度 $W = W(t, r)$ 或 V_w 是随机地随时间 t 和位置 r 而变化的，当飞机在大气中飞行时，它所经受的湍流速度的变化率为

$$\frac{\mathrm{d}W}{\mathrm{d}t} = \frac{\partial W}{\partial t} + \frac{\partial W}{\partial r}\frac{\partial r}{\partial t}$$

而飞机的飞行速度（这里指对地速度）为

$$V_k = \frac{\mathrm{d}r}{\mathrm{d}t}$$

所以

$$\frac{\mathrm{d}W}{\mathrm{d}t} = \frac{\partial W}{\partial t} + \frac{\partial W}{\partial r}V_k \tag{9.39}$$

因为通常飞机飞行速度远大于湍流速度及其变化量，飞机飞过相当长的距离所需时间很短，因此，湍流速度的改变足够小，可以忽略不计。也就是说，上式右边的第一项远小于第二项，因而该式可以近似化为

$$\frac{\mathrm{d}W}{\mathrm{d}t} \approx \frac{\partial W}{\partial r}V_k \tag{9.40}$$

在物理意义上，就是当处理湍流对飞机飞行影响的问题时，可以把大气湍流“冻结”。这个假设称为泰勒冻结场假设。利用这个假设，人们可以仅考虑湍流场中气流速度的空间分布，即$\partial W/\partial r$。当结合飞机飞行问题时，这个空间分布就转化为飞机所经受的湍流速度随时间的变化 $\mathrm{d}W/\mathrm{d}t$，如式（9.40）所表明。

9.2.3 大气湍流模型

1. Press 模型

Press 把风速纵向(平均风速方向)脉动的相关函数取为

$$R_w(r) = \sigma_w^2 \exp\left(-\frac{|r|}{L_w}\right) \tag{9.41}$$

式中:σ_w^2 为标准方差;L_w 为湍流扰动的某一平均尺度,称为水平风速纵向积分尺度。当 $r = L_w$ 时,$R_w(L_w) = \sigma_w^2/\mathrm{e}$,可见,$L_w$ 是使相关函数减小到 1/e 时的距离。L_w 越大,风速脉动场的相关性越强;反之越弱。由式(9.41)可得

$$L_w = \frac{1}{\sigma_w^2}\int_0^\infty R_w(r)\,\mathrm{d}r \tag{9.42}$$

若湍流是各向同性的,则风速纵向方差 σ_w^2 与风速横向(垂直于平均风向)方差 σ_{wn}^2 相等。由气象学可知,风速横向脉动的相关函数与风速纵向脉动相关函数间存在下列关系:

$$R_{wn}(r) = R_w(r) + \frac{r}{2}\frac{\mathrm{d}}{\mathrm{d}r}R_w(r) \tag{9.43}$$

将式(9.41)代入,得风速横向脉动的相关函数为

$$R_{wn}(r) = \sigma_{wn}^2\left(1 - \frac{|r|}{2L_w}\right)\exp\left(-\frac{|r|}{L_w}\right) \tag{9.44}$$

仿照式(9.41),得风速横向脉动积分尺度

$$L_{wn} = \frac{1}{\sigma_{wn}^2}\int_0^\infty R_{wn}(r)\,\mathrm{d}r = \frac{L_w}{2}$$

以距离 r 为自变量的相关函数 $R(r)$ 经傅里叶变换,便可得相应的谱密度,由式(9.42)有

$$S(\Omega) = 2\int_0^\infty R(r)\cos\Omega\,\mathrm{d}r \tag{9.45}$$

式中:$\Omega = \dfrac{2\pi}{\lambda}$;$\lambda$ 为波长。

将式(9.41)、式(9.44)代入上式,便是随机风场的纵向和横向谱密度:

$$S_w(\Omega) = \sigma_w^2\frac{2L_w}{1 + (L_w\Omega)^2} \tag{9.46}$$

$$S_{wn}(\Omega) = \sigma_{wn}^2 L_w\frac{1 + 3(L_w\Omega)^2}{[1 + (L_w\Omega)^2]^2} \tag{9.47}$$

式(9.46)、式(9.47)便是风场的 Press 模型。由于这一模型也曾由 Dryden 提

出，所以也称为 Dryden 模型。

2. Bullen 模型

Bullen 提出风速纵向脉动的相关函数为

$$R_w(r) = \sigma_w^2 \frac{1}{2^{N-1}\Gamma(N)}\left(\frac{r}{aL_w}\right)^N \mathrm{K}_N\left(\frac{r}{aL_w}\right) \quad (r > 0) \tag{9.48}$$

式中：a 和 N 为确定表达式形态的参数；K_N 为虚自变量的第二类贝塞尔函数；$\Gamma(N)$是 Γ 函数。

$$\mathrm{K}_N(x) = \frac{\pi}{2}\frac{\mathrm{I}_{-N}(x) - \mathrm{I}_N(x)}{\sin(N\pi)} \quad (N \neq 0, \pm 1, \pm 2, \cdots) \tag{9.49}$$

式中：$\mathrm{I}_N(x)$为第一类贝塞尔函数，且

$$\mathrm{I}_N(x) = \sum_{k=0}^{\infty} \frac{1}{k!\Gamma(k+N+1)}\left(\frac{x}{2}\right)^{N+2k} \tag{9.50}$$

将式(9.48)代入式(9.49)，得湍流积分尺度

$$L_w = \frac{\sqrt{\pi}\Gamma\left(N+\frac{1}{2}\right)}{\Gamma(N)} aL_w \tag{9.51}$$

则

$$a = \frac{\Gamma(N)}{\sqrt{\pi}\Gamma\left(N+\frac{1}{2}\right)} \tag{9.52}$$

可见 a 与 N 并非独立参数。

将式(9.48)代入式(9.43)，得风速横向脉动的相关函数为

$$R_{wn}(r) = \frac{\sigma_w^2}{2^N\Gamma(N)}\left(\frac{r}{aL_w}\right)^N\left[2\mathrm{K}_N\left(\frac{r}{aL_w}\right) - \frac{r}{aL_w}\mathrm{K}_{N-1}\left(\frac{r}{aL_w}\right)\right] \tag{9.53}$$

将式(9.53)代入式(9.45)，得相应的谱密度为

$$S_w(\Omega) = \sigma_w^2 \frac{2L_w}{[1+(aL_w\Omega)^2]^{N+1/2}} \tag{9.54}$$

$$S_{wn}(\Omega) = \sigma_{wn}^2 \frac{L_w[1+2(N+1)(aL_w\Omega)^2]}{[1+(aL_w\Omega)^2]^{N+3/2}} \tag{9.55}$$

式(9.54)、式(9.55)就是一维湍流谱的 Bullen 模型。当取 N 不同的值($|N|<1$)时，可得到一系列的谱密度分布。若取 $N=1/2$，则由式(9.52)知 $a=1$，Bullen 模型就变成 Press 模型。可见 Bullen 模型具有普遍性。

应该指出，在均匀各向同性的湍流中，由于对称性，所有与平均风速方向相垂直的谱密度分量必定相同。于是，铅直方向的谱密度便与横向谱密度一样。

不过实际上存在差异，则 σ_{wn}^2 以 σ_{wy}^2 替代，铅直积分尺度 L_{wy} 亦替代 L_w。

3. 两种常用的湍流模型

在平坦地形条件下，低空大气脉动近似水平均匀、各向同性，但在铅直方向则不均匀且各向异性。对各向同性型，正交分量之间的相关性为零；但水平风向与铅直方向分量之间在同一点上是相关的。为了使各向同性的假设能与实际符合，在采用 Bullen 模型的同时，需要考虑方差和积分尺度随高度的变化。

对于中性大气状态，常采用 Dryden 和 von Karman 模型，它们都是 Bullen 模型的特例。

1）Dryden（及 Press）模型

相关函数三分量为

$$R_x(r) = \sigma_H^2 \exp\left(-\frac{|r|}{L_H}\right) \tag{9.56}$$

$$R_y(r) = \sigma_V^2\left(1 - \frac{|r|}{2L_V}\right)\exp\left(-\frac{|r|}{L_V}\right) \tag{9.57}$$

$$R_z(r) = \sigma_H^2\left(1 - \frac{|r|}{2L_H}\right)\exp\left(-\frac{|r|}{L_H}\right) \tag{9.58}$$

式中：下标 H 为水平方向；V 为铅直方向；x 为纵向；y 为铅直方向；z 为侧向。

相应的谱密度为

$$S_x(\Omega) = \sigma_H^2 \frac{2L_H}{1 + (L_H\Omega)^2} \tag{9.59}$$

$$S_y(\Omega) = \sigma_V^2 \frac{L_V[1 + 3(L_V\Omega)^2]}{[1 + (L_V\Omega)^2]^2} \tag{9.60}$$

$$S_z(\Omega) = \sigma_H^2 \frac{L_H[1 + 3(L_H\Omega)^2]}{[1 + (L_H\Omega)^2]^2} \tag{9.61}$$

2）von Karman 模型

当 Bullen 模型中的 $N=1/3$ 时，即为 von Karman 模型。由式(9.52)知

$$a = \frac{\Gamma\left(\frac{1}{3}\right)}{\sqrt{\pi}\,\Gamma\left(\frac{5}{6}\right)} = 1.339 \tag{9.62}$$

相关函数三分量为

$$R_x(r) = \sigma_H^2 \frac{4^{\frac{1}{3}}}{\Gamma\left(\frac{1}{3}\right)}\left(\frac{r}{aL_H}\right)^{\frac{1}{3}} \mathrm{K}_{\frac{1}{3}}\left(\frac{r}{aL_H}\right) \quad (r > 0) \tag{9.63}$$

$$R_y(r) = \sigma_V^2 \frac{4^{\frac{1}{3}}}{\Gamma\left(\frac{1}{3}\right)}\left(\frac{r}{aL_V}\right)^{\frac{1}{3}}\left[\mathrm{K}_{\frac{1}{3}}\left(\frac{r}{aL_V}\right) - \frac{1}{2}\left(\frac{r}{aL_V}\right)\mathrm{K}_{-\frac{2}{3}}\left(\frac{r}{aL_V}\right)\right] \tag{9.64}$$

$$R_z(r) = \sigma_H^2 \frac{4^{\frac{1}{3}}}{\Gamma\left(\frac{1}{3}\right)}\left(\frac{r}{aL_H}\right)^{\frac{1}{3}}\left[\mathrm{K}_{\frac{1}{3}}\left(\frac{r}{aL_H}\right) - \frac{1}{2}\left(\frac{r}{aL_H}\right)\mathrm{K}_{-\frac{2}{3}}\left(\frac{r}{aL_H}\right)\right] \tag{9.65}$$

相应的谱密度为

$$S_x(\Omega) = \sigma_H^2 \frac{2L_H}{[1 + (aL_H\Omega)^2]^{\frac{5}{6}}} \tag{9.66}$$

$$S_y(\Omega) = \sigma_V^2 \frac{L_V\left[1 + \frac{8}{3}(aL_V\Omega)^2\right]}{[1 + (aL_V\Omega)^2]^{\frac{11}{6}}} \tag{9.67}$$

$$S_z(\Omega) = \sigma_H^2 \frac{L_H\left[1 + \frac{8}{3}(aL_H\Omega)^2\right]}{[1 + (aL_H\Omega)^2]^{\frac{11}{6}}} \tag{9.68}$$

3）方差

为确定标准差及积分尺度，通常假定大气处于中性状态。在高空，铅直方向的脉动不太显著，其标准差（即均方差）取为

$$\sigma_V = 0.08238 w_{20} \tag{9.69}$$

式中：w_{20}为 20m 高度上的风速。

水平方向的均方差为

$$\sigma_H = \begin{cases} \dfrac{\sigma_V}{\left[0.177 + 0.823\left(\dfrac{v}{305}\right)\right]^{0.4}} & (y < 305\text{m}) \\ \sigma_V & (y \geqslant 305\text{m}) \end{cases} \tag{9.70}$$

式中：305m 相当于 1000 英尺①。

4）积分尺度

铅直积分尺度常由下式给出：

$$L_V = \begin{cases} y & (y < 305\text{m}) \\ 305\text{m} & (y \geqslant 305\text{m}) \end{cases} \tag{9.71}$$

在各向同性条件下，低空水平积分尺度为

$$L_H = \begin{cases} \left(\dfrac{\sigma_H}{\sigma_V}\right)^3 L_V = y\left[0.177 + 0.823\left(\dfrac{y}{305}\right)\right]^{-1.2} & (y < 305\text{m}) \\ 305\text{m} & (y \geqslant 305\text{m}) \end{cases} \tag{9.72}$$

---

① 英尺为非法定计量单位，1 英尺 $= 3.048 \times 10^{-1}$ m。

5）Dryden 模型和 von Karman 模型的比较

Dryden 模型和 von Karman 模型的理论体系有所不同。对于 Dryden 模型，先建立相关函数，然后推导出频谱函数；而 von Karman 模型则相反，先建立频谱函数然后推导出相关函数。

下面比较这两个模型的相关函数和频谱函数，考查它们的差别（图 9.7）。

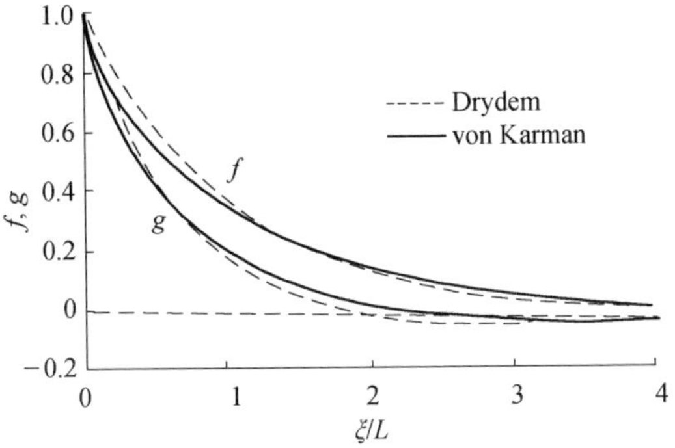

图 9.7　Dryden 和 von Karman 模型的纵向和横向相关函数的比较

在给定的湍流强度 σ_u 和湍流尺度 L_u 下，图 9.8 比较了两个模型的纵向频谱函数 $\Phi_u(\Omega)$。可见，在低频范围内，两者几乎重合，而在高频范围内显示出差别，特别是斜率的差别。推导在双对数坐标尺度下频谱函数的渐近斜率。对于 Φ_u，Φ_v 和 Φ_w 的结果，如图 9.8 所示。

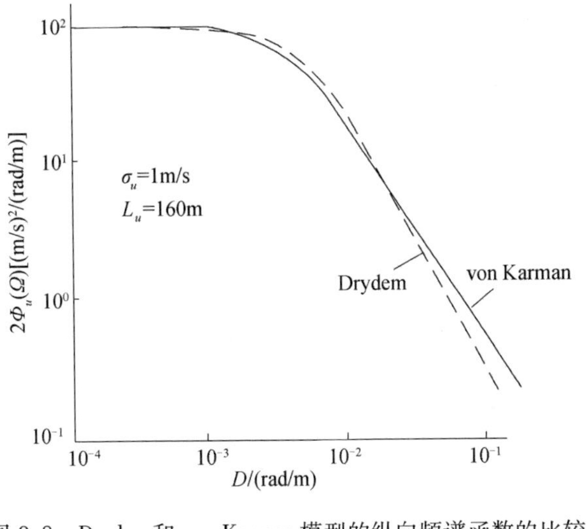

图 9.8　Dryden 和 von Karman 模型的纵向频谱函数的比较

由这些曲线的比较可以看出，这两种模型的差别是不大的。如果再考虑到测量的误差，可以认为，这两种模型的差别对于工程问题来说是微不足道的。

但是如同前面所指出的，两种频谱函数在高频端的斜率不同，而飞机结构模态频率通常恰好处在高频范围，因而高频范围内的湍流可能激发飞机结构振动。所以，在研究涉及飞机结构振动的飞行品质、飞机的结构疲劳等问题时，只要可行，最好使用 von Karman 大气湍流频谱。但是对于刚性飞机的飞行品质分析来说，Dryden 和 von Karman 大气湍流频谱都是适用的。

9.2.4 大气湍流的尺度和强度

大气湍流本身是随机过程，且它的统计特征量的数值也不固定。为了对其进行规范，参考美国军用规范 MIL－F－8785C，按照 Dryden 模型规定的湍流尺度和强度模型如下：

1. 低空模型($h<609.6\text{m}$)

湍流尺度

$$\begin{cases} 2L_{w_y} = h \\ L_{w_x} = 2L_{w_z} = \dfrac{h}{(0.177+0.00273h)^{1.2}} \end{cases} \quad (0\text{m} < h < 305\text{m})$$

$$L_{w_x} = 2L_{w_y} = 2L_{w_z} = 305\text{m} \ (h \geqslant 305\text{m})$$

湍流强度

$$\sigma_{w_y} = 0.1u_6$$

$$\frac{\sigma_{w_x}}{\sigma_{w_y}} = \frac{\sigma_{w_z}}{\sigma_{w_y}} = \begin{cases} \dfrac{1}{(0.177+0.00273h)^{0.4}} & (h < 305\text{m}) \\ 1 & (h \geqslant 305\text{m}) \end{cases}$$

式中：u_6 为 6m 高度上的风速。它是超越概率的函数，取大气湍流的几种典型情况：

（1）轻度（超越概率为10^{-2}）：$u_6=7.717\text{m/s}$。

（2）中度（超越概率为10^{-3}）：$u_6=15.43\text{m/s}$。

（3）严重（超越概率为10^{-5}）：$u_6=23.15\text{m/s}$。

2. 中高空模型($h>609.6\text{m}$)

湍流尺度

$$L_{w_x} = 2L_{w_y} = 2L_{w_z} = 533.4\text{m}$$

湍流强度

$$\sigma_{w_x} = \sigma_{w_y} = \sigma_{w_z}$$

取典型情况如图 9.9 所示。

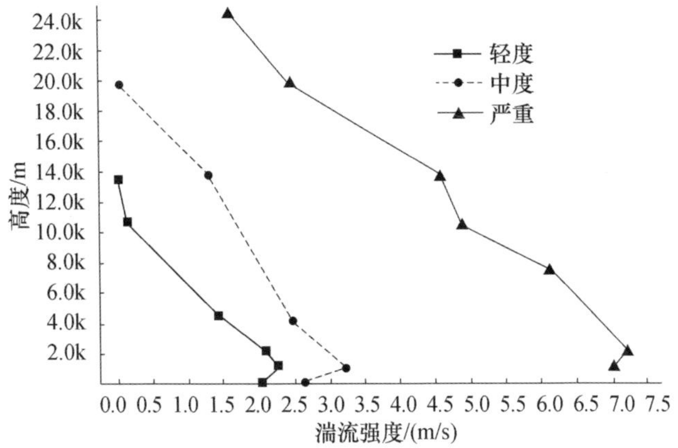

图 9.9　湍流强度

9.3 大气湍流引起的野战火箭扰动运动

在随机过程干扰下的弹箭运动需要以随机微分方程加以描述。用状态变量表示，弹道方程可写成下列通用形式：

$$\frac{\mathrm{d}x(t)}{\mathrm{d}t} = \boldsymbol{A}(t)\boldsymbol{x}(t) + \boldsymbol{G}(t)\boldsymbol{V}(t) \tag{9.73}$$

式中：$\boldsymbol{x}(t)$为 n 维随机状态变量，初始状态为 $\boldsymbol{x}(t_0) = \boldsymbol{x}_0$；$\boldsymbol{V}(t)$为 m 维有色噪声；$\boldsymbol{A}(t)$、$\boldsymbol{G}(t)$为系数矩阵。

$\boldsymbol{x}(t)$的统计量为

均值

$$E[\boldsymbol{x}(t)] = \bar{\boldsymbol{x}} \tag{9.74}$$

方差阵

$$\mathrm{Var}[\boldsymbol{x}(t)] = P_x(t) = E\{[\boldsymbol{x}(t) - \bar{x}][\boldsymbol{x}(t) - \bar{\boldsymbol{x}}]^{\mathrm{T}}\} \tag{9.75}$$

对式(9.73)取数学期望，并以式(9.73)减之，所得结果代入式(9.75)对 t 的导数表达式中，可得

$$\frac{\mathrm{d}}{\mathrm{d}t}P_x(t) = \boldsymbol{A}(t)P_x(t) + P_x(t)\boldsymbol{A}^{\mathrm{T}}(t) + G(t)\boldsymbol{P}_{xV}^{\mathrm{T}}(t) + P_{xV}(t)\boldsymbol{G}^{\mathrm{T}}(t) \tag{9.76}$$

式中：$P_{xV}(t)$为 x 与 V 的协方差阵，则

$$P_{xV}(t) = \mathrm{Cov}[x(t), V(t)] = E\{[\boldsymbol{x}(t) - \bar{\boldsymbol{x}}][\boldsymbol{V}(t) - \bar{\boldsymbol{V}}]^{\mathrm{T}}\} \tag{9.77}$$

由式(9.73)积分可得

$$\boldsymbol{x}(t)-\bar{\boldsymbol{x}}(t)=\boldsymbol{\phi}(t,t_0)(\boldsymbol{x}_0-\bar{\boldsymbol{x}}_0)+\int_0^t\boldsymbol{\phi}(t,\tau)\boldsymbol{G}(\tau)[\boldsymbol{V}(\tau)-\bar{\boldsymbol{V}}(\tau)]\mathrm{d}\tau \tag{9.78}$$

式中：$\boldsymbol{\phi}(t,t_0)$为以$\boldsymbol{A}(t)$表征的弹道系统的状态转移矩阵，由下式确定：

$$\frac{\mathrm{d}}{\mathrm{d}t}\boldsymbol{\phi}(t,t_0)=\boldsymbol{A}(t)\boldsymbol{\phi}(t,t_0) \tag{9.79}$$

在外弹道学中，状态转移矩阵的元素就是有关的特征函数。

将式(9.78)右乘以$[\boldsymbol{V}(t)-\bar{\boldsymbol{V}}]^{\mathrm{T}}$，并考虑到$\boldsymbol{x}_0$与$\boldsymbol{V}(t)$不相关，则得

$$P_{xV}(t)=\int_0^t\boldsymbol{\phi}(t,\tau)\boldsymbol{G}(\tau)\{[\boldsymbol{V}(\tau)-\bar{\boldsymbol{V}}(\tau)][\boldsymbol{V}(t)-\bar{\boldsymbol{V}}]^{\mathrm{T}}\}\mathrm{d}\tau \tag{9.80}$$

以$P_V(\tau,t)$表示$\boldsymbol{V}(t)$的协方差，则得下列联立方程组

$$\begin{cases}\dfrac{\mathrm{d}}{\mathrm{d}t}\boldsymbol{P}_x(t)=\boldsymbol{A}(t)P_x(t)+P_x(t)\boldsymbol{A}^{\mathrm{T}}(t)+G(t)\boldsymbol{P}_{xV}^{\mathrm{T}}(t)+P_{xV}^{\mathrm{T}}(t)\boldsymbol{G}^{\mathrm{T}}(t)\\ \dfrac{\mathrm{d}}{\mathrm{d}t}\boldsymbol{\phi}(t,\tau)=\boldsymbol{A}(t)\boldsymbol{\phi}(t,\tau)\\ P_{xV}(t)=\displaystyle\int_{t_0}^t\boldsymbol{\phi}(t,\tau)\boldsymbol{G}(\tau)P_v(\tau,t)\mathrm{d}\tau\end{cases} \tag{9.81}$$

式(9.81)就是计算弹道状态变量方差阵的数学模型。但是，方程组式(9.81)中的运动学参数则还依赖于质心运动方程以及滚转方程，只要将这些相关方程与式(9.81)联立求解，便能得出状态变量的随机指标。

对通用方程(9.73)，则针对具体问题而具体化；比如对尾翼式弹箭在随机风场作用下的随机运动过程，可取状态变量(角扰动)为

$$\boldsymbol{x}=[\psi_1\psi_2\varphi_1\varphi_2\varphi_1\varphi_2]^{\mathrm{T}},\ L_{w_x}=2L_{w_y}=2L_{w_z}=533.4\mathrm{m} \tag{9.82}$$

方阵为

$$\boldsymbol{A}=\begin{bmatrix}a_1&0&a_4&0&0&0\\0&a_1&0&a_4&0&0\\0&0&0&0&1&0\\0&0&0&0&0&1\\-a_2&-a_3&a_2&a_3&-a_5&-a_6\\a_3&-a_2&-a_3&a_2&a_6&-a_5\end{bmatrix}$$

式中：$a_1=\left(\dfrac{g\sin\theta-ap}{v^2}-b_y\right)v$；$a_2=k_zv^2$；$a_3=k_yv^2$；$a_4=\left(\dfrac{ap}{v^2}+b_y\right)v$；$a_5=k_{zd}v$；$a_6=C\gamma/A$。

$$\boldsymbol{G} = \begin{bmatrix} -(b_x+b_y)\sin\theta & (b_x+b_y)\cos\theta & 0 \\ 0 & 0 & b_x+b_y \\ 0 & 0 & 0 \\ 0 & 0 & 0 \\ -k_z\sin\theta & k_z\cos\theta & k_y v \\ k_z\sin\theta & -k_y cos\theta & k_z v \end{bmatrix}$$

$$\boldsymbol{V} = \boldsymbol{W} = \begin{bmatrix} w_x \\ w_y \\ w_z \end{bmatrix}$$

在运用方程组式(9.81)时,需要注意 $P_{xV}(t)$ 表达式中的 $P_V(\tau,t)$ 为 w 的相关函数。

9.4 大气湍流的模拟

9.4.1 问题的提出

式(9.81)描述了在有色噪声作用下的方差阵 $\boldsymbol{P}_x$ 及 $\boldsymbol{P}_{xV}$ 的关系,在干扰为高斯白噪声情况下,可以得到较为简单的关系式。设干扰为白噪声,即

$$\mathrm{Cov}[V(\tau),V(t)] = P_V(\tau,t) = q(\tau)\delta(\tau-t) \tag{9.83}$$

式中:$\delta(\tau-t)$ 为狄拉克 δ 函数;$q(\tau)$ 为 $V(t)$ 的谱密度。

由 δ 函数的性质可知下列结果:

$$P_{xV}(t) = \int_0^t \phi(t,\tau)G(\tau)q(\tau)\delta(\tau-t)\mathrm{d}\tau = \frac{1}{2}G(t)q(t) \tag{9.84}$$

代入式(9.81)第一式得

$$\frac{\mathrm{d}}{\mathrm{d}t}P_x(t) = A(t)P_x(t) + P_x(t)\boldsymbol{A}^{\mathrm{T}}(t) + G(t)q(t)\boldsymbol{G}^{\mathrm{T}}(t) \tag{9.85}$$

显然,式(9.85)比之式(9.81)要简单得多,只要给出初始 $P_x(t_0)=p_0$,就可以求解出 $P_x(t)$。

现在的问题是,弹道方程中的干扰过程往往不是白噪声,比如风速 ω 就是有色噪声,这需要寻求将有色噪声转换为白色噪声输入的弹道系统数学模型。

9.4.2 成形滤波器

由高斯白噪声输入而能产生输出为所需要有色噪声的动力系统称为成形滤波器。现以 Press 风速谱模型为例,研究成形滤波器的微分方程如何形成。

在线性系统理论中，系统的脉冲过渡函数（亦称冲击响应函数）$k(t)$与输入$V(t)$、输出$x(t)$之间的关系为

$$x(t) = \int_{-\infty}^{\infty} V(t-\tau)k(\tau)\mathrm{d}\tau \tag{9.86}$$

$k(t)$的傅里叶变换为$H(\mathrm{i}\Omega)$。当系统输入为$\delta(t)$函数时，输出的谱密度为

$$S(\Omega) = \boldsymbol{H}(\mathrm{i}\Omega)H(-\mathrm{i}\Omega) \tag{9.87}$$

据此对纵风扰动，可知知

$$S_x(\Omega) = \left[\frac{\sqrt{2L_H}\sigma H}{1+\mathrm{i}L_H\Omega}\right]\left[\frac{\sqrt{2L_H}\sigma H}{1-\mathrm{i}L_H\Omega}\right] \tag{9.88}$$

可知该虚拟动力系统的传递函数为

$$H(p) = \frac{\sqrt{2L_H}\sigma H}{1+L_H P} \tag{9.89}$$

则得成形滤波器的微分方程为

$$\dot{\omega}(t) = -\frac{1}{L_H}\omega(t) + \sqrt{\frac{2}{L_H}}\sigma_H\delta(t) \tag{9.90}$$

将方程式(9.73)中的状态变量$x(t)$扩充，令

$$y(t) = \begin{bmatrix} x(t) \\ \omega(t) \end{bmatrix} \tag{9.91}$$

则得带有成形滤波器的随机外弹道方程

$$\dot{y}(t) = B(t)y(t) + g(t)\delta(t) \tag{9.92}$$

式中

$$B(t) = \begin{bmatrix} A(t) & G(t) \\ 0 & -1/L_H \end{bmatrix};g(t) = \begin{bmatrix} 0 \\ \sqrt{2/L_H}\sigma_H \end{bmatrix}$$

由式(9.92)便可利用方程式(9.85)求出方差阵，则成形滤波器的传递函数为

$$H(p) = \frac{\sqrt{L_k}(1+\sqrt{3}L_k p)}{1-(L_k p)^2}\delta_k(k = V,H) \tag{9.93}$$

其相应的微分方程为

$$\begin{cases} \dot{\omega}(t) = -\frac{1}{L_k}\omega(t) - \frac{\sigma_k}{\sqrt{L_k}}\left[(1+\sqrt{3})\frac{1}{L_k}u(t) + \sqrt{3}\delta(t)\right] \\ \dot{u}(t) = \frac{1}{L_k}u(t) + \delta(t) \end{cases} \tag{9.94}$$

$$y(t)=\begin{bmatrix}x(t)\\ \omega(t)\\ u(t)\end{bmatrix},\ B(t)=\begin{bmatrix}A(t) & G(t) & 0\\ 0 & -1/L_k & -(1+\sqrt{3})L_k^{-3/2}L_K\delta_k\\ 0 & 0 & 1/L_k\end{bmatrix}$$

$$g(t)=\begin{bmatrix}0\\ -\sqrt{3/L_k}\delta_k\\ 1\end{bmatrix} \tag{9.95}$$

亦得与方程(9.92)的形式相同的方程。风场成形滤波器方框图示如图9.10、图9.11所示。

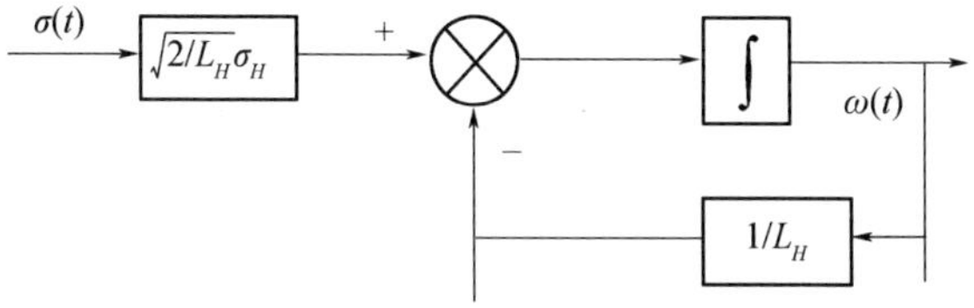

图9.10　纵风成形滤波器方框图

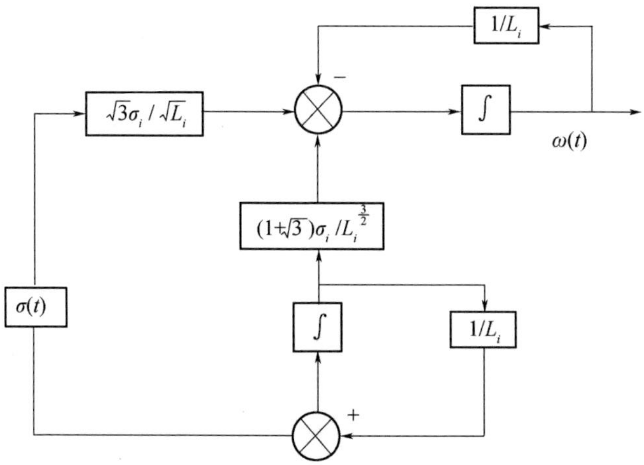

图9.11　铅直、侧向风成形滤波器方框图

第10章 野战火箭控制力学方法

现代战争中,对野战火箭的性能提出的要求越来越高,执行机构是制导火箭飞行制导控制的重要部分,其性能要求也会越来越高,它直接决定着制导火箭飞行过程的动态品质。它的任务是把制导系统的指令信号转换放大,使其具有一定能量的信号从而操控弹体,使制导火箭达到或维持合适的姿态,最后飞向预定的目标。

总的来说,国内外关于制导火箭的执行机构按工作原理大致可以分为燃气射流控制、侧喷脉冲控制和鸭舵控制三大类,本章就相关的控制原理和力学特性进行介绍。

10.1 燃气射流控制

10.1.1 燃气射流控制原理

燃气射流控制, 即是在弹体表面轴向和周向的特定位置上布置一系列燃气发动机, 通过喷口垂直或偏转一定角度向外喷射超声速燃气流, 凭借射流自身反作用力以及与外流作用产生的附加气动力和力矩, 来改变火箭位置和飞行姿态, 修正弹道, 完成机动指令。相对于传统的气动操纵面控制技术, 燃气射流控制技术在控制实施和综合性能方面具有以下优点:

(1) 响应时间短,反应速度快。采用燃气射流控制,可在极短时间内(通常为毫秒量级) 利用射流反作用力及其干扰提供直接的机动操纵力,对控制指令响应时间短,控制惯性小。

(2) 环境适应性强,工作效率高。在大攻角、高空、低速或有大量气动加热的战术环境中,燃气射流控制中的射流反作用力受环境影响较小,能够确保所需的控制力,实现高机动动作。

(3) 易于全弹结构优化,提高总体性能。燃气射流控制技术采用了周向分布和弹体表面嵌入技术,既可以进行俯仰、偏航两个方向的复合控制,又可适应发射平台限制的要求,既减小了无效重量,降低阻力,又由于气动控制面的减少,提高了火箭的隐身性能及生存能力;此外,由于对控制和推进系统要求的降低,控制成本减小,可适应大规模压制性火箭武器的简易制导。

燃气射流控制技术以其较好的综合性能,展现了广阔的应用前景。然而要使以燃气射流控制为基础的火箭设计成功,真正实现对火箭飞行的简易控制,必须研究和认识众多影响燃气射流控制效率的因素。

近年来,国外在高速动能导弹、高性能拦截器、反坦克导弹、制导火箭弹等多种武器上实现了燃气射流控制技术。俄罗斯将横向燃气射流控制技术作为姿态稳定系统用于远程多管火箭,在火箭弹头部后的圆柱段上沿周向布置 8 个矩形燃气射流喷口,分为两组交替工作。在主动段的一定区间内姿态稳定系统工作,其平均控制力的方向总是按减小弹轴摆动角速度和弹轴偏角的需要产生。在弹道主动段前期(几秒内)不断稳定火箭弹纵轴方向,来减小弹道主动段终点的火箭弹速度向量相对于初始给定射向的角偏差,从而减小横向和纵向偏差。

姿态稳定系统主要由陀螺仪、变换放大器和燃气发生器组成。火箭弹采用燃气射流控制发动机作为执行机构,产生所需的侧向控制力,由于燃气发生器位于火箭弹的靠近头部位置,因此能够产生控制力矩,阻止火箭弹的纵轴偏离初始射向。

根据气流控制组件的不同,燃气射流式执行机构可分为射流阀组件式和阀门喷嘴组件 式执行机构。

射流阀组件式执行机构一般包括 4 个超声速双稳射流放大器、4 个燃气放大器和一个火药燃气发生器。超声速双稳射流放大器是个数字式元件,其作用原理是基于“附壁”效应,通过控制气流的通断,达到对主射流流动方向的控制,进而实现推力方向的切换。燃气放大器是一种典型的燃气阀,其作用是控制气流的通断。燃气发生器由燃气发生装置、过滤器等组成,是气源装置。射流阀组件式执行机构的特点是结构简单、响应快,适用于大中型弹体控制系统中。

阀门喷嘴组件式执行机构与射流阀组件式执行机构类似,但其控制方式采用转换气流通道的方式实现。电磁装置控制喷嘴—挡板机构的运动,进而控制内部滑动式机构的运动,实现气流通道的切换。由于高温燃气的作用,阀门存在烧蚀的问题,同时其动作的灵活性和结构密封性也存在一定的问题。

1. 射流阀组件式燃气射流执行机构

燃气射流执行机构主要由燃气发生器、燃气过滤装置、本体、运动部件等结构组成。图 10.1 中内圆筒空间为燃气分配腔,图中内圆筒上的孔为两个喷嘴,外圆筒上的孔为控制气流通道的口。

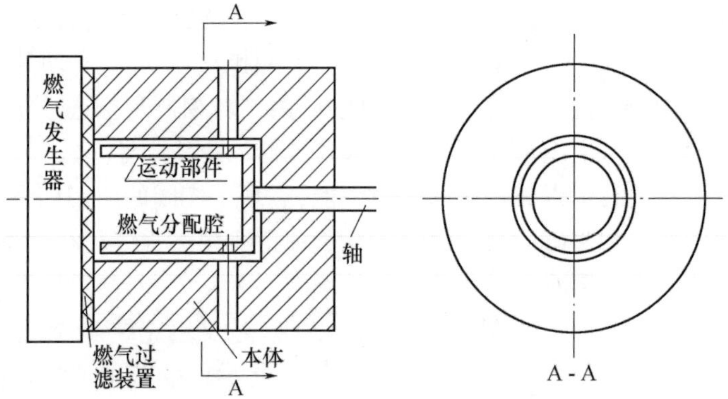

图 10.1　射流阀组件式燃气射流执行机构

该执行机构的工作原理:燃气发生器产生高温气体通过燃气过滤装置进入燃气分配腔,电机带动轴转动,当内筒的孔与外筒的孔在同一轴线上时,气体就被喷出,这是该执行机构的整个工作过程。它在姿态控制信号作用下通过向外喷射高速燃气流为弹体提供控制力以达到控制弹体飞行姿态的目的。运动部件与本体间的间隙配合尺寸是该结构的设计的关键所在,所以在此只画出这一部位的简图。新型燃气射流执行机构具有结构简单、外形尺寸小、质量轻的优点。

该结构设计关键在于运动部件与本体间的间隙配合尺寸的选择,因为该结构运行时燃气分配腔内的高温燃气对运动部件产生热变形会使运动部件与本体间的间隙配合减小,有可能导致机构不能正常工作。根据经验法确定几个方案,例如运动部件的材料,在运动部件上多打些孔(除本身必需的孔)及改变孔的位置和开一些槽等方案。

2. 阀门喷嘴组件式燃气射流执行机构

阀门喷嘴组件式燃气射流执行机构由燃气发生器、燃气过滤装置、燃气分配腔、气流通道、喷嘴—挡板机构、滑阀、拉瓦尔喷管等结构组成,如图 10.2 所示。

它的工作原理是:当喷嘴—挡板机构使喷嘴 1 关闭时,控制气流通道 1 气流为零,节流口 1 的气流速度为零,则腔室 A 与腔室 B 的压强相等。同时,节流口 2 打开,控制气流通道 2 的气流速度最大,又由于节流口 2 的作用,腔室 E 的压强小于腔室 D 的压强。主气流通道直径较大,气流速度较低,则腔室 C 与腔室 B 和腔室 D 的压强近似相等。即在喷嘴 1 关闭的情况下,腔室 A 的压强大于腔室 E 的压强,则在压力差的作用下,滑阀右移,推力气流通道 1 截面积增大,拉瓦尔喷管 1 产生推力。当滑阀移动到右端时,推力气流通道 2 关闭,拉瓦尔喷管 2 推力为零。

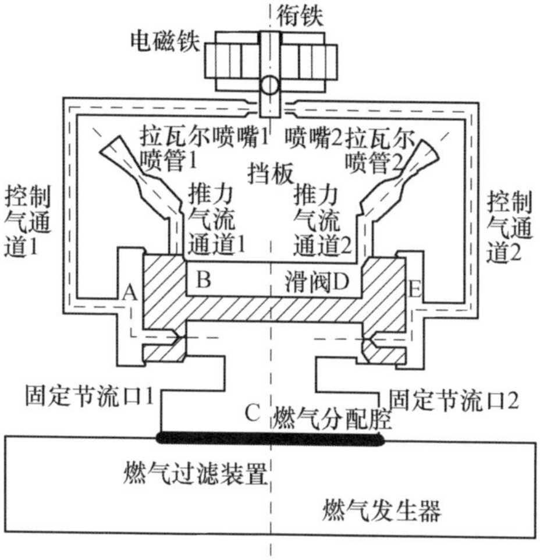

图 10.2　阀门喷嘴组件式燃气射流执行机构

10.1.2　燃气推力计算

喷管是执行机构的一个重要零件,其作用是控制燃气的流量,使燃气发生器保持一定的压强,维持装药的正常燃烧,另一个作用是使将亚声速燃气流转变为超声速流,产生推力。

使亚声速流动变成超声速流动的条件有两个:

(1) 几何条件,喷管的几何型面必须是先收敛后扩张的,即拉瓦尔喷管,这是获得超声速流的必要条件。

(2) 力学条件,是获得超声速流的充分条件,即外界反压与喷管入口总压呈一定的比例关系。

1. 推力公式

根据动量定理,拉瓦尔喷管推力表达式为

$$F = \dot{m}V_e + (p_e - p_a)A_e \tag{10.1}$$

式中

$$\dot{m} = \frac{\Gamma p_0 A_t}{\sqrt{RT_0}}, \Gamma = \sqrt{\gamma\left(\frac{2}{\gamma+1}\right)^{\frac{\gamma+1}{\gamma-1}}} \tag{10.2}$$

式中:p_e 为喷嘴出口截面处压强;A_e 为喷嘴出口截面积;A_t 为喷喉截面积;p_a 为外界反压;γ 为比热比;T_0 为总温。

根据滞止焓定义

$$h_0 = h_e + \frac{1}{2}V_e^2 \tag{10.3}$$

$$h_0 = c_p T_0 \tag{10.4}$$

$$h_e = c_p T_e \tag{10.5}$$

式中:c_p 为定压比热。

根据

$$\frac{p_e}{p_0} = \frac{1}{\left(1 + \frac{\gamma - 1}{2}Ma^2\right)^{\frac{\gamma}{\gamma-1}}}$$

可得

$$V_e = \sqrt{2c_p T_0\left(1 - \frac{T_e}{T_0}\right)} = \sqrt{\frac{2\gamma}{\gamma - 1}RT_0\left[\frac{(\gamma - 1)Ma^2}{2 + (\gamma - 1)Ma^2}\right]} \tag{10.6}$$

则

$$F = p_0\left[A_t\sqrt{\frac{2\gamma^2}{\gamma - 1}\left(\frac{2}{\gamma + 1}\right)^{\frac{\gamma+1}{\gamma-1}}\frac{(\gamma - 1)Ma^2}{2 + (\gamma - 1)Ma^2}} + \frac{A_e}{\left(1 + \frac{\gamma - 1}{2}Ma^2\right)^{\frac{\gamma}{\gamma-1}}}\right] - p_a A_e \tag{10.7}$$

又根据一维定常等熵管流任一截面面积与其临界面积的关系可得到出口马赫数。

$$\frac{A_e}{A_t} = \frac{1}{Ma}\left[\frac{2}{\gamma + 1}\left(1 + \frac{\gamma - 1}{2}Ma^2\right)\right]^{\frac{\gamma+1}{2(\gamma-1)}} \tag{10.8}$$

2. 流动损失

拉瓦尔喷管在工作过程存在各种损失,如热损失、摩擦损失、非理想气体效应、流动方向不严格满足一维要求等,其性能参数的实际值偏离理论值。本节研究各种损失对喷管性能的影响,并进行修正。

1) 两相流损失

装药燃烧产生的燃气中均包含有一定量的凝聚相微粒,影响喷管的性能。由于凝聚相微粒不能膨胀,做功的工质减少,推力、比冲下降。同时,凝聚相对气流形成阻力,热效率降低。采用以下经验公式计算两相流损失的修正系数

$$\varphi_{tp} = 1 - \frac{c_1 n_s^{c_2} d_s^{c_3}}{p_0^{0.15}\varepsilon_e^{0.08} d_t^{c_4}} \tag{10.9}$$

式中：ε_e 为扩张比 $\varepsilon_e = A_e/A_t = \zeta_e^2$；$n_s$ 为凝聚相微粒浓度（mol/0.1kg）；c_1，c_2，c_3，c_4 为与 d_t 和 d_s 有关的常数；d_t 为喷喉直径（cm）；p_0 为总压（Pa）；d_s 为凝聚相微粒直径（μm）；

$$d_s = 1.1 p_0^{1/3} n_s^{1/3} (1 - e^{-0.00158L^*})(1 + 0.01772 d_t) \tag{10.10}$$

式中：L^* 为燃气发生器的长度（cm）。

2）流量损失

燃气从喷管收敛段流到喉部时，由于惯性作用的存在，对通道截面的变化不能完全适应，因此实际的喷喉直径减小，质量流率降低，从而影响推力性能，如图 10.3 所示。

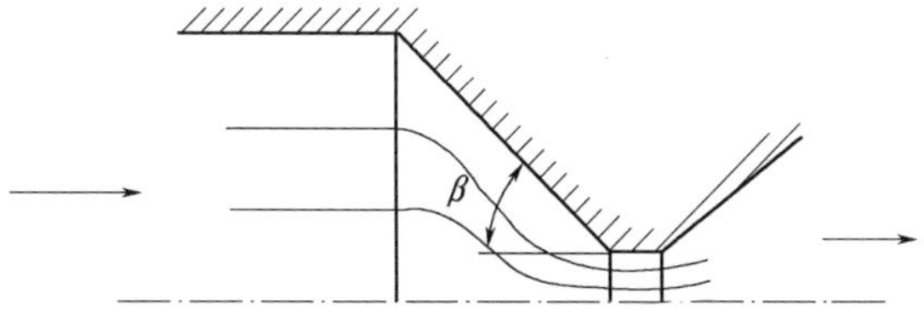

图 10.3　喷管流量损失

采用以下的经验公式计算流量损失的修正系数。

$$\varphi_m = (1 - 0.112\beta)[1 - 0.3(A_t/A_g)^2] \tag{10.11}$$

式中：A_t 为喷喉截面积；A_g 为燃气发生器末端面积；β 为收敛半角（rad）。

3）边界层损失

边界层损失是指由于燃气黏性所产生的气流与喷管管壁之间的摩擦，以及燃气对喷管管壁的散热所造成的损失，它使排气速度减小，推力降低。

采用下面的经验公式计算边界层损失的修正系数

$$\varphi_{b1} = 1 - c_1 \frac{p_0^{0.8}}{d_t^{0.2}} \left(1 + 2e^{-\frac{c_2 p_0^{0.8} t}{d_t^{0.2}}}\right)[1 + 0.016(\varepsilon'_e - 9)] \tag{10.12}$$

式中：t 为工作时间（s）；d_t 为喷喉直径（cm）；p_0 为总压（Pa）。c_1，c_2 为与喷管有关的常数。

ε'_e 取值如下：

$$\varepsilon'_e = \begin{cases} \zeta_e^2 & (\zeta_e^2 < 9) \\ 9 & (\zeta_e^2 \geq 9) \end{cases} \tag{10.13}$$

4）喷管扩张损失

理想计算中，排气速度假定为平行于喷管轴线，且垂直于轴线的截面上的参数是均匀一致的。实际情况下，燃气向外流动时沿锥形的扩张段，因而绝大部分气流的速度并不平行于喷管轴线，存在着径向分速度，使轴向流速减小，推力下降,如图 10.4 所示。

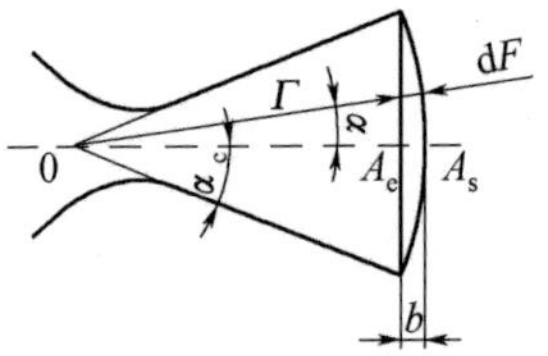

图 10.4　喷管扩张损失

喷管流动计算中,主要关心出口截面即排气面上的流动参数。采用源流假设时,排气参数只有在球面 A_s 上才是一致的,分别为压强 p_s、密度 ρ_s、速度 V_s 等,而喷管出口截面 A_e 上的参数仍用 p_e,ρ_e,V_e 等表示。对于定常流动,可以近似认为球面上和平面上的气流参数相等,即 $\dot{m}_s=\dot{m}$,$\dot{p}_s=\dot{p}_e$,$\dot{V}_s=\dot{V}_e$。则推力公式可改写为

$$F=\dot{m}V_e\frac{1+\cos\alpha_c}{2}+p_eA_e-p_aA_e \tag{10.14}$$

考虑扩张损失后的推力比理论值要小,定义修正系数为

$$\varphi_\alpha=\frac{1+\cos\alpha_c}{2} \tag{10.15}$$

3. 推力计算

当喷管出口气流压强与反压相等时,喷管可获得最佳推力,根据总压和反压的比例关系确定扩张比。同时,当总压、喷喉直径不同时,最佳扩张半角也不相同,因此要选择合适的扩张半角,在减小扩张损失的同时,控制摩擦损失和热损失的限度。

拉瓦尔喷管的设计方法为:

(1) 根据总压和反压的关系,确定扩张比。

(2) 在扩张半角经验范围内选择扩张半角,计算喷管的几何长度。

(3) 确定推力和喷喉截面积的关系。

(4) 计算喷管流动损失和喷管的实际推力值,并根据计算结果调整扩张半角,减小流动损失。

根据设计初始参量的不同,计算的方法也不同。其中,已知参量为外界反压、设定的推力值和扩张半角经验范围,未知参量为总压和喷喉截面积。根据相关的关系,采用迭代的方法计算。

10.1.3 姿态控制系统分析

图10.5为某简易控制火箭弹结构布局图,图10.6为火箭弹姿态控制系统结构图,图10.7为某远程简易控制火箭弹弹道作用流程图。该类野战火箭姿态控制系统的任务是在火箭弹离轨后几秒内,将火箭弹的弹轴姿态控制在发射方向,依靠稳定火箭弹纵轴姿态来间接稳定速度向量方向,减少由于扰动造成的速度向量方向散布,以减小火箭弹落点横向偏差,提高射击密集度,姿态控制系统工作时间一般较短。

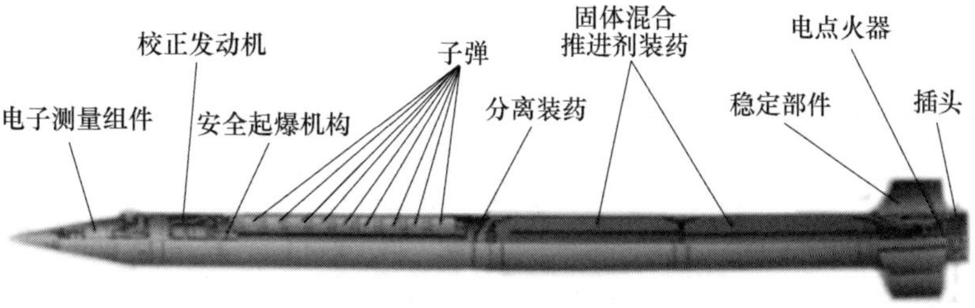

图10.5 某远程简易控制火箭弹结构布局

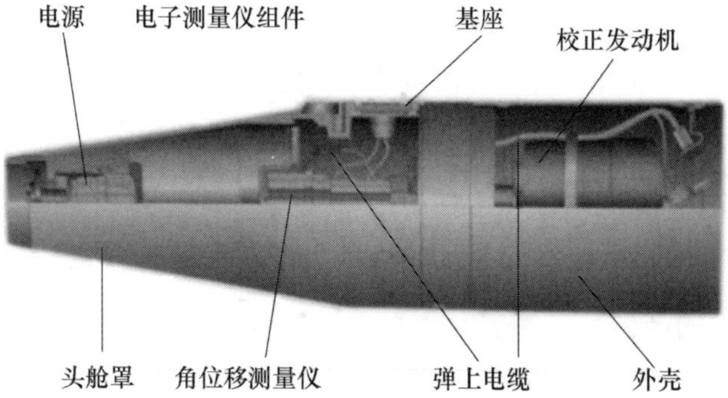

图10.6 火箭弹姿态控制系统结构图

火箭弹姿态控制系统的总体方案是:由姿态测量元件作为系统的敏感元件,测量火箭弹纵轴的运动参数,测量元件输出的误差信号送给信号提取、滤波及变换放大电路,此电路作为姿态控制系统的指令生成器,将陀螺仪输出信号进行解调、滤波处理,并形成控制指令驱动执行机构运动。由执行机构形成对于火箭弹体的控制力。

测量元件、指令生成器、执行机构和火箭弹体组成闭合反馈控制回路。前三者构成姿态控制系统,弹体是被控对象。姿态控制系统一般原理框图如图10.8所示。

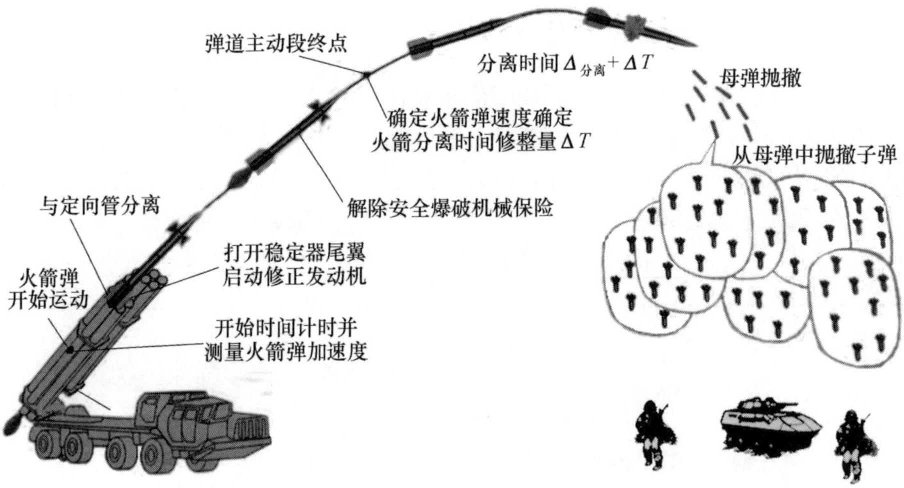

图 10.7　某远程简易控制火箭弹弹道作用流程图

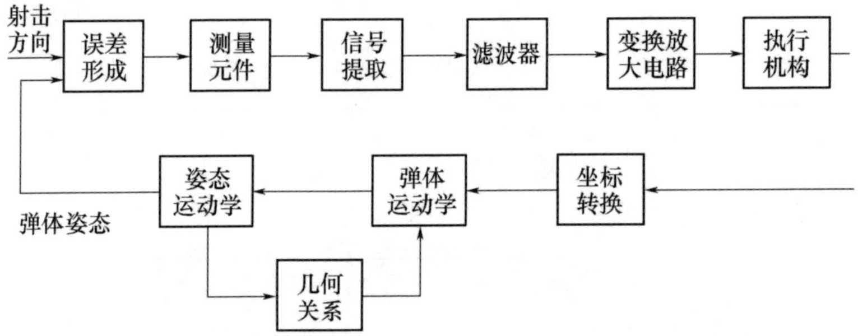

图 10.8　姿态控制系统原理框图

1. 控制力的产生

火箭弹在空间旋转 γ 角时，每个通道直接力 $\boldsymbol{F}_c$ 正方向与准弹体坐标系的 O_{z_3} 轴的夹角为 γ。将 $\boldsymbol{F}_c$ 分解为两个正交分量为

$$\begin{cases} F_{cy} = -F_c \sin\gamma \\ F_{cz} = F_c \cos\gamma \end{cases} \tag{10.16}$$

式中：F_{cy} 为偏航控制力；F_{cz} 为俯仰控制力。随着弹体的旋转，F_{cy} 和 F_{cz} 也不断变化，称为瞬时控制力。当火箭的滚转频率大大超过弹体的误差角频率时，弹体只能响应滚转一周所产生的周期平均控制力，该力的俯仰和偏航分量表达如下：

$$\begin{cases} F_{cpy} = \dfrac{1}{T}\displaystyle\int_{-T} F_{cy}\mathrm{d}t \\ F_{cpz} = \dfrac{1}{T}\displaystyle\int_{-T} F_{cz}\mathrm{d}t \end{cases} \tag{10.17}$$

式中：F_{cpy}和F_{cpz}分别为俯仰周期平均控制力和偏航周期平均控制力；T为弹体滚转周期。

假设在一个周期内弹体的滚转角速度$\dot{\gamma}$变化不大，近似按常数处理，即

$$\gamma = \dot{\gamma}t, T = \frac{2\pi}{\dot{\gamma}} \tag{10.18}$$

进一步得到

$$\begin{cases} F_{cpy} = \dfrac{1}{2\pi}\displaystyle\int_{\gamma_1-2\pi}^{\gamma_1} F_c \sin\gamma u(\gamma)\,d\gamma \\ F_{cpz} = \dfrac{1}{2\pi}\displaystyle\int_{\gamma_1-2\pi}^{\gamma_1} F_c \cos\gamma u(\gamma)\,d\gamma \end{cases} \tag{10.19}$$

式中：$u(\gamma)$为控制操纵力方向的信号，由信号发生器产生。当忽略控制力时间延迟时，$u(\gamma) = \pm 1$。则得到俯仰通道的最大周期平均操纵力控制信号为

$$u(\gamma) = \begin{cases} 1 & (0 < \gamma < \pi) \\ -1 & (\pi < \gamma < 2\pi) \end{cases} \tag{10.20}$$

代入得

$$\begin{cases} F_{cpy} = \dfrac{2}{\pi}F_c \\ F_{cpz} = 0 \end{cases} \tag{10.21}$$

同理，将

$$u(\gamma) = \begin{cases} 1 & \left(0 < \gamma < \dfrac{\pi}{2}, \dfrac{3\pi}{2} < \gamma < 2\pi\right) \\ -1 & \left(\dfrac{\pi}{2} < \gamma < \dfrac{3\pi}{2}\right) \end{cases} \tag{10.22}$$

代入得

$$\begin{cases} F_{cpy} = 0 \\ F_{cpz} = \dfrac{2}{\pi}F_c \end{cases} \tag{10.23}$$

令$F_{cmax} = \left|\dfrac{2}{\pi}F_c\right|$，称为最大周期平均控制力。

定义每个周期平均控制力与最大周期平均控制力之比为指令系数。引入控制力系数K为

$$K = \frac{F_{cp}}{nF_c} \tag{10.24}$$

式中：n为喷口组数；F_{cp}为等效控制力；F_c为喷口控制力大小。综合得到

$$K = K_y \boldsymbol{j}_3 + K_z \boldsymbol{k}_3 \tag{10.25}$$

$$\begin{cases} K_y = \dfrac{1}{2\pi}\displaystyle\int_{\gamma_1-2\pi}^{\gamma_1} \sin\gamma u(\gamma)\,\mathrm{d}\gamma \\ K_z = \dfrac{1}{2\pi}\displaystyle\int_{\gamma_1-2\pi}^{\gamma_1} \cos\gamma u(\gamma)\,\mathrm{d}\gamma \end{cases} \tag{10.26}$$

式中:K_y 为偏航通道控制力系数;K_z 为俯仰通道控制力系数;$\boldsymbol{j}_3$、$\boldsymbol{k}_3$ 分别为准弹体坐标系 y 轴和 z 轴单位向量。

2. 控制信号的产生

简控系统由陀螺、姿控发动机、信号处理器、控制器等几部分组成。在主动段的初始段,角稳定系统工作、产生控制信号 $u(\gamma)$,在此信号的作用下,平均控制力对火箭弹进行连续稳定控制,使弹轴在初始段尽可能保持在主动段的初始方向,从而减小主动段终点时火箭弹速度向量的偏差。简控系统在工作过程中,由陀螺测量弹轴相对初始方向的偏差,经过信号处理器处理后,形成控制信号 $u(\gamma)$。

陀螺转子在起飞前启动,稳定在发射方向上,起飞后,陀螺测量线圈敏感出弹体姿态角的改变,送出测量信号 u_c,陀螺基准线圈送出相差 90°的基准信号 u_{n1} 和 u_{n2} 为

$$u_c = k\Psi(t)\sin(f_r t - \theta(t)) \tag{10.27}$$

$$\begin{cases} u_{n1} = u_n \sin(f_r t - \gamma(t)) \\ u_{n2} = -u_n \cos(f_r t - \gamma(t)) \end{cases} \tag{10.28}$$

式中:k 为测量信号的比例系数;Ψ 为偏差角;θ 为误差方位角;u_n 为基准信号幅值;f_r 为陀螺转子频率。

用发射坐标系代替准弹体坐标系,于是得到了所需要的姿态角(即偏离发射时方向的姿态角)。由于陀螺仪的自转频率远远高于弹体自转频率,因而可以通过信号处理器利用 u_{n1} 和 u_{n2} 式对 u_c 进行鉴幅鉴相得到偏差角信号为

$$\begin{cases} u_{c1} = k\Psi(t)\sin(\gamma - \theta(t)) \\ u_{c2} = k\Psi(t)\cos(\gamma - \theta(t)) \end{cases} \tag{10.29}$$

然后利用锯齿波基准信号对式(10.70)进行脉宽调制,形成控制指令 $u(\gamma)$。取锯齿波函数

$$f(\gamma) = A\left(-1 + \frac{2}{T}(\gamma - NT')\right) \quad (NT' < \gamma < (N+1)T') \tag{10.30}$$

式中:A 为锯齿波幅值;T' 为锯齿波周期;N 为正整数。

控制信号函数

$$u(\gamma) = \mathrm{sign}(u_{c1} - f(\gamma)) \tag{10.31}$$

当锯齿波频率为中正弦波频率的一定倍数时,可以得到控制信号,得到

$$\begin{cases} K_y = \dfrac{1}{2\pi}\displaystyle\int_{\gamma_1-2\pi}^{\gamma_1}\sin\gamma\,\mathrm{sign}\left(\dfrac{k\Psi}{A}\sin(\gamma-\theta)-\left(-1+\dfrac{2}{T}(\gamma-NT')\right)\right)\mathrm{d}\gamma \\ K_z = \dfrac{1}{2\pi}\displaystyle\int_{\gamma_1-2\pi}^{\gamma_1}\cos\gamma\,\mathrm{sign}\left(\dfrac{k\Psi}{A}\sin(\gamma-\theta)-\left(-1+\dfrac{2}{T}(\gamma-NT')\right)\right)\mathrm{d}\gamma \end{cases} \tag{10.32}$$

式中:令 $k_1=\dfrac{k\Psi}{A}$ 为偏差角信号与锯齿波幅值之比,$k_2=\theta$ 为偏差方位角,由于锯齿波周期是相对于自转角给定的,所以控制力系数只与 k_1、k_2 有关。

10.2 侧喷脉冲力控制

脉冲力执行机构由多个独立点火的脉冲发动机构成,由脉冲发动机点火控制单元确定点火时序,可以实现多次、不连续的修正,从而达到提供控制力实现弹道修正的目的。环状分布的每个脉冲发动机都是一个小型的独立的喷管,弹载计算机可以根据弹道偏差进行脉冲发动机的点火控制,产生方位合适的直接力来改变火箭弹飞行轨迹实现弹道修正。火箭发射后将作无控自由飞行,进入弹道修正阶段后,根据探测系统获取的弹目信息,由弹载计算机求出控制信号,驱动脉冲发动机对弹道做若干次的修正,从而减小偏差。

10.2.1 脉冲修正执行机构

为了实现弹道修正弹的快速修正能力,弹道修正弹常采用具有简易、高效、轻便和低费效比的小型脉冲发动机,利用它产生有限次的脉冲的冲量来改变弹道方向,提高修正弹的命中精度。它们通常位于修正弹的重心附近,呈环形分布,通过控制这些小型脉冲推力向量发动机中的某个横向射流进行推力向量控制。发动机的喷管都镶嵌在弹体表面之下,喷口多与弹体表面平行,以径向喷气为主进行部位安排;但也有采用成对斜置喷气或把喷口沿弹轴纵向布置的,以通过对修正弹纵向速度的增/减速影响,达到对修正弹纵向射程的修正。脉冲向量发动机一般体积不大,受修正执行机构的软件控制,点燃处于适当位置上的小型脉冲向量发动机,为修正弹提供所需的修正力。脉冲控制力有以下特点:

(1) 对控制指令的响应时间短,反应速度快。

(2) 结构简单,轻巧,便于制造,价格价廉,工作可靠。

(3) 驱动功率小,效率高。

(4) 脉冲发动机能量有限,脉冲控制力的大小也有限。

(5) 不能够连续作用,具有离散性,制导精度较低。

通常,固体脉冲向量发动机是由多级药柱、隔离层和点火系统构成,该点火系统允许每段药柱都能在最适合的时刻点燃和燃烧。

10.2.2 脉冲控制力和力矩

为了分析火箭弹在脉冲作用下的空间运动规律,必须要根据脉冲发动机的具体特点建立脉冲控制力和控制力矩数学模型,这是研究相关问题的基础。

1. 脉冲发动机的特点及简化假设

本文所采用的脉冲发动机为小型固体火箭发动机,其布局与主要的特点如下:

(1) 由多个相同的脉冲发动机沿弹体表面周向以环线形式均匀布置,理想条件发动机喷口产生的推力位于与弹轴的横剖面内,如图 10.9 所示。

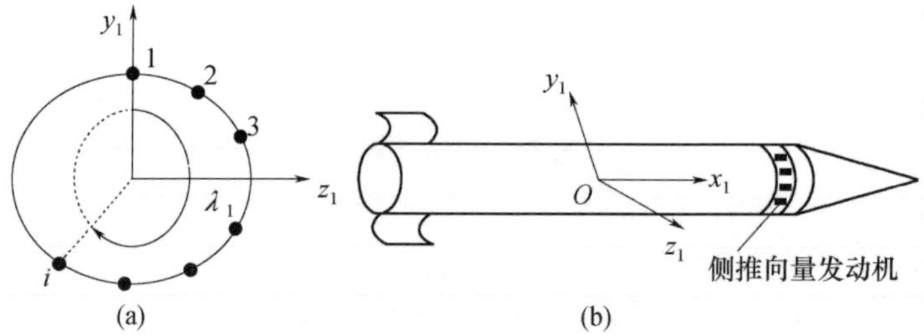

图 10.9 脉冲发动机布置图

(2) 每次只能有一个脉冲发动机点火工作,其每个发动机具有一次性工作的特点。

(3) 对控制指令反应时间短,响应快。

(4) 脉冲发动机点火后,其实际推力值先迅速增大,到达峰值后迅速减小,且作用时间极短,通常约几毫秒到几十毫秒,如图 10.10 中的曲线 A 所示。

(5) 脉冲发动机空间体积小,装药量少,质量小,产生的控制力大小有限。

为了使问题简化,便于求解,根据上述特点,本书建模时作如下简化假设:

(1) 不考虑脉冲发动机工作时的横向射流干扰效应,仅计算其反作用力。

(2) 为了讨论方便,基于冲量相等原则,采用矩形波函数来建模,即认为在脉冲工作时间段内其推力值为常数,如图 10.10 中的曲线 B 所示。

(3) 忽略脉冲发动机火药燃烧过程中火箭质量的变化以及所引起的质心位置的变化和转动惯量的变化。

2. 瞬时脉冲控制力和控制力矩

当脉冲发动机推力作用线通过弹体质心时,当脉冲发动机推力作用线通过弹体质心时,仅产生相应的横向脉冲控制力。如果推力作用线不通过质心,则除脉冲控制力外还要产生对质心的控制力矩。假定单个脉冲发动机的冲量为

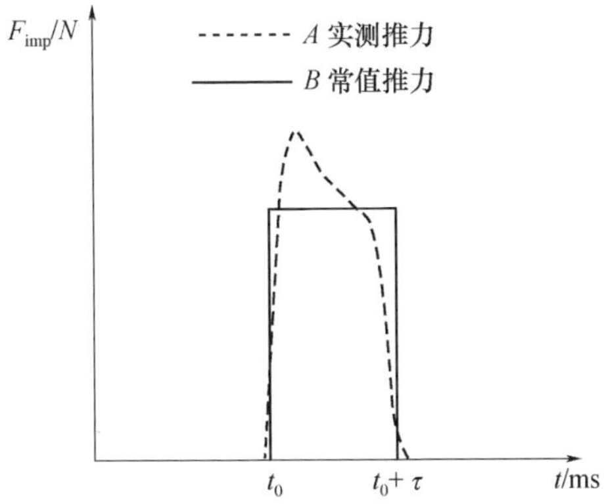

图 10.10　脉冲发动机推力曲线

I_{imp}、持续作用时间为 τ、推力为 F_{imp}，轴向偏心距为 L_{imp}（脉冲推力作用线所在横剖面距弹体质心的距离，当横剖面位于质心与弹头之间时为正），径向偏心距为 D_{imp}（脉冲推力作用线距弹轴的距离，当脉冲推力产生沿 $O\xi$ 正向的滚转力矩时为正），脉冲射流顺时针方向相对于第一弹轴坐标系 $O\eta$ 轴的夹角为 γ_{p}。利用几何关系，可将脉冲控制力及控制力矩投影至第一弹轴坐标系，再根据坐标转换关系可进一步将脉冲控制力投影到弹道坐标系 $O-x_2y_2z_2$，最终得到

$$\begin{bmatrix} F_{\text{imp}x_2} \\ F_{\text{imp}y_2} \\ F_{\text{imp}z_2} \end{bmatrix} = \begin{bmatrix} -F_{\text{imp}\eta}(\cos\delta_1\sin\delta_2\sin\alpha_a+\sin\delta_1\cos\alpha_a)+ \\ F_{\text{imp}\xi}(-\cos\delta_1\sin\delta_2\cos\alpha_a+\sin\delta_1\sin\alpha_a) \\ F_{\text{imp}\eta}(-\sin\delta_1\sin\delta_2\sin\alpha_a+\cos\delta_1\cos\alpha_a)- \\ F_{\text{imp}\xi}(\sin\delta_1\sin\delta_2\cos\alpha_a+\cos\delta_1\sin\alpha_a) \\ F_{\text{imp}\eta}\cos\delta_2\sin\alpha_a+F_{imp\xi}\cos\delta_2\cos\alpha_a \end{bmatrix} \tag{10.33}$$

$$\begin{bmatrix} M_{\text{imp}\xi} \\ M_{\text{imp}\eta} \\ M_{\text{imp}\zeta} \end{bmatrix} = \begin{bmatrix} F_{\text{imp}}D_{\text{imp}} \\ -F_{\text{imp}\zeta}L_{\text{imp}} \\ F_{\text{imp}\eta}L_{imp} \end{bmatrix} \tag{10.34}$$

其中

$$\begin{bmatrix} F_{\text{imp}\xi} \\ F_{\text{imp}\eta} \\ F_{\text{imp}\zeta} \end{bmatrix} = \begin{bmatrix} 0 \\ -F_{\text{imp}}\cos\gamma_{\text{p}} \\ -F_{\text{imp}}\sin\gamma_{\text{p}} \end{bmatrix} \tag{10.35}$$

$$F_{\text{imp}} = \frac{I_{\text{imp}}}{\tau}[h(t-t_0)-h(t-t_0-\tau)] \tag{10.36}$$

式中：$F_{\text{imp}x_2}$，$F_{\text{imp}y_2}$，$F_{\text{imp}z_2}$ 为脉冲控制力在弹道坐标系三轴上的分量；F_{imp_ξ}，F_{imp_η}，F_{imp_ζ} 为脉冲控制力在第一弹轴坐标系三轴上的分量；$M_{\text{imp}\xi}$，$M_{\text{imp}\eta}$，$M_{\text{imp}\zeta}$ 为

脉冲控制力矩在第一弹轴坐标系三轴上的分量；$h(t)$ 为 Heaviside 函数；t_0 为脉冲起始工作时刻。由于弹体在脉冲作用过程中处于低速滚转状态，γ_p 不断地变化，$F_{imp\eta}$，$F_{imp\zeta}$，$M_{imp\eta}$ 和 $M_{imp\zeta}$ 也随之不断变化，故称它们为瞬时控制力和控制力矩。

3. 等效平均脉冲控制力和控制力矩

为了定量地描述瞬时脉冲控制力的平均作用效果，引入等效平均控制力的概念。根据力学原理，物体在一段时间内运动的变化取决于该段时间内作用在其上外力的冲量。因此可以认为，如果一个大小和方向固定的控制力 $\overline{F}_{imp}$ 与瞬时控制力在脉冲作用时间间隔 τ 内产生的冲量相等，则此力就是等效平均控制力，用式子表示即为

$$\overline{F}_{imp} = \frac{1}{\tau}\int_0^{t_0+\tau} F_{imp}\cos(\gamma_m - \gamma_p)\,dt \tag{10.37}$$

由于脉冲作用时间极短，弹体滚转角速度在此期间变化不大，可近似按常数处理，记为 $\dot{\gamma}_0$，因此脉冲控制力将转过 $\dot{\gamma}_0\tau$ 的角度，设该转角角平分线顺时针方向相对于第一弹轴坐标系 $O\eta$ 轴的夹角 γ_m，将式(10.37)代入式(10.35)，可得脉冲控制力分量的等效平均值为

$$\begin{cases}\overline{F}_{imp\eta} = -\dfrac{1}{\tau}\displaystyle\int_0^{t_0+\tau} F_{imp}\cos\left[\gamma_m - \dfrac{\dot{\gamma}_0\tau}{2} + \dot{\gamma}_0(t-t_0)\right]dt \\ \qquad = -\dfrac{2F_{imp}}{\dot{\gamma}_0\tau}\sin\dfrac{\dot{\gamma}_0\tau}{2}\cos\gamma_m \\ \qquad = -\overline{F}_{imp}\cos\gamma_m \\ \overline{F}_{imp\zeta} = -\dfrac{1}{\tau}\displaystyle\int_0^{t_0+\tau} F_{imp}\sin\left[\gamma_m - \dfrac{\dot{\gamma}_0\tau}{2} + \dot{\gamma}_0(t-t_0)\right]dt \\ \qquad = -\dfrac{2F_{imp}}{\dot{\gamma}_0\tau}\sin\dfrac{\dot{\gamma}_0\tau}{2}\sin\gamma_m \\ \qquad = -\overline{F}_{imp}\sin\gamma_m\end{cases} \tag{10.38}$$

式中

$$\overline{F}_{imp} = \frac{2F_{imp}}{\dot{\gamma}_0\tau}\sin\frac{\dot{\gamma}_0\tau}{2} \tag{10.39}$$

从式(10.38)可以看出，虽然瞬时脉冲控制力的方向随弹体的滚转不断变化，但最终的平均效果将沿其转角的角平分线方向，如图 10.11 所示。由式(10.39)可知，平均控制力的大小除了取决于瞬时控制力的大小，还与弹体的滚转角速度和脉冲作用时间有关。以上讨论说明，只要适当地选取脉冲的起始作用角度、弹体转速、脉冲持续作用时间和所提供的冲量，就可以对弹体产生所需方向和大小的控制力，实现正确的偏差修正。

将式(10.38)代入式(10.34),可进一步得脉冲控制力矩分量的等效平均值为

$$\begin{cases}\overline{M}_{\mathrm{imp}\eta} = \overline{F}_{\mathrm{imp}}L_{\mathrm{imp}}\sin\gamma_{\mathrm{m}} \\ \overline{M}_{\mathrm{imp}\xi} = -\overline{F}_{\mathrm{imp}}L_{\mathrm{imp}}\cos\gamma_{\mathrm{m}}\end{cases} \tag{10.40}$$

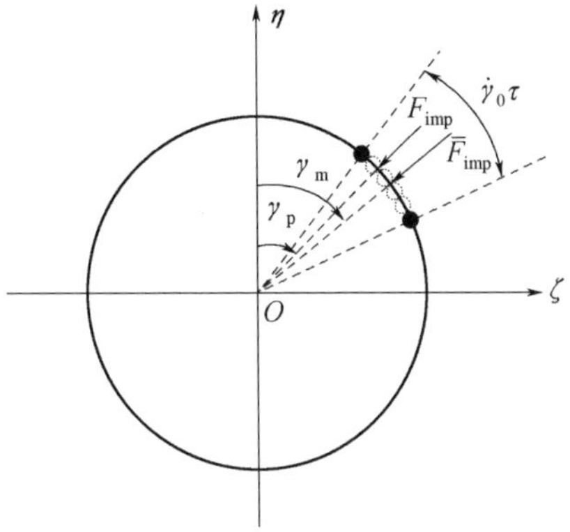

图10.11　瞬时脉冲控制力与等效平均脉冲控制力关系图

4. 旋转弹体旋转频率关的选择

弹箭弹体的固有频率为

$$\omega_{\mathrm{c}} = \sqrt{-(a_{24} + a_{22}a_{34})} \tag{10.41}$$

当弹箭是靠斜置弹翼来获得并维持其旋转角速度 ω_x 时,为保证动态稳定性,在线性化假定下,有

$$\omega_{\mathrm{c}} - \sqrt{\left[\frac{-m_z^{\beta\omega_x}qsL}{(a_{34}-a_{22})J_z} - \frac{1}{2}\left(\frac{a_{34}+a_{22}}{a_{34}+-a_{22}}\right)\frac{J_x}{J_z}\right] - \left(\frac{1}{2}\frac{J_x}{J_z}\right)^2}\,\omega_x > 0 \tag{10.42}$$

可令

$$\sqrt{\left[\frac{-m_z^{\beta\omega_x}qsL}{(a_{34}-a_{22})J_z} - \frac{1}{2}\left(\frac{a_{34}+a_{22}}{a_{34}-a_{22}}\right)\frac{J_x}{J_z}\right] - \left(\frac{1}{2}\frac{J_x}{J_z}\right)^2} = C \tag{10.43}$$

式中:C 为稳定边界常数,则式(10.42)可以改写为

$$\omega_{\mathrm{c}} - C\omega_x > 0 \tag{10.44}$$

若弹体的相关结构参数已定,则 C 可视为一个常数。

弹体旋转频率的上限:

(1) 通过式(10.44)可知,当旋转频率 f_x 过大,也就是旋转角速度 ω_x 大于一定值时,马格努斯力矩会很大,其作用超过静稳定力矩,就会导致弹体动态失稳。

(2) 侧喷电磁阀快速切换与延迟的限制。因为旋转弹箭控制信号与弹体

绕纵轴旋转的周期是严格同步的。在一个周期内,控制信号控制电磁阀来回切换两次;如果频率过高,单位时间内换向次数增多;当控制信号频率大于控制器带宽时,它就不能正常响应控制指令,会降低控制性能。

弹体旋转频率的下限:

(1) 旋转频率 f_x 必须超过弹体固有频率 f_c。因为侧喷控制力频率与弹体旋转频率是相同的,当旋转频率与弹体固有频率相同或接近时,就会产生共振。

(2) 从控制系统要求看,希望 f_x 高一些为好。弹箭自旋频率高有利于提高滤波作用。

(3) 从改善弹体的气动不对称和推力偏心等干扰因素的影响考虑,希望弹体旋转频率高一些为好。但在确定旋转频率下限时,还应考虑最大转速的限制。低温转速不能过高,若过高,则高温转速会更高。

综合上述,参考已有旋转弹箭的自旋频率,得出一般弹箭自旋角频率应大于其弹体固有频率的 2 倍,小于弹体固有频率的 7 倍,即

$$2f_c < f_x < 7f_c \tag{10.45}$$

也就是一般小型、近程旋转火箭的旋转转速 n 的范围为 5 ~ 15r/s,且飞行过程中转速变化不大。

10.2.3 脉冲发动机控制策略分析

常用的脉冲控制策略主要有固定时刻修正和实时探测修正两种,虽然两种方法实施起来有一定不同,但是两者都需要探测获得目标相对于火箭的方位角,以及目标和火箭的连线与探测器光轴线之间的夹角,也就是误差角。这两个重要的参数通过激光四象限目标探测器测得的数据处理后得到的,它们的精度将直接影响修正精度。当火箭飞行进入弹上激光四象限探测器的工作范围,探测器将实时向弹载控制器传入,由目标反射来的激光在探测器上的光斑位置 (x_t, y_t),由控制器计算出相应的方位角和误差角,即 (δ, ε),或者直接传入方位角和误差角。究竟采用何种形式由设计者根据实际情况决定,以达到要求的性能。当误差角 ε 大于约定的修正阂值 η_0,控制器就要根据误差角和其他条件选择将要工作的脉冲发动机的级数,并根据方位角 δ 确定脉冲发动机的点火时刻。

本节介绍在已经获得控制所必需的目标方位角和误差角后,确定脉冲发动机点火工作的顺序和时刻,以及多少个脉冲发动机需要点火工作。

1. 脉冲发动机点火选择

当控制器获得的误差角 ε 大于修正闭值 η_0,此时,就要依据一定算法,根据方位角 δ 来决定哪一个编号的脉冲发动机第一个点火工作,然后第二个、第三个等。为了完成这个任务,由于脉冲发动机在火箭上周向均匀布置,除了知道

火箭上的脉冲发动机个数 N 和脉冲力宽度 T 外，还必须知道火箭转速 $\dot{\gamma}$，通过特别的设计，使火箭上的相邻脉冲发动机只能依次工作，并且能够在一周内全部点火工作，所以这里就无需知道点火工作间隔，并假定火箭转速 $\dot{\gamma}$ 为已知。另外，激光四象限探测器也是在火箭上固定安装，随弹体一起绕弹轴旋转，与弹上布置的脉冲发动机情况一样，这样这两者间就存在一定联系，从弹顶向弹底看去，将得到图 10.12 所示的位置关系投影图。

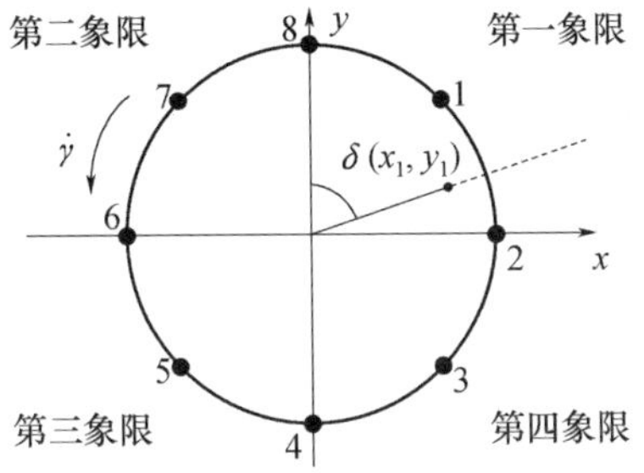

图 10.12　激光四象限探测器与脉冲发动机的平面位置关系示意图

图 10.12 中，十字线相当于激光四象限探测器的光刻线，将探测器分为四个区域，为了更加明了，图中分别标出了四象限区域；外圆为火箭外径投影；1～8黑点和编号为火箭上周向均匀布置的脉冲发动机投影；$\dot{\gamma}$ 为火箭瞬时转速和旋转方向；点 (x_t, y_t) 为激光四象限探测器探测到的目标反射的激光光斑中心在探测器上的位置；δ 为探测到的相对与光刻线轴夹角，且 $\delta \in (-\pi, \pi]$，反映了目标相对于探测器光轴与地面连线在地面上投影的方位，也给出修正脉冲发动机选择的依据。

假设在某时刻探测到如图 10.12 的方位角，并以探测到方位角的时刻为计时起点，而且脉冲发动机个数为 N，故相邻两个脉冲发动机间的角度为 $\Delta_N = 2\pi/N$，则火箭从当前脉冲位置旋转到相邻下一脉冲位置，即转过 Δ_N 角度，所用时间为

$$\Delta_T = \frac{\Delta_N}{\dot{\gamma}} = \frac{2\pi}{N\dot{\gamma}} \tag{10.46}$$

假设第一个脉冲发动机旋转到探测角度延长线位置，火箭需转过 γ_1 角度，为了提高修正精度，脉冲发动机工作需要一个提前角，对应时间为脉冲力宽度的一半，即 $T/2$，则第一个脉冲发动机工作的时刻为

$$t_1 = \begin{cases} \dfrac{\gamma_1}{\dot{\gamma}} - \dfrac{T}{2} & \left(\dfrac{\gamma_1}{\dot{\gamma}} - \dfrac{T}{2} \geqslant 0\right) \\ \dfrac{\gamma_1}{\dot{\gamma}} - \dfrac{T}{2} + \Delta_T & \left(\dfrac{\gamma_1}{\dot{\gamma}} - \dfrac{T}{2} < 0\right) \end{cases} \tag{10.47}$$

则各个脉冲发动机点火工作的时刻为

$$t_k = t_t + (k-1)\Delta_T \quad (k = 1,2,\cdots,N-1) \tag{10.48}$$

由式(10.47)和式(10.48)决定了各个脉冲发动机点火时刻,但其中有一未知量 γ_1,所以算法的关键在于求得旋转角度 γ_1,但 γ_1 随火箭上脉冲发动机的数目不同求解公式也不同,下面分情况讨论,这里仅对 $N=2,4,8$ 的情况进行说明。

(1) 当火箭上脉冲发动机的数目 $N=2$ 时,布置情况图 10.13 所示。

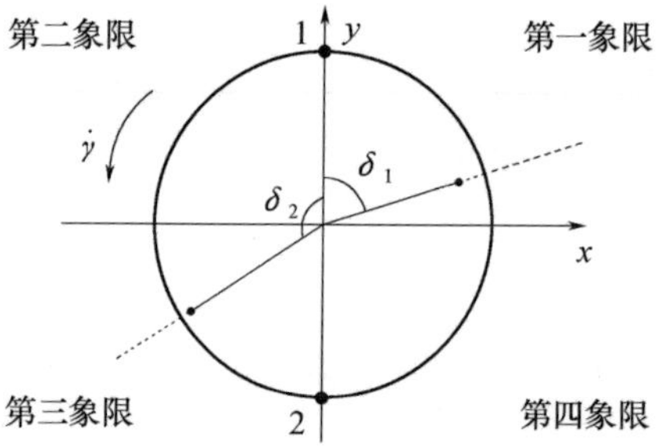

图 10.13 $N=2$ 时脉冲发动机布置与测得方位角

若探测器探测的方位角 $\delta=\delta_1$,且 $0\leqslant\delta_1\leqslant\pi$ 时,$\gamma_1=\pi-\delta$。

若探测器探测的方位角 $\delta=\delta_2$,且 $-\pi<\delta_2<0$ 时,$\gamma_1=-\delta$。

(2) 当火箭上脉冲发动机的数目 $N=4$ 时,布置情况如图 10.14 所示。

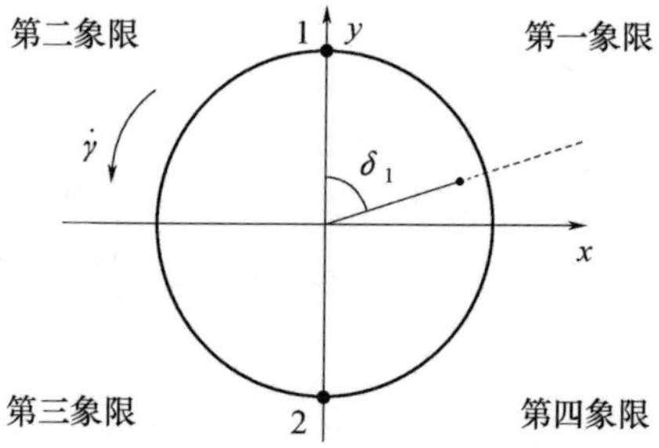

图 10.14 $N=4$ 时脉冲发动机布置与测得方位角

如果激光光斑中心在第一象限,即

$$0 \leqslant \delta \leqslant \frac{\pi}{2} \tag{10.49}$$

则

$$\gamma_1 = \frac{\pi}{2} - \delta \tag{10.50}$$

同样,可求得激光光斑中心在其他象限时转角 γ_1 的值,合起来即式(10.51)。

$$\gamma_1 = \begin{cases} \dfrac{\pi}{2} - \delta & \left(0 \leqslant \delta \leqslant \dfrac{\pi}{2}\right) \\ \pi - \delta & \left(\dfrac{\pi}{2} < \delta \leqslant \pi\right) \\ -\delta & \left(-\dfrac{\pi}{2} \leqslant \delta < 0\right) \\ -\delta - \dfrac{\pi}{2} & \left(-\pi < \delta < -\dfrac{\pi}{2}\right) \end{cases} \tag{10.51}$$

(3) 当火箭上脉冲发动机的数目 $N=8$ 时,布置情况如前面图 10.13 所示。为了方便表示,首先将测得的方位角表示为式(10.52)的形式,式中 δ' 为探测到的方位角。

$$\delta = \begin{cases} \dfrac{\pi}{2} - \delta' & \left(0 \leqslant \delta' \leqslant \dfrac{\pi}{2}\right) \\ \pi - \delta' & \left(\dfrac{\pi}{2} < \delta' \leqslant \pi\right) \\ -\delta' & \left(-\dfrac{\pi}{2} \leqslant \delta' < 0\right) \\ -\delta' - \dfrac{\pi}{2} & \left(-\pi < \delta' < -\dfrac{\pi}{2}\right) \end{cases} \tag{10.52}$$

与式(10.51)非常相似,只是表示的意义不一样,则此时转角 γ_1 为

$$\gamma_1 = \begin{cases} \delta & \left(0 \leqslant \delta < \dfrac{\pi}{4}\right) \\ \delta - \dfrac{\pi}{4} & \left(\dfrac{\pi}{4} \leqslant \delta \leqslant \dfrac{\pi}{2}\right) \end{cases} \tag{10.53}$$

通过以上分析,得到了确定各脉冲发动机点火时刻的表达式,就可以根据安装脉冲发动机的实际个数确定参数 γ_1。但是实际的探测器工作和程序运行,解算各个参数,需要一定的处理器运行时间 t_r,可通过测试测出这段时间,虽然比较短,但是若要提高脉冲发动机修正的精度,则也需要考虑这段时间的影响,即在这短时间内,火箭也将转过一定角度,所以要从 t_1 时刻中减去这段时间。

2. 脉冲发动机工作级数选择

在末段弹道的修正过程中,当工作的脉冲发动机个数小于最佳个数时,会

出现欠修正，反之，则会出现过修正，这样均不能达到最佳修正效果。因此，必须在修正前确定需要多少发脉冲发动机工作，以达到最佳修正效果，使最终弹目偏差最小。

对于特定的脉冲发动机，其所有参数均确定，以向前修正为例说明，在某一确定高度 h_0 开始修正，假设进行一级脉冲发动机点火修正的距离为 d_1，两级修正的距离为 d_2，…，N 级脉冲发动机全部点火工作修正的距离为 d_N，则从一级到 N 级脉冲发动机工作，能得到 N 个修正落点。由于在进行连续多级脉冲发动机工作修正时，相邻两级工作存在时间间隔，而修正效果对修正作用后的飞行时间有累积效应，因此，第一级工作的脉冲发动机的修正距离最大，随后工作的脉冲发动机的修正距离依次减小，即 $d_2<2d_1$，$d_3<3d_1$，…，$d_N<Nd_1$。如图10.15所示，x_0 表示火箭在无控情况下的落点；x_1 表示进行一级前向修正后的落点；x_2 表示两级脉冲发动机工作前向修正后的落点；x_{01}为 x_0 与 x_1 的中点；x_{12}为 x_1 与 x_2 的中点。

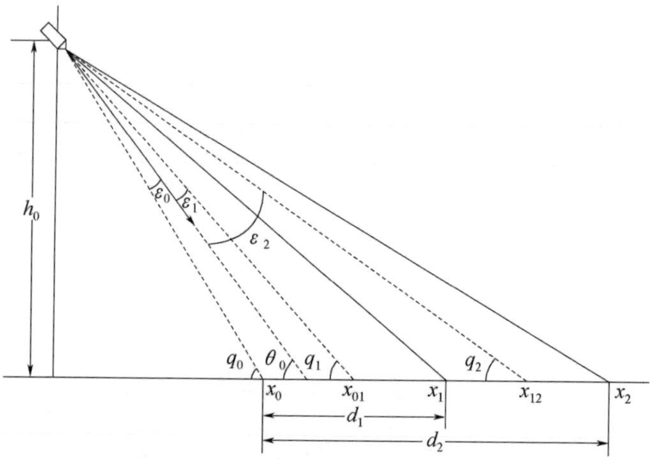

图 10.15 修正距离与误差角间关系示意图

假设目标在点 x，因此，可以通过目标点与 N 个弹丸落点的位置关系，选择需要的脉冲发动机数目。

修正时，要求达到最小的弹目偏差，这是选择脉冲发动机数目的指导标准，即若目标 x 位于 x_0 与 x_1 之间，根据目标距离点 x_0 近还是距离点 x_1 近，会有一级修正与不修正两种情况；当目标离近点 x_0 时，即 $x_0 \leqslant x < x_{01}$，则不需要修正，如果修正将使弹目偏差加大，起到不良作用；当目标离点 x_1 近时，即$x_{01} \leqslant x < x_1$，一级修正后，弹丸落点为 x_1，弹目偏差减小，符合修正的意图。

以此类推，得到需要点火的脉冲发动机级数 n 与目标位置的关系式(10.54)。

$$
n=\begin{cases}0 & \left(|x-x_0|\leqslant \dfrac{d_1}{2}\right)\\ 1 & \left(\dfrac{d_1}{2}<|x-x_0|\leqslant d_1+\dfrac{d_2-d_1}{2}\right)\\ \vdots & \qquad\vdots \\ N-1 & \left(d_{N-2}+\dfrac{d_{N-1}-d_{N-2}}{2}<|x-x_0|\leqslant d_{N-1}+\dfrac{d_N-d_{N-1}}{2}\right)\\ N & \left(d_{N-1}+\dfrac{d_N-d_{N-1}}{2}<|x-x_0|\right)\end{cases} \tag{10.54}
$$

由于探测器探测到的量是火箭光轴与目标视线间的夹角，而实际的弹目偏差与探测到的误差角有内在联系，所以将脉冲发动机工作级数与距离的关系式转化成与探测所得误差角的关系式，便于控制器根据探测到的误差角信息确定所需脉冲发动机的工作级数。由图10.15的几何关系可得

$$
\begin{cases}\varepsilon_0=q_0-\theta_0=\arctan\dfrac{h_0}{x_0}-\theta_0\\ \varepsilon_1=\theta_0-q_1=\theta_0-\arctan\dfrac{h_0}{x_0+d_1/2}\\ \varepsilon_2=\theta_0-q_2=\theta_0-\arctan\dfrac{h_0}{x_0+(d_1+d_2)/2}\\ \qquad\vdots\\ \varepsilon_N=\theta_0-q_N=\theta_0-\arctan\dfrac{h_0}{x_0+(d_{N-1}+d_N)/2}\end{cases} \tag{10.55}
$$

由式(10.55)能得到修正距离与误差角的关系。最后，将式(10.54)改写成脉冲发动机工作级数与探测器误差角的关系式，即

$$
n=\begin{cases}0 & (\varepsilon\leqslant\varepsilon_1)\\ 1 & (\varepsilon_1<\varepsilon\leqslant\varepsilon_2)\\ 2 & (\varepsilon_2<\varepsilon\leqslant\varepsilon_3)\\ \vdots & \qquad\vdots\\ N & (\varepsilon_{N-1}<\varepsilon\leqslant\varepsilon_N)\end{cases} \tag{10.56}
$$

上式是实行前向修正时所得结果，在实行二维脉冲修正时，脉冲选择基本原理类似，只是需要考虑的要素更多，方法也更加复杂，需要通过试验来获得经验公式，并在实践中对经验公式进行修正，使之更加精确、可靠。

10.3 鸭舵控制

鸭舵控制基本原理是在普通火箭弹的弹体前部加装鸭舵,飞行过程中舵面偏转产生的气动力矩控制效率较高,将显著改变飞行姿态。制导火箭弹的鸭舵张开后,舵面在控制信号作用下偏转产生附加升力,改变作用于弹体的气动力和力矩,从而调节飞行弹道。图 10.16 是某制导火箭弹的示意图。

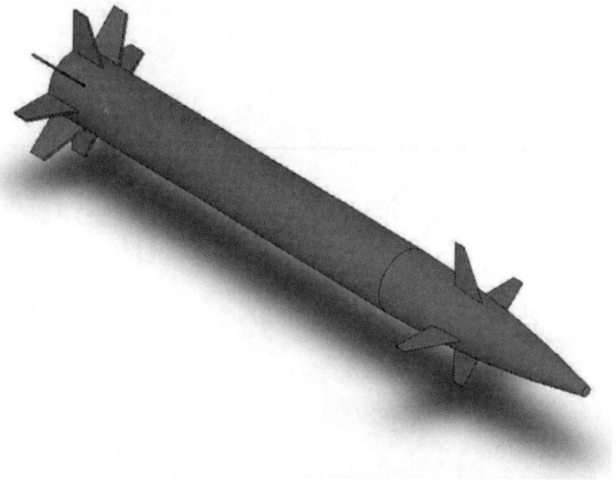

图 10.16　制导火箭弹示意图

10.3.1 鸭舵控制原理

鸭舵在弹体上的位置如图 10.16 所示,有两对鸭舵:水平位置一对,垂直位置一对。以水平位置上的一对作说明:鸭舵相对弹体有两个极限位置,即与弹丸轴线的最大夹角为 $\pm\alpha$,鸭舵受舵机控制,可以在图中两个极限位置来回摆动,图中水平鸭舵在正的极限位置(图中实线位置),舵翼产生气动力 F,方向指向后上方,为升力。由于此力不过质心,所以会产生一个升力距;在负的极限位置时,气动力方向指向后下方,称为负的升力和负的升力距。同样道理,垂直位置上的一对鸭舵也会产生气动力 F_1,F 和 F_1 的合力就是鸭舵对弹丸的操纵力。

火箭弹飞行时,弹轴与速度向量方向重合时,α 就是舵翼的迎角;若弹轴与速度向量方向有攻角 δ,则舵翼迎角为 $\alpha+\delta$。α 的大小是可操纵变化的,而迎角、舵翼结构和飞行状态决定了舵翼气动力的大小,所以 F 和 F_1 的大小是可变的,其合力的大小和方向也就可以控制。

如果舵机的控制信号保持不变,则舵翼相对弹体固定不动,弹丸向前运动时,舵翼产生气动力的大小不变。若弹丸不滚转,即弹丸不绕自身轴线转动,则舵翼的气动力方向不变;若弹丸是滚转的,则气动力会在弹丸滚转一周内任一个瞬间指向任一个方向,此时只要采用适当的控制信号,就可以获得需要的控制力。

10.3.2 鸭舵式制导火箭弹的结构及特点

鸭式布局是目前制火箭药的一种常用布局，采用此布局的弹药有俄罗斯的反坦克火箭"竞赛"、末制导火箭弹"红土地"、炮射火箭"铁拳"、英国的末制导火箭"莫林"以及美国的激光制导炸弹"宝石路"等。

对于不滚转弹丸，一对舵翼只能控制一个方向上的偏转，即俯仰或偏转，所以应有一对以上的舵翼。对于滚转弹丸，只需一对舵翼即可控制任意方向偏转，但为了提高控制效率，大多采用两对舵翼。翼面沿弹身周向布置形式常用一字型、十字型和×字型。

鸭式布局最大的优点是弹丸质心的变化很容易从布局中得到协调。在弹丸总体设计中，质心的改变只需调整控制面与弹翼的相对距离即可解决。鸭式布局将舵面布置在弹的前部，使舵机靠近导引头，结构上很紧凑。这种布局下，舵转角产生的升力与全弹升力方向一致，有较高的控制效率。由于舵面展向尺寸小，面积小，对后翼面下洗影响较弱，但由于舵面在翼面之前，舵面产生的法向力近乎被后翼面的下洗抵消，所以全弹的法向力几乎与舵面法向力无关。

鸭式布局的主要缺点是，鸭舵不能进行滚转控制，鸭舵的翼展一般小于弹翼的翼展，鸭舵对弹翼的下洗会诱导出与鸭舵滚转控制力矩方向相反的滚转力矩，使鸭舵的滚转控制能力大大降低。

10.3.3 舵面气动外形设计

舵面是制导火箭弹的主要气动力操纵面，本节对舵面的气动外形设计进行简要的介绍。

1. 舵面参数确定的原则

(1) 舵面效率高，对控制信号响应快，在舵面升力确定的条件下铰链力矩要小。

(2) 操纵力矩线性好，便于控制系统工作。

(3) 外形简单，易于加工，安置转轴方便。

(4) 在飞行马赫数范围内，舵面效率变化小。

2. 舵面几何参数的选择

根据上述舵面参数确定的原则，对舵面参数进行选择时，应兼顾舵面的操纵特性和全弹的升阻特性。一般应在全弹升阻特性较好、火箭弹稳定飞行的前提下，尽可能地提高舵面的操纵特性。

1) 舵面的平面形状

决定舵面平面形状的几何参数有展弦比 λ、根梢比 η 和后掠角 χ，这 3 个几何参数和舵面面积 S 一经确定，则舵面的平面形状随之确定。

在选择舵面平面几何参数的过程中，首先考虑它应具有良好的气动性能，要求在主要飞行状态下的 C_y 大、C_x 小，即升阻比 $K = C_y/C_x$ 大，舵面压力中心随 Ma 的变化小；其次应考虑舵面的结构特性，结构质量小，工艺性好，部位安排时便于与其他部件连接等；最后应着重考虑减小铰链力矩。

(1) 舵面的展弦比 λ。

展弦比 λ 增加，升力系数一般有所增加，而阻力系数（主要是零升阻力系数）也有所增加。图 10.17 给出三角形翼和矩形翼的展弦比 λ 在马赫数 $Ma=3$，翼型相对厚度 $\bar{c}=0.04$ 时对升阻比的综合影响，从图可以看出，对于相同的展弦比，三角形翼的最大升阻比大，矩形翼的最大升阻比较小，通常，梯形翼的最大升阻比介于两者之间；当展弦比 $\lambda>2$ 以后，最大升阻比变化趋缓。另一方面，展弦比 λ 变化，将影响平均气动弦长，进而影响舵面的铰链力矩。

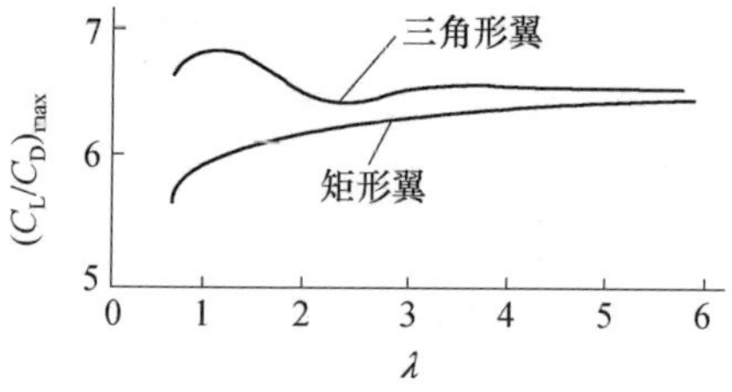

图 10.17　展弦比对最大升阻比的影响

舵面的平均气动弦长为

$$b_a = \frac{4}{3}\cdot\left(\frac{S}{\lambda}\right)^{1/2}\cdot\left[1-\frac{\eta}{(\eta+1)^2}\right] \tag{10.57}$$

由上式可以看出，在舵面面积和根梢比一定的情况下，增大舵面的展弦比 λ，可减小舵面的平均气动弦长，从而减小铰链力矩，而且对提高舵面的效率也是有利的。

一般制导火箭弹的舵面展弦比都大一些，取值范围约 $\lambda=4\sim6$，甚至更大。但同时，λ 的增加势必引起展长 l 的增加，将给舵面安装、结构强度和刚度带来负面影响。因此，λ 的增加要适度，不宜过大。

(2) 根梢比 η。

从气动性能来看，三角形翼的性能较好，在展弦比 λ 相同的情况下，三角形翼的最大升阻比要大些。图 10.18、图 10.19 给出舵翼的相对压心 $\bar{x}_p$ 随 Ma 的变化曲线，三角形翼的相对压心随马赫数的变化范围要比矩形翼的小，有利于满足弹箭一定的稳定性和操纵性的要求。

目前，大根梢比（$\eta=3\sim6$）的梯形舵面在制导火箭弹上得到广泛地应用。采用这种舵面主要是为了提高舵面翼梢的刚度。

(3) 后掠角 χ。

对于近声速的制导火箭弹，舵面的后掠角具有重大的意义。增加后掠角可提高舵面的临界马赫数，延缓冲激波的出现。但增加后掠角对舵面结构的强度和刚度是不利的,因此,对主要飞行段是压跨声速的制导火箭弹,其舵翼 1/4 弦线的后掠角 $\chi_{0.25}$ 通常都不大于 450,具体取值需要根据临界马赫数的要求确定。

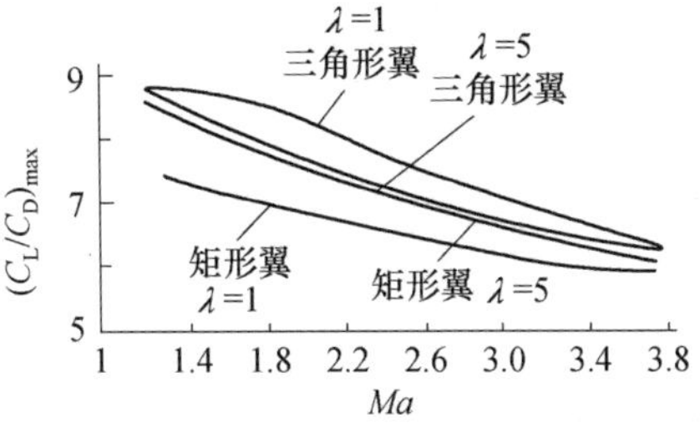

图 10.18　三角形翼与矩形翼的最大升阻比

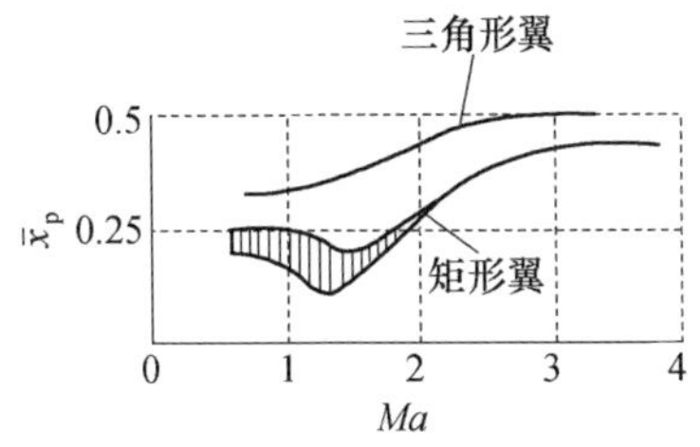

图 10.19　三角形翼与矩形翼相对压心随 Ma 的变化曲线

(4) 舵面铰链力矩。

上面在选择舵面的平面形状参数时,主要从舵面的气动特性方面考虑,三角形舵面的气动性能较优,大根梢比梯形舵面较三角形舵面翼梢的刚度和强度要好,另一方面,对于舵面形状的选择,应考虑减小舵面铰链力矩。

为减小铰链力矩,必须使舵面的压力中心变化 Δx_p 小,即 $\Delta x_p = \Delta\bar{x}_p b_a$ 小,否则就难以确定合理的舵轴位置以减小铰链力矩。为此,需要减小相对压心的变化 $\Delta\bar{x}_p$ 和平均气动弦长 b_a。

由图 10.19 可以看出,从减小 $\bar{x}_p$ 的变化来考虑,舵面的平面形状采用三角形有利。平均气动弦长 b_a 与舵面面积 S(不包括弹身部分的外露部分)、展长 l 和根梢比 η 的关系为

$$b_a = \frac{4}{3}\frac{S}{l}\left[1 - \frac{\eta}{(\eta + 1)^2}\right] \tag{10.58}$$

由上式可得,对矩形舵面 $\eta = 1$,则 $b_a = S/l$;对三角形舵面 $\eta = \infty$,则 $b_a = 1.333S/l$;对梯形舵面,不同的根梢比 η,梯形舵面的平均气动弦长 b_a 如表 10.1 所列。

表 10.1　梯形舵面在不同根梢比时的平均气动弦长

η	1	4	10	∞
b_a	S/l	$1.12S/l$	$1.22S/l$	$1.33S/l$

由此可知,若舵面面积 S 和展长 l 相同时,三角形舵面的平均气动弦长 b_a 要比矩形舵面、梯形舵面的平均气动弦长大。

因此,为减小 Δx_p,要综合考虑 $\Delta\bar{x}_p$ 和 b_a 的影响。一般来说,若舵面在亚、跨和超声速情况下都要求工作时,减小 $\Delta\bar{x}_p$ 成为主要因素,应选用三角形或大根梢比的梯形舵面较为有利。

2）舵面翼型的选择

舵面翼型的选择，很大程度上取决于制导火箭弹在主要飞行段上的速度。由于滑翔增程弹的滑翔控制段飞行马赫数通常在亚、跨声速范围内，因此，选用对称的双弧翼型，如图 10.20 所示。其前缘半径较小，翼型相对厚度 $\bar{c}=8\% \sim 10\%$，最大厚度靠后，约在 30% ~50% 弦长处，有较高的临界马赫数，阻力系数较小，压力中心的变化较小，气动性能较好。

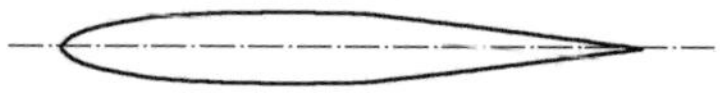

图 10.20 对称的双弧翼型

3）舵轴位置

目前，制导火箭弹多采用电动舵机和气动舵机，对于这些舵机，一般不允许在反操纵力矩下工作。因此，确定舵轴位置应首先保证不出现反操纵力矩，即舵轴应在舵面压力中心之前。在此前提下，尽可能缩小铰链力矩的力臂。

10.3.4 鸭舵操纵力原理

鸭舵操纵力就是鸭舵产生的气动力。鸭舵受舵机控制，其大小和方向都是可调的，而舵机则接受外来控制信号，对鸭舵进行控制。了解鸭舵的操纵力原理，实际上就是要了解如何控制鸭舵的气动力大小和方向。本节分析火箭弹滚转时的控制力和控制力据的计算方法。

1. 控制力

控制力是指由于舵面的偏转而产生的附加气动力，制导火箭弹采用两对对称布置的鸭舵，每对舵片实施同步偏转。由于弹体的滚转，每对舵片形成的控制力方向随着弹体的自转而不断发生改变。下面在忽略舵面偏转产生的诱导阻力假设下，对两对舵舵偏产生的瞬时控制力进行分析。

1）左右舵片的控制力

该对舵片的偏转产生与弹体坐标系 Oy_1 轴平行的力，用 $F_{cy_1}^{e}$ 表示。该力的大小可用下式计算：

$$F_{cy_1}^{e} = C_{yc}qS = qSC_{yc}^{\delta_e}\delta_e \tag{10.59}$$

式中：C_{yc} 为舵面控制力系数；$C_{yc}^{\delta_e}$ 为舵面效率；δ_e 为舵面偏转角，当舵面前沿向上偏转为正。

2）上下舵片的控制力

该对舵片的偏转产生与弹体坐标系 Oz_1 轴平行的力，用 $F_{cz_1}^{a}$ 表示。该力的大小可用下式计算

$$F_{cz_1}^{a} = C_{zc}qS = qSC_{yc}^{\delta_a}\delta_a \tag{10.60}$$

式中:C_{zc}为舵面控制力系数;δ_a为舵面偏转角,当舵面前沿向上偏转为正。

控制力$F_{cy_1}^{e}$在弹体坐标系的投影为$[0,\ F_{cy_1}^{e},\ 0]^{T}$,控制力$F_{cz_1}^{a}$在弹体坐标系的投影为$[0,\ 0,\ F_{cz_1}^{a}]^{T}$,根据弹体坐标系与弹轴坐标系的转换关系,可以得到控制力$\boldsymbol{F}_c$在弹轴坐标系上的投影的表达式

$$\begin{bmatrix} F_{cx_4} \\ F_{cy_4} \\ F_{cz_4} \end{bmatrix} = \boldsymbol{L}^{T}(\gamma)\begin{bmatrix} 0 \\ F_{cy_1}^{e} \\ F_{cz_1}^{a} \end{bmatrix} = \begin{bmatrix} 0 \\ F_{cy_1}^{e}\cos\gamma - F_{cz_1}^{a}\sin\gamma \\ F_{cy_1}^{e}\sin\gamma + F_{cz_1}^{a}\cos\gamma \end{bmatrix} \tag{10.61}$$

式中:F_{cy_4}为俯仰控制力;F_{cz_4}为偏航控制力。

根据弹道坐标系与弹轴坐标系的转换关系,可以得到控制力$\boldsymbol{F}_c$在弹道坐标系的投影为

$$\begin{bmatrix} F_{cx_2} \\ F_{cy_2} \\ F_{cz_2} \end{bmatrix} = \boldsymbol{L}^{T}(\gamma_v^{*})\begin{bmatrix} F_{cx_5} \\ F_{cy_5} \\ F_{cz_5} \end{bmatrix} = \boldsymbol{L}^{T}(\gamma_v^{*})\ \boldsymbol{L}^{T}(\alpha,\beta)\begin{bmatrix} F_{cx_4} \\ F_{cy_4} \\ F_{cz_4} \end{bmatrix} \tag{10.62}$$

2. 控制力矩

制导火箭弹通过调节舵面偏转,提供一定控制力,同时产生俯仰控制力矩和偏航控制力矩。控制力矩在弹轴方向上的力矩为零,舵面瞬时控制力矩$\boldsymbol{M}_c$在弹体坐标系上投影为

$$\begin{bmatrix} M_{cx_1} \\ M_{cy_1} \\ M_{cz_1} \end{bmatrix} = \begin{bmatrix} 0 \\ -F_{cz_1}^{a}\cdot l_c \\ F_{cy_1}^{e}\cdot l_c \end{bmatrix} \tag{10.63}$$

式中:l_c为舵面瞬时压心至弹体质心所在赤道面的距离。

根据弹道坐标系与弹轴坐标系的转换关系,可以得到控制力$\boldsymbol{M}_c$在弹轴坐标系的投影为

$$\begin{bmatrix} M_{cx_4} \\ M_{cy_4} \\ M_{cz_4} \end{bmatrix} = \begin{bmatrix} 0 \\ -F_{cz_4}\cdot l_c \\ F_{cy_4}\cdot l_c \end{bmatrix} = \begin{bmatrix} 0 \\ -(F_{cy_1}^{e}\sin\gamma + F_{cz_1}^{a}\cos\gamma) \\ F_{cy_1}^{e}\cos\gamma - F_{cz_1}^{a}\sin\gamma \end{bmatrix}\cdot l_c \tag{10.64}$$

3. 滚转弹体等效控制

鸭舵控制力$\boldsymbol{F}_c$对滚转弹体某个方向的作用,既受到舵机换向规律的调制,又受到舵机换向频率的调制。制导火箭弹绕纵轴旋转,弹体滚转频率较高,而由于制导火箭弹的惯性和气动阻尼特性,弹体在俯仰平面和偏航平面内的角运动响应频率较低,无法跟踪F_{cy_4}和F_{cz_4}的交替变化。因制火箭体的滚转频率远

高于弹体固有频率，表现为对舵面偏转所产生控制力的低通滤波特性。所以弹体纵向和侧向角运动响应的是瞬时控制力在绕其纵轴旋转一周内的平均效果，弹体滚转频率越高，这种近似就越准确。

为了定量地描述鸭舵控制力作用的平均效果，引入制导火箭弹滚转周期平均控制力的概念。假设不考虑舵片的延迟等因素，设一个大小和方向不变的控制力$\boldsymbol{F}_{cp}$和瞬时控制力$\boldsymbol{F}_{c}$在弹体滚转一周内产生的冲量相等，则定义$\boldsymbol{F}_{cp}$为周期平均控制力，即

$$\boldsymbol{F}_{cp}=\frac{1}{T}\int_{t}^{t+T}\boldsymbol{F}_{c}\mathrm{d}t \tag{10.65}$$

式中：T为制导火箭弹的滚转周期。

假设制导火箭弹的滚转角速度$\dot{\gamma}$变化不大，可近似按常数处理，即$T=2\pi/\dot{\gamma}$，则有

$$\boldsymbol{F}_{cp}=\frac{1}{2\pi}\int_{\gamma_0}^{\gamma_0+2\pi}\boldsymbol{F}_{c}\mathrm{d}\gamma=\boldsymbol{j}\cdot\frac{1}{2\pi}\int_{\gamma_0}^{\gamma_0+2\pi}\boldsymbol{F}_{cy_4}\mathrm{d}\gamma+\boldsymbol{k}\cdot\frac{1}{2\pi}\int_{\gamma_0}^{\gamma_0+2\pi}\boldsymbol{F}_{cz_4}\mathrm{d}\gamma \tag{10.66}$$

式中：γ_0为t时刻的滚转角；$\boldsymbol{j},\boldsymbol{k}$分别为指向弹轴坐标系$Oy_4$和$Oy_4$轴的单位向量。

(1) 左右舵片偏转规律如图10.21绕弹体纵轴滚转一周换向4次时的周期平均控制力为

$$\boldsymbol{F}_{cp}^{e}=\begin{bmatrix}F_{cpx4}^{e}\\F_{cpy4}^{e}\\F_{cpz4}^{e}\end{bmatrix}=\frac{2}{\pi}F_{c}^{e}\begin{bmatrix}0\\-\sin\phi\sin\theta_0\\\sin\phi\cos\theta_0\end{bmatrix} \tag{10.67}$$

(2) 上下舵片偏转规律仍然采用如图10.21所示的波形，而相位超前左右舵片$\pi/2$，则左右舵片的周期平均控制力为

$$\boldsymbol{F}_{cp}^{a}=\begin{bmatrix}F_{cpx4}^{a}\\F_{cpy4}^{a}\\F_{cpz4}^{a}\end{bmatrix}=\frac{2}{\pi}F_{c}^{a}\begin{bmatrix}0\\-\sin\phi\cos(\theta_0-\pi/2)\\-\sin\phi\sin(\theta_0-\pi/2)\end{bmatrix}=\frac{2}{\pi}F_{c}^{a}\begin{bmatrix}0\\-\sin\phi\sin\theta_0\\\sin\phi\cos\theta_0\end{bmatrix} \tag{10.68}$$

左右舵片和上下舵片的合成周期平均力为

$$\boldsymbol{F}_{cp}=\boldsymbol{F}_{cp}^{e}+\boldsymbol{F}_{cp}^{a}=\begin{bmatrix}F_{cpx4}\\F_{cpy4}\\F_{cpz4}\end{bmatrix}=\frac{4}{\pi}qSC_{yc}^{\delta_a}\delta_a\begin{bmatrix}0\\-\sin\phi\sin\theta_0\\\sin\phi\cos\theta_0\end{bmatrix}=\frac{4}{\pi}qSC_{yc}^{\delta_a}\begin{bmatrix}0\\\delta_{cpz}\\-\delta_{cpy}\end{bmatrix} \tag{10.69}$$

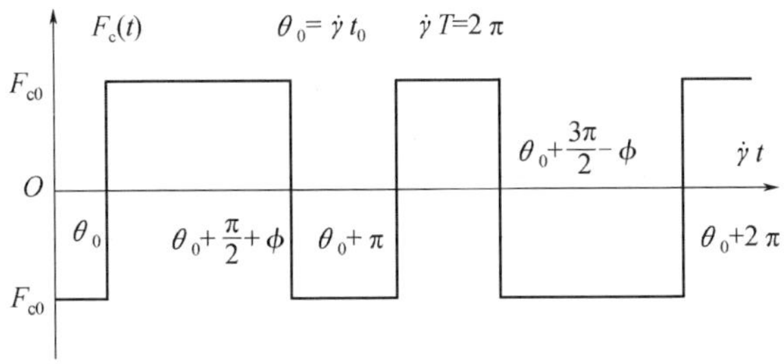

图 10.21　滚转火箭弹控制机理

式中:周期平均控制力的方向为 $\gamma_c = \arctan(F_{cpz4}/F_{cpy4}) = \pi/2 + \theta_0$。

为了方便设计控制律,定义 $\delta_{cpz} = -\delta_a \sin\phi \sin\theta_0$ 为俯仰等效舵偏,$\delta_{cpy} = -\delta_a \sin\phi \cos\theta_0$ 为等效偏航舵偏。这两个新定义的舵偏角对应于控制输入,在建立制导火箭弹均态数学模型时,其右端函数的表达式可均采用等效舵偏来表示控制力和控制力矩。这样由等效舵偏角产生的控制力矩可写成

$$\begin{bmatrix} M_{cpx_4} \\ M_{cpy_4} \\ M_{cpz_4} \end{bmatrix} = \frac{4}{\pi} qSC_{yc}^{\delta_a} \cdot l_c \begin{bmatrix} 0 \\ \delta_{cpy} \\ \delta_{cpz} \end{bmatrix} \tag{10.70}$$

可以看出在采用周期平均控制力后,引入俯仰、偏航等效舵偏角的概念,是控制器对该类滚转弹箭实施有效控制的本质所在。

第11章 制导野战火箭的控制特性

制导野战火箭在飞行过程中,除了有无控野战火箭所受的力和力矩作用之外,还受到控制力和控制力矩的作用,而且控制力和力矩依赖于火箭的运动状态。相对而言,无控野战火箭一经发射,其飞行轨迹和运动特性就不可改变,然而制导野战火箭却能在飞行途中根据自己相对于预先给定的目标的位置或状态,连续地或局部地调整、改变飞行状态和飞行轨迹向目标逼近,使得命中目标的精度大幅度提高。为达到这一目的,有必要对制导野战火箭的控制特性进行研究,设计相应的飞行控制系统,从而达到所需要的飞行品质要求。

为简便起见,本章采用导弹飞行力学中的坐标体系,将野战火箭作为质点洗研究其运动情况,分别研究制导野战火箭的稳定性、操纵性和机动性问题。其中制导野战火箭的稳定性,可以根据飞行运动方程分为纵向稳定性和侧向稳定性,采用小扰动法进行分析。而研究制导野战火箭的操作性,则是研究火箭在受迫扰动下的运动特性,即研究舵面偏转一个角度时,弹体改变飞行状态的能力和快慢速度,并建立火箭运动短周期传递函数,分析操纵机构阶跃偏转时过渡过程的品质。最后,讨论制导野战火箭的机动性。这一特性通常认为是火箭迅速改变飞行速度大小和方向的能力,通常由过载传递函数及其表达式表达。但在火箭机动性设计时既要保证在各种可能的飞行弹道上所要求的过载传递系数的必需量,又要确定火箭的最大过载不超过允许范围。

11.1 制导野战火箭的气动力和力矩

若把制导野战火箭看成一个刚体,则它在空间的运动,可以看作是质心的移动和绕质心的转动的合成运动。质心的移动取决于作用在制导野战火箭上的力,绕质心的转动则取决于作用在制导野战火箭上相对于质心的力矩。在飞行中,作用在制导野战火箭上的力主要有:总的空气动力、发动机的推力和重力等。作用在制导野战火箭上的力矩有:空气动力引起的空气动力矩,由发动机推力(若推力作用线不通过制导野战火箭质心时)引起的推力矩等。下面分别研究它们的有关特性。

11.1.1 常用坐标系的定义及其转换关系

为了使建立的制导野战火箭的弹道模型尽可能简洁,便于分析研究问题,选择恰当的坐标系是十分重要的。在研究分析制导野战火箭运动规律、建立运动方程时,需要将作用于制导野战火箭上的所有力、力矩及其运动速度等向量在选定的参考坐标系上投影使其成为标量形式,并建立数学关系式。本节在进行弹道分析、计算时常用到的坐标系均为按右手法则确定的三维正交直角坐标系,主要取以下几种:

(1) 地面坐标系 $Axyz$。固连于地面,原点 A 为制导野战火箭发射点(严格为发射瞬时制导野战火箭的质心);Ax 轴为射击铅垂面与水平面的交线,且指向射击方向为正;Ay 轴与 Ax 轴垂直且位于射击铅垂面内,指向上为正;Az 轴按右手法则确定。研究制导野战火箭时,地面坐标系可视为惯性坐标系,是分析研究制导野战火箭运动轨迹及其弹道的参考基准。

(2) 平动坐标系 $Oxyz$。各坐标轴与地面坐标系相应的坐标轴平行且方向相同,原点 O 为制导野战火箭的质心(当考虑制导野战火箭的质量偏心时,原点 O 为全弹的几何中心——过质心的赤道平面与纵轴的交点),制导野战火箭在飞行过程中,各坐标轴的方向相对于地面始终保持不变。

(3) 弹体坐标系 $Ox_1y_1z_1$。原点 O 为制导野战火箭的质心(当考虑制导野战火箭的质量偏心时,原点 O 为全弹的几何中心——过质心的赤道平面与纵轴的交点),Ox_1 轴与弹体的纵轴一致且指向前为正;Oy_1 轴位于弹体的纵向对称平面内,与 Ox_1 轴垂直且向上为正;Oz_1 轴按右手法则确定。弹体坐标系与弹体固联,一般用于表示全弹在空间的运动姿态。

(4) 弹道坐标系 $Ox_2y_2z_2$。原点 O 为制导野战火箭的质心,Ox_2 轴与制导野战火箭飞行速度向量 $\boldsymbol{v}$ 的方向一致;Oy_2 轴位于包含速度向量 $\boldsymbol{v}$ 的铅垂面内,与 Ox_2 轴垂直且向上为正;Oz_2 轴按右手法则确定。弹道坐标系通常用于建立制导野战火箭质心运动的动力学标量方程。

(5) 速度坐标系 $Ox_3y_3z_3$。原点 O 为制导野战火箭的质心,Ox_3 轴与制导野战火箭飞行速度向量 $\boldsymbol{v}$ 的方向一致;Oy_3 轴位于制导野战火箭纵向对称平面内,与 Ox_3 轴垂直且向上为正;Oz_3 轴按右手法则确定。一般制导野战火箭所受空气动力的计算常以该坐标系为准。

当对制导野战火箭的运动进行分析研究时,经常需要将一个坐标系内的物理量,转换到另一个坐标系内,因此要知道各坐标系之间的关系。上述各坐标系之间的转换关系，可以通过定义相应的角度经旋转进行变换。

弹体坐标系与平动坐标系之间的关系通常由 3 个角度（称为欧拉角）来确定，分别定义如图 11.1 所示。

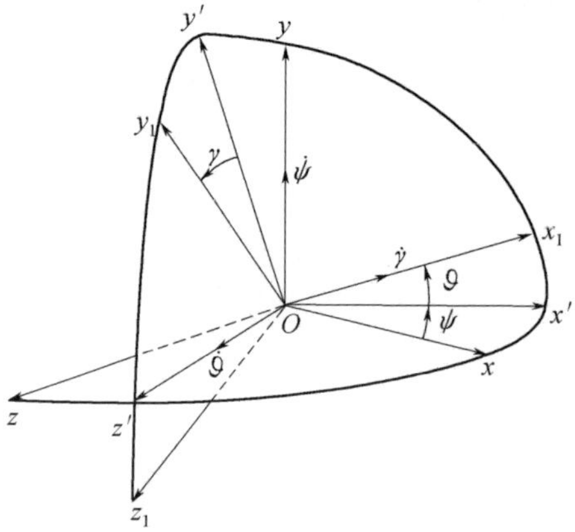

图 11.1　弹体坐标系与平动坐标系的关系

俯仰角 ϑ——制导野战火箭弹体坐标系中的 Ox_1 轴与平动坐标系水平面 xOz（地面坐标系 xAz）之间的夹角。当弹体纵轴指向水平面上方时，ϑ 角为正；反之为负。

偏航角 ψ——制导野战火箭弹体坐标系中的 Ox_1 轴在平动坐标系水平面 xOz（地面坐标系别 xAz）上的投影线 Ox' 与平动坐标系 Ox 轴（地面坐标系 Ax）之间的夹角。当逆着 Oy（Ay）轴看，由 Ox（Ax）轴以最小角度转到 Ox'（Ax'）轴，为逆时针旋转时，ψ 角为正；反之为负。

倾斜（滚动）角 γ——制导野战火箭弹体坐标系中的 Oy_1 轴与通过 Ox_1 轴的铅垂面之间的夹角。顺着 Ox_1 轴前视，当 Oy_1 轴位于铅垂面右侧时，γ 角为正；反之为负。

弹体坐标系 $Ox_1y_1z_1$ 由平动坐标系 $Oxyz$ 经三次旋转得到，如图 11.1 所示，其旋转顺序为 $\psi \Rightarrow \vartheta \Rightarrow \gamma$，坐标转换矩阵为

$$L(\gamma,\vartheta,\psi) = \begin{bmatrix} \cos\vartheta\cos\psi & \sin\vartheta & -\cos\vartheta\sin\psi \\ -\sin\vartheta\cos\psi\cos\gamma + \sin\psi\sin\gamma & \cos\vartheta\cos\gamma & \sin\vartheta\sin\psi\cos\gamma + \cos\psi\sin\gamma \\ \sin\vartheta\cos\psi\sin\gamma + \sin\psi\cos\gamma & -\cos\vartheta\sin\gamma & -\sin\vartheta\sin\psi\sin\gamma + \cos\psi\cos\gamma \end{bmatrix} \tag{11.1}$$

弹道坐标系与平动坐标系之间的关系通常由两个角度来确定，分别定义如图 11.2 所示。

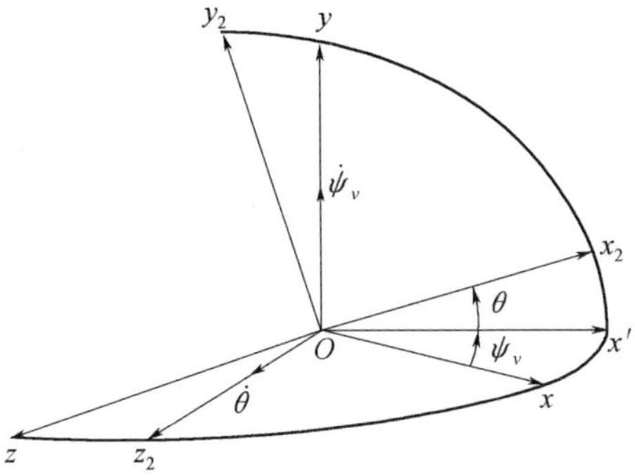

图 11.2　弹道坐标系与平动坐标系的关系

弹道倾角 θ——制导野战火箭质心运动速度向量 $\boldsymbol{v}$ 与平动坐标系水平面 xOz（地面坐标系 xAz）之间的夹角。速度向量 $\boldsymbol{v}$ 指向水平面上方时，θ 角为正；反之为负。

弹道偏角 ψ_v——制导野战火箭质心运动速度向量 $\boldsymbol{v}$ 与平动坐标系水平面 xOz（地面坐标系 xAz）上的投影线 Ox' 与平动坐标系 Ox 轴（地面坐标系 Ax）之间的夹角。当逆着 $Oy(Ay)$ 轴看，由 $Ox(Ax)$ 轴以最小角度转到 $Ox'(Ax')$ 轴，为逆时针旋转时，ψ_v 角为正；反之为负。

弹道坐标系 $Ox_2y_2z_2$ 由平动坐标系 $Oxyz$ 经两次旋转得到，如图 11.2 所示，其旋转顺序为 $\psi_v \Rightarrow \theta$，坐标转换矩阵为

$$L(\theta,\psi_v) = \begin{bmatrix} \cos\theta\cos\psi_v & \sin\theta & -\cos\theta\cos\psi_v \\ -\sin\theta\cos\psi_v & \cos\theta & \sin\theta\sin\psi_v \\ \sin\psi_v & 0 & \cos\psi_v \end{bmatrix} \tag{11.2}$$

弹体坐标系与速度坐标系之间的关系通常由两个角度来确定，分别定义如图 11.3 所示。

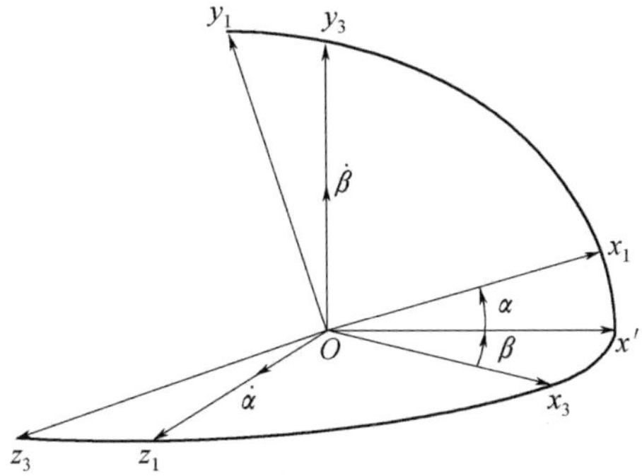

图 11.3　弹体坐标系与速度坐标系的关系

攻角 α——制导野战火箭的质心运动速度向量 $\boldsymbol{v}$ 在制导野战火箭纵向对称平面内的投影线与弹体坐标系纵轴 Ox_1 之间的夹角。当 Ox_1 轴位于 $\boldsymbol{v}$ 的投影线上方(即产生正升力)时,α 角为正;反之为负。

侧滑角 β——制导野战火箭的质心运动速度向量 $\boldsymbol{v}$ 与制导野战火箭纵向对称平面之间的夹角。沿飞行方向观察,若来流从右侧流向弹体(即产生负的侧向力)时,β 角为正;反之为负。

弹体坐标系 $Ox_1y_1z_1$ 由速度坐标系 $Ox_3y_3z_3$ 经两次旋转得到,如图 11.3 所示,其旋转顺序为 $\beta\Rightarrow\alpha$,坐标转换矩阵为

$$L(\alpha,\beta)=\begin{bmatrix}\cos\alpha\cos\beta & \sin\alpha & -\cos\alpha\sin\beta\\ -\sin\alpha\cos\beta & \cos\alpha & \sin\alpha\sin\beta\\ \sin\beta & 0 & \cos\beta\end{bmatrix}\tag{11.3}$$

弹道坐标系与速度坐标系之间的关系可由 1 个角度来确定,其定义如图 11.4所示。

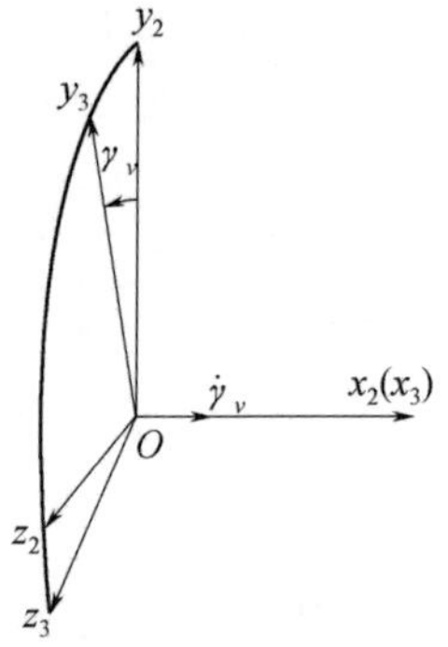

图 11.4 速度坐标系与弹道坐标系的关系

速度倾斜角 γ_v——弹道坐标系的 $Oy_2(Oz_2)$ 轴与速度坐标系中的 $Oy_3(Oz_3)$ 轴之间的夹角。当逆着 Ox_2 看,由 $Oy_2(Oz_2)$ 以最小角度转动到 $Oy_3(Oz_3)$,为逆时针旋转时,γ_v 角为正;反之为负。

弹道坐标系 $Ox_2y_2z_2$ 与速度坐标系 $Ox_3y_3z_3$ 经一次旋转得到,如图 11.4 所示,坐标转换矩阵为

$$L(\gamma_v)=\begin{bmatrix}1 & 0 & 0\\ 0 & \cos\gamma_v & \sin\gamma_v\\ 0 & -\sin\gamma_v & \cos\gamma_v\end{bmatrix}\tag{11.4}$$

上述各坐标系之间的关系可用图 11.5 表示。

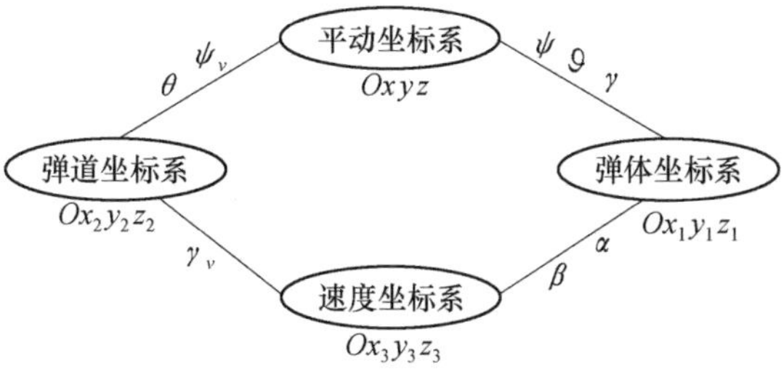

图 11.5 各坐标系之间的关系

11.1.2 作用在制导野战火箭上的力

1. 重力

制导野战火箭在大气层内飞行,可视重力场为平行力场,即制导野战火箭所受的重力向下与地面垂直,故有

$$G = mg \tag{11.5}$$

式中:m 为制导野战火箭的瞬时质量;g 为重力加速度,一般

$$g = g_0 \frac{r_0^2}{(r_0 + y)^2} \tag{11.6}$$

式中:$r_0 = 6358.922\text{km}$ 为我国的有效地球半径;$g_0 = 9.80\text{m/s}^2$ 为我国炮兵的重力加速度地面标准值。

特别当忽略制导野战火箭飞行高度对重力加速度的影响,即把重力场近似视为均匀场时有 $g = g_0$。

重力在弹道坐标系 $Ox_2y_2z_2$ 中的投影分量为

$$\begin{bmatrix} G_{x_2} \\ G_{y_2} \\ G_{z_2} \end{bmatrix} = \begin{bmatrix} \cos\theta\cos\psi_v & \sin\theta & -\cos\theta\cos\psi_v \\ -\sin\theta\cos\psi_v & \cos\theta & \sin\theta\sin\psi_v \\ \sin\psi_v & 0 & \cos\psi_v \end{bmatrix} \begin{bmatrix} 0 \\ -mg \\ 0 \end{bmatrix} = \begin{bmatrix} -mg\sin\theta \\ -mg\cos\theta \\ 0 \end{bmatrix} \tag{11.7}$$

2. 推力

制导野战火箭的发动机推力 P 可以用下式确定,即

$$P = m_c u_e + S_a(p_a - p_H) \tag{11.8}$$

式中:m_c 为单位时间内燃料的消耗量(又称为质量秒消耗量);u_e 为燃气在喷管出口处的平均有效喷出速度;S_a 为发动机喷管出口处的横截面积;p_a 为发动机喷管出口处燃气流静压强;p_H 为制导野战火箭所处高度的大气静压强。

假设推力 P 的方向与弹体的纵轴重合,其在弹道坐标系 $Ox_2y_2z_2$ 中的投影

分量为

$$\begin{bmatrix} P_{x_2} \\ P_{y_2} \\ P_{z_2} \end{bmatrix} = \begin{bmatrix} 1 & 0 & 0 \\ 0 & \cos\gamma_v & -\sin\gamma_v \\ 0 & \sin\gamma_v & \cos\gamma_v \end{bmatrix} \begin{bmatrix} \cos\alpha\cos\beta & -\sin\alpha\cos\beta & \sin\beta \\ \sin\alpha & \cos\alpha & 0 \\ -\cos\alpha\sin\beta & \sin\alpha\sin\beta & \cos\beta \end{bmatrix} \begin{bmatrix} P \\ 0 \\ 0 \end{bmatrix}$$

$$= \begin{bmatrix} P\cos\alpha\cos\beta \\ P(\sin\alpha\cos\gamma_v + \cos\alpha\sin\beta\sin\gamma_v) \\ P(\sin\alpha\sin\gamma_v - \cos\alpha\sin\beta\cos\gamma_v) \end{bmatrix} \tag{11.9}$$

3. 总空气动力

作用在制导野战火箭上的总空气动力 R 在速度坐标系 $Ox_3y_3z_3$ 下进行计算分解，其沿 Ox_3，Oy_3 与 Oz_3 轴的分量分别为阻力 X、升力 Y 和侧向力 Z，可用相应的气动力系数表示为

$$\begin{cases} X = \dfrac{1}{2}\rho v^2 SC_x = qSC_x \\ Y = \dfrac{1}{2}\rho v^2 SC_y = qSC_y \\ Z = \dfrac{1}{2}\rho v^2 SC_z = qSC_z \end{cases} \tag{11.10}$$

式中：C_x，C_y，C_z 分别为全弹的阻力、升力、侧向力系数；$S = \pi d^2/4$ 为弹体特征面积，d 为弹径；ρ，v，$q = 0.5\rho v^2$ 分别是空气密度、制导野战火箭速度、动压。

沿弹道坐标系分解，有

$$\begin{bmatrix} R_{x_2} \\ R_{y_2} \\ R_{z_2} \end{bmatrix} = \begin{bmatrix} 1 & 0 & 0 \\ 0 & \cos\gamma_v & -\sin\gamma_v \\ 0 & \sin\gamma_v & \cos\gamma_v \end{bmatrix} \begin{bmatrix} -X \\ Y \\ Z \end{bmatrix} = \begin{bmatrix} -X \\ Y\cos\gamma_v - Z\sin\gamma_v \\ Y\sin\gamma_v + Z\cos\gamma_v \end{bmatrix} \tag{11.11}$$

11.1.3 作用在制导野战火箭上的力矩

为了便于分析制导野战火箭的姿态变化，一般将作用在制导野战火箭上的力矩沿弹体坐标系 $Ox_1y_1z_1$ 进行分解，忽略一些较小的次要因素，绕 Oz_1，Oy_1，Ox_1 三个轴的力矩分量分别为俯仰力矩 M_{z_1}、偏航力矩 M_{y_1}、滚转力矩 M_{x_1}。

1. 俯仰力矩

$$M_{z_1} = m_z qSL \tag{11.12}$$

式中：俯仰力矩系数 m_z 与飞行马赫数 Ma、飞行高度 H、攻角 α、俯仰舵偏角 δ_z、绕 Oz_1 轴的旋转角速度 ω_{z_1}、攻角的变化率 $\dot{\alpha}$ 以及俯仰舵偏角的变化率 $\dot{\delta}_z$ 等有

关,即 $m_z=f(Ma,H,\alpha,\delta_z,\omega_{z_1},\dot{\alpha},\dot{\delta}_z)$,当 $\alpha,\delta_z,\omega_{z_1},\dot{\alpha},\dot{\delta}_z$ 较小时,俯仰力矩系数可以表示成它们的线性组合

$$m_z = m_{z0} + m_z^{\alpha}\alpha + m_z^{\delta_z}\delta_z + m_z^{\bar{\omega}_{z1}}\bar{\omega}_{z_1} + m_z^{\bar{\dot{\alpha}}}\bar{\dot{\alpha}} + m_z^{\bar{\dot{\delta}}_z}\bar{\dot{\delta}}_z \tag{11.13}$$

式中:$\bar{\omega}_{z_1}$为量纲为 1 的角速度,表示为 $\bar{\omega}_{z_1}=\omega_{z_1}L/v$;$\bar{\dot{\alpha}}$、$\bar{\dot{\delta}}_z$ 为量纲为 1 的角度变化率,可表示为$\bar{\dot{\alpha}}=\dot{\alpha}L/v$,$\bar{\dot{\delta}}_z=\dot{\delta}_zL/v$;$m_{z0}$为当 $\alpha,\delta_z,\omega_{z_1},\dot{\alpha},\dot{\delta}_z$ 均为零时的俯仰力矩系数;m_z^{α}、$m_z^{\delta_z}$、$m_z^{\bar{\omega}_{z1}}$ 分别为纵向静稳定力矩系数导数、升降舵偏转产生的操纵力矩系数导数、俯仰阻尼力矩系数导数;$m_z^{\bar{\dot{\alpha}}}$、$m_z^{\bar{\dot{\delta}}_z}$ 为下洗延迟力矩系数导数。

2. 偏航力矩

$$M_{y_1} = m_y qSL \tag{11.14}$$

式中偏航力矩系数 m_y 的表达式为

$$m_y = m_y^{\beta}\beta + m_y^{\delta_y}\delta_y + m_y^{\bar{\omega}_{y1}}\bar{\omega}_{y_1} + m_y^{\bar{\dot{\beta}}}\bar{\dot{\beta}} + m_y^{\bar{\dot{\delta}}_y}\bar{\dot{\delta}}_y \tag{11.15}$$

式中:$\begin{cases}\bar{\omega}_{y_1}=\omega_{y_1}L/v\\ \bar{\dot{\beta}}=\dot{\beta}L/v\\ \bar{\dot{\delta}}_y=\dot{\delta}_yL/v\end{cases}$ m_y^{β}、$m_y^{\delta_y}$、$m_y^{\bar{\omega}_{y1}}$ 分别为航向静稳定力矩系数导数、方向舵偏转产生的航向操纵力矩系数导数、偏航阻尼力矩系数导数;$m_z^{\bar{\dot{\beta}}}$、$m_z^{\bar{\dot{\delta}}_y}$ 为下洗延迟力矩系数导数。

3. 滚转力矩

$$M_{x_1} = m_x qSL \tag{11.16}$$

式中偏航力矩系数 m_x 的表达式为

$$m_x = m_{x0} + m_x^{\beta}\beta + m_x^{\delta_x}\delta_x + m_x^{\bar{\omega}_{x1}}\bar{\omega}_{x_1} \tag{11.17}$$

式中

$$\bar{\omega}_{x_1} = \omega_{x_1}L/v$$

式中:m_{x0}为由于生产误差引起的外形不对称产生的滚转力矩系数;m_x^{β}、$m_x^{\delta_x}$、$m_x^{\bar{\omega}_{x1}}$ 分别为横滚静力矩系数导数、差动舵偏转产生的滚转操纵力矩系数导数、滚转阻尼力矩系数导数。

11.2 制导野战火箭的运动方程

制导野战火箭运动方程是描述制导野战火箭的力、力矩与制导野战火箭运

动参数(如加速度、速度、位置、体态等)之间关系的方程,它包括动力学方程、运动学方程、质量变化方程、几何关系方程和控制关系方程。

11.2.1 动力学方程

制导野战火箭在空间的运动一般看成可控制的变质量系统具有 6 个自由度的运动。为研究制导野战火箭运动特性方便起见,通常将制导野战火箭动力学基本向量方程分别投影到相应的坐标系上,写成制导野战火箭质心运动的 3 个动力学标量方程和制导野战火箭绕质心转动的 3 个动力学标量方程。

1. 制导野战火箭质心运动的动力学方程

工程实践表明:对研究制导野战火箭质心运动来说,把向量方程写成在弹道坐标系上的标量形式,方程最为简单,又便于分析制导野战火箭运动特性。把地面坐标系视为惯性坐标系,能保证所需要的计算准确度。弹道坐标系是动坐标系,它相对地面坐标系既有位移运动,又有转动运动,位移速度为 V,转动角速度用 Ω 表示。

建立在动坐标系中的动力学方程,引用向量的绝对导数和相对导数之间的关系:在惯性坐标系中某一向量对时间的导数(绝对导数)与同一向量在动坐标系中对时间的导数(相对导数)之差,等于该向量本身与动坐标系的转动角速度的向量乘积,即

$$\frac{\mathrm{d}\boldsymbol{V}}{\mathrm{d}t}=\frac{\delta \boldsymbol{V}}{\delta t}+\boldsymbol{\Omega}\times\boldsymbol{V}$$

式中:$\frac{\mathrm{d}V}{\mathrm{d}t}$为在惯性坐标系(地面坐标系)中向量 $\boldsymbol{V}$ 的绝对导数;$\frac{\delta V}{\delta t}$为在动坐标系(弹道坐标系)中向量 $\boldsymbol{V}$ 的相对导数。

于是,制导野战火箭的质心运动方程可写为

$$m\frac{\mathrm{d}V}{\mathrm{d}t}=m\left(\frac{\delta V}{\delta t}+\Omega\times V\right)=F+P \tag{11.18}$$

设 i_2, j_2, k_2 分别为沿弹道坐标系 $Ox_2y_2z_2$ 各轴的单位向量;Ω_{x_2}, Ω_{y_2}, Ω_{z_2}分别为弹道坐标系相对地面坐标系的转动角速度 Ω 在 $Ox_2y_2z_2$ 各轴上的分量;V_{x_2}, V_{y_2}, V_{z_2}分别为制导野战火箭质心速度向量 $\boldsymbol{V}$ 在 $Ox_2y_2z_2$ 各轴上的分量,则

$$\begin{cases}\boldsymbol{V}=V_{x_2}i_2+V_{y_2}j_2+V_{z_2}k_2\\ \Omega=\Omega_{x_2}i_2+\Omega_{y_2}j_2+\Omega_{z_2}k_2\\ \dfrac{\delta V}{\delta t}=\dfrac{\mathrm{d}V_{x_2}}{\mathrm{d}t}i_2+\dfrac{\mathrm{d}V_{y_2}}{\mathrm{d}t}j_2+\dfrac{\mathrm{d}V_{z_2}}{\mathrm{d}t}k_2\end{cases} \tag{11.19}$$

根据弹道坐标系定义可知

$$\begin{bmatrix} V_{x_2} \\ V_{y_2} \\ V_{z_2} \end{bmatrix} = \begin{bmatrix} V \\ 0 \\ 0 \end{bmatrix}$$

于是

$$\frac{\delta \boldsymbol{V}}{\delta t} = \frac{\mathrm{d}\boldsymbol{V}}{\mathrm{d}t} i_2 \tag{11.20}$$

$$\boldsymbol{\Omega} \times \boldsymbol{V} = \begin{vmatrix} i_2 & j_2 & k_2 \\ \Omega_{x_2} & \Omega_{y_2} & \Omega_{z_2} \\ V_{x_2} & V_{y_2} & V_{z_2} \end{vmatrix} = \begin{vmatrix} i_2 & j_2 & k_2 \\ \Omega_{x_2} & \Omega_{y_2} & \Omega_{z_2} \\ \boldsymbol{V} & 0 & 0 \end{vmatrix}$$

$$= \boldsymbol{V}\Omega_{z_2} j_2 - \boldsymbol{V}\Omega_{y_2} k_2 \tag{11.21}$$

根据弹道坐标系与地面坐标系之间的转换中可得

$$\Omega = \dot{\psi}_V + \dot{\theta}$$

式中：$\dot{\psi}_V, \dot{\theta}$ 分别在地面坐标系 Ay 轴上和弹道坐标系 Oz_2 轴上，于是利用式(11.2)得到

$$\begin{bmatrix} \Omega_{x_2} \\ \Omega_{y_2} \\ \Omega_{z_2} \end{bmatrix} = L(\theta, \psi_v) \begin{bmatrix} 0 \\ \dot{\psi}_V \\ 0 \end{bmatrix} + \begin{bmatrix} 0 \\ 0 \\ \dot{\theta} \end{bmatrix} = \begin{bmatrix} \dot{\psi}_V \sin\theta \\ \dot{\psi}_V \cos\theta \\ \dot{\theta} \end{bmatrix} \tag{11.22}$$

将式(11.22)代入式(11.21)中，可得

$$\boldsymbol{\Omega} \times \boldsymbol{V} = \boldsymbol{V}\dot{\theta} j_2 - \boldsymbol{V}\dot{\psi}_V \cos\theta k_2 \tag{11.23}$$

式(11.20)、式(11.23)代入式(11.18)中，展开后得到

$$\begin{cases} m\dfrac{\mathrm{d}\boldsymbol{V}}{\mathrm{d}t} = F_{x_2} + P_{x_2} \\ m\boldsymbol{V}\dfrac{\mathrm{d}\theta}{\mathrm{d}t} = F_{y_2} + P_{y_2} \\ -m\boldsymbol{V}\cos\theta\dfrac{\mathrm{d}\psi_V}{\mathrm{d}t} = F_{z_2} + P_{z_2} \end{cases} \tag{11.24}$$

式中：$F_{x_2}, F_{y_2}, F_{z_2}$ 为除推力外制导野战火箭所有外力（总空气动力 R、重力 G 等）分别在 $Ox_2y_2z_2$ 各轴上分量的代数和；$P_{x_2}, P_{y_2}, P_{z_2}$ 分别为推力 P 在 $Ox_2y_2z_2$ 各轴上分量。

下面分别列出总空气动力 R、重力 G 和推力 P 在弹道坐标系上投影的表达式。

作用在制导野战火箭上的总空气动力 R 沿速度坐标系可分解为阻力 X、升力 Y 和侧向力 Z,即

$$\begin{bmatrix} R_{x_3} \\ R_{y_3} \\ R_{z_3} \end{bmatrix} = \begin{bmatrix} -X \\ Y \\ Z \end{bmatrix}$$

根据速度坐标系和弹道坐标系之间的转换关系,利用式(11.4)得到

$$\begin{bmatrix} R_{x_2} \\ R_{y_2} \\ R_{z_2} \end{bmatrix} = \boldsymbol{L}^{\mathrm{T}}(\gamma_V) \begin{bmatrix} R_{x_3} \\ R_{y_3} \\ R_{z_3} \end{bmatrix} = \begin{bmatrix} -X \\ Y\cos\gamma_V - Z\sin\gamma_V \\ Y\sin\gamma_V + Z\cos\gamma_V \end{bmatrix} \tag{11.25}$$

对于制导野战火箭,重力 G 可认为是沿地面坐标系 Ay 轴的负方向,故其在地面坐标系上可表示为

$$\begin{bmatrix} G_x \\ G_y \\ G_z \end{bmatrix} = \begin{bmatrix} 0 \\ -mg \\ 0 \end{bmatrix}$$

将其投影到弹道坐标系 $Ox_2y_2z_2$ 上,可利用式(11.2)得到

$$\begin{bmatrix} G_{x_2} \\ G_{y_2} \\ G_{z_2} \end{bmatrix} = L(\theta,\psi_V) \begin{bmatrix} G_x \\ G_y \\ G_z \end{bmatrix} = \begin{bmatrix} -mg\sin\theta \\ -mg\cos\theta \\ 0 \end{bmatrix} \tag{11.26}$$

如果发动机推力 P 与弹体纵轴 Ox_1 重合,这时

$$\begin{bmatrix} P_{x_1} \\ P_{y_1} \\ P_{z_1} \end{bmatrix} = \begin{bmatrix} P \\ 0 \\ 0 \end{bmatrix}$$

将其投影在弹道坐标系 $Ox_2y_2z_2$,可利用式(11.3)、式(11.4)得到

$$\begin{bmatrix} P_{x_2} \\ P_{y_2} \\ P_{z_2} \end{bmatrix} = \boldsymbol{L}^{\mathrm{T}}(\gamma_V)\boldsymbol{L}^{\mathrm{T}}(\alpha,\beta) \begin{bmatrix} P_{x_1} \\ P_{y_1} \\ P_{z_1} \end{bmatrix} = \begin{bmatrix} P\cos\alpha\cos\beta \\ P(\sin\alpha\cos\gamma_V + \cos\alpha\sin\beta\sin\gamma_V) \\ P(\sin\alpha\sin\gamma_V - \cos\alpha\sin\beta\cos\gamma_V) \end{bmatrix} \tag{11.27}$$

将式(11.25)、式(11.26)、式(11.27)代入式(11.24)中,即得到制导野战火箭质心运动的动力学方程的标量形式为

$$\begin{cases} m\dfrac{\mathrm{d}\boldsymbol{V}}{\mathrm{d}t} = P\cos\alpha\cos\beta - X - mg\sin\theta \\ m\boldsymbol{V}\dfrac{\mathrm{d}\theta}{\mathrm{d}t} = P(\sin\alpha\cos\gamma_V + \cos\alpha\sin\beta\sin\gamma_V) + Y\cos\gamma_V - Z\sin\gamma_V - mg\cos\theta \\ -m\boldsymbol{V}\cos\theta\dfrac{\mathrm{d}\psi_V}{\mathrm{d}t} = P(\sin\alpha\sin\gamma_V - \cos\alpha\sin\beta\cos\gamma_V) + Y\sin\gamma_V + Z\cos\gamma_V \end{cases} \tag{11.28}$$

式中：$\dfrac{\mathrm{d}\boldsymbol{V}}{\mathrm{d}t}$为制导野战火箭质心加速度沿弹道切向（$Ox_2$ 轴）的投影，称切向加速度；$\boldsymbol{V}\dfrac{\mathrm{d}\theta}{\mathrm{d}t}$为制导野战火箭质心加速度在铅垂面（$Ox_2y_2$）内沿弹道法线（$Oy_2$ 轴）上投影称法向加速度；$-m\boldsymbol{V}\cos\theta\dfrac{\mathrm{d}\psi_V}{\mathrm{d}t}$为制导野战火箭质心加速度的水平分量（即沿 Ox_2 轴），也称法向加速度。式中左端“－”号表明：向心力为正，所对应 $\dot{\psi}_V$ 为负；反之亦是。它是由角度$\dot{\psi}_V$ 的正负号定义所决定的。

2. 制导野战火箭绕质心转动的动力学方程

制导野战火箭绕质心转动的动力学向量方程写成在弹体坐标系上的标量形式最为简单。弹体坐标系是动坐标系，设弹体坐标系相对地面坐标系的转动角速度用 ω 表示。同理，在动坐标系（弹体坐标系）上建立制导野战火箭绕质心转动的动力学方程，可写成

$$\frac{\mathrm{d}H}{\mathrm{d}t} = \frac{\delta H}{\delta t} + \omega \times H = M + M_P \tag{11.29}$$

设 $\boldsymbol{i}_1, \boldsymbol{j}_1, \boldsymbol{k}_1$ 分别为沿弹体坐标系 $Ox_1y_1z_1$ 各轴的单位向量；$\omega_{x_1}, \omega_{y_1}, \omega_{z_1}$ 为弹体坐标系相对地面坐标系的转动角速度 ω 沿弹体坐标系各轴上分量；动量矩 H 在弹体坐标系各轴上分量为 $H_{x_1}, H_{y_1}, H_{z_1}$，则

$$\frac{\delta H}{\delta t} = \frac{\mathrm{d}H_{x_1}}{\mathrm{d}t}\boldsymbol{i}_1 + \frac{\mathrm{d}H_{y_1}}{\mathrm{d}t}\boldsymbol{j}_1 + \frac{\mathrm{d}H_{z_1}}{\mathrm{d}t}\boldsymbol{k}_1 \tag{11.30}$$

动量矩 H 可表示为

$$H = J \cdot \omega$$

式中：J 为惯性张量。

动量矩 H 在弹体坐标系各轴上分量可表示为

$$\begin{bmatrix} H_{x_1} \\ H_{y_1} \\ H_{z_1} \end{bmatrix} = \begin{bmatrix} J_{x_1x_1} & -J_{x_1y_1} & -J_{x_1z_1} \\ -J_{y_1x_1} & J_{y_1y_1} & -J_{y_1z_1} \\ -J_{z_1x_1} & J_{z_1y_1} & J_{z_1z_1} \end{bmatrix} \begin{bmatrix} \omega_{x_1} \\ \omega_{y_1} \\ \omega_{z_1} \end{bmatrix} \tag{11.31}$$

式中：$J_{x_1x_1}$，$J_{y_1y_1}$，$J_{z_1z_1}$ 为制导野战火箭对弹体坐标系各轴的转动惯量；$J_{x_1y_1}$，$J_{x_1z_1}$，…，$J_{z_1y_1}$ 为制导野战火箭对弹体坐标系各轴的惯量积。

对于战术制导野战火箭来说，一般多为轴对称外形，这时可认为弹体坐标系就是它的惯性主轴系。在此条件下，制导野战火箭对弹体坐标系各轴的惯量积为零。为书写方便，上述转动惯量分别以 J_{x_1}、J_{y_1}、J_{z_1} 表示，则式(11.31)可简化为

$$\begin{bmatrix} H_{x_1} \\ H_{y_1} \\ H_{z_1} \end{bmatrix} = \begin{bmatrix} J_{x_1} & 0 & 0 \\ 0 & J_{y_1} & 0 \\ 0 & 0 & J_{z_1} \end{bmatrix} \begin{bmatrix} \omega_{x_1} \\ \omega_{y_1} \\ \omega_{z_1} \end{bmatrix} = \begin{bmatrix} J_{x_1}\omega_{x_1} \\ J_{y_1}\omega_{y_1} \\ J_{z_1}\omega_{z_1} \end{bmatrix} \tag{11.32}$$

式(11.32)代入式(11.30)中，可得

$$\frac{\delta H}{\delta t} = J_{x_1}\frac{d\omega_{x_1}}{dt}i_1 + J_{y_1}\frac{d\omega_{y_1}}{dt}j_1 + J_{z_1}\frac{d\omega_{z_1}}{dt}k_1 \tag{11.33}$$

$$\begin{aligned} J_{x_1}\frac{d\omega_{x_1}}{dt}\omega \times H &= \begin{bmatrix} i_1 & j_1 & k_1 \\ \omega_{x_1} & \omega_{y_1} & \omega_{z_1} \\ H_{x_1} & H_{y_1} & H_{y_1} \end{bmatrix} = \begin{bmatrix} i_1 & j_1 & k_1 \\ \omega_{x_1} & \omega_{y_1} & \omega_{z_1} \\ J_{x_1}\omega_{x_1} & J_{y_1}\omega_{y_1} & J_{z_1}\omega_{z_1} \end{bmatrix} \\ &= (J_{z_1} - J_{y_1})\omega_{z_1}\omega_{y_1}i_1 + (J_{x_1} - J_{z_1})\omega_{x_1}\omega_{z_1}j_1 + (J_{y_1} - J_{x_1})\omega_{y_1}\omega_{x_1}k_1 \end{aligned} \tag{11.34}$$

式(11.33)、式(11.34)代入式(11.29)中，于是制导野战火箭绕质心转动的动力学标量方程为

$$\begin{cases} J_{x_1}\dfrac{d\omega_{x_1}}{dt} + (J_{x_1} - J_{y_1})\omega_{x_1}\omega_{y_1} = M_{x_1} \\ J_{y_1}\dfrac{d\omega_{y_1}}{dt} + (J_{x_1} - J_{z_1})\omega_{x_1}\omega_{z_1} = M_{y_1} \\ J_{z_1}\dfrac{d\omega_{z_1}}{dt} + (J_{y_1} - J_{x_1})\omega_{y_1}\omega_{x_1} = M_{z_1} \end{cases} \tag{11.35}$$

式中：J_{x_1}，J_{y_1}，J_{z_1} 分别为制导野战火箭对于弹体坐标系（即惯性主轴系）各轴的转动惯量，它们随着燃料燃烧产物的喷出而不断变化；ω_{x_1}，ω_{y_1}，ω_{z_1} 为弹体坐标系相对地面坐标系的转动角速度 ω 在弹体坐标系各轴上的分量；$\frac{d\omega_{x_1}}{dt}$，$\frac{d\omega_{y_1}}{dt}$，$\frac{d\omega_{z_1}}{dt}$ 分别为弹体转动角加速度向量在弹体坐标系各轴上的分量；M_{x_1}，M_{y_1}，M_{z_1} 分别为作用在制导野战火箭上的所有外力（含推力）对质心的力矩在弹体坐标系各轴上的分量。

后面为书写方便，省略式(11.35)中下标"1"。

11.2.2 运动学方程

制导野战火箭运动方程组还包括描述各运动参数之间的关系的运动学方程。它将分别建立描述制导野战火箭质心相对地面坐标系运动的运动学方程和制导野战火箭弹体相对地面坐标系姿态变化的运动学方程。

1. 制导野战火箭质心运动的运动学方程

要确定制导野战火箭质心相对于地面坐标系的运动轨迹(弹道),需要建立制导野战火箭质心相对于地面坐标系运动的运动学方程。计算空气动力、推力时,需要知道制导野战火箭在任一瞬时所处的高度,通过弹道计算确定相应瞬时制导野战火箭所处的位置。因此,要建立制导野战火箭质心相对于地面坐标系 $Axyz$ 的位置方程。

$$\begin{bmatrix} \dfrac{\mathrm{d}x}{\mathrm{d}t} \\ \dfrac{\mathrm{d}y}{\mathrm{d}t} \\ \dfrac{\mathrm{d}z}{\mathrm{d}t} \end{bmatrix} = \begin{bmatrix} V_x \\ V_y \\ V_z \end{bmatrix} \tag{11.36}$$

根据弹道坐标系的定义可知,制导野战火箭质心的速度向量与弹道坐标系的 Ox_2 轴重合,即

$$\begin{bmatrix} V_{x_2} \\ V_{y_2} \\ V_{z_2} \end{bmatrix} = \begin{bmatrix} V \\ 0 \\ 0 \end{bmatrix} \tag{11.37}$$

利用地面坐标系与弹道坐标系的转换关系可得

$$\begin{bmatrix} V_x \\ V_y \\ V_z \end{bmatrix} = \boldsymbol{L}^{\mathrm{T}}(\theta,\psi_V)\begin{bmatrix} V_{x_2} \\ V_{y_2} \\ V_{z_2} \end{bmatrix} \tag{11.38}$$

将式(11.37)、式(11.2)代入式(11.38)中,并将其结果代入式(11.36),即得到制导野战火箭质心运动的运动学方程

$$\begin{cases} \dfrac{\mathrm{d}x}{\mathrm{d}t} = V\cos\theta\cos\psi_V \\ \dfrac{\mathrm{d}y}{\mathrm{d}t} = V\sin\theta \\ \dfrac{\mathrm{d}z}{\mathrm{d}t} = -V\cos\theta\sin\psi_V \end{cases} \tag{11.39}$$

2. 制导野战火箭绕质心转动的运动学方程

要确定制导野战火箭在空间的姿态，就需要建立描述制导野战火箭弹体相对地面坐标系姿态变化的运动学方程，亦即建立姿态角 ϑ,ψ,γ 变化率与制导野战火箭相对地面坐标系转动角速度分量 $\omega_{x_1},\omega_{y_1},\omega_{z_1}$ 之间的关系式。

我们知道，根据地面坐标系与弹体坐标系的转换关系可得

$$\omega = \dot{\psi} + \dot{\vartheta} + \dot{\gamma}$$

由于 $\dot{\psi},\dot{\gamma}$ 分别与地面坐标系 Ay 轴和弹体坐标系的 Ox_1 轴重合，而 $\dot{\vartheta}$ 与 Oz'轴重合，故有

$$\begin{bmatrix}\omega_{x_1}\\ \omega_{y_1}\\ \omega_{z_1}\end{bmatrix} = L(\gamma,\vartheta,\psi)\begin{bmatrix}0\\ \dot{\psi}\\ 0\end{bmatrix} + L(\gamma)\begin{bmatrix}0\\ 0\\ \dot{\vartheta}\end{bmatrix} + \begin{bmatrix}\dot{\gamma}\\ 0\\ 0\end{bmatrix}$$

$$= \begin{bmatrix}\dot{\psi}\sin\vartheta + \dot{\gamma}\\ \dot{\psi}\sin\vartheta\cos\gamma + \dot{\vartheta}\sin\gamma\\ -\dot{\psi}\cos\vartheta\sin\gamma + \dot{\vartheta}\cos\gamma\end{bmatrix} = \begin{bmatrix}0 & \sin\vartheta & 1\\ \sin\gamma & \cos\vartheta\cos\gamma & 0\\ \cos\gamma & -\cos\vartheta\sin\gamma & 0\end{bmatrix}\begin{bmatrix}\dot{\vartheta}\\ \dot{\psi}\\ \dot{\gamma}\end{bmatrix}$$

经变换后得

$$\begin{bmatrix}\dot{\vartheta}\\ \dot{\psi}\\ \dot{\gamma}\end{bmatrix} = \begin{bmatrix}0 & \sin\gamma & \cos\gamma\\ 0 & \dfrac{\cos\gamma}{\cos\vartheta} & -\dfrac{\sin\gamma}{\cos\vartheta}\\ 1 & -\tan\vartheta\cos\gamma & \tan\vartheta\sin\gamma\end{bmatrix}\begin{bmatrix}\omega_{x_1}\\ \omega_{y_1}\\ \omega_{z_1}\end{bmatrix} \tag{11.40}$$

上式展开后得到制导野战火箭绕质心转动的运动学方程：

$$\begin{cases}\dfrac{\mathrm{d}\vartheta}{\mathrm{d}t} = \omega_{y_1}\sin\gamma + \omega_{z_1}\cos\gamma\\ \dfrac{\mathrm{d}\psi}{\mathrm{d}t} = \dfrac{1}{\cos\vartheta}(\omega_{y_1}\cos\gamma - \omega_{z_1}\sin\gamma)\\ \dfrac{\mathrm{d}\gamma}{\mathrm{d}t} = \omega_{x_1} - \tan\vartheta(\omega_{y_1}\cos\gamma - \omega_{z_1}\sin\gamma)\end{cases} \tag{11.41}$$

同样，后面为书写方便，省略式(11.41)中的下标“1”。

11.2.3 质量变化方程

制导野战火箭在飞行过程中，由于发动机不断地消耗燃料，制导野战火箭质量不断减小。所以，在建立制导野战火箭运动方程组中，还需要补充描述制导野战火箭质量变化的方程，即

$$\frac{\mathrm{d}m}{\mathrm{d}t} = -m_c \tag{11.42}$$

式中：$\frac{\mathrm{d}m}{\mathrm{d}t}$为制导野战火箭质量变化率，即制导野战火箭在单位时间内喷射出来的质量，因为是质量的减小，故取负值。m_c 为制导野战火箭单位时间内质量消耗量，它应该是单位时间内燃料组元质量消耗量和其他物质质量消耗量之和，但主要是燃料的消耗，故 m_c 又称为燃料质量秒流量。通常认为 m_c 是已知的时间函数，它可能是常量，也可能是变量。对于制导野战火箭发动机来说，m_c 的大小主要由发动机性能确定。

方程式(11.42)可独立于制导野战火箭运动方程组中其他方程之外单独求解，即

$$m(t) = m_0 - \int_0^t m_c(t)\,\mathrm{d}t \tag{11.43}$$

式中：m_0 为制导野战火箭的初始质量。

11.2.4 几何关系方程

前面定义的四组常用坐标系，它们之间的关系由 8 个角度(即 $\vartheta,\psi,\gamma,\theta,\psi_V,\alpha,\beta,\gamma_V$)联系起来。因为某单位向量以不同途径投影到任意坐标系的同一轴上，其结果应是相等的，根据这一原理可知这 8 个角度并不是完全独立的。例如，制导野战火箭的速度向量 $\boldsymbol{V}$ 相对于地面坐标系 $Axyz$ 的方位，可以通过速度坐标系相对弹体坐标系的角参数 α,β 以及弹体坐标系相对地面坐标系的角参数 ϑ,ψ,γ 来确定。$\vartheta,\psi,\gamma,\alpha,\beta$ 确定之后，决定速度向量 $\boldsymbol{V}$ 的方位的角参数 θ,ψ_V 及 γ_V 也就确定了。这就说明，8 个角参数中只有 5 个是独立的，而其余 3 个角参数则分别由这 5 个独立的角参数来表示。因此，8 个角度之间存在着 3 个独立的几何关系式。根据不同的要求，可把这些几何关系表达成一些不同的形式，因此，几何关系方程不是唯一的形式。由于 θ,ψ_V 和 ϑ,ψ,γ 角参数的变化规律可分别用式(11.28)和式(11.41)来描述，就可用 $\theta,\psi_V,\vartheta,\psi$ 和 γ 等角参数来求出 α,β 和 γ_V，分别建立相应的 3 个几何关系方程。

建立几何关系方程，可用球面三角、四元素法或方向余弦等数学方法。下面介绍利用有关向量运算的知识和上述方向余弦表来建立 3 个几何关系式。

我们知道，过参考系原点的任意两个单位向量夹角 φ 的方向余弦，等于它们各自与参考系对应轴夹角的方向余弦乘积之和。用公式表示有

$$\cos\varphi = \cos\alpha_1\cos\alpha_2 + \cos\beta_1\cos\beta_2 + \cos\gamma_1\cos\gamma_2 \tag{11.44}$$

设 $\boldsymbol{i},\boldsymbol{j},\boldsymbol{k}$ 分别为参考系 $Axyz$ 各对应轴的单位向量，过参考系原点 A 的两个

单位向量夹角的方向余弦记作$\langle l_1^0 \cdot l_2^0 \rangle$，则式(11.44)又可写成

$$\langle l_1^0 \cdot l_2^0 \rangle = \langle l_1^0 \cdot \boldsymbol{i} \rangle \langle l_2^0 \cdot \boldsymbol{i} \rangle + \langle l_1^0 \cdot \boldsymbol{j} \rangle \langle l_2^0 \cdot \boldsymbol{j} \rangle + \langle l_1^0 \cdot \boldsymbol{k} \rangle \langle l_2^0 \cdot \boldsymbol{k} \rangle \tag{11.45}$$

若把Ox_2轴和Oz_1轴的单位向量分别表示为l_1^0和l_2^0，选地面坐标系$Axyz$为参考系，欲求$\langle l_1^0 \cdot l_2^0 \rangle$，先将坐标系$Ox_2y_2z_2$和$Ox_1y_1z_1$平移至其原点$O$与参考系的原点$A$重合，考虑到$Ox_2$轴与$Ox_3$轴重合，利用方向余弦表，求得式(11.45)的相应单位向量的夹角余弦项，经整理得

$$\sin\beta = \cos\theta[\cos\gamma\sin(\psi - \psi_V) + \sin\vartheta\sin\gamma\cos(\psi - \psi_V)] - \sin\theta\cos\vartheta\sin\gamma \tag{11.46}$$

若把Oy_1轴和Ox_2轴的单位向量分别表示为l_1^0、l_2^0，仍选地面坐标系为参考系，同样把有关坐标系的原点重合在一起，利用式(11.45)和方向余弦表，即得

$$\sin\alpha = \{\cos\theta[\sin\vartheta\cos\gamma\cos(\psi - \psi_V) - \sin\gamma\sin(\psi - \psi_V)] - \sin\theta\cos\vartheta\cos\gamma\}/\cos\beta \tag{11.47}$$

同理，选取弹体坐标系$Ox_1y_1z_1$为参考系，而把速度坐标系Oz_3轴的单位向量和地面坐标系Ay轴的单位向量分别视为l_1^0，l_2^0。利用式(11.45)和方向余弦表以及通过已建立的坐标转换矩阵求出速度坐标系与地面坐标系之间的方向余弦表，即得

$$\sin\gamma_V = (\cos\alpha\sin\beta\sin\vartheta - \sin\alpha\sin\beta\cos\vartheta + \cos\beta\sin\gamma\cos\vartheta)/\cos\theta \tag{11.48}$$

式(11.46)~式(11.48)即为3个几何关系方程。

有时几何关系方程显得非常简单，例如，当制导野战火箭作无侧滑($\beta = 0$)、无倾斜($\gamma = 0$)飞行时，有

$$\theta = \vartheta - \alpha$$

又如，当制导野战火箭作无侧滑、零攻角情况下飞行时，有

$$\gamma = \gamma_V$$

再如，当制导野战火箭在水平面内作无倾斜机动飞行时，且攻角很小，则

$$\psi_V = \psi - \beta$$

至此，已建立了描述制导野战火箭质心运动的动力学方程式(11.28)、绕质心转动的动力学方程式(11.35)、制导野战火箭质心运动的运动学方程式(11.39)、绕质心转动的运动学方程式(11.41)、质量变化方程式(11.42)和几何关系方程式(11.46)~式(11.48)，以上方程，组成无控弹运动方程组。如果不考虑外界干扰，这些方程中包括：$V(t)$，$\theta(t)$，$\psi_V(t)$，$\omega_x(t)$，$\omega_y(t)$，$\omega_z(t)$，$x(t)$，$y(t)$，$z(t)$，$\vartheta(t)$，$\psi(t)$，$\gamma(t)$，$m(t)$，$\alpha(t)$，$\beta(t)$，$\gamma_V(t)$等16个未知数，方程组是封闭的。当给定初始条件，对这些方程进行数值积分，可获得无控弹道及相应运动

参数的变化规律。但对于可控飞行来说,仅知道初始条件,还不能获得唯一确定解,因为在相同的初始条件下,舵面的偏转规律不同,气动力和气动力矩就不同,相应的飞行弹道和相应的运动参数也不同。为确定唯一解,必须对制导野战火箭加上一定的约束,即需要建立控制关系方程。

11.2.5 控制关系方程

1. 控制飞行的原理

为了保证命中目标而约束制导野战火箭飞行的方向和速度大小,就称为控制飞行。制导野战火箭是在自动控制系统作用下,使其飞行遵循一定的约束关系。要按需要改变制导野战火箭飞行方向和速度大小,它又依赖于改变作用于弹上外力合力的大小和方向。作用在制导野战火箭上的外力主要有空气动力 R、推力 P 和重力 G,其中重力始终指向地心,其大小也不能随意改变。因此,控制制导野战火箭飞行只能依靠改变 R 和 P 的合力 N 的大小和方向,N 称为控制力。即

$$N = P + R$$

控制力 N 沿速度方向和垂直于速度方向可分解为两个分量 N_t 和 N_n(图 11.6),分别称为切向控制力和法向控制力。从力学的观点,改变切向控制力以改变速度大小,改变法向控制力以改变飞行方向。

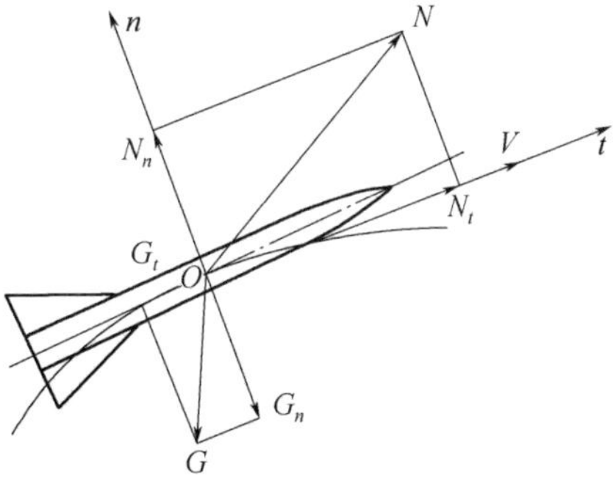

图 11.6 制导野战火箭切向力和法向力

切向控制力 $N_t = P_t + R_t$

法向控制力 $N_n = P_n + R_n$

式中

$$R_n = Y + Z$$

下面简述制导野战火箭是如何改变法向控制力的。改变法向控制力,主要是依靠改变空气动力的法向力 R_n,它是通过改变制导野战火箭在空中姿态,从而改变制导野战火箭弹体相对气流的方位来获得的。而改变制导野战火箭的姿态是靠偏转制导野战火箭上的操纵机构(如空气舵、气动扰流片、摆动发动机等),在操

纵面上相应产生操纵力,它对制导野战火箭质心产生操纵力矩,在此力矩作用下,制导野战火箭弹体就会绕其质心转动,由此改变制导野战火箭在空中的姿态。同时,固定在弹体上的空气动力面(如弹翼、尾翼等)和弹身就会获得新的攻角和侧滑角,从而改变了作用在制导野战火箭上的空气动力(图 11.7)。

根据空气舵的作用不同,又可分为升降舵、方向舵和副翼。无论对于轴对称制导野战火箭或面对称制导野战火箭,升降舵主要是用于操纵制导野战火箭的俯仰姿态;方向舵主要是用于操纵制导野战火箭的偏航姿态;副翼主要是用于操纵制导野战火箭的倾斜姿态。

对于轴对称型制导野战火箭,若舵面相对弹身的安装呈“+”形,此时水平位置的一对舵面就是升降舵,垂直位置的一对舵面就是方向舵(图 11.8)。若舵面相对弹身的安装位置呈“×”形(图 11.9),此时两对舵面不能各自独立地起到升降舵和方向舵的作用。当两对舵面同时向下(或向上)偏转,并且偏转的角度也一样时,两对舵面就起到升降舵的作用(图 11.9(a));当一对舵面与另一对舵面上下偏转的方向不同,但偏转角一样时,两对舵面则起着方向舵的作用(图 11.9(b));若两对舵面偏转角不同,而上下偏转的方向相同或不同,这样就既可以起到升降舵的作用,又可起到方向舵的作用(图 11.9(c))。

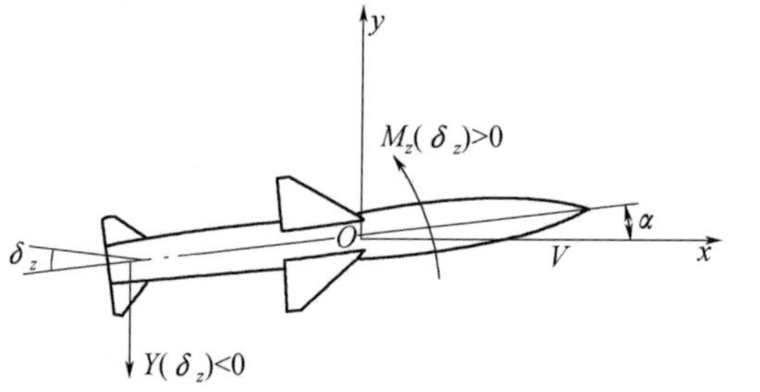

图 11.7 用空气动力来控制飞行的示意图

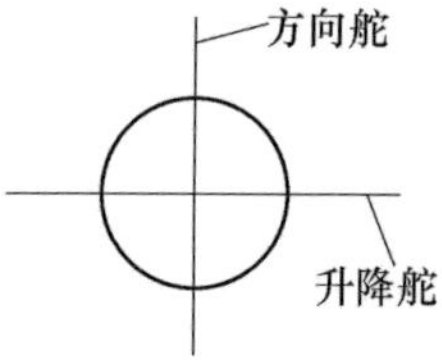

图 11.8 “+”形舵面

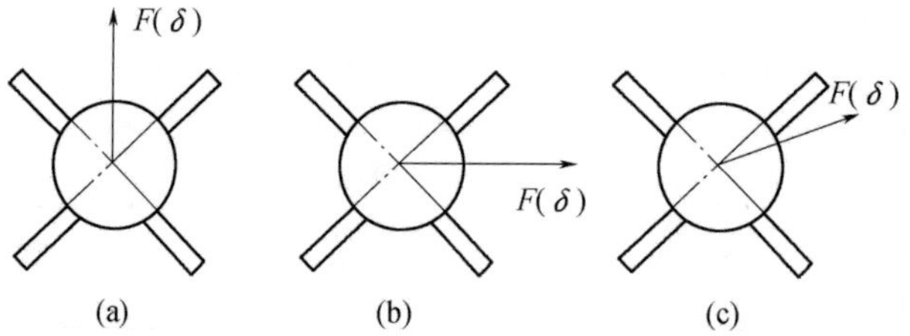

图 11.9 “×”形舵面

副翼是一对左右差动的舵面,即一个舵面与另一个舵面上下偏转的方向不同(图 11.10)。副翼可以是一对独立的舵面,也可以是采用一组舵面,使其既起到升降舵(或方向舵)的作用,又起到副翼的作用。即通过操纵机构的设计,使这组舵面不仅可以同向偏转,而且还可以差动。一对舵面其同向偏转部分相当起升降舵(或方向舵)的作用,差动部分就起到副翼的作用。

在利用气动力操纵制导野战火箭时,除可以使用偏转舵面外,还可以使用伸缩操纵面或气动扰流片等。

用反作用力(即推力)来操纵制导野战火箭也是一种可用的形式。可以用偏转主发动机的燃气流或者利用专用的可偏转的小型发动机来实现。小发动机安装在离制导野战火箭质心一定距离的地方,专门用来产生操纵力矩,在此力矩作用下,制导野战火箭将绕质心转动,同样改变制导野战火箭在空间的姿态。

利用破坏主发动机燃气流对称性的方法,也可以获得使制导野战火箭绕其质心转动的操纵力矩,也同样能改变制导野战火箭在空间的姿态。

对于轴对称型的制导野战火箭,它装有两对弹翼,并沿周向均匀分布,通过改变升降舵的偏转角 δ_z 来改变攻角 α 的大小,从而改变升力 Y 的大小和方向,操纵制导野战火箭的俯仰运动。而改变方向舵的偏转角 δ_y,则可改变侧滑角 β,使侧向力 Z 的大小和方向发生变化,操纵制导野战火箭的偏航运动。若升降舵和方向舵同时偏转,使 δ_z,δ_y 各自获得任一角度,那么 α,β 相应改变,得到任一方向和大小的空气动力,同时操纵俯仰和偏航运动。另外,当 α,β 改变时,阻力 X、推力的法向分量 P_n 和切向分量 P_t 也随之改变。

对于面对称型的制导野战火箭,外形似飞机,只有一对水平弹翼,其产生升力比侧力大得多,操纵俯仰运动仍是通过改变升降舵的偏转角 δ_z 而改变升力的大小;操纵偏航运动,则通常是差动副翼,使弹体倾斜,保持在纵向对称面内的升力也相应转到某一方向,其水平分力使制导野战火箭作偏航运动(图 11.11 所示)。

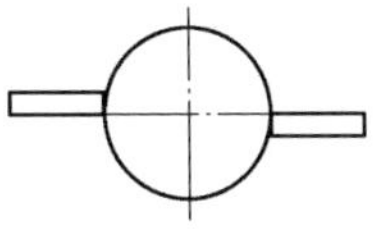

图 11.10　副翼的偏转

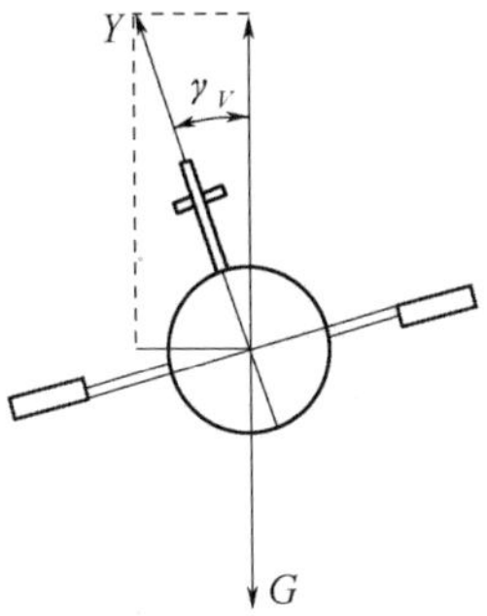

图 11.11　面对称制导野战火箭的偏航运动

综上所述,操纵制导野战火箭的俯仰、偏航和倾斜运动,就是操纵制导野战火箭的 3 个自由度来改变法向力的大小和方向,以达到改变制导野战火箭飞行方向的目的。为了使控制系统不过于复杂,又要形成任一方向的法向力,只要操纵制导野战火箭绕某一轴或至多绕两根轴转动,而对第三轴加以稳定。例如,对于轴对称型制导野战火箭,只需操纵制导野战火箭绕 Oz_1 轴和 Oy_1 轴转动,就可实现操纵俯仰和偏航运动,而对 Ox_1 轴保持稳定,以保证俯仰和偏航运动的操纵不致发生混乱;而对于面对称型制导野战火箭,一般只需操纵制导野战火箭绕 Oz_1 轴和 Ox_1 轴转动,实现操纵俯仰和倾斜运动,改变攻角 α 和速度倾斜角 γ_V 来产生所需的法向力,使制导野战火箭作偏航运动,而对 Oy_1 轴保持稳定。

此外,改变速度大小,通常采用推力控制,即控制发动机节气阀偏角 δ_p 以调节发动机推力的大小来实现。

由此可见,对于制导野战火箭应具有 4 个操纵机构:升降舵、方向舵、副翼的操纵机构和发动机推力的调节装置。

2. 控制关系方程

实现制导野战火箭的控制飞行,制导野战火箭应具有 4 个操纵机构,相应必须在制导野战火箭上加以 4 个约束,即 4 个控制关系方程。

要改变制导野战火箭的运动参数,必须通过控制系统使舵面偏转,对质心产生操纵力矩,引起弹转动,使 α(β 或 γ_V)变化,从而改 N_n 的大小和方向,制导野战火箭运动参数产生相应变化,这就控制的主要过程。但从控制系统输入信号,到运动参数发生相应变化,是个复杂过程。在飞行过程的每一瞬时,当实际运动参数与按导引关系要求的运动参数不相时,就产生控制信号。因此,控制系统操纵舵面决定于每一瞬时制导野战火箭的运动参数。制导野战火箭制系统的工作原理是按"误差工作"。例如,制导野战火箭飞行中的俯仰角 ϑ 与要求的俯仰角 ϑ^* 不相等,即存在偏差角 $\Delta\vartheta = \vartheta - \vartheta^*$,控制系统将根据 $\Delta\vartheta$ 的大小使升降舵偏转相应的角度,最简单的比例控制关系为

$$\delta_z = k_\vartheta(\vartheta - \vartheta^*) = k_\vartheta\Delta\vartheta$$

式中:k_ϑ 为控制系统决定的比例系数,称为放大系数。

制导野战火箭在飞行过程中,控制系统总是做出消除误差 $\Delta\vartheta$ 的回答反应,根据误差的大小,偏转相应的舵面来力图消除误差 $\Delta\vartheta$。实际上,误差始终不为零,只是制导系统工作越准确,误差就越小而已。

设 x_i^* 为研究瞬时由导引关系要求的运动参数值,x_i 为同一瞬时运动参数的实际值,ε_i 为运动参数误差,则有

$$\varepsilon_i = x_i - x_i^* \quad (i = 1,2,3,4)$$

在一般情况下,$\varepsilon_1,\varepsilon_2,\varepsilon_3,\varepsilon_4$ 总不可能等于零,此时控制系统将偏转舵面和发动机调节装置,以求消除误差。而舵面和发动机调节装置的偏转角大小及方向取决于误差 ε_i 的数值和正负。例如,在最简单的情况下,对轴对称型制导野

战火箭,有如下关系存在:

$$\begin{cases}\delta_z = f_1(\varepsilon_1)\\ \delta_y = f_2(\varepsilon_2)\\ \delta_x = f_3(\gamma)\\ \delta_{\mathrm{p}} = f_4(\varepsilon_4)\end{cases} \tag{11.49}$$

对于面对称型制导野战火箭,则有如下关系存在:

$$\begin{cases}\delta_z = f_1(\varepsilon_1)\\ \delta_x = f_2(\varepsilon_2)\\ \delta_y = f_3(\beta)\\ \delta_{\mathrm{p}} = f_4(\varepsilon_4)\end{cases} \tag{11.50}$$

式(11.49)、式(11.50)表示每一个操纵机构仅负责控制某一方向上的运动参数,这是一种简单的控制关系。但对一般情况而言,可以写成下面通用的控制关系方程

$$\begin{cases}\phi_1(\cdots,\varepsilon_i,\cdots,\delta_i,\cdots) = 0\\ \phi_2(\cdots,\varepsilon_i,\cdots,\delta_i,\cdots) = 0\\ \phi_3(\cdots,\varepsilon_i,\cdots,\delta_i,\cdots) = 0\\ \phi_4(\cdots,\varepsilon_i,\cdots,\delta_i,\cdots) = 0\end{cases} \tag{11.51}$$

式(11.51)中可以包括舵面和发动机调节装置的偏转角、运动参数误差及其他运动参数。式(11.51)可简写成如下形式:

$$\begin{cases}\phi_1 = 0\\ \phi_2 = 0\\ \phi_3 = 0\\ \phi_4 = 0\end{cases} \tag{11.52}$$

$\phi_1=0$,$\phi_2=0$ 关系式仅用来表示控制飞行方向,改变飞行方向是控制系统的主要任务,因此称它们为基本(主要)控制关系方程。$\phi_3=0$ 关系式用以表示对第三轴加以稳定,$\phi_4=0$ 关系式仅用来表示控制速度大小,这两个关系式则称为

附加(辅助)控制关系方程。

在设计制导野战火箭弹道时,需要综合考虑包括控制系统加在制导野战火箭上的控制关系方程在内的制导野战火箭运动方程组,问题比较复杂。在制导野战火箭初步设计时,可作近似处理,即假设控制系统是按“无误差工作”的理想控制系统,运动参数能保持按导引关系要求的变化规律,这样

$$\varepsilon_i = x_i - x_i^* = 0 \quad (i = 1,2,3,4)$$

即有4个理想控制关系式

$$\begin{cases} \varepsilon_1 = 0 \\ \varepsilon_2 = 0 \\ \varepsilon_3 = 0 \\ \varepsilon_4 = 0 \end{cases} \tag{11.53}$$

在某些情况下,理想控制关系式有简单的表达式。

例如,轴对称型制导野战火箭保持等速直线飞行时,有

$$\begin{cases} \varepsilon_1 = \theta - \theta^* = 0 \\ \varepsilon_2 = \psi - \psi_{V^*} = 0 \\ \varepsilon_3 = \gamma = 0 \\ \varepsilon_4 = V - V^* = 0 \end{cases} \tag{11.54}$$

又如,面对称型制导野战火箭作正常盘旋飞行时,有

$$\begin{cases} \varepsilon_1 = \theta = 0, \text{或 } \varepsilon_1 = y - y^* = 0 (\text{其中 } y^* \text{ 为常值}) \\ \varepsilon_2 = \gamma - \gamma^* = 0 \\ \varepsilon_3 = \beta = 0 \\ \varepsilon_4 = V - V^* = 0 \end{cases} \tag{11.55}$$

式(11.54)、式(11.55)中:$\theta^*, \psi_{V^*}, \gamma^*, V^*, \cdots$为要求的运动参数值;$\theta, \psi_V, \gamma, V\cdots$为制导野战火箭飞行中实际的运动参数值。

11.2.6 制导野战火箭运动方程组

综合前面所得到的方程(11.28)、式(11.35)、式(11.39)、式(11.41)、式(11.42)、式(11.46)~式(11.48)和式(11.53),即组成描述制导野战火箭的空间运动方程组

$$
\begin{cases}
m\dfrac{dV}{dt} = P\cos\alpha\cos\beta - X - mg\sin\theta \\
mV\dfrac{d\theta}{dt} = P(\sin\alpha\cos\gamma_V + \cos\alpha\sin\beta\sin\gamma_V) + Y\cos\gamma_V - Z\sin\gamma_V - mg\cos\theta \\
-mV\cos\theta\dfrac{d\psi_V}{dt} = P(\sin\alpha\sin\gamma_V - \cos\alpha\sin\beta\cos\gamma_V) + Y\sin\gamma_V + Z\cos\gamma_V \\
J_x\dfrac{d\omega_x}{dt} + (J_z - J_y)\omega_z\omega_y = M_x \\
J_y\dfrac{d\omega_y}{dt} + (J_x - J_z)\omega_x\omega_z = M_y \\
J_z\dfrac{d\omega_z}{dt} + (J_y - J_x)\omega_y\omega_x = M_z \\
\dfrac{dx}{dt} = V\cos\theta\cos\psi_V \\
\dfrac{dy}{dt} = V\sin\theta \\
\dfrac{dz}{dt} = -V\cos\theta\sin\psi_V \\
\dfrac{d\vartheta}{dt} = \omega_y\sin\gamma + \omega_z\cos\gamma \\
\dfrac{d\psi}{dt} = (\omega_y\cos\gamma - \omega_z\sin\gamma)/\cos\vartheta \\
\dfrac{d\gamma}{dt} = \omega_x - \tan\vartheta(\omega_y\cos\gamma - \omega_z\sin\gamma) \\
\dfrac{dm}{dt} = -m_c \\
\sin\beta = \cos\theta[\cos\gamma\sin(\psi - \psi_V) + \sin\vartheta\sin\gamma\cos(\psi - \psi_V)] - \sin\theta\cos\vartheta\sin\gamma \\
\sin\alpha = \{\cos\theta[\sin\vartheta\cos\gamma\cos(\psi - \psi_V) - \sin\gamma\sin(\psi - \psi_V)] - \sin\theta\cos\vartheta\cos\gamma\}/\cos\beta \\
\sin\gamma_V = (\cos\alpha\sin\beta\sin\vartheta - \sin\alpha\sin\beta\cos\vartheta + \cos\beta\sin\gamma\cos\vartheta)/\cos\theta \\
\phi_1 = 0 \\
\phi_2 = 0 \\
\phi_3 = 0 \\
\phi_4 = 0
\end{cases}
\tag{11.56}
$$

式(11.56)为以标量的形式描述的制导野战火箭空间运动方程组,它是一组非线性的常微分方程,在这20个方程中,包括有20个未知数:$V(t)$,$\theta(t)$,$\psi_V(t)$,

$\omega_x(t)$, $\omega_y(t)$, $\omega_z(t)$, $x(t)$, $y(t)$, $z(t)$, $\vartheta(t)$, $\psi(t)$, $\gamma(t)$, $m(t)$, $\alpha(t)$, $\beta(t)$, $\gamma_V(t)$, $\delta_z(t)$, $\delta_y(t)$, $\delta_x(t)$, $\delta_P(t)$,所以方程组式(11.56)是封闭的,给定初始条件后,用数值积分法可以解得有控弹道及其相应的20个参数的变化规律。

11.3 制导野战火箭的纵向稳定性和操纵性

11.3.1 有控弹箭纵向扰动运动方程的建立及线性化

有控弹箭6自由度运动方程是十分复杂的,尽管用数值方法可以求解,但却不容易揭示主要气动力、结构参数和控制参数在弹箭有控飞行中所起的作用。考虑到有控飞行器的空间运动可以看成是铅直面内的运动与侧向平面内运动的合成,并且在许多情况下,主要在一个铅直面内飞行,在另一些情况下主要在侧向平面内飞行,故先分别研究这两种形式的运动,获得一些解析关系式作为应用和进一步研究的基础。

1. 纵向运动方程

如果飞行器的气动对称面与铅直面重合,并且质心也在此铅直面内运动,则称为纵向运动,描述这种运动的方程表示如下

$$\begin{cases} m\dfrac{\mathrm{d}v}{\mathrm{d}t} = P\sin\alpha - X - mg\sin\theta \\ mv\dfrac{\mathrm{d}\theta}{\mathrm{d}t} = P\sin\alpha + Y - mg\cos\theta \\ J_Z = \dfrac{\mathrm{d}\omega_z}{\mathrm{d}t} = M_z \\ \dfrac{\mathrm{d}m}{\mathrm{d}t} = -m_c \\ \dfrac{\mathrm{d}x}{\mathrm{d}t} = v\cos\theta \\ \dfrac{\mathrm{d}y}{\mathrm{d}t} = v\sin\theta \\ \dfrac{\mathrm{d}\vartheta}{\mathrm{d}t} = \omega_z \\ \theta = \vartheta - \alpha \\ \varepsilon_1 = 0 \\ \varepsilon_4 = 0 \end{cases} \tag{11.57}$$

2. 纵向运动方程组线性化的方法

方程式(11.57)是一个非线性、变系数方程组,如阻力X、升力Y、力矩M_z与

攻角 α 呈非线性关系,气动力系数随飞行马赫数 Ma 变化,空气密度随飞行高度变化等。

考虑到对于控制系统工作正常的火箭,其实际飞行运动参数也总是在理想弹道运动参数附近变化,即火箭受到控制或干扰产生的扰动可认为是加在理想运动上的小扰动,这样就可将实际运动参数写成理想弹道运动参数与对应偏差量之和。

$$\begin{cases} v(t) = v_0(t) + \Delta v(t) \\ \vartheta(t) = \vartheta_0(t) + \Delta\vartheta(t) \\ \theta(t) = \theta_0(t) + \Delta\theta(t) \\ \alpha(t) = \alpha_0(t) + \Delta\alpha(t) \\ \cdots \end{cases} \tag{11.58}$$

式中:下标“0”为基准运动(理想弹道)参数;$\Delta v, \Delta\theta, \Delta\alpha$ 为偏差量或小量。只要理解偏差量的规律,加上基准运动参量就可求得实际运动参数。

因偏差量很小,故可将方程组(11.57)在基准运动附近线性化。组成关于偏差量的线性运动方程。下面先介绍一下微分方程线性化的方法。设导弹运动方程为以下形式的微分方程

$$\begin{cases} f_i \dfrac{\mathrm{d}x_i}{\mathrm{d}t} = F_i \\ F_i = F_i(x_1, x_2, \cdots, x_n) \end{cases} \tag{11.59}$$

式中:$f_i = f_i(x_1, x_2, \cdots, x_n)\ (i = 1, 2, 3, \cdots, n)$。

设此方程组的某个基准运动为

$$\begin{cases} f_{i0} \dfrac{\mathrm{d}x_{i0}}{\mathrm{d}t} = F_{i0} \\ F_{i0} = F_{i0}(x_{10}, x_{20}, \cdots, x_{n0}) \end{cases} \tag{11.60}$$

式中:$f_{i0} = f_{i0}(x_{10}, x_{20}, \cdots, x_{n0}),\ (i = 1, 2, 3, \cdots, n)$。

现在以其中一个方程线性化为例,先求实际运动方程 $f\dfrac{\mathrm{d}x}{\mathrm{d}t} = F$ 与基准运动方程 $f_0\dfrac{\mathrm{d}x_0}{\mathrm{d}t} = F_0$ 之差,则

$$f_i \frac{\mathrm{d}x_i}{\mathrm{d}t} - f_{i0}\frac{\mathrm{d}x_{i0}}{\mathrm{d}t} = F_i - F_{i0} = \Delta F_i \tag{11.61}$$

在上式左边令 $f_i = f_{i0} + \Delta f_i$,并代入 $x_i = x_{i0} + \Delta x_i$,略去高阶项 $\Delta f_i \mathrm{d}(\Delta x)/\mathrm{d}t$ 得

$$f_{i0}\frac{\mathrm{d}\Delta x_i}{\mathrm{d}t} + f_i \frac{\mathrm{d}x_{i0}}{\mathrm{d}t} = \Delta F_i \tag{11.62}$$

上式中的 Δf 和 ΔF 可由函数 f 和 F 在基准运动解领域按泰勒级数展开并只取一次项近似求得

$$\begin{cases}\Delta f_i = \left(\dfrac{\partial f_i}{\partial x_1}\right)_0 \Delta x_1 + \left(\dfrac{\partial f_i}{\partial x_2}\right)_0 \Delta x_2 + \cdots + \left(\dfrac{\partial f_i}{\partial x_n}\right)_0 \Delta x_n \\ \Delta F_i = \left(\dfrac{\partial F_i}{\partial x_1}\right)_0 \Delta x_1 + \left(\dfrac{\partial F_i}{\partial x_2}\right)_0 \Delta x_2 + \cdots + \left(\dfrac{\partial F_i}{\partial x_n}\right)_0 \Delta x_n\end{cases} \tag{11.63}$$

将它们代入方程式(11.62)中，即得到关于偏差量 Δx_i 的线性微分方程组或扰动运动方程组

$$\begin{aligned} f_{i0}\frac{\mathrm{d}\Delta x_i}{\mathrm{d}t} = & \left[\left(\frac{\partial F_i}{\partial x_i}\right)_0 - \frac{\mathrm{d}x_{i0}}{\mathrm{d}t}\left(\frac{\partial f_i}{\partial x_1}\right)_0\right]\Delta x_1 \\ & + \left[\left(\frac{\partial F_i}{\partial x_2}\right)_0 - \frac{\mathrm{d}x_{i0}}{\mathrm{d}t}\left(\frac{\partial f_i}{\partial x_2}\right)_0\right]\Delta x_2 \\ & + \cdots + \left[\left(\frac{\partial F_i}{\partial x_n}\right)_0 - \frac{\mathrm{d}x_{i0}}{\mathrm{d}t}\left(\frac{\partial f_i}{\partial x_n}\right)_0\right]\Delta x_n \quad (i = 1,2,\cdots,n) \end{aligned} \tag{11.64}$$

式中：$i=1,2,\cdots,n$ 对应于 n 个微分方程，如果某个 f_i 为常数，则对应的 $\partial f_i/\partial x_i=0$。

3. 有控弹箭纵向扰动运动方程组的建立

利用式(11.64)可以将纵向运动式(11.57)一个一个地线性化。对于其中第一个方程，m 相当于 f，v 相当于 x，$P\cos\alpha - X - mg$ 相当于 F。因为在下面导弹动态分析中不考虑结构参数变化的影响，故质量 m 和转动惯量 J_x，J_y，J_z 可看作是常量，则套用式(11.64)后可以得第一个方程线性化结果

$$m\frac{\mathrm{d}\Delta v}{\mathrm{d}t} = (P^V\cos\alpha - X^V)_0\Delta V - (P\sin\alpha + X^\alpha)_0\Delta\alpha - G_0\cos\theta_0 \cdot \Delta\theta + X^{\delta_z}\Delta\delta_z + F'_{gx} \tag{11.65}$$

式中：P^V，X^V 分别为推力 P、阻力 X 对速度 v 的偏导数；X^α 为 X 对攻角的偏导数，它们可由 P，X 的表达式求出，与发动机和阻力系数有关，例如 $X=\rho v^2 Sc_x(Ma,a)/2$ 可得 $X^V = X_0\left(2/v + \dfrac{1}{c_x}\dfrac{\partial c_x}{\partial Ma}\right)_0$ 等；“0”为基准弹道上数值，随弹道点变化；F'_{gx} 为沿速度方向的外干扰力。因攻角 α 一般不超过20°，故可以取 $\sin\alpha=\alpha$，$\cos\alpha=1$，则方程式(11.65)简化成

$$m\frac{\mathrm{d}\Delta v}{\mathrm{d}t} = (P^V - X^V)\Delta v - (P\alpha + X^\alpha)\Delta\alpha - (G\cos\theta)\cdot\Delta\theta + X^{\delta_z}\Delta\delta_z + F'_{gx} \tag{11.66}$$

对于式(11.57)的第二个方程，mv 相当于 f，θ 相当于 x，$P\sin\alpha + Y - mg\cos\theta$

相当于 F。再套用式(11.64),并考虑弹道倾角 θ 变化不快,$\Delta v(\mathrm{d}\theta/\mathrm{d}t)$ 可作为二阶小量忽略,得

$$mv\frac{\mathrm{d}\theta}{\mathrm{d}t} = (P^V\alpha + Y^V)\Delta v + (P + Y^\alpha)\Delta\alpha + G\sin\theta\Delta\theta + Y^{\delta_z}\cdot\Delta\delta_z + F'_{gy} \tag{11.67}$$

依次类推可将方程组式(11.57)中的第三、五、六、七、八个公式依次线性化,得

$$J_z\frac{\mathrm{d}\Delta\omega_z}{\mathrm{d}t} = M_z^V\Delta v + M_z^\alpha\Delta\alpha + M_z^\omega\Delta\omega_z + M_z^{\dot\alpha}\Delta\dot\alpha + M_z^{\dot\delta}\Delta\dot\delta_z + M'_{gz} \tag{11.68}$$

$$\frac{\mathrm{d}\Delta\vartheta}{\mathrm{d}t} = \Delta\omega_z,\Delta\theta = \Delta\vartheta - \Delta\alpha \tag{11.69}$$

$$\frac{\mathrm{d}\Delta x}{\mathrm{d}t} = \cos\theta\Delta v - v\sin\theta\Delta\theta,\frac{\mathrm{d}\Delta y}{\mathrm{d}t} = \sin\theta\Delta\theta + v\cos\theta\Delta\theta \tag{11.70}$$

式中:F'_{gx},F'_{gy} 为外干扰力;M'_{gz} 为外干扰力矩;X^{δ_z},Y^{δ_z} 为舵面偏转产生的阻力、升力导数。因未考虑坐标变化量 Δx,Δy 对作用力和力矩的影响,故除了式(11.70)外,其他方程中不含 Δx,Δy,因而式(11.70)可在其他方程解出后单独积分。但如导弹飞行高度发生剧烈变化,如空地导弹和制导炸弹在末端段弹道上几乎垂直下落,这时计算气动力和力矩偏量时就要考虑 Δy 对空气密度的影响,使得式(11.70)与其他方程产生耦合。

在以上方程中,各偏量前的系数均是时间的函数,使方程难以求解析解。为求得解析解以便进行理论分析,同无控弹箭一样,需在所考察的弹道段上采用系数冻结法,将其变为常系数线性微分方程。但用此法后,就只能在一些选定的特征点附近分析导弹的动态特性。

至于气动力和力矩能否线性化也要具体分析,如果弹箭气动力和力矩与攻角 α 呈现明显的非线性关系,或弹箭常处于大攻角飞行,就不能线性化,而只能保留求数值解。

11.3.2 纵向动力系数、状态方程和特征根

1. 纵向动力系数

为了简化式(11.66)~式(11.70)的书写,引入动力系数 a_{mn},m 表示方程序号,n 表示偏差量序号。这里将式(11.66)~式(11.68)分别编为 $m=1,2,3$;$\Delta V,\Delta\omega_z,\Delta\theta,\Delta\alpha,\Delta\delta_z,(F_{gx},F_{gy},M_{gz})$ 分别编为 $n=1,2,3,4,5,6$,并定义如表11.1所列的动力系数。

表 11.1 纵向动力系数 a_{mn} 的表达式

运动方程序号 m	运动参数序号 n				
	1 (Δv)	2 ($\Delta\omega_2$)	3 ($\Delta\theta$)	4 (Δa)	5 ($\Delta\delta_2$)
($\Delta\dot{v}$)1	$a_{11}=-(P-X^n)/m$ (s^{-1})	$a_{12}=0$	$a_{12}=g\cos\theta$ ($m\cdot s^{-2}$)	$a_{12}=(X^a+P\alpha)/m$ ($m\cdot s^{-1}$)	$a_{12}=-X^a/m$ ($m\cdot s^{-1}$)
($\Delta\dot{\omega}_z$) 2	$a_{21}=-M_z^v/J_s$ ($m^{-1}\cdot s^{-1}$)	$a_{22}=-M_z^a/J_e$ (s^{-1})	$a_{23}=0$	$a_{24}=-M_x^a/J_4(s^{-2})$ $a'_{24}=-M_x^{a'}/J_e(s^{-1})$	$a_{25}=-M_z^2/J_z(s^{-2})$ $a'_{25}=-M_z^2/J_z(s^{-1})$
($\Delta\dot{\theta}$) 3	$a_{32}=-(P_a+Y)/(mv)$ (m^{-1})	$a_{32}=0$	$a_{32}=-g\sin\theta/v$ (s^{-1})	$a_{34}=(P+Y^a)/(mv)$ (s^{-1})	$a_{35}=Y^{\delta_z}/(mv)$ (s^{-1})

显然,动力系数与导弹的结构参数、气动参数和运动参数有关,应在典型弹道的一些点上用未扰动运动(基准弹道)的值进行计算。

2. 纵向扰动运动方程

将这些动力系数代入式(11.66)~式(11.70)则得到如下的纵向扰动运动运动方程组

$$
\begin{cases}
\Delta\dot{v}+a_{11}\Delta v+a_{13}\Delta\theta+a_{14}\Delta\alpha=F_{gx}\\
F_{gx}=F'_{gx}/m\\
\Delta\dot{\omega}_z+a_{21}\Delta v+a_{22}\Delta\dot{\vartheta}+a_{24}\Delta\alpha+a'_{24}\Delta\dot{\alpha}=-a_{25}\Delta\dot{\delta}_z+M_{gz}\\
M_{gz}=M'_{gz}/J_z\\
\Delta\dot{\theta}+a_{31}\Delta v+a_{33}\Delta\theta-a_{34}\Delta\alpha=a_{35}\Delta\delta_z+F_{gy}\\
F_{gy}=F'_{gz}/mV\\
\Delta\dot{\vartheta}-\Delta\omega_z=0\\
\Delta\vartheta-\Delta\theta-\Delta\alpha=0
\end{cases}
\tag{11.71}
$$

由此方程组还可看出动力系数的物理意义,如 a_{24} 表示攻角变化一个单位($\Delta\alpha=1$)时引起的导弹绕 Oz_1 轴转动的角加速度偏量 $\Delta\dot{\omega}_z$;它表征了导弹的静稳定性,故称为恢复动力系数;a_{25} 表示操纵机构偏转一个单位($\Delta\delta_z=1$)时所产生的导弹绕 Oz_1 轴转动的角加速度分量,它表征了升降舵的效率,故称为操纵动力系数;又如 a_{34} 表示攻角偏量为一个单位时所引起的弹道切线转动角速度偏量 $\Delta\dot{\theta}$,它是由法向力($P+Y^\alpha$)$\Delta\alpha$ 产生,故称为法向力动力系数。

3. 纵向扰动运动的状态方程

将式(11.71)中的弹道倾角 $\Delta\theta$ 及其角速度 $\Delta\dot{\theta}$ 用关联式 $\Delta\theta=\Delta\vartheta-\Delta\alpha$ 消掉,改用攻角 α 描述运动,则可以写成如下矩阵形式的方程

$$\begin{bmatrix}\Delta\dot{v}\\ \Delta\dot{\omega}_z\\ \Delta\dot{\alpha}\\ \Delta\dot{\vartheta}\end{bmatrix}=L\begin{bmatrix}\Delta v\\ \Delta\omega_z\\ \Delta\alpha\\ \Delta\vartheta\end{bmatrix}+\begin{bmatrix}0\\ -a_{25}+a'_{24}a_{35}\\ -a_{35}\\ 0\end{bmatrix}\Delta\delta_z+\begin{bmatrix}0\\ -a'_{25}\\ 0\\ 0\end{bmatrix}\Delta\dot{\delta}_z+\begin{bmatrix}F_{gx}\\ M_{gz}+a'_{24}F_{gy}\\ -F_{gy}\\ 0\end{bmatrix} \tag{11.72}$$

式中

$$L=\begin{bmatrix}-a_{11} & 0 & -a_{14}+a_{13} & -a_{13}\\ -(a_{21}+a'_{24}a_{31}) & -(a_{22}+a'_{24}) & (a'_{24}a_{34}+a'_{24}a_{33}-a_{24}) & -a'_{24}a_{33}\\ a_{31} & 1 & -(a_{34}+a_{33}) & a_{33}\\ 0 & 1 & 0 & 0\end{bmatrix} \tag{11.73}$$

式(11.72)称为纵向扰动运动的状态方程。由线性微分方程理论知,如果$\Delta\delta_z=\Delta\dot{\delta}_z=0,F_{gx}=F_{gy}=M_{gz}=0$,则式(11.72)为齐次方程,它决定了由初始扰动或瞬时干扰产生的纵向自由扰动运动特性。含有$\Delta\delta_z$和$\Delta\dot{\delta}_z$的项描述了导弹受控舵面偏转后的运动特性,含有F_{gx},F_{gy},M_{gz}的项决定了导弹受外界干扰作用以后的运动状态。

按作用时间长短将导弹所受到的干扰分为经常性干扰和瞬时干扰,经常性干扰如有安装误差、推力偏心、舵面偏离零位等,瞬时干扰有如起始扰动、级间分离、阵风、制导系统中出现的短促信号等。对于经常性干扰在方程中以干扰力和干扰力矩的方式体现,对于瞬时干扰,往往以它产生运动参数初始偏差(或初始扰动)的形式体现。研究导弹动态特性的目的之一就是要排除或减小干扰对导弹飞行的影响。

式(11.71)便于理解各种力和力矩与运动的关系,式(11.72)便于进行数学推到。

4. 纵向扰动运动特征方程和特征根的求法

按照常系数线性微分方程理论。动力系统的主要运动特性取决于相应齐次方程特征根的性质,设式(11.71)的齐次方程的解为

$$\Delta v=Ae^{st},\Delta\vartheta=Be^{st},\Delta\theta=Ce^{st},\Delta\alpha=De^{st} \tag{11.74}$$

将其代入式(11.71)的齐次方程中,消去共因子e^{st},得到关于A,B,C,D的代数方程,其有非零解的条件为系数行列式为零,即

$$\Delta(S) = \begin{vmatrix} S + a_{11} & 0 & a_{13} & a_{14} \\ a_{21} & S(S + a_{22}) & 0 & (a'_{24}S + a_{24}) \\ a_{31} & 0 & S + a_{33} & -a_{34} \\ 0 & -1 & 1 & 1 \end{vmatrix} \tag{11.75}$$

将上式展开,得到如下形式的特征方程

$$\Delta(S) = -(S^4 + P_1S^3 + P_2S^2 + P_3S + P_4) = 0 \tag{11.76}$$

式中

$$P_1 = a_{22} + a_{33} + a_{11} + a_{34} + a'_{24}$$

$$P_2 = a_{22}a_{33} + a_{22}a_{34} + a_{24} + a_{11}(a_{22} + a_{33}) + a_{11}a_{34} - a_{31}(a_{13} - a_{14}) + a_{11}a'_{24} + a'_{24}a_{33}$$

$$P_3 = a_{24}a_{33} + a_{11}a_{22}a_{33} + a_{11}a_{22}a_{34} + a_{11}a_{24} + (a_{14} - a_{13})a_{22}a_{31} - a_{14}a_{21} - a_{13}a'_{24}a_{31} + a_{33}a_{11}a'_{24}$$

$$P_4 = a_{11}a_{24}a_{33} - a_{13}a_{24}a_{31} - a_{13}a_{21}a_{34} - a_{14}a_{21}a_{33}$$

该特征方程有4个根,S_1,S_2,S_3,S_4,故方程的通解是4个基础解的和,即

$$\Delta v = \sum_{i=1}^{4} A_i e^{S_it}, \Delta\vartheta = \sum_{i=1}^{4} B_i e^{S_it}, \Delta\theta = \sum_{i=1}^{4} C_i e^{S_it}, \Delta\alpha = \sum_{i=1}^{4} D_i e^{S_it} \tag{11.77}$$

至于上述高次代数方程根的求法,可采用林士谔的大除法。现以数字实例说明。设某飞行器在高空飞行,通过计算动力系数 a_{mn},得特征方程为

$$S^4 + 0.757S^3 + 6.038S^2 + 0.036^S + 0.034 = 0$$

取出后三项并除以6.038,将首次项归一化,得二次因子 $S^2 + 0.00596S + 0.00563 = X_2$,再采用多项式大除法求得另一个因子

$$S^2 + 0.751S + 6.027$$

$$X_2 \overline{)S^4 + 0.757S^3 + 6.038S^2 + 0.036S + 0.034}$$

$$\underline{S^4 + 0.00596S^3 + 0.00563S^2}$$

$$\underline{0.751S^3 + 6.032S^2 + 0.0360S}$$

$$\underline{0.751S^3 + 0.0044S^2 + 0.0042S}$$

$$\underline{6.027S2 + 0.0318S + 0.034}$$

$$\underline{6.027S2 + 0.0359S + 0.0339}$$

$$-0.0041S + 0.0001$$

于是得商为 $X_3 = S^3 + 0.751S + 6.027$,余数为 $-0.0041S + 0.0001$。如果认为此余数还不够小,则将最后一个二次三项式余项除以6.027,将首项归一化得

$X_3=S^2+0.00527S+0.00564$，再将上面的除数 X_2 改为 X_3 再除一次，得商为 $X_4=S^2+0.752S+6.028$，余数几乎为零。这样就将特征多项式分解成两个二次因子之积，即

$$(S^2+0.00527S+0.00546)(S^2+0.752S+6.028)=0$$

解得 4 个特征根为 $S_{1,2}=-0.376\pm i2.426$，$S_{3,4}=-0.003\pm i0.075$。

11.3.3 纵向自由扰动运动两个阶段和短周期扰动运动方程

1. 特征方程的根和运动型态

特征式(11.75)的 4 个根可以有如下几种情况：

(1) 4 个根均为实数，这时按式(11.77)，自由扰动运动由 4 个非周期运动合成。

(2) 两个根为实数和两个根为共轭复数，与无控弹一样，两个共轭复根 $S_{1,2}=\lambda\pm i\omega$ 对应的运动可以合成一个振荡运动，ω 为振荡频率，λ 为振幅衰减指数，另两个实根仍对应两个非周期运动，全运动为此三个运动的合成。

(3) 两对共轭复数 $S_{1,2}=\lambda_1\pm i\omega_1$，$S_{3,4}=\lambda_2\pm i\omega_2$，这时弹箭的运动为两个周期运动的叠加，振荡周期分别为 ω_1，ω_2，振幅衰减指数分别为 λ_1，λ_2。

2. 纵向自由扰动运动分为两个阶段

由 11.3.2 节表明，该飞行器特征方程有一对数值很大的共轭复根($-0.376\pm i2.462$)和一对数字很小的共轭复根($-0.003\pm i0.075$)，而大复根表示频率高、衰减快的振荡运动，小复根表示频率低、衰减慢的振荡运动。由此例可见大复根的振荡频率是小复根频率的 $2.426/0.075=32$ 倍，衰减指数是小复根的 $0.376/0.003=125$ 倍。大复根的振荡周期为 2.6s，而小复根的振荡周期 $T=84$s。因此，大复根对应的运动称为短周期运动，而小复根对应的运动称为长周期运动，两种周期相差几十倍。

大量例子表明，飞行器无论外形、飞行速度、飞行高度怎样不同，它们的特征根在量级上都显出这种特点，或者是一对大复根一对小复根或者是一对大复根两个小实根。如某尾翼式弹道导弹在基准弹道 50s 处的特征根为 $S_{1,2}=-3541\pm 14.43$，$S_3=-0.021$，$S_4=0.00874$；某地舰导弹在一个特性点上 $S_{1,2}=-1.823\pm i6.64$，$S_3=-0.0317$，$S_4=0.026$。

由于两种运动的周期相差几十甚至一二百倍，因此，尽管全部运动是由这两种运动合成的。但在扰动运动初期，起主导作用、变化剧烈的是短周期运动，而长周期运动的响应还很微弱，在短周期运动基本上衰减掉以后，长周期运动的作用才呈现出来。某飞行器的这种特性如图 11.12 所示。

由图 11.12 可见，在短周期运动起主导作用期间，只有迎角偏量 $\Delta\alpha$、俯仰角偏量 $\Delta\vartheta$ 和俯仰角速度偏量 $\Delta\omega_z$ 变化显著，而 Δv 几乎不变。故在短周期运

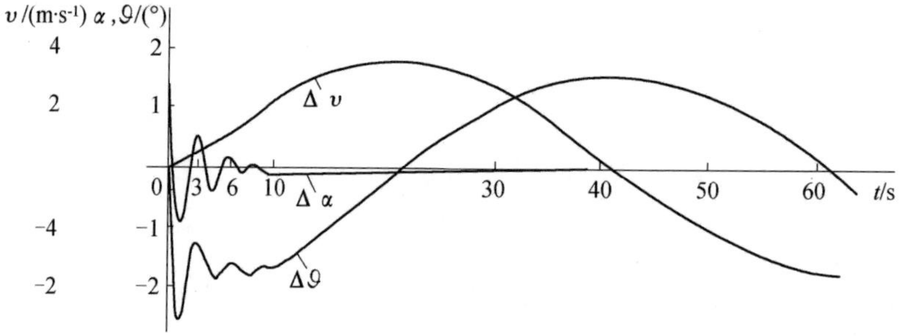

图 11.12　纵向自由扰动运动分为两个阶段

动为主的阶段可只考虑攻角、俯仰角、俯仰角速度和弹道倾角偏量 $\Delta\theta=\Delta\vartheta-\Delta\alpha$ 的变化特性，不考虑速度偏量的变化。在短周期运动消失后，长周期运动才起主导作用，飞行速度偏量 Δv 才不可忽视，而攻角 $\Delta\alpha$ 已小到可以忽略，弹 $\Delta\vartheta$ 和 $\Delta\theta$ 还有一定数值，由于它们变化很慢，衰弱很微弱，故常称为沉浮运动。

因此，将导弹的扰动运动分为两阶段：短周期运动阶段和长周期运动阶段。由于导弹的受控和受控运动都是在短周期阶段完成，故对短周期阶段的导弹运动特点更加关心。

3. 纵向短周期运动方程

在简捷处理纵向扰动运动的最初阶段可取 $\Delta v=0,\Delta\dot{v}=0$，这样就可将扰动运动方程式(11.71)简化成如下形式，并称为短周期运动方程，即

$$\begin{cases}\Delta\ddot{\vartheta}+a_{22}\Delta\dot{\vartheta}+a_{24}\Delta\alpha+a'_{24}\Delta\dot{\alpha}=-a_{25}\Delta\delta_z-a'_{25}\Delta\dot{\delta}_z+M_{gz}\\ \Delta\dot{\theta}+a_{33}\Delta\theta-a_{34}\Delta\alpha=a_{35}\Delta\delta_z+F_{gy}\\ \Delta\dot{\vartheta}-\Delta\omega_z=0,\Delta\vartheta-\Delta\theta-\Delta\alpha=0\end{cases} \tag{11.78}$$

该方程只适用于受控或受扰运动开始不超过几秒钟的时间，在设计与研究导弹及其飞行控制系统时，应用这个方程组进行分析计算，可以正确地选择导弹的气动、飞行、结构和控制等参数。此方程组的特征行列式为式(11.75)中行列式右下角元素组成的行列式，故特征方程为

$$\begin{cases}\Delta(S)=\begin{bmatrix}S(S+a_{22}) & 0 & (a'_{24}S+a_{24})\\ 0 & S+a_{33} & -a_{34}\\ -1 & 1 & 1\end{bmatrix}=S^3+P_1S^2+P_2S+P_3\\ P_1=a_{22}+a_{34}+a_{33}+a'_{24},P_2=a_{24}+a_{22}(a_{33}+a_{34})+a_{33}a'_{24},P_3=a_{24}a_{33}\end{cases} \tag{11.79}$$

11.3.4 纵向短周期扰动运动的特点、传递函数和频率特性

1. 短周期扰动运动的动态稳定性

1）稳定性原则

对于线性微分方程组，只有当其特征方程的根都具有负实部时，动力系统才是稳定的。在经典自动控制理论中，根据特征方程的系数来决定根的性质，从而判断动力系统的稳定性常用霍尔维茨稳定性判据，其判别法如下，设有特征方程

$$\Delta(S) = a_0S^m + a_1S^{m-1} + \cdots + a_m = 0 \tag{11.80}$$

式中：$a_0>0$，要使其根都具有负实部，必要和充分条件是如下所有的行列式之值大于零

$$\Delta_1 = a_1,\Delta_2 = \begin{bmatrix} a_1 & a_2 \\ a_0 & a_3 \end{bmatrix},\Delta_3 = \begin{bmatrix} a_1 & a_3 & a_5 \\ a_0 & a_2 & a_4 \\ 0 & a_1 & a_3 \end{bmatrix},\cdots,\Delta_m = \begin{bmatrix} a_1 & a_3 & a_5 & \cdots & 0 \\ a_0 & a_2 & a_4 & \cdots & 0 \\ \vdots & \vdots & \vdots & & \vdots \\ 0 & 0 & 0 & a_{m-2} & a_m \end{bmatrix} \tag{11.81}$$

当$m=1,2,3,4$时，根据有负实部的具体判据如下：

$m=1$时，$a_1>0$；

$m=2$时，$a_1>0,a_2>0$；

$m=3$时，$a_1>0,a_2>0,a_3>0,\Delta_2>0$；

$m=4$时，$a_1>0,a_2>0,a_3>0,a_4>0,\Delta_3>0$。

2）短周期扰动运动的动态稳定性条件

首先注意到短周期运动特征方程左边多项式中$P_3=a_{24}a_{33}$，其中，对于静稳定弹箭$a_{24}=-M_z^\alpha/J_z>0$，而$a_{33}=-g\sin\theta/v$。故当导弹爬升时，$\theta>0$，$P_3<0$不满足霍尔维茨稳定性判据，特征方程有一个小的正实根，运动发散。但实际上a_{33}很小，这个正实根也很小，由它产生的运动发散很小，在短短几秒钟的短周期运动阶段看不到它的作用，故可将其忽略；另外，算例表明，a_{33}的这种影响实际上是从完整扰动运动方程简化成短周期运动方程时产生的误差，故也应将其忽略（如某导弹由完整扰动运动方程的特征方程解出了一对大复根和一对小复根，小复根实部为负，但当其简化为短周期运动方程后却从特征方程解出了一对与前基本相同的大复根和一个小的正实根），在略去了a_{33}后，特征方程式(11.79)变成$S(S^2+P_1S+P_2)=0$，这时除了有个零根外，还有另外两个根

$$S_{1,2} = -\frac{1}{2}(a_{34}+a_{22}+a'_{24}) \pm \frac{1}{2}\sqrt{(a_{34}+a_{22}+a'_{24})^2-4(a_{22}a_{34}+a_{24})} \tag{11.82}$$

如果$(a_{34}+a_{22}+a'_{24})^2-4(a_{22}a_{34}+a_{24})\geqslant 0$，则$S_1$，$S_2$为两个实根；当$a_{22}a_{34}+a_{24}=0$时，则出现一个零根，并且$a_{34}$，$a_{22}$，$a'_{24}$均为正，使另一实根为负，这样，导弹的角运动中立稳定。如果$a_{22}a_{34}+a_{24}<0$，则出现一个正实根，短周期运动不稳定。故导弹具有纵向稳定性的条件为

$$a_{24}+a_{22}a_{34}=-M_z^{\alpha}/J_z-(M_z^{\omega_z}/J_z)(P+Y^{\alpha})/(mv)>0 \qquad (11.83)$$

这个不等式称为动态稳定极限条件。如果这时还有

$$(a_{34}+a_{22}+a'_{24})^2-4(a_{22}a_{34}+a_{24})<0 \qquad (11.84)$$

则S_1，S_2为一对共轭复根，并且其实部为负，角运动为衰减振荡，运动稳定。

3）静稳定与动稳定的关系

在纵向稳定性条件（11.83）中，因俯仰阻尼力矩导数$M_z^{\omega_z}<0$，故只要$M_z^{\alpha}<0$，该式必然成立，也就是说，只要导弹是静稳定的（压力中心在质心之后）就必然动稳定。并且，如果导弹有一点静不稳定。但只要能满足式（11.83），导弹仍然是动稳定的。

导弹自由扰动运动动态稳定性判据与无控弹箭自由运动动态稳定性判据$1/S_g<1-S_d^2$似乎很不相同，但本质上却是相同的。首先这里的动态稳定性条件是针对不旋转导弹讲的，没有马格努斯力矩。其次是有翼导弹一般有较大的升力面和发动机，它们提供的法向力比无控弹的弹体和尾翼提供的法向力大得多，并且由弹翼提供的阻尼力矩$M_z^{\omega_z}\cdot\omega_z$也比无控弹大得多。阻尼力矩大可抑制弹轴摆动，对稳定性有好处。而法向力$(P+Y^{\alpha})\alpha$大有利于速度方向线向弹轴靠拢，从另外一个方面减小了攻角，这种情况如图11.13所示。故有翼导弹的动稳定性条件中保留了它们的作用。

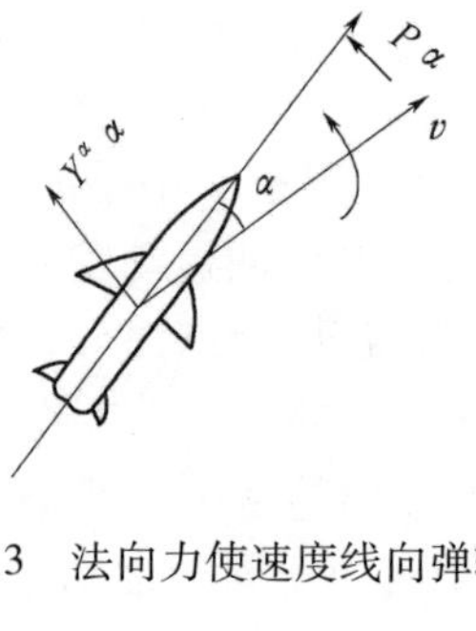

图11.13　法向力使速度线向弹轴靠拢

值得指出的是，对于具有滚转速率的导弹（如单通道旋转导弹、双通道滚转方位不控制导弹），必须考虑马格努斯力矩对动态稳定性的影响，对于无弹翼或弹翼面积很小的弹箭（如超远程炮弹）、无动力滑翔制导炸弹等，法向力所起的稳定作用会减小，这时增大静稳定性。

2. 纵向短周期运动的传递函数

导弹是整个控制同路中的一个环节,在用经典控制理论研究控制系统特性、导弹飞行特件时,要将各个环节的传递函数组成结构图进行分析,因此就必须先求得导弹弹体的传递函数。

传递函数定义为零初始条件下系统输出量的拉普拉斯变换与输入量的拉普拉斯变换之比。

在导弹纵向短周期运动方程式(11.78)中,输入量是舵偏角偏量 $\Delta\delta_z$,及其变化速率 $\Delta\dot{\delta}_z$、外干扰力 F_{gy} 和干扰力矩 M_{gz},输出量是运动参量 $\Delta\omega_z$,$\Delta\theta$,$\Delta\alpha$,而 $\Delta\omega_z=\Delta\dot{\theta}$。将该方程左右两边在零起始条件下求拉普拉斯变换,并利用拉普拉斯变换的微分性质等,可得到由各相函数组成的方程

$$\begin{bmatrix} S(S+a_{22}) & 0 & (a'_{24}S+a_{24}) \\ 0 & S+a_{33} & -a_{34} \\ -1 & 1 & 1 \end{bmatrix}\begin{bmatrix} \Delta\vartheta(S) \\ \Delta\theta(S) \\ \Delta\alpha(S) \end{bmatrix}$$

$$=\begin{bmatrix} -a_{25} \\ a_{35} \\ 0 \end{bmatrix}\Delta\delta_z(S)+\begin{bmatrix} -a'_{25} \\ 0 \\ 0 \end{bmatrix}\Delta\dot{\delta}_z(S)+\begin{bmatrix} M_{gz}(S) \\ F_{gy}(S) \\ 0 \end{bmatrix} \tag{11.85}$$

利用克莱姆法则,求出系数行列式 $\Delta(S)=S_3+P_1S_2+P_2S+P_3$,$\Delta\vartheta(S)$,$\Delta\theta(S)$,$\Delta\alpha(S)$ 后即可按定义求得短周期运动的传递函数

$$W_{\delta_z}^{\vartheta}(S)=-\frac{\Delta\vartheta(S)}{\Delta\delta_z(S)}=\frac{a'_{25}S^2+(a'_{25}a_{33}+a'_{25}a_{34}+a_{25}-a'_{24}a_{35})S+a_{25}(a_{34}+a_{33})-a_{24}a_{35}}{S^3+P_1S^2+P_2S+P_3} \tag{11.86}$$

$$W_{\delta_z}^{\vartheta}(S)=-\frac{\Delta\theta(S)}{\Delta\delta_z(S)}=\frac{-a_{35}S^2+(a'_{25}a_{34}-a_{35}a_{22}-a_{35}a'_{24})S+(a_{25}a_{34}-a_{24}a_{35})}{S^3+P_1S^2+P_2S+P_3} \tag{11.87}$$

$$W_{\delta_z}^{\alpha}(\theta)=-\frac{\Delta\alpha(S)}{\Delta\delta_z(S)}=\frac{(a'_{25}+a_{35})S^2+(a_{35}a_{22}+a_{25}+a'_{25}a_{33})S+a_{25}a_{33}}{S^3+P_1S^2+P_2S+P_3} \tag{11.88}$$

如果忽略重力动力系数 a_{33} 以及进一步忽略舵偏转的下洗 $M_z^{\dot{\delta}_z}$(即 $a'_{25}=0$)(但鸭式导弹斜吹力矩较大应予保留),则以上式子可以简化,得标准形式的传递函数

$$W_{\delta_z}^{\vartheta}(S)=\frac{K_\alpha(T_{1\alpha}S+1)}{S(T_\alpha^2S^2+2\xi_\alpha T_\alpha S+1)} \tag{11.89}$$

式中：$K_\alpha = \frac{a25 - a24a35}{a24 + a22a34}$称为纵向传递函数；$T_\alpha = \frac{1}{\sqrt{a_{24} + a_{22}a_{34}}}$称为纵向时间常数；$\xi_\alpha = \frac{a_{22} + a'_{24} + a_{34}}{2\sqrt{a_{24} + a_{22}a_{34}}}$称为纵向对称阻尼；$T_{1\alpha} = \frac{a_{25} - a'_{24}a_{35}}{a_{25}a_{34} - a_{24}a_{35}}$纵向气动力时间常数。

$$W_{\delta_z}^{\theta}(S) = \frac{K_\alpha(T_{1\theta}S + 1)(T_{2\ \theta}S + 1)}{S(T_\alpha^2 S^2 + 2\xi_\alpha T_\alpha + 1)} \approx \frac{K\alpha[1 - T_{1\alpha}a_{35}S(S + a_{22})/a_{25}]}{S(T_\alpha^2 S^2 + 2\xi_\alpha T_\alpha + 1)} \tag{11.90}$$

（略去 a'_{24}）

$$T_{1\theta}T_{2\theta} = \frac{-a_{35}}{a_{25}a_{34} - a_{24}a_{35}},\ T_{1\theta} + T_{2\theta} = \frac{-a_{35}(a_{22} + a'_{24})}{a_{25}a_{34} - a_{24}a_{35}} \tag{11.91}$$

$$W_{\delta_z}^{\alpha}(S) = \frac{K_{2\alpha}(T_{2\alpha}S + 1)}{T_\alpha^2 S^2 + 2\xi_\alpha T_\alpha S + 1} \approx \frac{K_\alpha T_{1\alpha}[1 + a_{35}(S + a_{22})/a_{25}]}{T_\alpha^2 S^2 + 2\xi_\alpha T_\alpha S + 1} \tag{11.92}$$

式中：$K_{2\alpha} = \frac{a_{25} + a_{22}a_{35}}{a_{24} + a_{22}a_{34}}$称为攻角传递系数；$T_{2\alpha} = \frac{a_{35}}{a_{25} + a_{22}a_{35}}$称为攻角时间常数。

由上式可见，传递函数的分母多项式就是短周期运动方程式（11.78）的特征行列式。因此，扰动运动的稳定性也取决于传递函数分母多项式根的性质，并且可见，前面分析短周期运动稳定性时用的特征方程 $S^2 + P_1 S + P_2 = 0$ 只是攻角传递函数 $W_{\delta_z}^{\alpha}(S)$ 的分母多项式或传递函数 $W_{\delta_z}^{\dot\theta}(S)$，$W_{\delta_z}^{\dot\vartheta}(S)$ 的分母多项式。因此所得的稳定性结论只适合分析 $\Delta\alpha, \Delta\dot\vartheta, \Delta\dot\theta$ 的稳定性，而在 $\Delta\dot\vartheta, \Delta\dot\theta$ 稳定的情况下，积分后 $|\Delta\vartheta|$ 和 $|\Delta\theta|$ 都是不断增大的，并不具备稳定性。

舵面偏转目的是提供法向力和法向过载，改变飞行轨迹，故需求出以舵偏角为输入，法向过载为输出的传递函数。因在基准弹道中法向过载为 $n_y = v\dot\theta/g + \cos\theta$，将它取偏量并略去二阶小量 $\Delta v \cdot \dot\theta/g$ 和 $\sin\theta \cdot \Delta\theta$ 后得

$$\Delta n_y = v\Delta\dot\theta/g$$

所以法向过载对舵偏量角的传递函数为

$$W_{\delta_z}^{n_y}(S) = -\frac{\Delta n_y(S)}{\Delta\delta_z(S)} = -\frac{v}{g}\frac{S\Delta\theta(S)}{\Delta\delta_z(S)} = \frac{v}{g}SW_{\delta_z}^{\theta}(S) \tag{11.93}$$

导弹纵向传递函数式（11.89）~式（11.93）可用开环状态方块图表示在图11.14中。作为输入作用，除舵面偏转外，还有干扰作用，它主要影响制导精度，在短周期运动阶段主要是干扰力矩 M_{gz} 的影响。采用与上相同的方法，由方程式（11.85）可解出由干扰力矩 $M_{gz}(S)$ 产生的 $\Delta\vartheta(S)$，$\Delta\theta(S)$，$\Delta\alpha(S)$，得到常用形式的纵向短周期运动干扰传递函数为

$$\begin{cases} W_{\mathrm{M}}^{\vartheta}(S) = \dfrac{\Delta\vartheta(S)}{M_{gz}(S)} = \dfrac{T_{\alpha}^{2}(S + a_{34})}{S(T_{\alpha}^{2}S^{2} + 2\zeta_{\alpha}T_{\alpha}S + 1)} \\ W_{\mathrm{M}}^{\theta}(S) = \dfrac{\Delta\theta(S)}{M_{gz}(S)} = \dfrac{T_{\alpha}^{2}a_{34}}{S(T_{\alpha}^{2}S^{2} + 2\zeta_{\alpha}T_{\alpha}S + 1)} \\ W_{\mathrm{M}}^{\alpha}(S) = \dfrac{\Delta\alpha(S)}{M_{gz}(S)} = \dfrac{T_{\alpha}^{2}}{S(T_{\alpha}^{2}S^{2} + 2\zeta_{\alpha}T_{\alpha}S + 1)} \\ W_{\mathrm{M}}^{n_{y}}(S) = \dfrac{\Delta n_{y}(S)}{M_{gz}(S)} = \dfrac{vT_{\alpha}^{2}a_{34}}{g(T_{\alpha}^{2}S^{2} + 2\zeta_{\alpha}T_{\alpha}S + 1)} \end{cases} \tag{11.94}$$

利用传递函数 $W_{\mathrm{M}}^{\theta}(S)$ 和 $W_{\delta_z}^{\theta}(S)$，可将干扰 M_{gz} 的输入作用变换成虚拟的舵偏角输入作用，得到等效舵偏角。这时转换函数为

$$W_{\mathrm{M}}^{\delta_z}(S) = \frac{W_{\mathrm{M}}^{\theta}(S)}{W_{\delta_z}^{\theta}(S)} = \frac{T_{\alpha}^{2}a_{34}}{K_{\alpha}(1 - T_{1\alpha}a_{35}S(S + a_{22})/a_{25})} \approx \frac{1}{a_{25}} \tag{11.95}$$

上式最后一步略去了 a_{35}，即略去了舵面转动产生的下洗，适宜在初步分析制导精度时用。这样，干扰力矩折合成如下有效舵偏角，它也表示在图11.14中。

$$\Delta\delta_{gz} = M_{gz}/a_{25} \tag{11.96}$$

其实，由力矩等效关系 $-M_z^{\delta_z} \cdot \Delta\delta_z = -M_{gz} \cdot J_z = M'_{gz}$ 也可直接得到上面的关系。

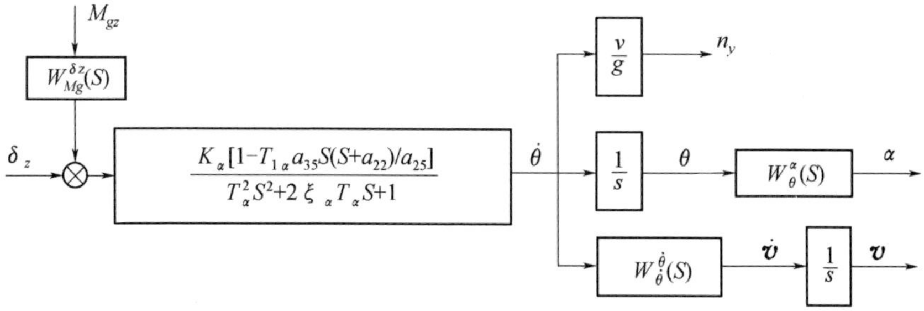

图11.14　短周期运动的传递函数

3. 纵向短周期运动的频率特性

导弹的频率特性是指当舵面做简谐振动时导弹运动参量偏量的响应特性，它反映了导弹对舵面简谐偏转的跟随性。导弹作为控制回路的一个环节，当用频率法分析控制同路时，就必须知道导弹这个环节的频率特性。

因传递函数 $W_{\delta_z}^{\dot{\theta}}(S) = SW_{\delta_z}^{\theta}(S)$，故由式(11.89)，式(11.90)，式(11.92)可知，传递函数 $W_{\delta_z}^{\dot{\theta}}(S)$，$W_{\delta_z}^{n_y}(S)$，$W_{\delta_z}^{\alpha}(S)$ 分母多项式相同，均为 $T_{\alpha}^{2}S^{2} + 2\xi_{\alpha}T_{\alpha}S + 1$，仅分子表达式不同。因传递函数的分母由动力系统齐次微分方程决定，故当舵

面做简谐振动时。运动参量 $\Delta\dot{\theta}$，Δn_y，$\Delta\alpha$ 的变化可以统一用下述方程描述

$$T_\alpha^2\ddot{X} + 2\xi_\alpha T_\alpha \dot{X} + X = K\delta_0 \sin\omega_B t \tag{11.97}$$

式中：X 为 $\Delta\dot{\theta}$，Δn_y 或 $\Delta\alpha$，δ_0 为舵面简谐振动的幅值；ω_B 为振动频率；K 为比例系数。此方程描述一个二阶振荡环节的受迫运动，它的解是齐次方程的通解与非齐次方程的特解之和。当火箭动态稳定时，齐次解将逐渐衰减掉，最后只剩下非齐次特解对应的强迫振动，其振动频率也为 ω_B。另外，式(11.97)可看作关于复变量 $z = y + \mathrm{i}x$ 的微分方程

$$T_\alpha^2\ddot{z} + 2\xi_\alpha T_\alpha \dot{z} + z = K\delta_0 \mathrm{e}^{\mathrm{i}\omega_B} t \tag{11.98}$$

的虚部方程。设此方程的非齐次解为 $z = D\delta_0 \mathrm{e}^{\mathrm{i}(\omega_B t+\varphi)}$，将它代入方程中并消去公因子，得

$$D[T_\alpha^2(\mathrm{i}\omega_B)2 + 2\xi_\alpha T_\alpha(\mathrm{i}\omega_B) + 1]\mathrm{e}^{\mathrm{i}\varphi} = K \tag{11.99}$$

比较上式两边的模和相位得

$$D(\omega_B) = \frac{K}{\sqrt{(1 - T_\alpha^2\omega_B^2) + (2\xi_\alpha T_\alpha \omega_B)^2}}$$

$$\varphi = \begin{cases} \varphi_1 = -\arctan\left(\dfrac{2\xi_\alpha T_\alpha \omega_B}{1 - T_\alpha^2\omega_B^2}\right) & (K > 0) \\ \varphi_2 = \pi + \varphi_1 & (K < 0) \end{cases} \tag{11.100}$$

因此，对于舵面简谐振动输入，取 z 的虚部后得输出变量的解 $X = D\delta_0 \sin(\omega_B t + \varphi)$，其中输出量的模态振幅 D 随频率 ω_B 的变化特性即为幅频特性，输出量的相位 φ 随 ω_B 变化的特性即为相频特性。并且由式(11.100)可见，输出量的幅值 D 对输入量的幅值 K 有放大或缩小，输出量的相位相对输入量相位有所移动。

实际上将忽略了 a_{35} 的传递函数 $W_{\delta_z}^{\dot{\theta}}(S)$，$W_{\delta_z}^{n_y}(S)$，$\omega_{\delta_z}^{\alpha}(S)$ 分母中的拉普拉斯算子 S 以($\mathrm{i}\omega_B$)代替，则所形成的复数之模即为上述幅频特性，复数的相位即为相频特性，即

$$D(\omega_B) = |W(\mathrm{i}\omega_B)|, \varphi(\omega_B) = \arg W(\mathrm{i}\omega_g) \tag{11.101}$$

对于输出量 $\Delta\dot{\theta}$，Δn_y，$\Delta\alpha$，导弹的动态特性可用振荡环节的传递函数描述，振荡环节的幅频特性和相频特性，即 $D(\omega_B)$，$\varphi(\omega_B)$ 随 ω_B 变化的曲线如图 11.15和图 11.16 所示。

由图 11.15 可见，随着阻尼 ξ_α 的减小，导弹运动参数的幅值逐渐增大。在阻尼 ξ_α 很小，而舵面偏转频率 ω_B 接近导弹自由振动频率 $\omega_{ct} = 1/T_\alpha$ 时，有式(11.100)可见 D 的分母变得很小，振幅 D 变得很大，即发生了共振。因此，

导弹弹体阻尼一般较小,故为了避免共振,控制系统应使操纵机构频率不要接近导弹的固有频率。

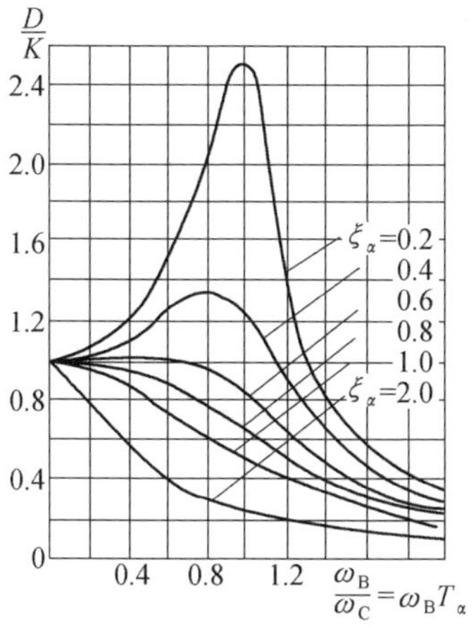

图 11.15 振荡环节的幅频特性

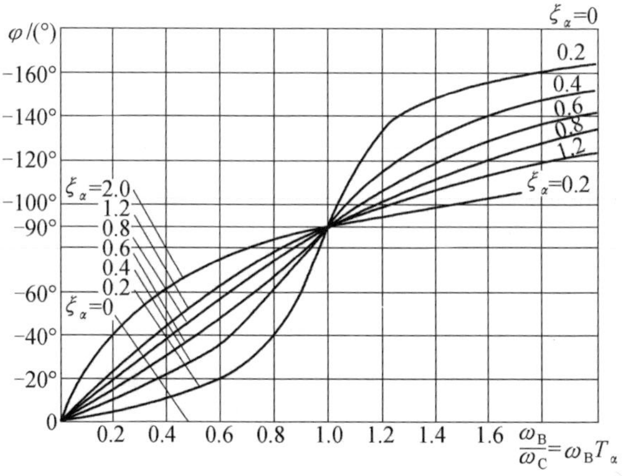

图 11.16 振荡环节的相频特性

由式(11.100)的相频特性 $\varphi(\omega_B)$ 知,当 $K>0,\xi_\alpha>0$ 时,$\Delta\alpha,\Delta\dot{\theta},\Delta n_y$ 的振荡相位比操纵机构谐波振动相位滞后 φ 角,随着 $\omega_B/\omega_{ct}=\omega_B$ 增大,相位移也逐渐增大。当 $\omega_B=0$ 时 $\varphi=0$;$\omega_B=\omega_{ct}$时 $\varphi=-90°$;$\omega_B=\infty$ 时,$\varphi=-180°$。如果无阻尼($\xi_\alpha=0$),则 $\omega_B<\omega_{ct}$时,$\varphi=0$ 无相位移动;$\omega_B>\omega_{ct}$时 $\varphi=-180°$相位相反。此时导弹将无延迟地跟随操纵机构偏转,同相或反向。故导弹理想无延迟地跟随操纵机构偏转只有在无阻尼时才能达到。

在用频率法进行控制回路分析时采用的是对数幅频特性和相频特性并以分贝数表示。以俯仰角对舵偏角传递函数式(11.89)为例,它由比例环节 K_α,

一阶微分环节($T_{1\alpha}S+1$),一阶积分环节 $1/S$ 和振荡环节 $T_\alpha^2S^2+2\xi_\alpha T_\alpha S+1$ 组成,将式(11.89)取对数后可知总的对数幅频特性为各环节对数幅频特性之和(以分贝表示),总的相频特性为各环节相频特性之和,于是有

$$D_\vartheta(\omega_B)=20\lg K_\alpha+20\lg\sqrt{T_{1\alpha}^2\omega_B^2+1}-20\lg\omega_B$$

$$-20\lg\sqrt{(1-T_\alpha^2\omega_B^2)+(2\xi_\alpha T_\alpha\omega_B)^2}$$

$$\varphi_\vartheta(\omega_B)=\arctan(T_{1\alpha}\omega_B)-\arctan\left(\frac{2\xi_\alpha T_\alpha\omega_B}{1-T_\alpha^2\omega_B}\right)-\frac{\pi}{2}$$

以某飞行器为例 $K_\alpha=1.961/\mathrm{s}$,$T_{1\alpha}=0.729\mathrm{s}$,$\xi_\alpha=0.493$,$T_\alpha=0.234\mathrm{s}$,作出其对数幅频特性和相频特性如图 11.17 中曲线 1 所示。

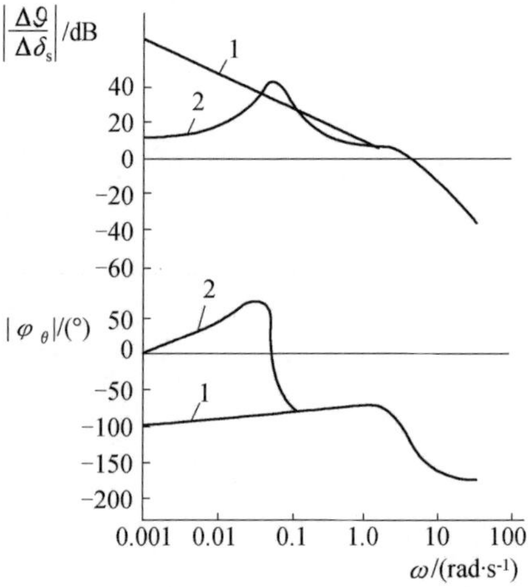

图 11.17　对数幅频特性和相频特性

图 11.17 上还画出了对全面纵向扰动俯仰角的对数幅频特性和相频特性,为曲线 2。可见两曲线在高频段(即短周期运动阶段)极其接近,但在低频段就有明显差异了,其原因是短周期运动结束后俯仰角进入长周期运动,其频率特性处于低频段而短周期传递函数只适用于短周期运动阶段。

11.3.5 舵面阶跃偏转时导弹的纵向响应特性

舵面阶跃偏转对导弹是一种最剧烈的控制作用,因导弹弹体有惯性,故这时运动参量 $\Delta\alpha(t)$,$\Delta\dot{\theta}$,Δn_y,$\Delta\vartheta$ 等的变化是在一定时间完成的,这个过程就叫过渡过程。过渡过程结束后,运动参量将变到与操纵机构新位置相应的数值上。研究此时导弹的响应就是要看它从一个飞行状态转变到另一个飞行状态的情况,过渡过程品质好坏一般用下面几个指标衡量。

为了了解过渡过程中的运动特点，需求出运动参量随时间变化的函数 $\Delta\alpha(t)$，$\Delta\dot{\theta}(t)$，$\Delta n_y(t)$，$\Delta\vartheta(t)$等，称它们为过渡函数。这可根据它们的传递函数，用拉普拉斯反变换求得。

1. 用拉普拉斯反变换求过渡函数的方法

设已知某运动参数的象函数可以写成如下分子分母多项式的形式

$$X(S) = H(S)/D(S) \tag{11.102}$$

设 $D(S)$为 n 次多项式，并且 S^n 的系数为 1 的阶次数低于 $D(S)$的阶次。又设 $D(S)$没有重根，只有 n 个单根 $S_1, S_2, \cdots, S_n$ 其中也可以有一个零根。则可将 $D(S)$写成 $D(S) = (S - S_1)(S - S_2)\cdots(S - S_n)$形式，而采取用部分分式法可将式(11.102)因式分解如下形式

$$x(S) = \frac{H(S)}{D(S)} = \frac{I_1}{(S - S_1)} + \frac{I_2}{(S - S_2)} + \cdots + \frac{I_n}{(S - S_n)} \tag{11.103}$$

其中，将上式两边同乘以 $S - S_i$，并令 $S \to S_i$，即求得了 I_i。即

$$I_i = \lim_{S \to S_i}(S - S_i)x(S) \tag{11.104}$$

因为$(S - S_i)x(S)$后即消去了式(11.102)分母 $D(S)$中的因子$(S - S_i)$，余下只有不含 S_i 的因子之积，而这与将分母 $D(S)$对 S 求导并且导数中 $S \to S_i$ 的效果相同，即

$$x(S) = \sum_{i=1}^{n} \frac{H(S_i)}{D'(S_i)}\left(\frac{1}{S - S_i}\right) \tag{11.105}$$

此式称为海微赛德展开式。再用拉普拉斯反变换，即得运动参量的原函数

$$x(t) = \sum_{i=1}^{n} \frac{H(S_i)}{D'(S_i)} e^{S_i t} \tag{11.106}$$

利用此式，可由导弹运动参数偏量对起始扰动、舵面偏转或外界干扰作用的传递函数求运动偏量的象函数，进而求得它们的过渡函数，分析导弹的稳定性、操纵性和稳态误差特性。

2. 过渡过程的形态

有传递函数式(11.89)～式(11.94)可见，当忽略舵面动力系数 a_{35}时(当然，前面早已忽略了 a_{35})。运动参数 $\Delta\alpha$，$\Delta\dot{\theta}$，Δn_y 对舵偏转的传递函数都是二阶振荡环节，可统一表示为

$$\begin{cases} \dfrac{\Delta X(S)}{\Delta\delta_z(S)} = \dfrac{K}{T_\alpha^2 S^2 + 2\xi_\alpha T_\alpha S + 1} \\ \Delta X(S) = \Delta\alpha(S), \Delta\dot{\theta}(S), \Delta n_y(S) \\ K = K_\alpha T_{1\alpha}, K_\alpha, K_\alpha V/g \end{cases} \tag{11.107}$$

过渡函数的收敛或发散有传递函数的分母多项式的根值决定,而分子只影响过渡函数的系数。式(11.107)分母多项式的根为

$$S_{1,2} = -\frac{\xi_\alpha}{T_\alpha} \pm \sqrt{\frac{\xi_\alpha^2 - 1}{T_\alpha^2}} = -\frac{1}{2}(a_{34} + a_{22} + a'_{24}) \pm \frac{1}{2}\sqrt{(a_{34} + a_{22}a'_{24})^2 - 4(a_{24} + a_{22}a_{34})} \tag{11.108}$$

由前面分析知,当 $a_{24} + a_{22}a_{34} < 0$ 时,导弹运动不稳。下面只讨论 $a_{24} + a_{22}a_{34} > 0$的情况。

当 $\xi_\alpha > 1$ 时 $\sqrt{\xi_\alpha^2 - 1} > 0$,$S_{1,2}$均为实数。这时过渡过程由两个衰减的非周期运动组成。此时有$(a_{34} + a_{22} + a'_{24})^2 > 4(a_{24} + a_{22}a_{34})$。利用式(11.106)可求得

$$\Delta X(t) = \left[1 - \frac{\xi_\alpha + \sqrt{\xi_\alpha^2 - 1}}{2\sqrt{\xi_\alpha^2 - 1}}\mathrm{e}^{-(\xi_\alpha - \sqrt{\xi_\alpha^2 - 1})t/T_\alpha} + \frac{\xi_\alpha + \sqrt{\xi_\alpha^2 - 1}}{2\sqrt{\xi_\alpha^2 - 1}}\mathrm{e}^{-(\xi_\alpha + \sqrt{\xi_\alpha^2 - 1})t/T_\alpha}\right]K\Delta\delta_z \tag{11.109}$$

当 $\xi_\alpha < 1$ 时 $\sqrt{\xi_\alpha^2 - 1} = i\sqrt{1 - \xi_\alpha^2}$,$S_{1,2}$为共轭复数,过渡过程为衰减的振荡运动。同样利用方程式(11.106)可得

$$\Delta X(t) = \left\{1 - \frac{\mathrm{e}^{-\xi_\alpha t/T_\alpha}}{\sqrt{1 - \xi_\alpha^2}}\cos\left[\frac{\sqrt{1 - \xi_\alpha^2}}{T_\alpha}t - \varphi_1\right]\right\}K\Delta\delta_z, \tan\varphi_1 = \frac{\xi_\alpha}{\sqrt{1 - \xi_\alpha^2}} \tag{11.110}$$

俯仰角速度 $\Delta\dot{\vartheta}(t)$ 的过渡函数可由传递函数式(11.89)求出 $\dot{\vartheta}(S)$,再用式(11.106)求得

$$\Delta\dot{\vartheta} = \left\{1 - \mathrm{e}^{-\xi_\alpha t/T_\alpha}\sqrt{\frac{1 - 2\xi_\alpha(T_{1\alpha}/T_\alpha) + (T_{1\alpha}/T_\alpha)^2}{1 - \xi_\alpha^2}}\cos\left(\frac{\sqrt{1 - \xi_\alpha^2}}{T_\alpha}t + \varphi_1 + \varphi_2\right)\right\}$$

$$K_\alpha\Delta\delta_z \tan(\varphi_1 + \varphi_2) = \frac{T_{1\alpha}/T_\alpha - \xi_\alpha}{\sqrt{1 - \xi_\alpha^2}} \tag{11.111}$$

将 $x(t)$作为 $\dot{\theta}(t)$,$K = K_\alpha$,积分式(11.109)以及积分式(11.111),可得 $\Delta\theta$ 和 $\Delta\vartheta$ 的过渡函数

$$\frac{\Delta\vartheta}{K\Delta\delta_z} = T_\alpha\left\{\frac{t}{T_\alpha} - 2\xi_\alpha + \frac{T_{1\alpha}}{T_\alpha} - \mathrm{e}^{-\xi_\alpha t/T_\alpha}\sqrt{\frac{1 - 2\xi_\alpha(T_{1\alpha}/T_\alpha) + (T_{1\alpha}/T_\alpha)^2}{1 - \xi_\alpha^2}}\right.$$

$$\left.\sin\left(\frac{\sqrt{1 - \xi_\alpha^2}}{T_\alpha}t + \varphi_2\right)\right\}\tan\varphi_2 = \frac{\sqrt{1 - \xi_\alpha^2}(T_{1\alpha}/T_\alpha - 2\xi_\alpha)}{1 - 2\xi_\alpha^2 + \xi_\alpha T_{1\alpha}/T_\alpha} \tag{11.112}$$

$$\frac{\Delta\vartheta}{K\Delta\delta_z}=T_\alpha\left\{\frac{t}{T_\alpha}-2\xi_\alpha-\frac{e^{-\xi_\alpha t/T_\alpha}}{\sqrt{1-\xi_\alpha^2}}\sin\left(\frac{\sqrt{1-\xi_\alpha^2}}{T_\alpha}t-2\varphi_1\right)\right\},\tan2\varphi_1=\frac{2\xi_\alpha\sqrt{1-\xi_\alpha^2}}{1-\xi_\alpha^2} \tag{11.113}$$

过渡函数 $\Delta\dot{\vartheta}$,$\Delta\vartheta$ 所描述的过渡过程如图 11. 18 所示,而过渡函数 $\Delta\theta(t)$ 曲线如图 11. 19 所示。

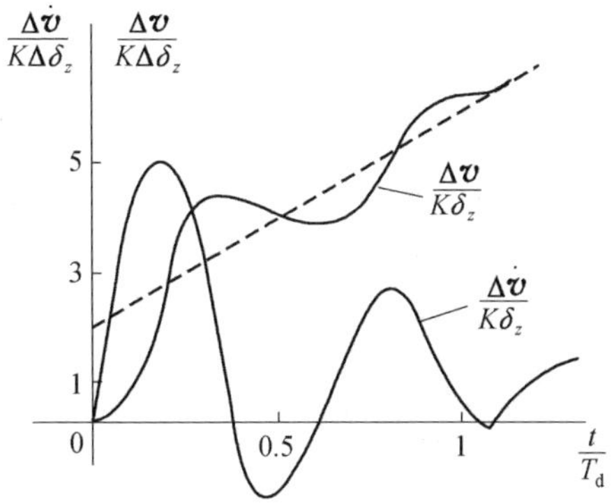

图 11. 18　$\Delta\dot{\vartheta}$,$\Delta\vartheta$ 在过渡过程中的变化

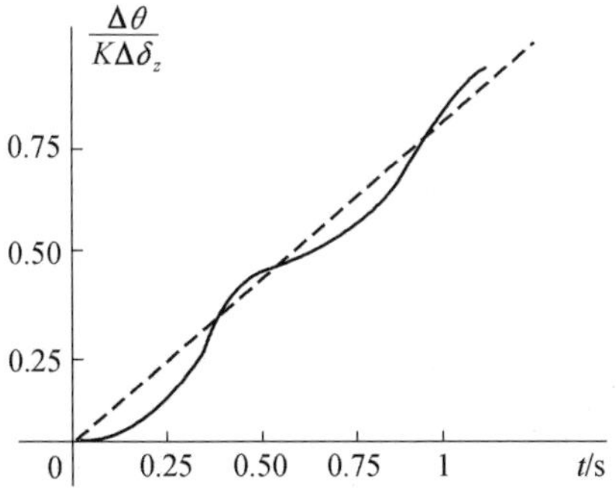

图 11. 19　$\Delta\theta$ 在过渡过程中的变化

由图 11. 18、图 11. 19 可见,舵面阶跃偏转后,只能使迎角、俯仰角角速度和弹道倾角角速度在过渡过程结束时达到稳态值。而俯仰角和弹道倾角是一直在增大的。下面讨论过渡过程品质的五项指标:传递函数、过渡过程时间、过渡过程中的最大偏量、超调量和振荡次数。

3. 纵向传递系数 K_α 对过渡过程的影响

传递系数(即放大系数)定义为稳态时输出变量与输入变量之比,由式(11. 109)～式(11. 111)可见,当 $t\to\infty$ 时,各指数项均趋于零,代入各变量相应的 K 表达式,得

$$
\begin{cases}
-\dfrac{\Delta\alpha_{\mathrm{w}}}{\Delta\delta_z}=K_\alpha T_{1\alpha}\\[2ex]
-\dfrac{\Delta\dot{\theta}_{\mathrm{w}}}{\Delta\delta_z}=K_\alpha\\[2ex]
-\dfrac{\Delta n_y}{\Delta\delta_z}=\dfrac{V}{g}K_\alpha\\[2ex]
-\dfrac{\Delta\dot{\vartheta}}{\Delta\delta_z}=K_\alpha
\end{cases}
\tag{11.114}
$$

式中:下标“w”为稳态值。由此式可见,K_α 越大,在舵面偏转后可得到的 $\Delta\alpha$,$\Delta\dot{\theta}$,Δn_y 稳态值越大,表示操纵性越好。实际上传递系数也可由传递函数利用终值定理求得,即 $K=\lim\limits_{s\to0}SW(S)\delta_z(S)$。当 $|a_{22}a_{34}|\ll|a_{24}|$,$|a_{35}a_{24}|\ll|a_{25}a_{34}|$,$K_\alpha$ 有如下精确公式和近似公式

$$
\begin{cases}
K_\alpha=\dfrac{a_{25}a_{34}-a_{24}a_{35}}{a_{24}+a_{22}a_{34}}\\[2ex]
K_\alpha\approx\dfrac{a_{25}a_{34}}{a_{24}}=\dfrac{m_z^{\delta_z}}{m_z^{\alpha}}\left(\dfrac{P+Y^\alpha}{mv}\right)\approx\dfrac{m_z^{\delta_z}}{m_z^{\alpha}}\dfrac{\rho vc_y^\alpha\cdot S}{2m}
\end{cases}
\tag{11.115}
$$

表 11.2 为某地空导弹按半前置量法导引,攻击 22km 高度目标时,K_α 沿高度变化情况。由表 11.2 可见 K_α(近似值)≈K_α(精确值)。

表 11.2 纵向传递系数沿弹道的变化

H/m	1067.7	4526	8210	14288	22038
$V/(\mathrm{m\cdot s^{-1}})$	546.9	609.2	701.5	880.3	1090.9
a_{22}/s^{-1}	1.488	1.132	0.7748	0.3528	0.1127
a'_{24}/s^{-1}	0.2709	0.1754	0.09577	0.0300	0.0064
a_{25}/s^{-2}	66.54	54.93	41.52	21.59	7.967
a_{34}/s^{-1}	1.296	1.126	0.900	0.514	0.206
a_{24}/s^{-2}	10.47	91.97	76.51	46.44	17.70
a_{35}/s^{-1}	0.129	0.106	0.076	0.036	0.012
K_α(精确值)	0.6815	0.5593	0.4088	0.2024	0.0805
K_α(近似值)	0.8236	0.6725	0.4884	0.2390	0.0926

由 K_α 的近似公式代入式(11.114)中可得

$$
\begin{cases}
-\dfrac{\Delta\alpha_w}{\Delta\delta_z}=\dfrac{m_z^{\delta_z}}{m_z^{\alpha}} \\
-\dfrac{\Delta\theta}{\Delta\delta_z}=-\dfrac{\Delta\dot{\vartheta}}{\Delta\delta_z}=\dfrac{m_z^{\delta_z}}{m_z^{\alpha}}\left(\dfrac{P+Y^{\alpha}}{mv}\right) \\
-\dfrac{\Delta n_y}{\Delta\delta_z}=\dfrac{V}{g}\left(-\dfrac{\Delta\dot{\theta}}{\Delta\delta_z}\right) \\
\dfrac{\Delta\dot{\theta}_w}{\Delta\alpha_w}=\dfrac{P+Y^{\alpha}}{mv}
\end{cases}
\tag{11.116}
$$

由上两式可见,提高升降舵操纵效率 $m_z^{\delta_z}$,在保证飞行稳定的条件下减小静稳定性 m_z^{α},有利于提高传递系数 K_{α} 和操纵性。而在 $m_z^{\delta_z}/m_z^{\alpha}$ 已定的情况下,提高全弹升力 Y^{α} 有利于提高弹道倾角速 $\dot{\theta}$ 与稳态攻角 α_w 之比,也即提高了机动性。$|m_z^{\delta_z}/m_z^{\alpha}|$的参考值如下:对正常式导弹约为 0.7 ~ 1.0,对鸭式约为 0.8 ~1.2,对无尾式约为 0.5 ~0.8。

传递系数 K_{α} 随导弹速度增大而增大,随空气密度减小而减小。对飞行高度变化很大的地空导弹,因随高度增加空气密度减小比速度增大快,使操纵性和机动性都变坏。如某导弹从地面升至 22km 高空时,速度增大 2 倍,而空气密度下降了 17 倍,结果传递系数从 0.6815 降至 0.08,下降了 8.5 倍。不过对于攻击低空目标的导弹,因空气密度变化不大而发动机增速明显,情况就不同了。对于空地导弹和制导炸弹,密度和速度的综合影响也要具体分析。

为了减小飞行高度和速度对操纵性的影响,使传递系数 K_{α} 大致保持不变。如在式(11.115)中代入静稳定储备量关系式 $m_z^{\alpha}/c_y^{\alpha}=(X_G-X_F)/l$,则得

$$
K_{\alpha}\approx\frac{\rho vSl}{2m}\left(\frac{m_z^{\delta_z}}{X_G-X_F}\right)
\tag{11.117}
$$

由上式可见,如能使飞行中 X_G-X_F 与 ρv 成比例地变化,就能减小 K_{α} 的变化,改善操纵性。这可从两个途径入手:一是在进行弹体部位安排设计时充分考虑重心 X_G 的变化,使 X_G-X_F 与 ρv 成比例变化;二是在飞行中改变弹翼的形状和位置,使焦点位置 X_F 改变,实现 X_G-X_F 与 ρv 成比例变化。如有的导弹在主动段飞行时,弹翼就可沿弹轴移动。

当然,也可在控制方法上采取措施,如采用自适应控制,根据导弹飞行的高度和速度(一般可简化成相应的时间函数)改变控制器中的参数,通过调整舵面偏转规律改变操纵力矩的大小以抵消空气密度和飞行速度变化带来的不利影响,保证导弹有良好的操纵性和机动性。不过这时需要给舵面偏转留有较大的可调节裕量。

4. 纵向时间常数 T_α 对过渡过程的影响

由过渡函数式(11.110),如取相对时间 $\bar{t}=t/T_\alpha$ 为自变量,则输出变量 $X(\bar{t})$(即 $\Delta\alpha,\Delta\dot{\theta},\Delta n_y$)与稳态值之比 $X(\bar{t})/(K\Delta\delta_z)$ 就只是相对阻尼系数 ξ_α 的函数,其图形如图 11.20 所示。

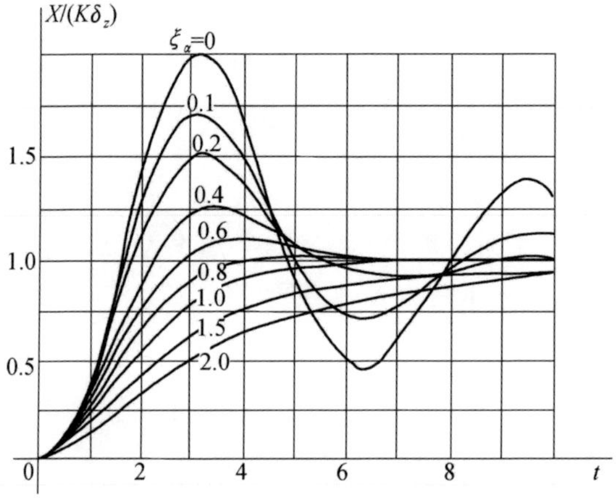

图 11.20　二级环节对单位阶跃输入的响应

过渡过程时间 t_p 一般定义为输出量首次进入稳态值附近 ±5% 范围内不再越出的时刻。由图 11.20 可见,相对阻尼小,曲线振动太剧烈;阻尼系数过大,曲线变化过于缓慢,这都使过渡过程时间加长,而 $\xi_\alpha=0.75$ 时过渡过程时间最短,这时 $\bar{t}=3$,过渡过程所需真实时间为 $t_p=3T_\alpha$。在其他阻尼下,过渡过程与时间常数 T_α 成正比。由

$$T_\alpha = 1/\sqrt{a_{24}+a_{22}a_{34}} = 1/\omega_{ct} \tag{11.118}$$

可见,增大静力矩(a_{24})、法向力(a_{34})和俯仰阻尼(a_{22})有利于减小时间常数和过渡过程时间。但 a_{24} 的增加又会使传递系数 K_α 减小,这又对操纵性不利。因此,在设计导弹和控制系统时,恰当确定导弹的静稳定性甚为重要,一般来说,导弹为提高操纵性,其静稳定度只为 1% ~5% 。导弹的自振频率主要由静稳定性决定。弹体以 Hz 为单位的自振频率为

$$f_\alpha = \frac{\omega_{ct}}{2\pi} = \frac{1}{2\pi}\frac{1}{T_\alpha} \approx \frac{1}{2\pi}\sqrt{\frac{-m_z^\alpha qSl}{J_z}} = \frac{1}{2\pi}\sqrt{\frac{-(X_G-X_F)c_y^\alpha qSl^2}{J_z}} \tag{11.119}$$

此式表明,增加静稳定性 m_z^α 可以减小时间常数 T_α,但也增大了弹体自振频率。设计控制系统时,一般要求弹体自振频率低于控制系统的频率,以免出现共振。故从这个角度讲,静稳定度也不是可以随便增加的。f_α 的参考值如下,

对地空导弹，低空 4 ~ 5km，$f_\alpha > 3 \sim 4$Hz，高空约 22km，$f_\alpha > 1.2 \sim 1.5$Hz；空空导弹高空 22km，$f_\alpha > 1.6 \sim 1.8$Hz；飞航式导弹 $f_\alpha < 1.5 \sim 2$Hz。

由上式还可见，随飞行高度增加，q 减小，f_α 减小：但随着速度 v 增大 q 增大，f_α 增大。为了减小 ω_{ct} 和 f_α 变化范围，希望 $X_G - X_F$ 与动压头 q 成反比地变化，但这又与传递系数 K_α 希望 $X_G - X_F$ 与 q 成正比相反，故设计弹体和控制系统时只能取折中方案，综合照顾各传递参数的影响。

5. 纵向相对阻尼 ξ_α 对过渡过程的影响

由图 11.20 知 $\xi_\alpha > 1$ 时过渡过程是非周期的，$\xi_\alpha < 1$ 时运动是振荡的，将出现超调。超调 σ 定义为过渡过程中输出变量的最大值(X_{max})与稳态值($K\Delta\delta_z$)之差，而相对超调 $\bar{\sigma}$ 定义为这个差值与稳态值之比。首先由过渡函数式(11.110)令 $t \to \infty$ 得稳态 $\Delta X_w = K\Delta\delta_z$；再应用求极值法，令 $\mathrm{d}\Delta X/\mathrm{d}t = 0$ 求得极值点时间

$$t' = \pi T_\alpha / \sqrt{1 - \xi_\alpha^2} \approx \pi / \omega_{ct} \tag{11.120}$$

将式(11.20)代入式(11.110)中求得最大值 ΔX_{max}，并进一步求得相对超调 $\bar{\sigma}$

$$\Delta X_{max} = (1 + \mathrm{e}^{-\pi\xi_\alpha / \sqrt{1-\xi_\alpha^2}}) K\Delta\delta_z, \bar{\sigma} = \frac{\Delta X_{max} - \Delta X_w}{\Delta X_w} = \mathrm{e}^{-\pi\xi_\alpha / \sqrt{1-\xi_\alpha^2}} \tag{11.121}$$

$$\Delta X_{max} = (1 + \bar{\sigma}) \Delta X_w \tag{11.122}$$

相对超调量与阻尼系数 ξ_α 的关系曲线在图 11.21 上。可见在振荡运动中，ξ_α 越小 $\bar{\sigma}$ 超调越大。实际上，当舵面不是阶跃偏转时，操纵机构偏转慢超调也会小一些。但从制导精度讲，又希望舵面迅速无延迟地偏转。故 $\bar{\sigma}$ 的大小取决于舵面偏转规律特别是偏转速度，可用计算机计算或从飞行试验数据中取得。

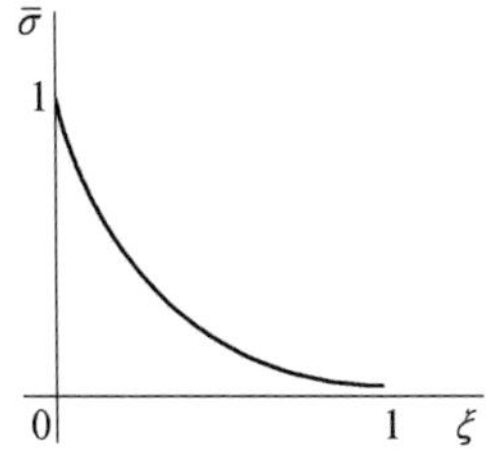

图 11.21　相对超调 $\bar{\sigma}$ 与相对阻尼系数 ξ_α 的关系

导弹在飞行中的最大法向过载是导弹结构强度设计中需要考虑的一个重要参数(如某地空导弹在 $\delta_{z\max}$时的可用过载 $n_{y可} = 3.1 \sim 3.7$)，对于攻击活动目标的导弹，常有可能要求舵面急剧地偏转到极限位置，在弹体响应的过渡过程中就会产生很大的攻角和侧滑角，形成很大的法向过载，对弹体强度是极大的考验。

如果未扰动运动是在可用过载下飞行，此时过载为

$$n_{yp} = \frac{P\alpha + Y}{G} = -\left(\frac{P + c_y^\alpha qS}{G} \cdot \frac{m_z^{\delta_\alpha}}{m_z^\alpha}\right)\delta_{max}$$

一种最严重的情况是,舵偏角从一个极限位置($\pm\delta_{max}$)突然偏转到另一个相反的极限位置($\mp\delta_{max}$),也即相当于舵偏角改变量为 $\Delta\delta_z = \pm 2\delta_{max}$,于是产生相对超调,过载最大偏量为

$$\Delta n_{ymax} = \mp 2[n_{yp}(1+\bar{\sigma}] \tag{11.123}$$

最大过载为

$$n_{ymax} = \pm n_{yp} \mp 2[n_{yp}(1+\bar{\sigma})] = \mp n_{yp}(1+2\bar{\sigma}) \tag{11.124}$$

这时过渡过程中的超调将增大一倍,如果 $\bar{\sigma}$ 数值较大,这时最大过载将比可用过载大得多。

为了减小过载最大值,希望增大导弹的相对阻尼系数 ξ_α 以降低超调,一般限制 $\bar{\sigma}<30\%$ 。由 ξ_α 表达式,在略去下洗 a'_{24}以及比 a_{24}小得多的 $a_{22}a_{34}$项后,得

$$\xi_\alpha = \left(-\frac{1}{2J_z}\omega_z^{\omega_z}\rho v S l^2 + \frac{P}{mV} + \frac{1}{2m}C_y^\alpha \rho v S\right)\Big/\left(2\sqrt{-\frac{1}{J_z}\frac{1}{2}m_z^\alpha \rho v^2 S l}\right) \tag{11.125}$$

式中:P/mV 一项数值较小,常可忽略。由此式可见。增大分子中气动阻尼力矩和升力项总是有利的。减小分母中稳定力矩也有利于提高阻尼 ξ_α,这一点与传递系数 K_α 对静稳定性要求是一致的,但静力矩减小将使时间常数 T_α 增大,这又是我们不希望的。因导弹受气动外形布局的限制,以及不可能选择过大的弹翼面,相对阻尼系数不可能接近 0.75,甚至只有 0.1 左右。

式(11.125)分子、分母中均有速度 v,故相对阻尼系数 ξ_α 和超调 $\bar{\sigma}$ 与飞行速度基本无关,但 ξ_α 与空气密度有关,随飞行高度增大而下降。如某地空导弹从 5km 升至 22km,ξ_α 从 0.121 减至 0.035,致使在高空过渡过程达 19s,振荡次数 11 次,飞行品质很不好。

11.4 制导野战火箭的侧向稳定性和操纵性

为了提高导弹的相对阻尼系数 ξ_α,改善过渡过程品质,特别是减小超调,多数导弹是通过自动驾驶仪,形成操纵力矩抑制弹体的摆动,从而补偿弹体阻尼的不足(可使 $\xi_\alpha\approx 0.7$)。在 ξ_α 较小的情况下,为了防止超调引起的最大过载太大,需限制最大舵偏角(电路限幅或机械限位),如果 δ_{zmax}的值是为了保证高空飞行有足够的机动性,则低空时就要减小 δ_{zmax}。某地空导弹就是采用动压头传感器,使 δ_{zmax}与 q 成反比。

11.4.1 火箭侧向扰动运动方程和传递函数

1. 引言

前几节研究的纵向扰动运动,假设了导弹的纵向对称面与铅直面重合,不

考虑侧向运动参数 $\psi_c,\beta,\gamma_c,\gamma,\psi,\omega_x,\omega_y,z$ 等。导弹的侧向运动包括偏航运动和绕弹轴的滚转运动,但在研究侧向运动时,则不能没有纵向运动参数,如必须有飞行速度 u 和高度 y(用以确定空气密度和发动机推力)。故在建立侧向扰动运动方程时,必须用完整的运动方程组,并作如下假设:

(1) 在基准运动中侧向运动参数以及舵偏角 δ_x,δ_y 很小,纵向角度参数变化率 $\omega_z,\dot{\theta},\dot{\alpha}$ 也很小,又设 $X^{\beta}=(\partial X/\partial\beta)$ 很小,故在方程线性化时可以忽略掉它们与其他小量的乘积。

(2) 不考虑结构参量变化量 $\Delta m,\Delta J_x,\Delta J_y,\Delta J_z$ 以及推力 P 和密度 ρ 的偏量。

(3) 运动偏量在小扰动范围内。

对本章中的完整运动方程采用同样的方法进行线性化,并做一些变换消去 $\Delta\gamma_V$ 后得到两组扰动运动方程(线化过程从略)。第一组是纵向扰动运动方程,在纵向扰动过程中,侧向运动参数保持未扰动值;另一组是侧向扰动运动方程,在侧向扰动运动中,纵向运动参量保持未扰动值。对于具有气动轴对称型和倾斜自动稳定的导弹,忽略重力影响时,侧向扰动运动又可分为偏航与倾斜两个互相独立的扰动运动,而偏航扰动运动的特性与纵向扰动运动完全一致;但对于面对称型导弹(如飞机型导弹)的侧向扰动运动,其偏航扰动运动与倾斜扰动运动由于互相耦合而不能分开,此时的侧向动态特性就比较复杂。

2. 侧向扰动运动方程组

这里仅将由完整运动方程组线性化后获得的侧向扰动运动方程组列写如下

$$\begin{cases}\Delta\dot{\omega}_x+b_{11}\Delta\omega_x+b_{12}\Delta\omega_y+b_{14}\Delta\beta=-b_{18}\Delta\delta_x-b_{17}\Delta\delta_y+M_{gx}\\ \Delta\dot{\omega}_y+b_{21}\Delta\omega_x+b_{22}\Delta\omega_y+b_{24}\Delta\beta+b'_{24}\Delta\dot{\beta}=-b_{27}\Delta\delta_y+M_{gy}\\ \cos\theta\Delta\dot{\psi}_V-(b_{34}+a_{33})\Delta\beta-b_{35}\Delta\gamma=b_{37}\delta_y+F_{gz}\\ \Delta\dot{\gamma}-\Delta\omega_x-\tan\vartheta\Delta\omega_y=0\\ \Delta\dot{\psi}=\Delta\omega_y/\cos\vartheta,\cos\theta\Delta\psi_V=\cos\theta\Delta\psi-\Delta\beta+\alpha\Delta\gamma\end{cases}\tag{11.126}$$

还可利用方程式(11.126)的第五个公式将第三个公式简化、合并成如下方程

$$\Delta\dot{\beta}+(b_{34}+a_{33})\Delta\beta-\alpha\Delta\dot{\gamma}+b_{35}\Delta\gamma+b_{36}\Delta\omega_y=-b_{37}\Delta\delta_y-F_{gx}\tag{11.127}$$

由方程式(11.126)中第一、二、四式以及式(11.127)即构成了侧向扰动运动方程组式中的侧向动力系数的 b_{ij},定义如表11.3所列。

表 11.3　侧向动力系数表

序号 i	运动参量								
	1 $\Delta\omega_x$	2 $\Delta\omega_y$	3 $\Delta\psi_V$	4 $\Delta\beta$	5	6 $\Delta\gamma$	7 $\Delta\delta_y$	8 $\Delta\delta_x$	
1	$b_{11}=-\frac{M_x^{\omega_x}}{J_x}$	$b_{11}=-\frac{M_x^{\omega_y}}{J_x}$	$b_{13}=0$	$b_{14}=-\frac{M_x^{\beta}}{J_x}$	$b_{15}=0$	$b_{16}=0$	$b_{17}=-\frac{M_x^{\delta_y}}{J_x}$	$b_{18}=-\frac{M_x^{\omega_x}}{J_x}$	$M_{gx}=\frac{M'_{gx}}{J_x}$
2	$b_{21}=-\frac{M_x^{\omega_x}}{J_y}$	$b_{22}=-\frac{M_y^{\omega_y}}{J_y}$	$b_{23}=0$	$b_{24}=-\frac{M_y^{\beta}}{J_y}$ $b'_{24}=-\frac{M_y^{\dot\beta}}{J_y}$	$b_{25}=0$	$b_{26}=0$	$b_{27}=-\frac{M_y^{\delta_y}}{J_y}$ $b'_{27}=-\frac{M_y^{\dot\delta_y}}{J_y}$	$b_{28}=-\frac{M_{yx}^{\delta}}{J_y}$	$M_{gy}=\frac{M'_{gy}}{J_y}$
3	$b_{31}=0$	$b_{32}=0$	$b_{33}=0$	$b_{34}=\frac{P-z^{\beta}}{mv}$	$b_{35}=\frac{-g\cos\vartheta}{V}$	$b_{36}=\frac{-\cos\theta}{\cos\vartheta}$	$b_{37}=\frac{Z^{\delta_y}}{mv}$	$b_{38}=0$	$F_{gz}=\frac{F'_{gz}}{mv}$

此外,还有动力系数 $b_{36}=-\cos\theta/\cos\vartheta$,$b_{41}=1/\cos\theta$,$b_{56}=-\tan\vartheta$。

其中,在航向动力系数中,b_{34}称为航向动力系数,b_{22}称为阻尼动力系数,b_{24}称为恢复动力系数,b_{27}称为操纵动力系数,b'_{24}称为下洗动力系数,b'_{27}称为旋转动力系数,b_{37}称为舵面动力系数,b_{35}称为重力动力系数。

在滚转动力系数中,b_{11}称为阻尼动力系数,b_{14}称为恢复动力系数,b_{18}称为操纵动力系数,b_{12}称为旋转动力系数,b_{17}称为垂尾效应动力系数。

当$\Delta\delta_x$,$\Delta\delta_y$,M_{gx},M_{gx},F_{gz}均为零时,方程式(11.126)的齐次方程描述了侧向自由扰动运动。当仅考虑$\Delta\delta_x$,$\Delta\delta_y$时,描述侧向控制运动;而仅考虑干扰时,即为受长期干扰作用下的运动。侧向自由扰动运动的性质取决于方程式(11.126)的系数行列式A_{xy},或取决于以下特征方程

$$B(s)=|sI-A_{xy}|=s^4+B_1s^3+B_2s^2+B_3s+B_4=0 \quad (11.128)$$

其中

$$B_1=b_{22}+b_{34}+b_{11}+\alpha b'_{24}b_{56}-b'_{24}b_{36}+a_{33}$$

$$\begin{aligned}B_2=&b_{11}b_{34}+b_{11}a_{33}+b_{22}b_{11}+b_{34}b_{22}+b_{22}a_{33}-b_{24}b_{36}-b'_{24}b_{36}b_{11}-b_{21}b_{12}\\&+(b_{14}+b_{24}b_{56}+b'_{24}b_{11}b_{56}-b'_{24}b_{12})\alpha-b'_{24}b_{35}b_{56}\end{aligned}$$

$$\begin{aligned}B_3=&(b_{22}b_{14}-b_{21}b_{14}b_{56}+b_{24}b_{11}b_{56}-b_{24}b_{12})\alpha\\&-(b_{24}b_{56}+b'_{24}b_{11}b_{56}-b'_{24}b_{12}+b_{14})b_{35}\\&+b_{22}b_{34}b_{11}+b_{22}b_{11}a_{33}+b_{21}b_{14}b_{36}-b_{21}b_{12}a_{33}-b_{21}b_{12}b_{34}-b_{24}b_{11}b_{36}\end{aligned}$$

$$B_4=-(b_{22}b_{14}-b_{21}b_{14}b_{56}+b_{21}b_{11}b_{56}-b_{24}b_{12}b_{35})$$

3. 侧向扰动运动的传递函数

参照前述纵向扰动运动传递函数的求法,分别在仅有$\Delta\delta_x$或仅有$\Delta\delta_y$情况下,将方程式(11.126)进行拉普拉斯变换,求出象函数$\Delta\omega_x(s)$,$\Delta\omega_y(s)$,$\Delta\beta(s)$,$\Delta\gamma(s)$以$\Delta\delta_x(s)$或$\Delta\delta_y(s)$表达的形式,即可求得如下对副翼偏转$\Delta\delta_x$的传递函数:

$$\begin{cases} W_{\delta_x}^{\omega_x}(S) = b_{18}(S^3 + A_2S^2 + A_3S + A_4)/B(S) \\ W_{\delta_x}^{\omega_y}(S) = b_{18}(A_6S^2 + A_7S + A_8)/B(S) \\ W_{\delta_x}^{\beta}(S) = b_{18}(E_2S^2 + E_3S + E_4)/B(S) \\ W_{\delta_x}^{\gamma}(S) = b_{18}(S^2 + E_5S + E_6)/B(S) \end{cases} \tag{11.129}$$

式中：

$$\begin{cases} A_2 = (b_{34} + a_{33}) + b_{22} + b'_{24}(\alpha b_{56} - b_{36}) \\ A_3 = b_{22}(b_{34} + a_{33}) - b'_{24}b_{35}b_{56} + b_{24}(\alpha b_{56} - b_{36}) \\ A_4 = -b_{22}b_{35}b_{56},\quad A_6 = -b_{21} - \alpha b'_{24} \\ A_7 = -b_{21}(b_{34} + a_{33}) + b'_{24}b_{35} - \alpha b_{24}, A_8 = b_{24}b_{35} \\ E_2 = \alpha, E_3 = b_{21}b_{36} - b_{35} - \alpha(b_{21}b_{56} - b_{22}) \\ E_4 = b_{35}(b_{21}b_{56} - b_{22}) \\ E_5 = (b_{34} + a_{33}) - (b_{21}b_{56} - b_{22}) - b'_{24}b_{36} \\ E_6 = -b_{24}b_3 - (b_{21}b_{56} - b_{22})(b_{34} + a_{33}) \end{cases} \tag{11.130}$$

而侧向运动参数对方向舵偏角 $\Delta\delta_y$ 的传递函数为

$$\begin{cases} W_{\delta_x}^{\omega_x}(S) = (R_1S^3 + R_2S^2 + R_3S + R_4)/B(S) \\ W_{\delta_y}^{\omega_y}(S) = (R_5S^3 + R_6S^2 + R_7S + R_8)/B(S) \\ W_{\delta_y}^{\beta}(S) = (T_1S^3 + T_2S^2 + T_3S + T_4)/B(S) \\ W_{\delta_y}^{\gamma}(S) = (T_5S^3 + T_6S + T_7)/B(S) \end{cases} \tag{11.131}$$

其中

$$\begin{cases} R_1 = b_{17} \\ R_2 = b_{17}[(b_{34} + a_{33}) + b_{22} + b'_{24}(\alpha b_{56} - b_{36})] + b_{12}(b'_{24}b_{37} - b_{27}) - b_{37}b_{14} \\ R_3 = b_{17}[b_{22}(b_{34} + a_{33}) - b'_{24}b_{35}b_{56} + \alpha b_{24}b_{36}] + \\ \qquad b_{12}[b_{24}b_{37} - b_{27}(b_{34} + a_{33})] + \\ \qquad b_{14}[-b_{22}b_{37} - b_{27}(\alpha b_{56} - b_{36})] \\ R_4 = -b_{24}b_{35}b_{56}b_{17} - b_{27}b_{35}b_{56}b_{14} \\ R_5 = b_{27} - b'_{24}b_{37} \\ R_6 = b_{17}(-b_{21} - \alpha b'_{24}) + b_{27}(b_{34} + a_{33}b_{31}) + b_{37}(-b_{24} - b'_{24}b_{11}) \\ R_7 = b_{17}[-b_{21}(b_{34} + a_{33}) + b'_{24}b_{35} - \alpha b_{24}] + \\ \qquad b_{27}[b_{11}(b_{34} + a_{33}) + \alpha b_{14}] + \\ \qquad b_{37}(b'_{24}b_{14} - b_{24}b_{11}) \\ R_8 = b_{35}(b_{24}b_{17} - b_{27}b_{14}) \end{cases} \tag{11.132}$$

$$\begin{cases} T_1 = b_{37} \\ T_2 = \alpha b_{17} + b_{27}(\alpha b_{56} - b_{36}) + b_{37}(b_{22} + b_{11}) \\ T_3 = b_{17}[b_{21}b_{36} - b_{35} - \alpha(b_{21}b_{56} - b_{22})] \\ \qquad + b_{27}[-\alpha b_{12} - b_{35}b_{56} + b_{11}(\alpha b_{56} - b_{12})] \\ \qquad + b_{27}(b_{22}b_{11} - b_{21}b_{12}) \\ T_4 = b_{17}b_{35}(b_{21}b_{56} - b_{22}) - b_{27}b_{35}(b_{56}b_{11} - b_{12}) \\ T_5 = b_{17} + b_{27}b_{56} - b'_{24}b_{37} \\ T_6 = b_{17}[(b_{34} + a_{33}) - (b_{21}b_{56} - b_{22}) - b'_{24}b_{34}] \\ \qquad + b_{27}[b_{56}(b_{34} + a_{33}) + (b_{56}b_{11} - b_{12})] \\ \qquad + b_{37}[-b_{14} - b_{24}b_{56} - b'_{24}(b_{56}b_{11} - b_{12})] \\ T_7 = b_{17}[-(b_{34} + a_{33})(b_{21}b_{56} - b_{22}) - b_{24}b_{36}] \\ \qquad + b_{18}[(b_{34} + a_{33})(b_{56}b_{11} - b_{12}) + b_{36}b_{14}] \\ \qquad + b_{37}[b_{14}(b_{21}b_{56} - b_{22}) - b_{24}(b_{56}b_{11} - b_{12})] \end{cases} \tag{11.133}$$

有了侧向扰动运动传递函数,将其中 s 改为 $\mathrm{i}\omega$ 即可得幅频特性和相频特性。但一般是先作出各典型环节的对数幅频特性和相频特性,然后相加即得总的对数幅频特性和相频特性。

11.4.2 侧向自由扰动运动的特点和稳定性

1. 航向与倾斜扰动运动交连的原因

侧向扰动运动包含绕 Oy_1 轴旋转和质心平移的航向扰动运动,以及绕 Ox_1 轴旋转的倾斜扰动运动,由于气动交连的缘故,它们是互相耦合的,特别是面对称导弹这种耦合更为显著。

在航向和倾斜之间产生气动交叉的现象是十分复杂的,其中主要有 m_x^β,m_y^β 和交叉力矩 $M_x^{\omega_y} \cdot \omega_y$,$M_y^{\omega_x} \cdot \omega_x$,$M_x^{\delta_y} \cdot \delta_y$ 的影响,m_x^β 和 m_y^β 分别为由侧滑引起的横滚恢复力矩和航向恢复力矩,$M_x^{\omega_y} \cdot \omega_y$ 为由偏航角速度产生的倾斜(滚动)力矩。而 $M_y^{\omega_x} \cdot \omega_x$ 为由于滚转角速度产生的偏航力矩,它们是由于左右弹翼和尾翼上的有效流速不同而产生的,而 $M_x^{\delta_y} \cdot \delta_y$ 主要是面对称飞行器后部所产生。显然,由于这些力矩的作用,必然使航向与倾斜运动交连。

2. 侧向特征根的性质

侧向自由扰动运动的形态取决于特征方程式(11.128)的根,许多导弹的设计和试飞表明,侧向扰动运动的 4 个特征根在量级上也保持一定的关系,特别是面对称飞行器更为显著。

例 11.1 某飞行器以速度 $v = 222\text{m/s}$,在 $H = 12000\text{m}$ 高度上空飞行,各侧

向动力系数如下：

$$b_{11}=1.66S^{-1},b_{12}=0.56S^{-1},b_{14}=6.2S^{-2},b_{17}=0.75S^{-2},b_{18}=5.7S^{-2}$$

$$b_{21}=0.0198S^{-1},b_{22}=0.19S^{-1},b'_{24}=0,b_{24}=2.28S^{-2},b_{27}=0.835S^{-2}$$

$$b_{32}=-1,b_{34}=-0.059S^{-1},b_{35}=0.0152S^{-1},b_{36}=0.044S^{-1},a_{33}=0$$

求出方程式(11.128)的各系数 B_i 后，得侧向特征方程及其4个根为

$$S^4+1.909S^3+2.69S^2+3.95S-0.00437=0$$

大实根 $S_1=-1.695$，小实根 $S_2=0.001105$，复根 $S_{3,4}=-1.017\pm i1.525$

可见侧向扰动运动由两个非周期运动与一个振荡运动分量组成。其中有一个小实根对应的非周期运动是发散的，但计算表明，对应的运动偏量增大一倍的时间很长，要627s。但大实根对应的衰减运动却衰减很快，运动偏量衰减一半的时间只要0.41s。

例11.2 飞行器以 $v=258\text{m/s}$ 做直线爬高，在 $H=5000\text{m}$ 处，特征方程和4个根为

$$S^4+6.7S^3+11.95S^2+57.7S-0.435=0$$

大实根 $S_1=-5.93$，小实根 $S_2=0.0181$，复根 $S_{3,4}=-0.0431\pm i4.88$

设初始值 $\Delta\omega_{y0}=\Delta\beta_0=\Delta\omega_{x0}=0$，而 $\Delta\gamma_0=5.73°$其解为

$$\Delta\omega_x(t)=-0.00361e^{-5.39t}+0.00108e^{0.0181t}+0.00516e^{-0.431t}\sin(280t-31.2°)$$

$$\Delta\omega_y(t)=0.0000103e^{-5.39t}-0.00748e^{0.0181t}+0.00758e^{-0.431t}\sin(280t+82.7°)$$

$$\Delta\beta(t)=0.0013e^{-5.39t}+0.0105e^{0.0181t}+0.00915e^{-0.431t}\sin(280t-7.6°)$$

$$\Delta\gamma(t)=0.0361e^{-5.39t}+5.65^{0.0181t}+0.06e^{-0.431t}\sin(280t-31.2°)$$

(11.134)

3. 侧向自由扰动运动的形态

由上面过渡函数可得图11.22所示自由扰动运动的形态，图中 $\Delta\bar{\omega}_x$，$\Delta\bar{\omega}_y$ 为无因次角速度。一般而言，合成运动有如下三个模态分量。

1）滚转模态

由大实根对应的运动是单调快衰减运动，因而它只在扰动运动初期起作用，由式(11.134)可见，这种运动分量中，$\Delta\omega_x\gg\Delta\omega_y$，$\Delta\gamma\gg\Delta\beta$，这是因为导弹的轴向转动惯量 J_x 远比横向转动惯量小($J_x<0.01J_y$)，因而在受到扰动后很容易产生横滚，使 $\Delta\omega_x$，$\Delta\gamma$ 变化大，尽管由 $\Delta\omega_x$ 通过交叉力矩 $M_y^{\omega_x}\Delta\omega_x$ 也引起偏航运动产生 $\Delta\omega_y$ 和 $\Delta\beta$，但毕竟小得多。因此，大实根对应的运动模态为滚动模态。据此，可将方程式(11.126)的第一个方程的齐次方程简化为

$$\Delta\dot{\omega}_x + b_{11}\Delta\omega_x = 0 \tag{11.135}$$

此方程的特征根为 $S_1 = -b_{11} = M_x^{\omega_x}/J_x$。在例 11.1 中，$S_1 = -1.695$，而按此简化式得 $S_1 = -1.66$，两者差别很小，对飞行器初步设计没有多大影响。式(11.135)表明加大滚转阻尼。即增大动力系数 b_{11}，可使滚转模态更快地收敛。

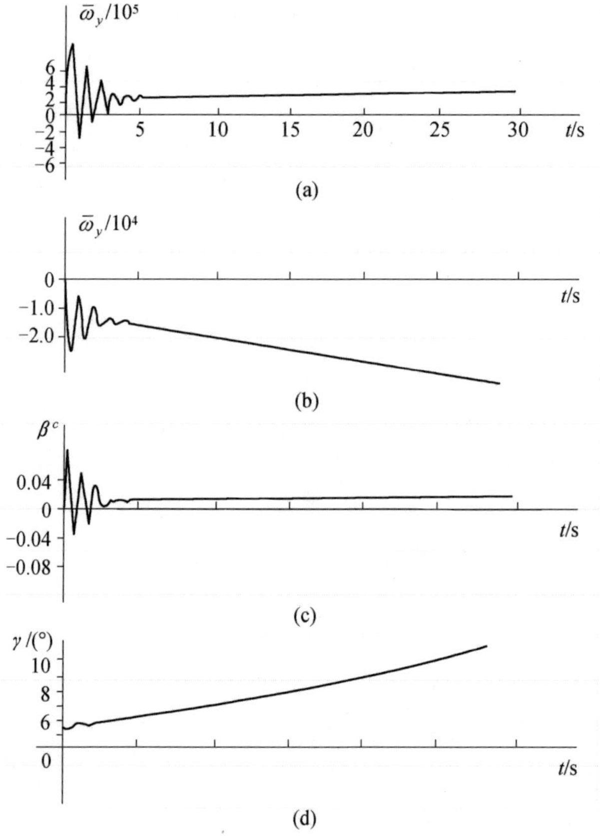

图 11.22　侧向自由扰动运动型态

2）荷兰滚模态

当扰动运动初期的衰减分量趋于消失后，由一对复根形成的振荡分量逐渐显现出来，这时侧向运动偏量 $\Delta\omega_x, \Delta\omega_y, \Delta\beta, \Delta\gamma$ 的幅值比小于滚转模态，故 4 种运动都不可忽略。即导弹一边绕 Oy 轴左右周期性偏航，一边绕弹轴周期性左右倾斜，速度方向相对纵对称面周期性地右侧滑和左侧滑。这种运动与荷兰人滑冰动作相似，故称为荷兰滚模态(图 11.23)。

由于它的振荡频率较高，如果不稳定，则难以纠正，故希望它稳定并很快地衰减。下面解释这种运动形态是怎么产生的，如图 11.24 所示。

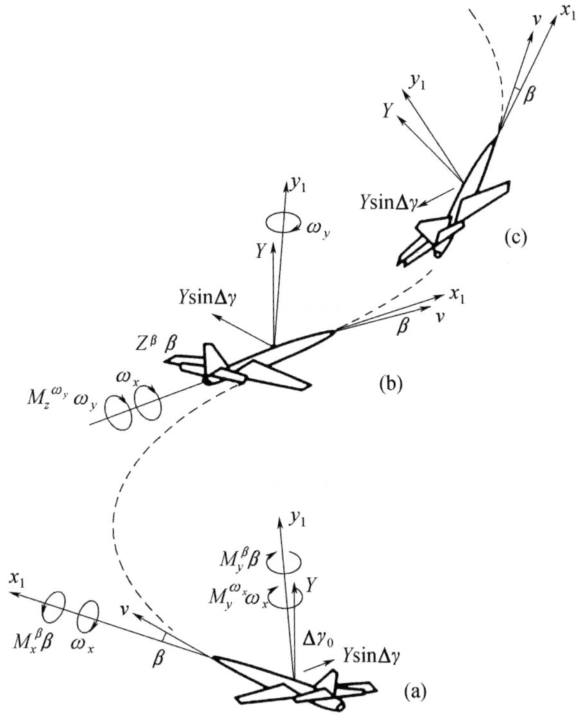

图 11.23　荷兰滚模态

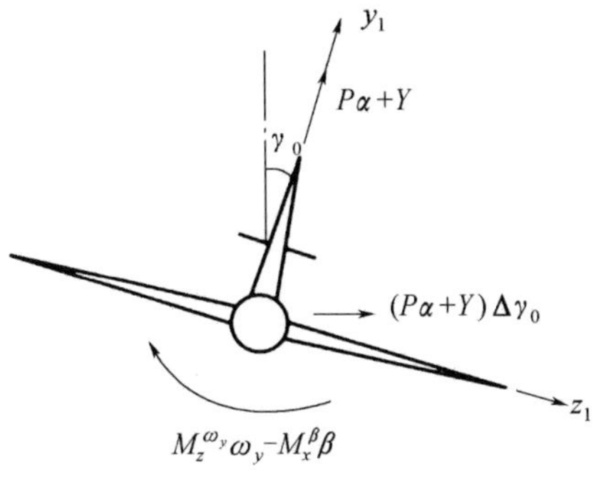

图 11.24　具有初始扰动角 γ 时,作用在面对称导弹的力和力矩

设导弹受到偶然干扰产生初始倾斜角 $\Delta\gamma_0>0$,于是产生升力的水平分量 $Y_0\sin\Delta\gamma_0$,它将使导弹右侧滑产生右侧滑角 $\Delta\beta>0$,这一方面产生了向左的倾斜恢复力矩 $M_x^\beta\cdot\Delta\beta<0$,另一方面形成了向右的航向恢复力矩 $M_y^\beta\cdot\Delta\beta<0$,于是产生 $\Delta\omega_x<0$,$\Delta\omega_y<0$,进而形成交叉力矩 $M_y^{\omega_x}\cdot\Delta\omega_x>0$ 和 $M_x^{\omega_y}\cdot\Delta\omega_y>0$。由于 $M_y^\beta\cdot\Delta\beta$ 远大于 $M_y^{\omega_x}\cdot\Delta\omega_x$,故导弹仍绕 oy_1 轴负向旋转。尽管 $\omega_y<0$ 也导致出现交叉力矩 $M_x^{\omega_y}\omega_y>0$,但在运动的前一阶段,$\Delta\omega_x$ 较大而 $\Delta\omega_y$ 较小,故交叉力矩

$M_x^{\omega_y}\Delta\omega_y$ 较小，在 $M_x^{\omega_y}\Delta\omega_y < |M_x^\beta\Delta\beta|$ 时，导弹在 $M_x^\beta\Delta\beta$ 作用下阻止它向右倾斜，又接着驱动导弹向左倾斜。因 $|\Delta\omega_y| < |\Delta\omega_x|$，故导弹向右的航向转动迟缓于向左的横滚，只要 $\Delta\beta > 0$，就继续使导弹向左滚，直至导弹对称面左倾，升力水平分量 $Y_0\sin\Delta\gamma$ 指向左；如果还有右侧滑角 $\Delta\beta > 0$，它产生的侧向力 $Z^\beta \cdot \Delta\beta$ 也指向左，它们一起使导弹消除右侧滑，接着又使导弹出现左侧滑，于是导弹又出现了与以上相反的运动过程。导弹的轨迹也由于升力分量 $Y_0\sin\Delta\gamma$ 和侧力 $Z^\beta \cdot \Delta\beta$ 的交变而左右拐弯。在侧向运动稳定的条件下，两种转动都是衰减的振荡运动，一般只持续几秒钟时间。显然，如果交叉力矩 $M_x^{\omega_y} \cdot \Delta\omega_y$，$M_y^{\omega_x} \cdot \Delta\omega_x$ 和横向、航向静稳定力矩 $M_x^\beta \cdot \Delta\beta$，$M_y^\beta \cdot \Delta\beta$ 的大小匹配情况不当，就有可能出现摆动剧烈而不稳的情况，这在下面还要解释。

3）螺旋模态

小实根对应的是十分缓慢的单调发散运动，因此，只有在扰动运动的后期才会明显地表现出来。这时滚转角速度的数值 $\Delta\omega_x$ 已很小了，但滚转角 $\Delta\gamma$ 已有明显数值。由它产生了升力的水平分量 $Y\sin\Delta\gamma$，从而引起导弹侧滑。假定导弹向右倾斜 $\Delta\gamma > 0$，产生右侧滑 $\Delta\beta > 0$，接着出现了航向稳定力矩 $M_y^\beta \cdot \Delta\beta < 0$ 和横向静稳定力矩 $M_x^\beta \cdot \Delta\beta < 0$。前者产生 $\Delta\omega_y < 0$，导弹绕 y 轴负向做航向转动以减小右侧滑，并且由于 $|\Delta\omega_y| > |\Delta\omega_x|$，于是在倾斜方面形成较大的交叉力矩 $M_x^{\omega_y} \cdot \Delta\omega_y > 0$，如果这个力矩比横向静稳定力矩 $|M_x^\beta \cdot \Delta\beta|$ 还大，那么导弹将继续向右倾斜，升力水平分量继续产生右侧滑，其作用是使 $\Delta\beta$ 增大。只要 $\Delta\beta > 0$，这个过程就一直延续下去，同时由于升力的垂直分量 $Y\cos\Delta\gamma$ 小于导弹重力，飞行高度也会缓慢下降，其结果使导弹一方面向右偏航和向右滚转，另一方面沿螺旋轨迹下降，故称这种运动为螺旋模态（图 11.25）。不过由于这种运动的倍增周期很长（如 627s），故只要将方向舵或副翼偏转一个很小的角度就不难脱离这种不稳定运动状态了。

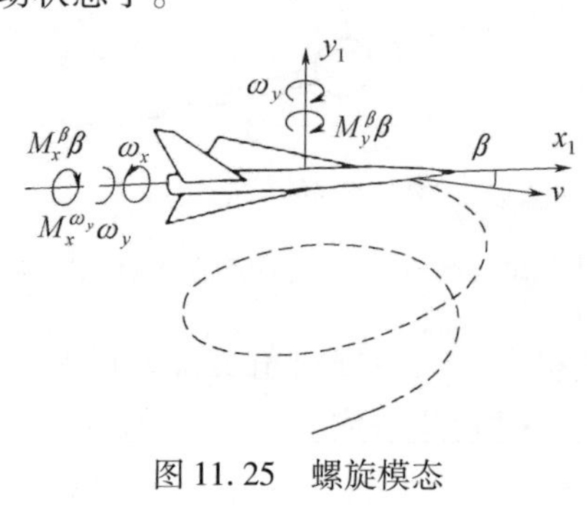

图 11.25　螺旋模态

因小实根 S_2 数值很小，故 S_2^4，S_2^3 更小而可忽略，于是特征方程式（11.128）和特征根简化为

$$B_3S + B_4 = 0, S = -B_4/B_3 \tag{11.136}$$

对于例 11.1,精确的 $S_2=0.001105$,而按上式计算的近似 $S_2=0.00437/3.95=0.0011$,两者几乎相等。在已算得 S_1,S_2 后,特征方程式(11.136)就可写成如下形式

$$\Delta(S)=(S_1-b_{11})(S_2+B_4/B_3)(S^2+AS+B)=0 \qquad (11.137)$$

另两个与荷兰滚运动对应的复共轭特征根就很容易由上面第三个因子用大除法求得。

4. 侧向稳定边界图

由侧向自由运动特征方程式(11.136),应用霍尔维茨准则,可导出它的稳定性条件

$$B_1>0,B_2>0,B_3>0,B_4>0,R=B_1B_2B_3-B_1^2B_4-B_3^2>0 \qquad (11.138)$$

其中 $B_1\approx -M_x^{\omega_x}/J_x>0$ 总是可以满足的,故只须满足其他几个不等式,稳定性边界条件变为

$$B_2=0,B_3=0,B_4=0,R=B_1B_2B_3-B_1^2B_4-B_3^2=0 \qquad (11.139)$$

侧向扰动运动的特性主要取决于偏航静稳定度 M_y^β 和横向静稳定度 M_x^β。在设计中为便于了解它们对稳定性的影响,最方便的是绘制侧向稳定边界图,这种图的纵坐标是 $b_{24}=-M_y^\beta/J_y$,横坐标是 $b_{14}=-M_x^\beta/J_x$。由式(11.128)的系数表达式可见,在稳定边界条件 $B_2=0,B_3=0,B_4=0$ 中,b_{24} 和 b_{14} 之间都是线性关系,而 $R=0$ 中 b_{24} 与 b_{14} 间为二次方程关系,由例 11.1 中的飞行器动力系数算得

$$B_1=1.909,B_2=0.4242-b_{24},$$

$$B_3=-0.0244b_{14}-1.66B_{24}+0.0179$$

$$B_4=-0.0084B_{14}+0.0248B_{24}$$

$$R=0.4133B_{24}^2-0.0005954B_{12}^2-0.03442b_{14}b_{24}$$
$$+0.01172b_{14}-1.4094b_{24}+0.0014175$$

由它们按式(11.139)各式画出的侧向稳定边界如图 11.26 所示,图中带阴影的一侧为满足稳定性条件的一侧,只要导弹的 b_{14} 和 b_{24} 组合落入图中Ⅲ区内,导弹的侧向运动就是稳定的。

其中 $B_3>0,B_4>0$ 的区域内满足 $S_2=-B_4/B_3<0$ 为螺旋运动稳定域,$R=0$ 的边界即为式(11.139)R 式对应的边界,而 $R>0$ 区为荷兰滚运动稳定域。在飞行弹道上每一点都有一定的 b_{14},b_{24} 值,它们对应于稳定图上的一个点,根据该点的位置就可以判断导弹在该弹道点上是否稳定。因为对于一种导弹,尽管由于气动外形变化调整设计使 b_{14},b_{24} 可能产生较大的变化,但对侧向稳定边界图的边界线却影响不大,故侧向稳定边界图在初步设计导弹外形时十分有

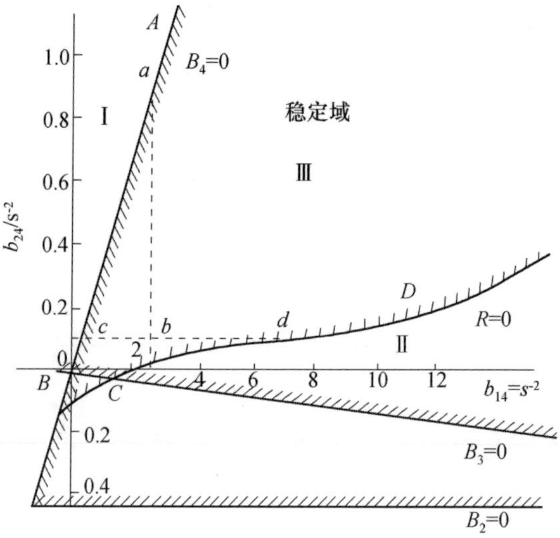

图 11.26　侧向稳定边界图

用。如图 11.26 中虚线 ab 即可知道当 b_{14} 固定不变调整 b_{24} 时到什么情况就会出现不稳定，而从虚线 cd 可知当 b_{24} 不变，b_{14} 改变多大就会到达稳定边界。

5. 侧向运动稳定性

由稳定边界图 11.26 可以看出，面对称型飞行器即使具有航向静稳定性（$M_y^\beta<0\quad b_{24}>0$）和倾斜静稳定性（$M_x^\beta<0,b_{14}>0$），但并不一定就有侧向稳定性。在图 11.26 中可以看出，过大的航向静稳定性可能使相点越过界线 $B_4=0$ 到达Ⅰ区形成螺旋不稳定。反之，大的倾斜静稳定性可能使相点低于界线进入Ⅱ区 $R<0$ 形成振荡不稳定。这些情况可通过物理过程说明如下。

在第Ⅰ区内，$b_{24}\gg b_{12}$，即 $-M_y^\beta/J_y\gg -M_x^\beta/J_x$。设导弹在纵向平面内运动受到偶然干扰作用形成初始倾角 $\gamma_0=\Delta\gamma>0$，于是下面的运动过程就与前面的“3）螺旋模态”中描述的一样。由于在Ⅰ区内，$|M_y^\beta\Delta\beta/J_y|\gg|M_x^\beta\Delta\beta/J_x|$，使得由 $M_y^\beta\Delta\beta$ 产生的 $|\Delta\omega_y|$ 值很大，导致 $|M_x^{\omega_y}\Delta\omega_y|>|M_x^\beta\Delta\beta|$，此二力矩综合作用使倾斜角 γ 向右继续增大，航向角速度 ω_y 也逐渐增大，并使举力在铅直面内的投影 $(P\alpha+Y)\cos\Delta\gamma$ 小于重力，于是导弹开始下降，这就形成了螺旋不稳定。

在第Ⅱ区内，$b_{14}\gg b_{24}$，即 $-M_x^\beta/J_x\gg -M_y^\beta/J_y$，由上分析知这种情况与上相反，螺旋运动会逐渐衰减。但导弹倾斜后的侧滑会产生很大的横向稳定力矩 $M_x^\beta\Delta\beta<0$，它将比交叉力矩 $M_x^{\omega_y}\Delta\omega_y$ 大得多，该力矩迅速消除了导弹的倾斜并使导弹向另一方倾斜，结果又形成向左的侧滑角，相应的横向稳定力矩又使导弹向右倾斜，形成向右侧滑，如此往复加剧，产生了不稳定的振荡运动。设计时应使 b_{14} 和 b_{24} 位于Ⅲ区内，实际上考虑到荷兰滚是一种高频、变化快、难以拟制的振荡运动分量，因此，不仅不允许出现不稳，而且要求它衰减快，而低频的螺旋

不稳运动很容易纠正,故 b_{14} 和 b_{24} 的选择应更靠近 $B_4=0$ 边界线,甚至略微进入Ⅰ区也是可行的。

还应指出的是,如果倾斜静稳定性很大,而航向静稳定性很小,还可能产生一种“副翼反逆”效应。这可解释如下:当拟控制飞行器倾斜时,需偏转副翼,设副翼偏转角 $\delta_x<0$,形成的操纵力矩 $M_x^{\delta_x}\cdot\delta_x>0$ 为正,使飞行器向右横滚,产生倾斜角 $\gamma>0$,由此产生升力的水平分力引起飞行器向右侧滑,因设航向静稳定性小,产生的航向稳定力矩心 $M_y^{\beta}\cdot\beta$ 小,航向转动慢,难以迅速消除侧滑,使得倾斜恢复力矩 $M_x^{\beta}\cdot\beta$ 长期作用在飞行器上。并且因横向静稳定性大,产生的倾斜恢复力矩很大,与副翼操纵力矩方向相反。不仅降低了副翼操纵效应,严重时甚至使飞行器向控制的反方向横滚,这就是所谓的“副翼逆反”。为了克服这种不利的效应,必须及时转动方向舵,配合副翼偏转尽快地消除侧滑。在理想情况下,侧滑角始终为零,但此时由于飞行器举力在铅直方向的分量减小,不能平衡重力,会导致飞行器下降,为此,还要同时转动升降舵来增大攻角,以提高升力。这个过程就称为“协调拐弯”,这只有借助于飞行自动控制系统才能实现,称为 BTT 技术。为减小横向静稳定性,增大航向静稳定性,可减小弹翼的上反角甚至将弹翼做成下反角如图 11.27 所示,这样。当飞行器倾斜产生不侧滑时,由于左右翼面上法向分速增量相反,减小了横滚静稳定力矩,甚至可以形成横滚静不稳定力矩。另外,在弹体下部安装腹鳍也可以达到减小横滚静稳定性和增大航向静稳定性的目的。

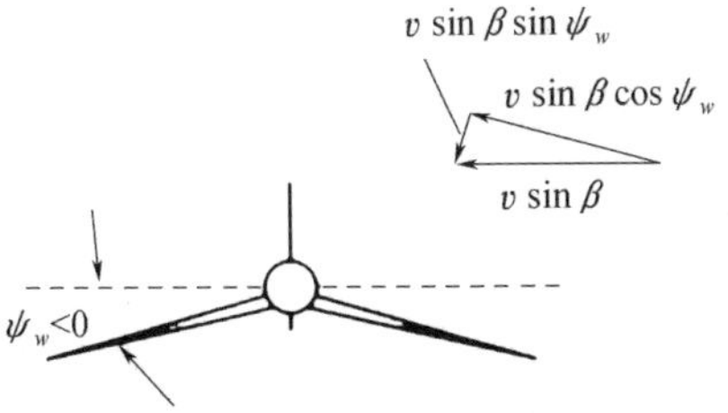

图 11.27　弹箭下反角布局示意

总之,要得到飞行性能良好的有控飞行器,需要飞行力学、空气动力学和飞行控制理论知识的综合应用。

11.4.3　侧向扰动运动方程的简化和解耦

1. 侧向运动方程组的简化

如果飞机型导弹(或布撒器)接近水平飞行,则俯仰角 ϑ、弹道倾角 θ、攻角 α 均较小,可取 $\cos\Delta\vartheta\approx\cos\Delta\theta\approx1$,在去掉小量乘积 $\alpha\Delta\gamma$ 和 $\tan\vartheta\Delta\omega_y$ 后,侧向运动方程式(11.126)可大为简化,其中第四、五个公式简化为

$$\Delta\dot{\psi}=\Delta\omega_y,\Delta\dot{\gamma}=\Delta\omega_x,\Delta\psi_v=\Delta\psi-\Delta\beta \tag{11.140}$$

再将方程式（11.126）中 $\Delta\omega_x$ 换成 $\Delta\dot{\gamma}$，$\Delta\omega_y$ 换成 $\Delta\dot{\psi}$，并略去第式③中的 $a_{33}\Delta\beta$ 后得

$$\begin{cases}\Delta\ddot{\gamma}+b_{11}\Delta\dot{\gamma}+b_{12}\Delta\dot{\psi}+b_{14}\Delta\beta=-b_{17}\Delta\delta_y-b_{18}\Delta\delta_x+M_{gx}\\ \Delta\ddot{\psi}+b_{21}\Delta\dot{\gamma}+b_{22}\Delta\dot{\psi}+b_{24}\Delta\beta+b'_{24}\Delta\dot{\beta}=-b_{27}\Delta\delta_y+M_{gy}\\ \Delta\dot{\psi}_V-b_{34}\Delta\beta-b_{35}\Delta\gamma=b_{37}\Delta\delta_y+F_{gz}\\ \Delta\psi-\Delta\psi_V-\Delta\beta=0\end{cases} \tag{11.141}$$

此方程组包含四个未知数 $\Delta\psi_V,\Delta\psi,\Delta\beta$ 和 $\Delta\gamma$，通常用来研究飞机型导弹接近水平飞行时的侧向扰动运动稳定性，但其航向和倾斜运动仍是交连的。

2. 轴对称型导弹接近水平飞行时侧向扰动运动方程组的简化

对于气动轴对称的弹箭，偏航与滚转的交叉力矩与其他力矩相比是很小的，即便是面对称型飞行器，这两个力矩也不大，在初步分析时可忽略方程式（11.141）中的 $b_{12}\Delta\dot{\psi}$ 和 $b_{21}\Delta\dot{\gamma}$，如果其第三控制通道自动驾驶仪偏转副翼具有良好的倾斜稳定性，γ 也很小，还可以略去重力的侧向分量 $b_{35}\Delta\gamma$，则方程式（11.141）可分解为偏航扰动运动方程和倾斜扰动运动方程，即

$$\begin{cases}\Delta\ddot{\psi}+b_{22}\Delta\dot{\gamma}+b_{24}\Delta\beta+b'_{24}\Delta\dot{\beta}=-b_{27}\Delta\delta_y+M_{gy}\\ \Delta\dot{\psi}_V-b_{34}\Delta\beta=b_{37}\Delta\delta_y+F_{gz}\\ \Delta\psi-\Delta\psi_V-\Delta\beta=0\end{cases} \tag{11.142}$$

$$\Delta\ddot{\gamma}+b_{11}\Delta\dot{\gamma}=-b_{14}\Delta\beta-b_{17}\Delta\delta_y-b_{18}\Delta\delta_x+M_{gx} \tag{11.143}$$

将方程式（11.142）与纵向短周期运动方程组相比较可见，在忽略掉重力项 $a_{33}\Delta\theta$ 后，两方程是完全对应的，即偏航运动偏量的 $\Delta\psi,\Delta\psi_V$ 和 $\Delta\beta$ 对应纵向运动偏量 $\Delta\vartheta,\Delta\theta,\Delta\alpha$，动力系数也一一对应。特别是对称导弹还有

$$a_{22}=b_{22},a_{24}=b_{24},a'_{24}=b'_{24},a_{25}=b_{27},a_{34}=b_{34},a_{35}=b_{37}$$

故研究纵向扰动运动的结论，包括干扰和控制作用下的动态特性，对于偏航运动也是适用的。侧向扰动运动传递函数也与纵向短周期扰动运动传递函数一一对应。

倾斜扰动运动方程式（11.143）可在偏航扰动运动方程式（11.142）求解后单独求解，此方程右边两项 $b_{14}\Delta\beta$ 和 $b_{17}\Delta\delta_y$ 可看作是对倾斜扰动的影响，在略去此两项后就简化成如下滚转扰动运动方程

$$\Delta\ddot{\gamma}+b_{11}\Delta\dot{\gamma}=-b_{18}\Delta\delta_x+M_{gx} \tag{11.144}$$

在零起始条件和副翼做阶跃偏转情况下的过渡函数为

$$\frac{\Delta\dot{\gamma}}{\Delta\delta_x} = K_x(1 - e^{-\frac{t}{T_x}})$$

过渡过程曲线如图 11.28 所示。对式(11.144)进行拉普拉斯变换后得

$$S(S + b_{11})\Delta\gamma(S) = -B_{18}\Delta\delta_x(S) + M_{gx}(S)$$

倾斜运动对副翼偏转的传递函数为

$$W_{\delta_x}^{\gamma} = -\frac{\Delta\gamma}{\Delta\delta_x} = \frac{b_{18}}{S(S + b_{11})} = \frac{K_x}{S(T_xS + 1)} \tag{11.145}$$

式中:$K_x = b_{18}/b_{11}$ 为导弹倾斜运动传递系数;$T_x = 1/b_{11}$ 为导弹倾斜时间常数。

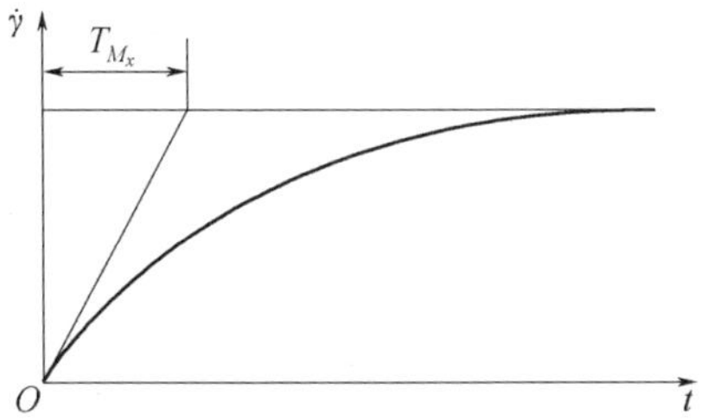

图 11.28 倾斜机构阶跃偏转时的倾斜速度过度过程

特征方程 $S(T_xS+1)$ 有一个零根 $S_1=0$ 和一个负实根 $S_2=-b_{11}<0$,故对倾斜角速度 $\dot{\gamma}$ 而言是稳定的非周期运动,对倾斜角 γ 而言是中立稳定运动。

以干扰力矩 M_{gx} 为输入,可得倾斜干扰传递函数

$$G_{M_{gx}}^{\gamma} = (S) = \frac{\Delta\gamma(S)}{M_{gx}(S)} = \frac{T_x}{S(T_xS + 1)} \tag{11.146}$$

考虑干扰力矩作用时,可将方程式(11.144)右端写成 $-b_{18}(\Delta\delta_x - M_{gx}/b_{18})$ 形式,令

$$\delta_{gx} = M_{gx}/b_{18} \tag{11.147}$$

为副翼等效舵偏角,则倾斜运动结构图如图 11.29 所示。

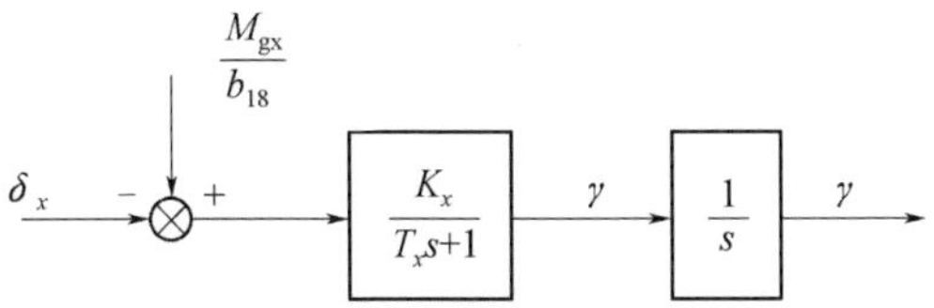

图 11.29 倾斜运动结构图

11.5 制导野战火箭的机动性

制导野战火箭的机动性能是制导野战火箭飞行性能中的重要特性之一。制导野战火箭在飞行中所受到的作用力和所产生加速度的大小,可以用过载来衡量。通常利用过载向量的概念来评定制导野战火箭的机动性。过载与弹体、制导系统的设计有着密切的关系。本节将介绍制导野战火箭的机动性和过载的概念,制导野战火箭的运动与过载的关系,以及制导野战火箭设计中常用的几个过载的概念。

11.5.1 制导野战火箭的机动性和过载概念

所谓制导野战火箭的机动性是指制导野战火箭可能迅速地改变飞行速度大小和方向的能力。制导野战火箭攻击活动的目标,特别是空中机动目标,必须具备良好的机动性能。机动性能是评价制导野战火箭飞行性能的重要指标之一。

如何评定制导野战火箭的机动性能呢?制导野战火箭的机动性可以用切向加速度和法向加速度来表征,它们分别表示制导野战火箭能改变飞行速度大小和方向的迅速程度。或者用产生控制力的能力来评定制导野战火箭的机动性。作用在制导野战火箭上的外力中,重力是不可控制的力,而空气动力和推力是可控制的力,控制力反映改变加速度的能力。

我们感兴趣的是利用过载向量的概念来评定制导野战火箭的机动性。下面引出关于过载的概念。

设 N 是作用在制导野战火箭上除重力以外的所有外力的合力(即控制力),则制导野战火箭质心的加速度 a 可表示为

$$a = \frac{N + G}{m}$$

如果以重力加速度 g 为度量单位,则得到相对加速度(量纲为 1)

$$\frac{a}{g} = \frac{N}{G} + \frac{g}{g}$$

将其中 N 与 G 之比值定义为过载,以 n 表示,即

$$n = \frac{N}{G}$$

所谓制导野战火箭的过载,是指作用在制导野战火箭上除了重力以外所有外力的合力对制导野战火箭重量的比值。过载是个向量,它的方向与控制力 N 方向一致,其模值表示控制力为制导野战火箭重量的倍数。

过载向量表征控制力 N 的大小和方向，因此，可利用过载向量来表征制导野战火箭的机动性。

导引弹道运动学分析中，将引入另一种过载定义。定义为作用在制导野战火箭上的所有外力(包括重力)的合力对制导野战火箭重量的比值，以 n' 表示，即

$$n' = \frac{N + G}{G}$$

或者

$$n' = \frac{a}{g}$$

显然，由于过载定义的不同，同一情况下的过载值也就不同。

例如，某物体作垂直上升或下降运动，如果其加速度的数值均等于重力加速度 g，则两种不同的过载定义将得出不同的过载值(图 11.30)。若按第二种定义(合力包括重力)来求，在上升或者下降运动时，该物体的过载值都等于 1。而按第一种定义(不包括重力)来求，物体上升时的过载值是 2，这说明在该物体上须施加两倍于重量的力，才能使物体以大小为 g 的加速度作上升运动；下降时，物体的过载值为零，这说明在物体上无需施加别的力，就靠自身的重量能产生下降的重力加速度。由此可见，按第一种定义求得的过载值，更能说明力和运动之间的关系。

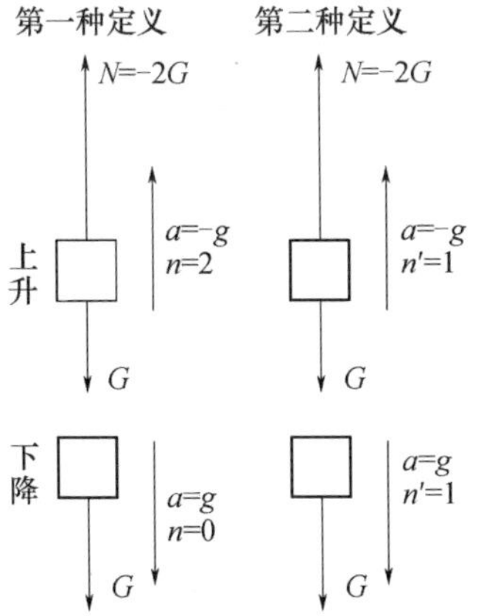

图 11.30　垂直运动中过载的不同定义值

过载向量的大小和方向通常是由它在某个坐标系上的投影来确定的。制导野战火箭质心运动的动力学方程可用过载向量在弹道坐标系各轴上的投影分量来表示；对弹体或部件研究其受力情况并进行强度分析时，需要知道过载向量在弹体坐标系各轴上投影。

过载向量 $\boldsymbol{n}$ 在弹道坐标系 $Ox_2y_2z_2$ 各轴上投影为

$$\begin{cases} n_{x_2} = \dfrac{N_{x_2}}{G} = \dfrac{1}{G}(P\cos\alpha\cos\beta - X) \\ n_{y_2} = \dfrac{N_{y_2}}{G} = \dfrac{1}{G}[P(\sin\alpha\cos\gamma_V + \cos\alpha\sin\beta\sin\gamma_V) + Y\cos\gamma_V - z\sin\gamma_V] \\ n_{z_2} = \dfrac{N_{z_2}}{G} = \dfrac{1}{G}[P(\sin\alpha\sin\gamma_V - \cos\alpha\sin\beta\cos\gamma_V) + Y\sin\gamma_V + Z\cos\gamma_V] \end{cases} \tag{11.148}$$

过载向量 $\boldsymbol{n}$ 在速度坐标系 $Ox_3y_3z_3$ 各轴上投影为

$$\begin{cases} n_{x_3} = \dfrac{1}{G}(P\cos\alpha\cos\beta - X) \\ n_{y_3} = \dfrac{1}{G}(P\sin\alpha + Y) \\ n_{z_3} = \dfrac{1}{G}(-P\cos\alpha\sin\beta + Z) \end{cases} \tag{11.149}$$

式(11.149)也可由式(11.148)中令 $\gamma_V=0$ 得到。

过载向量在速度方向上的投影 n_{x_2} 和 n_{x_3} 称为切向过载;在垂直于速度方向上的投影 n_{y_2},n_{z_2} 和 n_{y_3},n_{z_3} 称为法向过载。

制导野战火箭的机动性可以用切向过载和法向过载来评定。显然,切向过载越大,制导野战火箭所能产生的切向加速度就越大,这表示制导野战火箭的速度值改变得越快,它能更快地接近目标;法向过载越大,制导野战火箭所能产生的法向加速度就越大,在相同速度下,制导野战火箭改变飞行方向的能力就越大,即制导野战火箭越能作较弯曲的弹道飞行。因此,制导野战火箭过载越大,机动性能就越好。

过载向量 $\boldsymbol{n}$ 在弹体坐标系 $Ox_1y_1z_1$,各轴上投影为

$$\begin{cases} n_{x_1} = n_{x_3}\cos\alpha\cos\beta + n_{y_3}\sin\alpha - n_{z_3}\cos\alpha\sin\beta \\ n_{y_1} = -n_{x_3}\sin\alpha\cos\beta + n_{y_3}\cos\alpha + n_{z_3}\sin\alpha\sin\beta \\ n_{z_1} = n_{x_3}\sin\beta + n_{z_3}\cos\beta \end{cases} \tag{11.150}$$

式中:过载向量在弹体纵轴 Ox_1 上的投影分量 n_{x_1} 称为纵向过载;在垂直于弹体纵轴方向上的投影分量 n_{y_1},n_{z_1} 一般称为横向过载。

11.5.2 运动与过载

过载向量不仅是评定制导野战火箭机动性能的标志,而且它和制导野战火箭的运动有密切的关系。

描述制导野战火箭质心运动的动力学方程可用过载向量在弹道坐标系各轴上的分量 $n_{x_2}, n_{y_2}, n_{z_2}$ 表示为

$$\begin{cases} \dfrac{1}{g}\dfrac{\mathrm{d}V}{\mathrm{d}t} = n_{x_2} - \sin\theta \\ \dfrac{V}{g}\dfrac{\mathrm{d}\theta}{\mathrm{d}t} = n_{y_2} - \cos\theta \\ -\dfrac{V}{g}\cos\theta\dfrac{\mathrm{d}\psi_V}{\mathrm{d}t} = n_{z_2} \end{cases} \tag{11.151}$$

式(11.151)左端表示制导野战火箭质心的无量纲加速度在弹道坐标系上的三个分量。此式描述制导野战火箭质心运动与过载之间的关系。由此可见,用过载来表示制导野战火箭质心运动的动力学方程,形式很简单。

同样,过载也可用运动学参数(V,θ,ψ_V 等)来表示,即

$$\begin{cases} n_{x_2} = \dfrac{1}{g}\dfrac{\mathrm{d}V}{\mathrm{d}t} + \sin\theta \\ n_{y_2} = \dfrac{V}{g}\dfrac{\mathrm{d}\theta}{\mathrm{d}t} + \cos\theta \\ n_{z_2} = -\dfrac{V}{g}\cos\theta\dfrac{\mathrm{d}\psi_V}{\mathrm{d}t} \end{cases} \tag{11.152}$$

式中:参数 V 为飞行速度的大小;θ,ψ_V 为飞行速度的方向;式的右边含有这些参数对时间的导数。由此可见,过载向量的投影表征着制导野战火箭改变飞行速度大小和方向的能力。

从式(11.152)可得到某些特殊飞行情况下的过载:

在铅垂平面内飞行时,$n_{z_2}=0$;

在水平面内飞行时,$n_{y_2}=1$;

作直线飞行时,$n_{y_2}=\cos\theta=$常数,$n_{z_2}=0$;

作等速直线飞行时,$n_{x_2}=\sin\theta=$常数,$n_{y_2}=\cos\theta=$常数,$n_{z_2}=0$;

作水平直线飞行时,$n_{y_2}=1, n_{z_2}=0$;

作等速水平直线飞行时,$n_{x_2}=0, n_{y_2}=1, n_{z_2}=0$。

过载向量的投影不仅表征制导野战火箭改变飞行速度大小和方向的能力,而且还能定性表示弹道上各点的切向加速度以及飞行弹道的形状。

由式(11.151)可得

$$\begin{cases} \dfrac{\mathrm{d}V}{\mathrm{d}t} = g(n_{x_2} - \sin\theta) \\ \dfrac{\mathrm{d}\theta}{\mathrm{d}t} = \dfrac{g}{V}(n_{y_2} - \cos\theta) \\ \dfrac{\mathrm{d}\psi_V}{\mathrm{d}t} = -\dfrac{g}{V\cos\theta}n_{z_2} \end{cases} \tag{11.153}$$

由式(11.153)可见：

当 $n_{x_2}=\sin\theta$ 时，制导野战火箭在该瞬时的飞行是等速的；当 $n_{x_2}>\sin\theta$ 时，制导野战火箭在该瞬时的飞行是加速的；当 $n_{x_2}<\sin\theta$ 时，制导野战火箭在该瞬时是减速飞行。

当研究飞行弹道在铅垂平面 Ox_2y_2 内投影时，如果 $n_{y_2}>\cos\theta$，则 $\frac{\mathrm{d}\theta}{\mathrm{d}t}>0$，此时弹道向上弯曲；如果 $n_{y_2}<\cos\theta$，则此时弹道向下弯曲；如果 $n_{y_2}=\cos\theta$，则弹道在该点处曲率为零(图 11.31)。

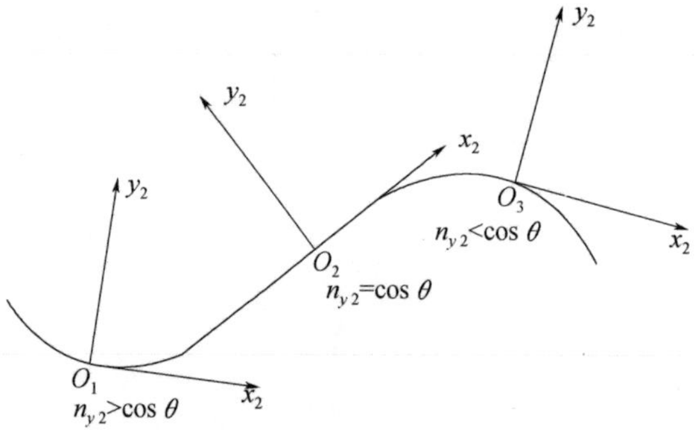

图 11.31 铅锤面内弹道形状与 n_{y_2} 关系

当研究飞行弹道在铅垂平面 Ox_2z_2 内投影时，如果 $n_{z_2}>0$，则 $\frac{\mathrm{d}\psi_V}{\mathrm{d}t}<0$，此时弹道向右弯曲；如果 $n_{z_2}<0$，则 $\frac{\mathrm{d}\psi_V}{\mathrm{d}t}>0$，则此时弹道向左弯曲；如果 $n_{z_2}=0$，则弹道在该点处曲率为零(图 11.32)。

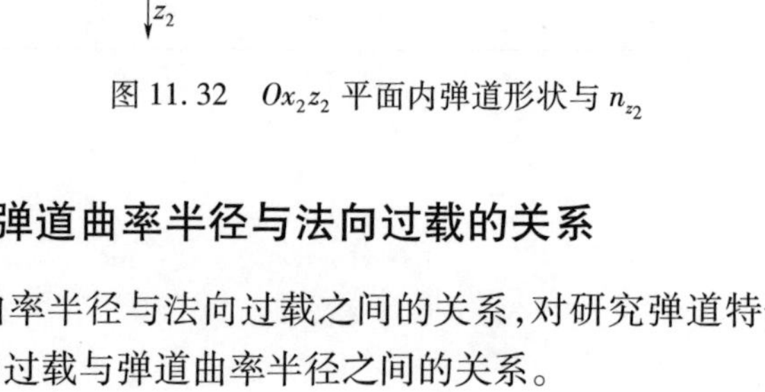

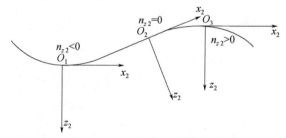

图 11.32 Ox_2z_2 平面内弹道形状与 n_{z_2}

11.5.3 弹道曲率半径与法向过载的关系

建立弹道曲率半径与法向过载之间的关系，对研究弹道特性也是必要的。现在来建立法向过载与弹道曲率半径之间的关系。

如果制导野战火箭在铅垂平面内运动,那么弹道上某点的曲率就是该点处的弹道倾角 θ 对弹道弧长 s 的导数,即

$$K = \frac{\mathrm{d}\theta}{\mathrm{d}s}$$

而该点的曲率半径 ρ_{y_2},则为曲率 K 的倒数,所以有

$$\rho_{y_2} = \frac{\mathrm{d}s}{\mathrm{d}\theta} = \frac{V}{\mathrm{d}\theta/\mathrm{d}t}$$

将式(11.153)的第二个方程代入上式可得

$$\rho_{y_2} = \frac{V^2}{g(n_{y_2} - \cos\theta)} \tag{11.154}$$

上式表明:在给定速度 V 的情况下,法向过载 n_{y_2} 越大,曲率半径越小,在该点处弹道越弯曲,制导野战火箭转弯速率就越大;若在同样的法向过载 n_{y_2} 下,随着飞行速度 V 的增加,弹道曲率半径就增加,这说明制导野战火箭飞得越快,它越不容易转弯。

如果制导野战火箭在 Ox_2z_2 平面内飞行,同理,其曲率半径 ρ_{z_2} 可写成

$$\rho_{z_2} = -\frac{\mathrm{d}s}{\mathrm{d}\psi_V} = -\frac{V}{\mathrm{d}\psi_V/\mathrm{d}t}$$

将式(11.153)的第三个方程代入上式可得到

$$\rho_{z_2} = \frac{V^2\cos\theta}{gn_{z_2}} \tag{11.155}$$

11.5.4 需用过载、极限过载和可用过载

在弹体和控制系统设计中,常用到过载的概念。制导野战火箭的飞行过载决定了弹上各部件、各种仪器所受的载荷,而外载荷是弹体设计和控制系统设计的重要原始数据之一。因此,在设计某些部件或仪器时,需要考虑制导野战火箭在飞行中所受的过载。在设计中,为保证部件或仪器在飞行中能正常地工作,并根据制导野战火箭战术技术要求的规定,它们承受的过载不得超过某个数值,此值就决定了这些部件或仪器可能受到的最大载荷。

在制导野战火箭设计时,还用到需用过载、极限过载和可用过载的概念,下面分别进行叙述。

1. 需用过载

制导野战火箭的需用过载是指制导野战火箭按给定的弹道飞行时所需要的过载,以 n_R 表示,其值可由解算弹道方程求出运动参数再代入式(11.152)中算出。需用过载是飞行弹道的一个很重要特性。

需用过载必须满足制导野战火箭的战术技术要求,例如,满足针对所要攻击的目标特性的要求,攻击机动性能良好的空中目标,则制导野战火箭沿给定的导引规律飞行所需的法向过载必然要大;满足制导野战火箭主要飞行性能的要求;满足作战空域、可攻击区的要求等。

从设计和制造的观点,希望需用过载在满足制导野战火箭战术技术要求的前提下越小越好。因为需用过载越小,飞行中制导野战火箭所承受的载荷就越小,这对弹体结构、弹上仪器和设备的正常工作以及减小导引误差(特别是在临近目标时)都是有利的。

2. 极限过载

需用过载必须满足制导野战火箭的战术技术要求,这是问题的一个方面,即需要方面。另一方面,制导野战火箭在飞行过程中能否产生那么大的过载呢? 这是可能方面。因为,一枚制导野战火箭有一定的外形和几何尺寸,它在给定的飞行高度和速度下只能产生有限的过载。如果制导野战火箭在实际飞行中所能产生的过载大于或等于需用过载,那么它就能沿着要求(给定)的理论弹道飞行。如果小于需用过载,尽管控制系统能正常工作,但由于制导野战火箭所能产生的最大过载小于沿要求(给定)弹道飞行所需要的过载值,制导野战火箭就不可能继续沿着所要求(给定)的弹道飞行,导致制导野战火箭脱靶。

在给定的飞行高度和速度情况下,制导野战火箭在飞行中所能产生的过载取决于攻角 α、侧滑角 β 及操纵机构(舵面)的偏转角 δ_z,δ_y。

现在来建立它们之间的关系。

在飞行攻角和侧滑角都不太大的情况下。制导野战火箭具有线性空气动力特性,对于轴对称型制导野战火箭,这时有

$$\begin{cases} Y = Y^{\alpha}\alpha + Y^{\delta_z}\delta_z \\ Z = Z^{\beta}\beta + Z^{\delta_y}\delta_y \end{cases} \tag{11.156}$$

若忽略 $m_z^{\bar{\omega}_z}, m_y^{\bar{\omega}_y}, m_z^{\bar{\dot{\alpha}}}, m_y^{\bar{\dot{\beta}}}, m_z^{\bar{\dot{\delta}}_z}$ 和 $m_y^{\bar{\dot{\delta}}_y}$ 等力矩系数中较小的项,则制导野战火箭的平衡条件为

$$\begin{cases} m_z^{\alpha}\alpha + m_z^{\delta_z}\delta_z = 0 \\ m_y^{\beta}\beta + m_y^{\delta_y}\delta_y = 0 \end{cases} \tag{11.157}$$

将式(11.157)代入式(11.156)中,消去操纵机构(舵面)的偏转角,并将其结果代入式(11.148)中的第二、三个公式,若 α,β,γ_V 比较小,经简化整理后就得到平衡时的法向过载和攻角、侧滑角的关系

$$\begin{cases} n_{y_2\mathrm{B}} = n_{y_2\mathrm{B}}^{\alpha}\alpha \\ n_{z_2\mathrm{B}} = n_{z_2\mathrm{B}}^{\beta}\beta \end{cases} \tag{11.158}$$

式中：

$$\begin{cases} n_{y_2B}^{\alpha} = \dfrac{1}{G}\left(\dfrac{P}{57.3} + Y^{\alpha} - \dfrac{m_z^{\alpha}}{m_z^{\delta_z}}Y^{\delta_z}\right) \\ n_{z_2B}^{\beta} = \dfrac{1}{G}\left(-\dfrac{P}{57.3} + Z^{\beta} - \dfrac{m_y^{\beta}}{m_y^{\delta_y}}Z^{\delta_y}\right) \end{cases} \tag{11.159}$$

这里攻角 α 和侧滑角 β 的单位是度。由式(11.158)可见，平衡飞行时，制导野战火箭的法向过载正比于该瞬时的 α 和 β。但是，飞行攻角和侧滑角是不能无限大的，它们的最大允许值与许多因素有关。例如，随着 α 或 β 的增加，制导野战火箭的静稳定度通常是减小的，甚至在大攻角或侧滑角情况下，制导野战火箭变成为静不稳定的。这时，操纵角运动的控制系统的设计比较困难，因为自动驾驶仪不可能在各种飞行状况下都能得到满意的特性。因此，必须将 α 和 β 限制在比较小的数值范围内（通常 $8° \sim 12°$），使得力矩特性曲线近乎是线性的。攻角和侧滑角的最大允许值取决于制导野战火箭的气动布局和飞行马赫数 Ma。飞行攻角或侧滑角最大允许值还受其临界值限制。如果制导野战火箭的飞行攻角或侧滑角达到临界值，此时制导野战火箭的升力系数或侧向力系数达到最大值。若再继续增大 α 或 β，升力系数或侧向力系数就会急剧下降，制导野战火箭将会飞行失速。显然，攻角或侧滑角的临界值是一种极限情况。

制导野战火箭的极限过载是指攻角或侧滑角达到临界值时所对应的过载，以 n_L 表示。

3. 可用过载

类似地将式(11.157)代入式(11.156)中，消去 α 和 β，并经简化，则得到平衡时的法向过载和操纵机构（舵面）偏转角之间的关系

$$\begin{cases} n_{y_2B} = n_{y_2B}^{\delta_z}\delta_z \\ n_{z_2B} = n_{z_2B}^{\delta_y}\delta_y \end{cases} \tag{11.160}$$

式中

$$\begin{cases} n_{y_2B}^{\delta_z} = \dfrac{1}{G}\left[-\dfrac{m_z^{\delta_z}}{m_z^{\alpha}}\left(\dfrac{P}{57.3} + Y^{\alpha}\right) + Y^{\delta_z}\right] \\ n_{z_2B}^{\beta} = \dfrac{1}{G}\left[-\dfrac{m_y^{\delta_y}}{m_y^{\beta}}\left(Z^{\beta} - \dfrac{P}{57.3}\right) + Z^{\delta_y}\right] \end{cases} \tag{11.161}$$

由式(11.160)可知，制导野战火箭所能产生的法向过载与操纵机构（舵面）偏转角 δ_z，δ_y 成正比，而 δ_z，δ_y 的大小亦会受一些因素限制。

例如，升降舵的最大偏转角 $\delta_{z\max}$ 与下列因素有关：

(1) 受攻角临界值限制。对于轴对称制导野战火箭，平衡条件下有

$$\delta_{z\max} < \left|\frac{m_z^{\alpha}}{m_z^{\delta_z}}(\alpha_{cr})_B\right| \tag{11.162}$$

式中：$(\alpha_{cr})_B$ 为平衡攻角的临界值。

（2）舵面效率的限制。操纵机构（舵面）的效率随着偏转角的增大而降低。如果舵面处在弹身尾部（正常式），舵面处的平均有效攻角限制在20°以内，则可用下式来限制最大舵偏角

$$\delta_{z\max} < 20\Big/\left[1 - \frac{m_z^{\delta_z}}{m_z^{\alpha}}(1 - \varepsilon^{\alpha})\right] \quad (单位:°) \tag{11.163}$$

式中：ε^{α} 为位攻角的下洗。

由式(11.163)决定的限制值往往比由式(11.162)决定的限制值大得多。

（3）结构强度的限制。要避免由舵面最大偏转角 $\delta_{z\max}$ 决定的法向过载过大而使弹体结构受到破坏。

综合考虑影响 $\delta_{z\max}$ 的各种因素，就可以确定 $\delta_{z\max}$ 的数值。

制导野战火箭的可用过载是指操纵机构（舵面）偏转到最大时，处于平衡状态下，制导野战火箭所能产生的过载，以 n_P 表示。可用法向过载表征制导野战火箭产生法向控制力的实际能力。若要求制导野战火箭沿着导引规律所要求的理论弹道飞行，那么，在这条弹道上的任一点，可用过载都要大于或等于需用过载。否则，制导野战火箭就不可能按照所要求的弹道飞行，从而导致脱靶。

因此，在确定制导野战火箭的可用过载时，既必须考虑到保证制导野战火箭具有足够的机动性能，又必须考虑到上述因素的限制。由最大舵偏角确定的可用过载，在考虑安全系数以后，将作为强度校核的依据。

在实际飞行过程中，各种干扰因素总是存在的，因此，在制导野战火箭设计中，必须留有一定的过载余量，用以克服各种扰动因素导致的附加过载。所以有

$$n_P \geqslant n_R + \Delta n$$

式中：Δn 为过载裕量。

综上所述，需用过载、可用过载和极限过载在一般情况下应满足如下不等式：

$$n_L > n_P > n_R$$

第12章 野战火箭子母弹飞行力学分析

子母弹已广泛应用于炮弹、航弹和火箭弹中，其种类繁多、应用广泛。但它们都有共性的动力学问题需要研究，这就是子弹从母弹分离过程的动力学模型、子弹飞行动力学模型、伞弹系统开伞动力学模型及末敏子弹稳态扫描动力学模型。这是解决子弹从开舱、抛射、开伞、飞行、扫描等关键技术的理论基础。

12.1 子母弹分离力学模型

12.1.1 子弹分离方法

分离的作用是将子弹从母弹分离中出来，分离的方法可以分为两种，一种是将两枚子弹依次连续抛出，另一种是先抛出后面一枚子弹，经一定延时后再抛出前一枚子弹。采用不同的分离方法将决定采用不同的子弹抛撒方案。

子弹的分离途径分为轴向分离和径向分离。但对子弹的分离有特殊要求，也就是要保证在无碰撞的前提条件下，子弹进入稳态扫描阶段时，前后子弹之间水平距离应能满足既不扫描到同一目标(相距太近)，又不会漏掉目标(相距太远)。轴向分离与径向分离都能够实现分离距离的要求，但是相比较来说，径向分离较难实现，而且分离距离继续提高的可能性不大。无论采用什么样的抛撒分离方案，必须确保无碰撞和干扰，同时还必须满足分离距离的要求。

由于从母弹抛出后，前后子弹的外形和初始飞行状态基本一致，因此，只能通过改变两弹的飞行速度来实现分离。具体的讲，就是在飞行弹道的某一时刻或某一时段，通过增加前子弹的飞行速度或者减慢后子弹的飞行速度来实现分离。

改变子弹飞行速度主要有三种可行的方式：一是在飞行过程中的某一时刻，给两枚子弹在短时间内施加相反方向的力，使子弹的飞行速度快速改变，即在前、后子弹间设计一个分离机构,在机构作用的瞬间,给前、后子弹相反的力,使子弹的飞行速度快速改变;二是在飞行过程中的某一时段,改变子弹的阻力系数,由于前后子弹的阻力系数不同,可使子弹的飞行速度逐渐得到改变,即通过增大后子弹的减速伞面积,从而降低后子弹的速度以实现前后子弹的分离;三是延时抛出前子弹,即在后子弹开伞后延时一段时间再把前子弹抛出,从而使两子弹的飞行速度改变,达到前后弹分离的目的。

采用第一种分离方法的一个缺点是需要占用一定的弹体内腔轴向长度,对子母弹的总体设计不利;采用第二种分离方必然会带来弹体内腔体积增大,对子母弹的总体设计不利,因此,减速伞面积不可能增大许多。另外,从分离效果来看,即使后子弹的减速伞面积增大一倍,分离距离也不能满足分离距离的要求。采用第三种方法是否可行关键取决于延时开伞能否满足分离距离的要求。后子弹的减速伞打开后,其飞行速度急剧衰减,而前子弹仍以较快速度飞行,这样两子弹间便拉开了距离,并且可以根据不同的分离距离要求,通过调整延时时间,对其进行控制。另外,由于前子弹开伞时,已经不再受后子弹的干扰,故可保证前、后子弹之间无碰撞和干扰,同时实现要求的分离距离。

采用第三种前后子弹延时抛出的方法来实现子弹的分离,抛撒与分离结构如图 12.1 所示。

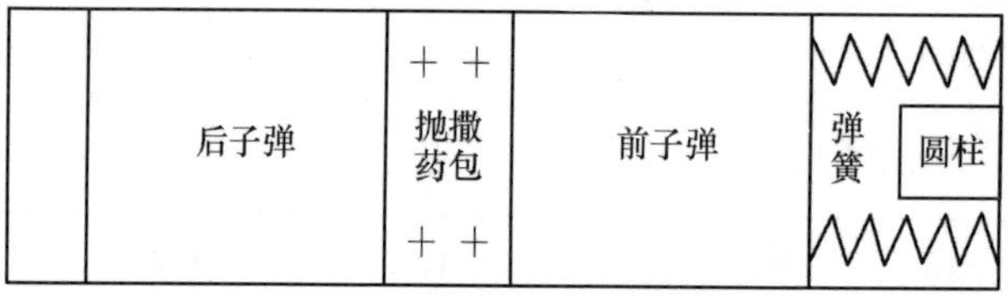

图 12.1　子母弹抛撒与分离示意图

将用于抛撒子弹的药包安装在前后弹之间,并在前子弹前面安装一个弹簧,当时间引信作用抛撒子弹时,由于药力作用,产生一个较大的推力,使母弹后挡板与后子弹一起被抛出,与此同时母弹与前子弹得到一个更大的飞行速度,弹簧被挤压到最大压缩值位置,为了保证弹簧不被压坏,在母弹前挡板中间装一个圆柱,当弹簧被挤压到最大压缩值时,其挤压力被转移到圆柱上,从而避免弹簧过载被压坏。

12.1.2　子弹分离抛撒模型

采用在前子弹前面增加弹簧,利用弹簧延时将前子抛出实现子弹分离方案首先要解决的问题是如何保障前后弹在稳态扫面时达到要求的距离,而解决这一问题的关键在于如何合理确定前、后子弹的抛撒速度以及延时时间。

通过弹簧延时建立子弹分离抛撒方案模型时,先做如下基本假设:

(1) 假设抛射药作用后弹簧分离机构开始作用,时序上紧密衔接,互不干扰。

(2) 由于该运动过程时间比较短(大约 30ms),可以认为运动过程中,后子弹、前子弹、母弹体的位置和速度始终在一条直线上。

设母弹开舱点速度为 v_0,抛射药作用后,后子弹的速度为 v_1,前子弹与母弹体的整体速度为 v_2,弹簧分离机构作用后,前子弹的速度为 v_3,母弹体的速度为 v_4。

抛射药作用阶段满足动量守恒定律,可得动量守恒方程:

$$(M + 2m_1 + m_2)v_0 = (m_1 + m_2)v_1 + (M + m_1)v_2 \tag{12.1}$$

式中:M 为母弹体的质量;m_1 为子弹的质量;m_2 为弹底的质量。

由于子弹的抛射速度 v'可以通过建立内弹道方程来求解,因此可得方程:

$$v' = v_2 - v_1 \tag{12.2}$$

弹簧分离机构作用阶段满足动量守恒定律和能量守恒定律,可得动量守恒方程和能量守恒方程:

$$\begin{cases} (M + m_1)v_2 = m_1 v_3 + M v_4 \\ \dfrac{1}{2}kx^2 + \dfrac{1}{2}(M + m_1)v_2^2 = \dfrac{1}{2}m_1 v_3^2 + \dfrac{1}{2}M v_4^2 \end{cases} \tag{12.3}$$

式中:x 为弹簧形变长度;k 为弹簧刚度。联立上述方程求解可得

$$\begin{cases} v_1 = v_0 - \dfrac{(M + m_1)v'}{(2m_1 + m_2 + M)} \\ v_3 = \dfrac{(m_1 + M)Mv_2 - \sqrt{km_1 Mx^2(m_1 + M)}}{Mm_1 + M^2} \\ v_4 = \dfrac{(m_1 + M)m_1 v_2 - \sqrt{km_1 Mx^2(m_1 + M)}}{Mm_1 + m_1{}^2} \end{cases} \tag{12.4}$$

前子弹抛撒时在母弹体内的运动过程如图 12.2 所示。将其抛撒过程所用的时间分为两个部分,一个部分是弹簧恢复形变并推动前子弹后抛所需的时间 t_1,另一部分是前子弹走完 BC 段位移(子弹与弹簧脱离位置到离开母弹距离)所需的时间 t_2。

在弹簧恢复形变的运动过程中,根据牛顿第二定律和运动学方程可得

$$\begin{cases} \dfrac{\mathrm{d}v}{\mathrm{d}t} = \dfrac{k(x - y)}{m_1} - g\sin\theta \\ \dfrac{\mathrm{d}y}{\mathrm{d}x} = v \end{cases} \tag{12.5}$$

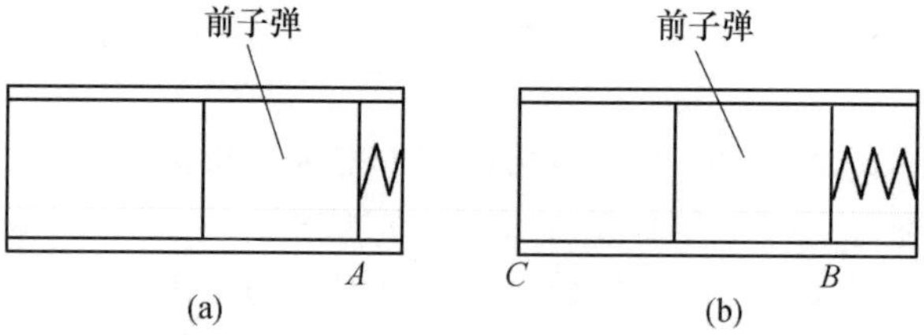

图 12.2 前子弹在母弹体内的运动示意图

(a) 弹簧分离机构作用前;(b) 弹簧分离机构作用后。

式中:v 为弹簧恢复形变时前子弹相对于母弹体的速度;y 为弹簧恢复的形变量;θ 为母弹开舱点的弹道倾角,则时间 t_1 可由式(12.5)求得。前子弹走完 BC 段位移所需的时间 t_2 可以由下式求得

$$t_2 = \frac{2l + l' + h - x}{v_4 - v_3} \tag{12.6}$$

式中:l 为子弹的长度;l'为弹底螺纹的长度; h 为抛射药的厚度。

一般来讲,分离距离与两子弹的抛撒时间差、相对速度有关,而这些又都与弹簧压缩量、弹簧刚度有关,因此可以通过调整弹簧的压缩量与刚度系数来调整抛撒时间差。由于受弹体空间限制,一般来说弹簧的压缩量可调整范围较小,而以调整弹簧刚度系数为主。

12.2 子弹开伞力学模型

降落伞的开伞过程是指拉伞到物伞系统达到稳定下降为止的整个过程。降落伞开伞是个十分复杂的工作,在很短的时间内,物伞系统的外形、质量及各部分的相对位置都发生急剧的变化,因而,开伞过程的计算不仅需要空气运动等方面的理论知识,而且往往需要根据实际情况借助于试验数据。

通常,折叠于伞包内的降落伞是由引导伞或减速伞将其拉出并拉直。伞系统的拉直是引导伞(或减速伞)和战斗部两者相对运动的结果,是属于两个变质量体相对运动的理论问题。

伞系统拉直阶段计算包括拉直阶段轨迹计算及拉直力计算。拉直力是指伞衣充气前,伞系统拉直过程中作用于伞绳内的最大载荷。一般情况下,拉直力按其载荷的变化率及数值的大小,均与充气阶段的开伞动载荷相似。在某些情况下,如采用主伞收口装置时,拉直力的数值还可能超过开伞动载,这时,拉直力将成为伞系统连接件的主要设计载荷。

无论是拉直力的计算或者是拉直阶段的轨迹计算,均与伞系统所采用的拉

伞顺序有关。目前采用的拉伞方法虽然有各种各样(引导伞、射伞枪、拉伞火箭或其他),但是从拉伞程序来看,大致可以分为顺拉法和倒拉法两种:顺拉法,这种方法是引导伞(或拉伞火箭等)先拉出伞衣,然后再循序拉直伞绳,采用长伞衣套或不采用伞衣套道的人用伞均为这种拉伞程序;倒拉法,这种方法是引导伞(或拉伞火箭等)先拉直伞绳,然后从伞包中逐步拉出伞衣,使用伞袋的回收伞其拉伞程序即属此种类型。

以顺拉法为例,拉直力将出现于伞系统全长拉直瞬间。如图 12.3 所示,当伞绳全部拉直时,战斗部与引导伞的速度分别为 v_w 和 v_{ys}。由于回收物与引导伞之间存在着相对速度,故伞绳将被继续拉伸直至相对速度为 0 为止,此时伞绳伸。如果假设:拉伸过程无能量损失、伞衣不发生伸长、伞绳伸长在弹性范围内、伸长过程中伞绳的动能变化以及空气阻力对引导伞所作的功忽略不计,则在以回收物为坐标原点的相对坐标系中,根据能量守恒,引导伞(包括主衣伞)的动能变化应等于伞绳吸收的全部弹性变形功。

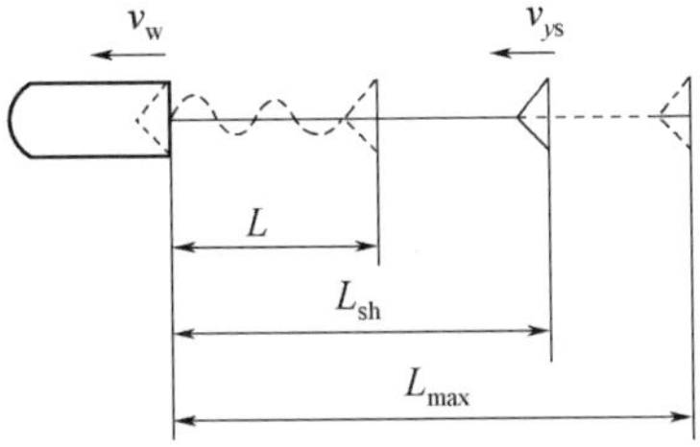

图 12.3　伞系统拉直过程示意图

在相对坐标系内,引导伞(包括主衣伞)的动能变化可表示为

$$\Delta K = \frac{1}{2}m_s(\Delta v^2 - \Delta v_1^2) \tag{12.7}$$

式中:m_s 为引导伞的质量;Δv 与 Δv_1 分别为伞绳伸长前和最大伸长时引导伞对战斗部的相对速度,很明显 $\Delta v_1 = 0$。伞绳的弹性变形功可表示为

$$E = n\int_{L_{sh}}^{L_{max}} T\mathrm{d}L \tag{12.8}$$

式中:n 为绳子的数目;T 为单根绳子拉力,且为伸长度 $\varepsilon = \dfrac{L - L_{sh}}{L_{sh}}$ 的函数,近似表示为 $T = \varepsilon\xi$,其中 $\xi = p/\varepsilon$ 称为弹性模数,p,ε 为伞绳的断裂强度和断裂伸长度。根据能量守恒,$\Delta K = E$,可以求得全部伞绳的最大拉力为

$$F_L = nT_{max} = \Delta v\sqrt{\frac{m_s n\xi}{L_{sh}}} \tag{12.9}$$

为了便于分析,在具体的计算时作如下假设:①在整个拉伞过程中,引导伞

与战斗部各担负主伞系统重量的一半，该值保持不变；②引导伞与未充气的主伞衣的阻力特征，保持不变；③引导伞与战斗部之间不存在约束关系，可把两者当作自由质点处理。现分别对引导伞和战斗部列出运动方程：

$$\begin{cases} \dfrac{\mathrm{d}v_{\mathrm{w}}}{\mathrm{d}t} = g\sin\theta_1 - \dfrac{Q_{\mathrm{w}}}{m_{\mathrm{w}} + m_{\mathrm{s}}/2} \\ \dfrac{\mathrm{d}\theta_1}{\mathrm{d}t} = \dfrac{g}{v_{\mathrm{w}}}\cos\theta_1 \\ Q_{\mathrm{w}} = \dfrac{1}{2}\rho v_{\mathrm{w}}^2 (CA)_{\mathrm{w}} \end{cases} \tag{12.10}$$

$$\begin{cases} \dfrac{\mathrm{d}v_{\mathrm{ws}}}{\mathrm{d}t} = g\sin\theta_s - \dfrac{Q_{ys}}{m_{ys} + m_{\mathrm{s}}/2} \\ \dfrac{\mathrm{d}\theta_2}{\mathrm{d}t} = \dfrac{g}{v_{ys}}\cos\theta_2 \\ Q_{ys} = \dfrac{1}{2}\rho v_{ys}^2 (CA)_{ys} \end{cases} \tag{12.11}$$

式中：Q_{s}，Q_{w} 为对应引导伞和战斗部受到的阻力。

降落伞充气阶段是指从伞系统全长拉直起到伞衣第一次充满（伞衣投影直径第一次达到稳定下降时的伞衣直径即认为伞衣充满，不考虑“过度充气”情况）为止的整个工作过程；充气阶段是降落伞工作过程中最为重要也是物理过程最为复杂的一个阶段。

在伞衣充满后，气动阻力使物、伞系统继续减速直至系统到达稳定下降，这一过程称为稳定阶段。由于伞衣充满后，系统的外形和质量都可以视为不变，因此，这一阶段可把物、伞两者作为一个质点运动来处理。通常，在伞衣充满后，物伞系统的轨迹角迅速趋于90°。因此，下面仅讨论物、伞系统作为质点的垂直下降运动。

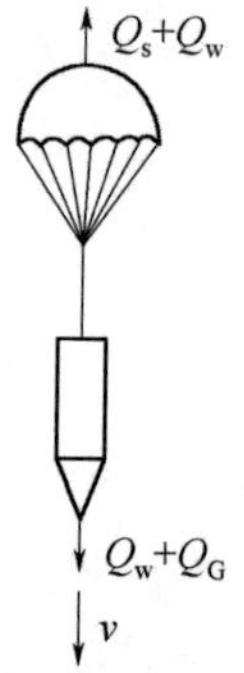

图 12.4　系统垂直下降

如图 12.4 所示，物、伞系统作垂直下降时的运动方程可表示为

$$(m_{\mathrm{w}} + m_{\mathrm{s}} + m_{\mathrm{f}})\frac{\mathrm{d}v}{\mathrm{d}t} = (G_{\mathrm{w}} + G_{\mathrm{s}}) - (Q_{\mathrm{s}} + Q_{\mathrm{w}}) \tag{12.12}$$

其中：

$$\begin{cases} Q_{\mathrm{s}} + Q_{\mathrm{w}} = \dfrac{1}{2}\rho v^2 [(CA)_{\mathrm{s}} + (CA)_{\mathrm{w}}] \\ G_{\mathrm{w}} + G_{\mathrm{s}} = \dfrac{1}{2}\rho v_{\mathrm{d}}^2 [(CA)_{\mathrm{s}} + (CA)_{\mathrm{w}}] \end{cases} \tag{12.13}$$

一般认为当速度 $v = 1.01v_d$ 时，系统已达稳定状态。将式(12.13)代入式(12.12)可以求得到稳定阶段所需的时间和对应的速度。

12.3 子弹飞行力学模型

子弹在分离过程中，受到各种扰动因素影响，其运动呈现高度非线性，必须采用非线性运动方程来描述子弹的运动。因此，下面建立子弹的6自由度非线性飞行力学模型。

12.3.1 坐标系和坐标转换

建立子弹的外弹道运动方程组，主要用到的坐标系有地面坐标系、基准坐标系、弹道坐标系、弹轴坐标系、弹体坐标系等。坐标系的定义、坐标转换及各角度间的相互关系可参考第4章。

12.3.2 风的影响

在地面坐标系中，风被分解为横风$\boldsymbol{w}_z$和纵风$\boldsymbol{w}_x$，如图12.5所示，在某些特殊情况下还要计及铅直风$\boldsymbol{w}_y$。纵风$\boldsymbol{w}_x$是平行于射击平面的风，沿 Ox 轴为正；横风$\boldsymbol{w}_z$是垂直于射击平面的风，规定与 Oz 轴方向一致为正。风 $\boldsymbol{w}$ 在地面坐标系内投影为：$[\boldsymbol{w}_x \quad \boldsymbol{w}_y \quad \boldsymbol{w}_z]^{\mathrm{T}}$，在弹道坐标系内投影为

$$\begin{bmatrix} w_{x_2} \\ w_{y_2} \\ w_{z_2} \end{bmatrix} = \begin{bmatrix} w_x\cos\psi_2\cos\theta_1 + w_y\cos\psi_2\sin\theta_1 + w_z\sin\psi_2 \\ -w_x\sin\theta_1 + w_y\cos\theta_1 \\ -w_x\sin\psi_2\cos\theta_1 - w_y\sin\psi_2\sin\theta_1 + w_z\cos\psi_2 \end{bmatrix} \tag{12.14}$$

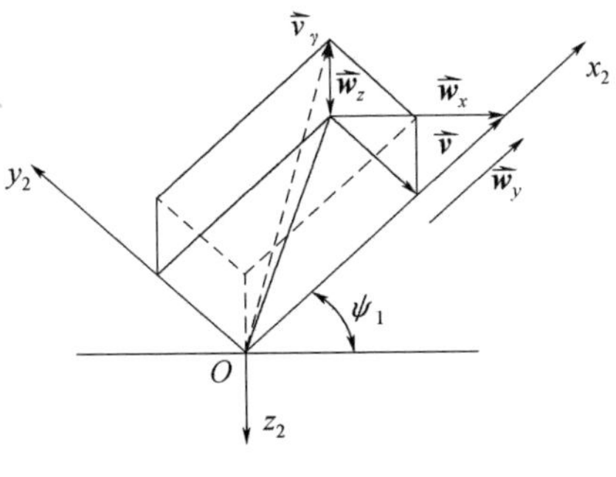

图12.5 风的影响

根据速度合成定理，子弹的绝对速度 $\boldsymbol{v}$ 可以看成是相对于空气的速度 $\boldsymbol{v}_{\mathrm{r}}$ 与风速 $\boldsymbol{w}$ 的向量和，即：$\boldsymbol{v} = \boldsymbol{v}_{\mathrm{r}} + \boldsymbol{w}$，可得相对速度$\boldsymbol{v}_{\mathrm{r}}$。其在弹道坐标系中投影为

$$\begin{bmatrix} v_{rx_2} \\ v_{ry_2} \\ v_{rz_2} \end{bmatrix} = \begin{bmatrix} v - w_x\cos\psi_2\cos\theta_1 - w_y\cos\psi_2\sin\theta_1 - w_z\sin\psi_2 \\ w_x\sin\theta_1 - w_y\cos\theta_1 \\ w_x\sin\psi_2\cos\theta_1 + w_y\sin\psi_2\sin\theta_1 - w_z\cos\psi_2 \end{bmatrix} \tag{12.15}$$

相对速度的大小为

$$v_r = \sqrt{v_{rx_2}^2 + v_{ry_2}^2 + v_{rz_2}^2}$$

弹轴上的单位向量 $\boldsymbol{\xi}$ 在弹道坐标系内的投影为

$$\begin{bmatrix} \xi_{x_2} \\ \xi_{y_2} \\ \xi_{z_2} \end{bmatrix} = \begin{bmatrix} \cos\delta_2\cos\delta_1 \\ \cos\delta_2\sin\delta_1 \\ \sin\delta_2 \end{bmatrix} \tag{12.16}$$

相对速度$\boldsymbol{v}_r$在第二弹轴坐标系的投影为

$$\begin{bmatrix} v_{r\xi} \\ v_{r\eta'} \\ v_{r\zeta'} \end{bmatrix} = \begin{bmatrix} v_{rx_2}\cos\delta_2\cos\delta_1 + v_{ry_2}\cos\delta_2\sin\delta_1 + v_{rz_2}\sin\delta_2 \\ -v_{rx_2}\sin\delta_1 + v_{ry_2}\cos\delta_1 \\ -v_{rx_2}\sin\delta_2\cos\delta_1 - v_{ry_2}\sin\delta_2\sin\delta_1 + v_{rz_2}\cos\delta_2 \end{bmatrix} \tag{12.17}$$

其中弹轴 $o\xi$ 与相对速度向量$\boldsymbol{v}_r$之间的夹角 δ_r 为

$$\cos\delta_r = v_{r\xi}/v_r = \cos\delta_{r_1}\cos\delta_{r_2}$$

相对速度$\boldsymbol{v}_r$在第一弹轴坐标系的投影：

$$\begin{bmatrix} v_{r\xi} \\ v_{r\eta} \\ v_{r\zeta} \end{bmatrix} = \begin{bmatrix} v_{r\xi} \\ v_{r\eta'}\cos\alpha_{ar} + v_{r\zeta'}\sin\alpha_{ar} \\ -v_{r\eta'}\sin\alpha_{ar} + v_{r\zeta'}\cos\alpha_{ar} \end{bmatrix} \tag{12.18}$$

相对速度在地面坐标系上的投影为

$$\begin{bmatrix} v_{rx} \\ v_{ry} \\ v_{rz} \end{bmatrix} = \begin{bmatrix} v\cos\psi_2\cos\theta_1 - w_x \\ v\cos\psi_2\sin\theta_1 - w_y \\ v\sin\psi_2 - w_z \end{bmatrix} \tag{12.19}$$

式中：$\psi_r = \arcsin(v_{rz}/v_r)$；$\theta_r = \arcsin(v_{ry}/v_r\cos\psi_r)$

其中相对攻角为 $\delta_r = \arccos\left(\dfrac{v_{r\xi}}{v_r}\right)$，当攻角 $\delta_r \leqslant 0.001\text{rad}$ 时，令 $DDB = \dfrac{\delta_r}{\sin\delta_r} \approx 1$；否则，令 $DDB = \dfrac{\delta_r}{\sin\delta_r}$。

特殊情况下模型进一步的简化，即忽略风速的影响，令 $w_x = w_z = 0$，w_y 也只有在某些特殊的情况下计算，即

$$\begin{bmatrix} v_{rx_2} \\ v_{ry_2} \\ v_{rz_2} \end{bmatrix} = \begin{bmatrix} v - w_x\cos\psi_2\cos\theta_1 - w_y\cos\psi_2\sin\theta_1 - w_z\sin\psi_2 \\ w_x\sin\theta_1 - w_y\cos\theta_1 \\ w_x\sin\psi_2\cos\theta_1 + w_y\sin\psi_2\sin\theta_1 - w_z\cos\psi_2 \end{bmatrix} = \begin{bmatrix} v \\ 0 \\ 0 \end{bmatrix} \tag{12.20}$$

由上式可得：$v_r = v = v_{rx_2}, v_{ry_2} = v_{rz_2} = 0$。

同理在第一坐标系下：

$$\begin{bmatrix} v_{r\xi} \\ v_{r\eta} \\ v_{r\zeta} \end{bmatrix} = \begin{bmatrix} v\cos\delta_2\cos\delta_1 \\ -v\sin\delta_1 \\ -v\sin\delta_2\cos\delta_1 \end{bmatrix} \tag{12.21}$$

在地面坐标系下：

$$\begin{bmatrix} v_{rx} \\ v_{ry} \\ v_{rz} \end{bmatrix} = \begin{bmatrix} v\cos\psi_2\cos\theta_1 \\ v\cos\psi_2\sin\theta_1 \\ v\sin\psi_2 \end{bmatrix} \tag{12.22}$$

式中：$\psi_r = \arcsin\dfrac{v_{rz}}{v_r} = \psi_2$；$\theta_r = \arcsin\dfrac{v_{ry}}{v_r\cos\psi_r} = \arcsin\dfrac{\cos\psi_2\sin\theta_1}{\cos\psi_2} = \theta_1$

$$\delta_r = \arccos\frac{v_{r\xi}}{v_r} = \arccos(\cos\delta_2\cos\delta_1) = \delta$$

12.3.3 作用在子弹上的力

子弹在飞行过程中，气动力对它的影响最大，下面列出各力的解析式，并把各力向速度坐标系上投影。

阻力 R_x，阻力是总空气动力在飞行速度方向上的分力，指向与速度 v 相反，表达式为

$$R_{xr} = -\frac{1}{2}\rho SC_x v_r v_r \tag{12.23}$$

式中：C_x 为阻力系数，它是马赫数和攻角的函数，在弹道坐标系中可写为下式：

$$\begin{bmatrix} R_{xrx_2} \\ R_{xry_2} \\ R_{xrz_2} \end{bmatrix} = -\frac{1}{2}\rho SC_x v_r \begin{bmatrix} v_{rx_2} \\ v_{ry_2} \\ v_{rz_2} \end{bmatrix} \tag{12.24}$$

升力 R_y，在弹轴 $o\xi$ 和速度 v 所确定的阻力面内，并且垂直于速度 v，位于 v 的同侧，可以表示为

$$R_{yr} = \frac{1}{2}\rho SC_y \frac{\delta_r}{\sin\delta_r}\boldsymbol{v}_r \times (\boldsymbol{\xi} \times \boldsymbol{v}_r) = \frac{1}{2}\rho SC_y \frac{\delta_r}{\sin\delta_r}[v_r^2\boldsymbol{\xi} - (\boldsymbol{v}_r \times \boldsymbol{\xi})\boldsymbol{v}_r] \tag{12.25}$$

式中：C_y 称为升力系数，那么升力在弹道坐标系下的投影为

$$\begin{bmatrix} R_{yrx_2} \\ R_{yry_2} \\ R_{yrz_2} \end{bmatrix} = \frac{1}{2}\rho S C_y \frac{1}{\sin\delta_r}\begin{pmatrix} v_r^2\cos\delta_1\cos\delta_2 - v_{r\xi}v_{rx_2} \\ v_r^2\cos\delta_2\sin\delta_1 - v_{r\xi}v_{ry_2} \\ v_r^2\sin\delta_2 - \delta_r v_{r\xi}v_{rz_2} \end{pmatrix} \tag{12.26}$$

马格努斯力 R_{zm}，根据马格努斯力的表达式，可知它的方向为垂直于阻力面。

$$R_{zmr} = \frac{1}{2}\rho S C_{zm} v_r \frac{\delta_r}{\sin\delta_r}\boldsymbol{\xi} \times \boldsymbol{v}_r \tag{12.27}$$

式中：C_{zm} 为马格努斯力系数，那么马格努斯力在弹道坐标系下的投影为

$$\begin{bmatrix} R_{zmrx_2} \\ R_{zmry_2} \\ R_{zmrz_2} \end{bmatrix} = \frac{1}{2}\rho S C_{zm} v_r \frac{1}{\sin\delta_r}\begin{bmatrix} -v_{ry_2}\sin\delta_2 + v_{rz_2}\cos\delta_2\sin\delta_1 \\ v_{rx_2}\sin\delta_2 - v_{rz_2}\cos\delta_2\cos\delta_1 \\ -v_{rx_2}\cos\delta_2\sin\delta_1 + v_{ry_2}\cos\delta_2\cos\delta_1 \end{bmatrix} \tag{12.28}$$

重力 G，重力作用在质心上，不会对质心产生力矩。方向为竖直向下，也就是与基准坐标系的 Oy 轴方向相反。将其投影到弹道坐标系下可以得到

$$\begin{bmatrix} G_{x_2} \\ G_{y_2} \\ G_{z_2} \end{bmatrix} = mg\begin{bmatrix} -\cos\psi_2\sin\theta_1 \\ -\cos\theta_1 \\ \sin\psi_2\sin\theta_1 \end{bmatrix} \tag{12.29}$$

把上述各力进行向量叠加，则得到合力 $\boldsymbol{F}$

$$\begin{pmatrix} F_{x_2} \\ F_{y_2} \\ F_{z_2} \end{pmatrix} = \begin{pmatrix} R_{xx_2} \\ R_{xy_2} \\ R_{xz_2} \end{pmatrix} + \begin{pmatrix} R_{yx_2} \\ R_{yy_2} \\ R_{yz_2} \end{pmatrix} + \begin{pmatrix} R_{zmx_2} \\ R_{zmy_2} \\ R_{zmz_2} \end{pmatrix} + \begin{pmatrix} G_{x_2} \\ G_{y_2} \\ G_{z_2} \end{pmatrix} \tag{12.30}$$

12.3.4 作用在子弹上的力矩

由于力的作用点和质心并不重合导致了相关力矩的产生，把力矩向第一弹轴坐标系上投影。

静力矩 $\boldsymbol{M}_z$，能使子弹的攻角增大的为翻转力矩，能使攻角减小的为稳定力矩，统称为静力矩。它方向垂直于攻角平面，$\boldsymbol{M}_z$ 的表达式为

$$\boldsymbol{M}_{zr} = \frac{1}{2}\rho S l m_z v_r \frac{1}{\sin\delta_r}(\boldsymbol{v}_r \times \boldsymbol{\xi}) \tag{12.31}$$

式中：m_z 为静力矩系数。将 $\boldsymbol{M}_z$ 投影到第一弹轴坐标系可以得到

$$\begin{bmatrix} M_{zr\xi} \\ M_{zr\eta} \\ M_{zr\zeta} \end{bmatrix} = \frac{1}{2}\rho Slm_z v_r \frac{\delta_r}{\sin\delta_r}\begin{bmatrix} 0 \\ v_{r\zeta} \\ -v_{r\eta} \end{bmatrix} \tag{12.32}$$

赤道阻尼力矩 M_{zz}是阻尼子弹弹轴摆动的力矩，又称摆动阻尼力矩。它与弹轴摆动角速度$\boldsymbol{\omega}_a$方向相反，表达式为

$$M_{zzr} = -\frac{1}{2}\rho Sldv_r m'_{zz}\boldsymbol{\omega}_a \tag{12.33}$$

式中：m'_{zz}为赤道阻尼力矩系数导数。M_{zz}在第一弹轴坐标系中的投影为

$$\begin{bmatrix} M_{zz\xi} \\ M_{zz\eta} \\ M_{zz\zeta} \end{bmatrix} = -\frac{1}{2}\rho vSldm'_{zz}\begin{bmatrix} 0 \\ \omega_\eta \\ \omega_\zeta \end{bmatrix} \tag{12.34}$$

极阻尼力矩 M_{xz}是阻尼子弹自转的力矩，又称滚动阻力矩。M_{xz}与弹轴轴向角速度 $\boldsymbol{\gamma}$ 方向相反，表达式为

$$M_{xzr} = -\frac{1}{2}\rho Sldv_r\dot{\gamma}m'_{xz}\boldsymbol{\xi} \tag{12.35}$$

式中：m'_{xz}为极阻尼力矩系数导数。M_{xz}在第一弹轴坐标系中的投影为

$$\begin{bmatrix} M_{xzr\xi} \\ M_{xzr\eta} \\ M_{xzr\zeta} \end{bmatrix} = -\frac{1}{2}\rho Sldv_r m'_{xz}\begin{bmatrix} \omega_\xi \\ 0 \\ 0 \end{bmatrix} \tag{12.36}$$

尾翼导转力矩 M_{xw}，尾翼根部的尾翼片上产生法向力，从而构成导转力矩，驱使子弹自转，方向沿着弹轴。表达式为

$$M_{xw} = \frac{1}{2}\rho Slm'_{xw}v^2\delta_w \tag{12.37}$$

式中：m'_{xw}为尾翼导转力矩系数导数；δ_w 为尾翼斜置角。M_{xw}在第一弹轴坐标系内投影为

$$\begin{bmatrix} M_{xw\xi} \\ M_{xw\eta} \\ M_{xw\zeta} \end{bmatrix} = \frac{1}{2}\rho Slm'_{xw}v^2\delta_w\begin{bmatrix} 1 \\ 0 \\ 0 \end{bmatrix} \tag{12.38}$$

马格努斯力矩 M_y，力矩的方向与$\boldsymbol{\xi}\times(\boldsymbol{\xi}\times\boldsymbol{v}_r)$相同，表达式为

$$M_{yr} = \frac{1}{2}\rho Sldm'_y\omega_\xi\frac{1}{\sin\delta_r}\boldsymbol{\xi}\times(\boldsymbol{\xi}\times\boldsymbol{v}_r) = \frac{1}{2}\rho Sldm'_y\omega_\xi\frac{1}{\sin\delta_r}[(\boldsymbol{\xi}\times\boldsymbol{v}_r)\times\boldsymbol{\xi}-\boldsymbol{v}_r] \tag{12.39}$$

在第一弹轴坐标系内投影为

$$\begin{bmatrix} M_{y\mathrm{r}\xi} \\ M_{y\mathrm{r}\eta} \\ M_{y\mathrm{r}\zeta} \end{bmatrix} = \frac{1}{2}\rho Sldm'_y\omega_\xi \frac{1}{\sin\delta_\mathrm{r}}\begin{bmatrix} 0 \\ -v_{\mathrm{r}\eta} \\ -v_{\mathrm{r}\zeta} \end{bmatrix} \tag{12.40}$$

合力矩 M，把上述所有的力矩进行向量叠加，可以得到

$$\begin{bmatrix} M_\xi \\ M_\eta \\ M_\zeta \end{bmatrix} = \begin{bmatrix} M_{z\xi} \\ M_{z\eta} \\ M_{z\zeta} \end{bmatrix} + \begin{bmatrix} M_{zz\xi} \\ M_{zz\eta} \\ M_{zz\zeta} \end{bmatrix} + \begin{bmatrix} M_{xz\xi} \\ M_{xz\eta} \\ M_{xz\zeta} \end{bmatrix} + \begin{bmatrix} M_{xw\xi} \\ M_{xw\eta} \\ M_{xw\zeta} \end{bmatrix} + \begin{bmatrix} M_{y\xi} \\ M_{y\eta} \\ M_{y\zeta} \end{bmatrix} \tag{12.41}$$

12.3.5 子弹运动微分方程组的建立

子弹的运动可以分为质心运动和围绕质心的运动。质心运动规律由动量定理确定，围绕质心的转动则由动量矩定理来描述。

1. 在弹道坐标系中的子弹质心运动方程

子弹质心相对于地面坐标系的运动向量方程（忽略地球自转的影响）为

$$m\frac{\mathrm{d}v}{\mathrm{d}t} = F \tag{12.42}$$

将该方程向弹道坐标系分解时，由于弹道坐标系是一个动坐标系，它的转动角速度 Ω 为

$$\Omega = \dot{\theta}_1 + \dot{\psi}_2 \tag{12.43}$$

它在弹道坐标系中的分量为

$$\begin{bmatrix} \Omega_{x_2} \\ \Omega_{y_2} \\ \Omega_{z_2} \end{bmatrix} = \begin{bmatrix} \dot{\theta}_1\sin\psi_2 \\ -\dot{\psi}_2 \\ \dot{\theta}_1\cos\psi_2 \end{bmatrix} \tag{12.44}$$

如果用$\frac{\partial v}{\partial t}$表示速度 v 相对于弹道坐标系的相对导数，那么 $\Omega \times v$ 就是由于动坐标系以 Ω 转动产生的牵连速度，可以得到

$$\frac{\mathrm{d}v}{\mathrm{d}t} = \frac{\partial v}{\partial t} + \Omega \times v \tag{12.45}$$

如果用 F_{x_2}，F_{y_2}，F_{z_2}分别表示外力 F 在弹道坐标系上的分量，则可以得到质心运动的动力学方程为

$$\begin{cases} m\dfrac{\mathrm{d}v}{\mathrm{d}t} = F_{x_2} \\ mv\cos\psi_2\dfrac{\mathrm{d}\theta_1}{\mathrm{d}t} = F_{y_2} \\ mv\dfrac{\mathrm{d}\psi_2}{\mathrm{d}t} = F_{z_2} \end{cases} \tag{12.46}$$

由速度向量 $\boldsymbol{v}$ 沿地面坐标系三轴上的分量可得质心位置坐标变化方程，即质心运动的运动学方程为

$$\begin{cases} \dfrac{\mathrm{d}x}{\mathrm{d}t} = v\cos\psi_2\cos\theta_1 \\ \dfrac{\mathrm{d}y}{\mathrm{d}t} = v\cos\psi_2\sin\theta_1 \\ \dfrac{\mathrm{d}z}{\mathrm{d}t} = v\sin\psi_2 \end{cases} \tag{12.47}$$

2. 在第一弹轴坐标系中的子弹绕质心转动方程

子弹围绕质心转动可以用动量矩定理来描述，即

$$\frac{\mathrm{d}\boldsymbol{K}}{\mathrm{d}t} = M \tag{12.48}$$

将此方程向弹轴坐标系分解时，由于弹轴坐标也是一个转动坐标系，其转动角速度 ω_1 为

$$\omega_1 = \dot{\varphi}_1 + \dot{\varphi}_2 \tag{12.49}$$

它在弹轴坐标系中的分量为

$$\begin{bmatrix} \omega_{1\xi} \\ \omega_{1\eta} \\ \omega_{1\zeta} \end{bmatrix} = \begin{bmatrix} \dot{\varphi}_1\sin\varphi_2 \\ -\dot{\varphi}_2 \\ \dot{\varphi}_1\cos\varphi_2 \end{bmatrix} = \begin{bmatrix} \omega_\xi\tan\varphi_2 \\ \omega_\eta \\ \omega_\zeta \end{bmatrix} \tag{12.50}$$

将动量矩方程向弹轴坐标系分解时可写成

$$\frac{\mathrm{d}\boldsymbol{K}}{\mathrm{d}t} = \frac{\partial K}{\partial t} + \omega_1 \times \boldsymbol{K} \tag{12.51}$$

其标量形式为

$$\begin{cases} \dfrac{\mathrm{d}K_\xi}{\mathrm{d}t} + \omega_{a\eta}K_\zeta - \omega_{a\zeta}K_\eta = M_\xi \\ \dfrac{\mathrm{d}K_\eta}{\mathrm{d}t} + \omega_{a\zeta}K_\xi - \omega_{a\xi}K_\zeta = M_\eta \\ \dfrac{\mathrm{d}K_\zeta}{\mathrm{d}t} + \omega_{a\eta}K_\eta - \omega_{a\zeta}K_\xi = M_\zeta \end{cases} \tag{12.52}$$

弹体坐标系与弹轴坐标系相差一个自转角 γ,自转角速度沿着 $o\xi$ 方向。则全弹的转动角速度 $\boldsymbol{\omega}$ 为

$$\boldsymbol{\omega} = \omega_1 + \dot{\gamma} \tag{12.53}$$

由理论力学知识可知,对于同一坐标系来说,动量矩矩阵为转动惯量矩阵与全弹转动角速度矩阵之积,即

$$\boldsymbol{K} = \boldsymbol{J}\boldsymbol{\omega}$$

其中:

$$\boldsymbol{\omega} = \begin{bmatrix} \omega_\xi \\ \omega_\eta \\ \omega_\zeta \end{bmatrix} = \begin{bmatrix} \dot{\gamma} + \dot{\varphi}_1 \sin\varphi_2 \\ -\dot{\varphi}_2 \\ \dot{\varphi}_1 \cos\varphi_2 \end{bmatrix} \tag{12.54}$$

对于轴对称弹体而言,在弹体坐标系中转动惯量 J_y 和 J_z是相等,即赤道转动惯量 A。J_x 是极转动惯量,用 C 表示。它的转动惯量矩阵为

$$\boldsymbol{J} = \begin{bmatrix} J_x & 0 & 0 \\ 0 & J_y & 0 \\ 0 & 0 & J_z \end{bmatrix} = \begin{bmatrix} C & 0 & 0 \\ 0 & A & 0 \\ 0 & 0 & A \end{bmatrix} \tag{12.55}$$

联合上述方程便可以得到绕心运动动力学方程形式为

$$\begin{cases} \dfrac{\mathrm{d}\omega_\xi}{\mathrm{d}t} = \dfrac{1}{C} M_\xi \\ \dfrac{\mathrm{d}\omega_\eta}{\mathrm{d}t} = \dfrac{1}{A} M_\eta - \dfrac{C}{A}\omega_\xi\omega_\zeta + \omega_\zeta^2 \tan\varphi_2 \\ \dfrac{\mathrm{d}\omega_\zeta}{\mathrm{d}t} = \dfrac{1}{A} M_\zeta + \dfrac{C}{A}\omega_\xi\omega_\eta - \omega_\zeta\omega_\eta \tan\varphi_2 \end{cases} \tag{12.56}$$

绕心运动运动学方程为

$$\begin{cases} \dfrac{\mathrm{d}\varphi_1}{\mathrm{d}t} = \dfrac{1}{\cos\varphi_2}\omega_\zeta \\ \dfrac{\mathrm{d}\varphi_2}{\mathrm{d}t} = -\omega_\eta \\ \dfrac{\mathrm{d}\gamma}{\mathrm{d}t} = \omega_\xi - \omega_\zeta \tan\varphi_2 \end{cases} \tag{12.57}$$

3. 六自由度弹道方程组的一般形式

将合力,合力矩,质心运动方程和绕心运动方程结合,可以得到子弹 6 自由度弹道方程组为

$$\begin{cases}
\dfrac{\mathrm{d}v}{\mathrm{d}t} = \dfrac{1}{m}F_{x2} \\
\dfrac{\mathrm{d}\theta_1}{\mathrm{d}t} = \dfrac{1}{mv\cos\psi_2}F_{y2} \\
\dfrac{\mathrm{d}\psi_2}{\mathrm{d}t} = \dfrac{1}{mv}F_{z2} \\
\dfrac{\mathrm{d}\omega_\xi}{\mathrm{d}t} = \dfrac{1}{C}M_\xi \\
\dfrac{\mathrm{d}\omega_\eta}{\mathrm{d}t} = \dfrac{1}{A}M_\eta - \dfrac{C}{A}\omega_\xi\omega_\zeta + \omega_\zeta^2\tan\varphi_2 \\
\dfrac{\mathrm{d}\omega_\zeta}{\mathrm{d}t} = \dfrac{1}{A}M_\zeta + \dfrac{C}{A}\omega_\xi\omega_\eta - \omega_\zeta\omega_\eta\tan\varphi_2 \\
\dfrac{\mathrm{d}\varphi_a}{\mathrm{d}t} = \dfrac{1}{\cos\varphi_2}\omega_\zeta \\
\dfrac{\mathrm{d}\varphi_2}{\mathrm{d}t} = -\omega_\eta \\
\dfrac{\mathrm{d}x}{\mathrm{d}t} = v\cos\psi_2\cos\theta_1 \\
\dfrac{\mathrm{d}y}{\mathrm{d}t} = v\cos\psi_2\sin\theta_1 \\
\dfrac{\mathrm{d}z}{\mathrm{d}t} = v\sin\psi_2 \\
\dfrac{\mathrm{d}\gamma}{\mathrm{d}t} = \omega_\xi - \omega_\zeta\tan\varphi_2
\end{cases} \tag{12.58}$$

4. 角度关系

在解上述弹道运动方程的过程中,需用到以下角度关系式。下标“r”表示受风影响的相对参量,则

$$\begin{cases}
\delta_2 = \arcsin[\sin\varphi_2\cos\psi_2 - \sin\psi_2\cos\varphi_2\cos(\varphi_1 - \theta_1)] \\
\delta_1 = \arcsin[\sin(\varphi_1 - \theta_1)\cos\varphi_2/\cos\delta_2] \\
\delta = \arccos(\cos\delta_1\cos\delta_2) \\
\alpha_a = \arcsin[\sin(\varphi_1 - \theta_1)\sin\psi_2/\cos\delta_2] \\
\delta_{r2} = \arcsin[\sin\varphi_2\cos\psi_r - \sin\psi_r\cos\varphi_2\cos(\varphi_1 - \theta_r)] \\
\delta_{r1} = \arcsin[\sin(\varphi_1 - \theta_r)\cos\varphi_2/\cos\delta_{r2}] \\
\delta_r = \arccos(\cos\delta_{r1}\cos\delta_{r2}) \\
\alpha_{ar} = \arcsin[\sin(\varphi_1 - \theta_r)\sin\psi_r/\cos\delta_{r2}]
\end{cases} \tag{12.59}$$

12.4 末敏子弹稳态扫描飞行力学模型

关于末敏弹系统稳态扫描模型的建立有多种方法,为了研究伞—弹系统的空间运动规律,需要建立若干套坐标系(或称坐标轴系或轴系),本书采用的坐标系均为笛卡儿坐标系。

下面分别建立两个物体的质心运动方程和绕质心运动方程,然后找出两者之间的联系方程以共同求解。因为系统本身运动的复杂性,完全模拟系统并考虑所有因素都难以做到,因此这里引入下列简化假设:

(1) 一切关于降落伞空气动力的参数都是根据标准的气象条件做试验或计算得出。

(2) 将降落伞和上面的一个伞盘组成的物体当成一个刚体,即伞绳不再伸缩、不弯曲,称此刚体为降落伞刚体或伞刚体。

(3) 降落伞的附加质量和附加惯性矩暂不考虑。

(4) 由于弹体本身的形状、体积较小以及重量较大,可以忽略弹体的气动力。

(5) 弹体及伞盘对伞的气流无影响。

(6) 伞刚体和弹刚体之间的连接方式为柱铰,将连接点处理在圆盘质心 D 处,弹刚体与伞刚体之间只有绕连接柱铰的相对转动。

(7) 柱铰与下面一个伞盘及弹体组成一个弹体刚体,柱铰与伞刚体的连接点以及柱铰与弹体连接点重合于 D 点。

12.4.1 末敏子弹坐标系的选取及运动的描述

为便于分析系统的运动,必须建立相应的坐标系,包括地面惯性坐标系、降落伞固连坐标系、降落伞基准坐标系、弹体固连坐标系。

地面惯性坐标系 $Ox_0y_0z_0$,如图 12.6 所示,取抛撒点的地面投影点为坐标原点 O,Oz_0 轴铅直向上,Oy_0 轴在包含初速向量的铅直面内且指向前方,Ox_0 轴由右手法则确定。沿 Ox_0,Oy_0,Oz_0 三轴的单位向量记为 $\boldsymbol{i}_0$,$\boldsymbol{j}_0$,$\boldsymbol{k}_0$。该坐标系主要用于确定降落伞刚体和弹体的质心坐标,并作为固连系的方向基准。

降落伞固连坐标系 $C_1x_1y_1z_1$,建立固连于降落伞刚体的动坐标系 $C_1x_1y_1z_1$,其中 C_1 为落伞刚体(包含伞及伞盘)的质心,$C_1x_1y_1$ 平面与伞盘平行,C_1x_1 沿平行伞盘的径向方向,C_1z_1 轴沿伞对称轴向上,并满足右手法则。沿 C_1x_1,C_1y_1,C_1z_1 三轴的单位向量记为 $\boldsymbol{i}_1$,$\boldsymbol{j}_1$,$\boldsymbol{k}_1$,该坐标系主要用于确定降落伞刚体在空间的姿态。

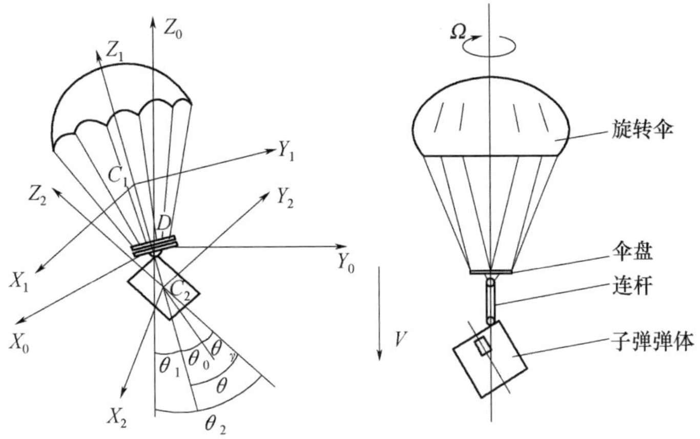

图 12.6　坐标系及扫描角关系图

降落伞基准坐标系 $C_1x_0y_0z_0$，原点在降落伞刚体质心 C_1，各轴分别与 $Ox_0y_0z_0$ 系平行。该系用作 $C_1x_1y_1z_1$ 的旋转基准。

弹体固连坐标系 $C_2x_2y_2z_2$，原点为弹体质心，$C_2x_2y_2$ 平面为过 C_2 的弹体横截面，C_2x_2 取在沿弹刚体的径向方向，C_2z_2 轴沿弹体对称轴向上，柱铰质心 D 与 y_2 和 z_2 轴共面，且满足右手定则，三轴的单位向量记为 $\boldsymbol{i}_2$，$\boldsymbol{j}_2$，$\boldsymbol{k}_2$，该坐标系主要用于确定弹体在空间的姿态。

弹体基准坐标系 $C_2x_0y_0z_0$，原点为弹体质心，各轴分别与 $Ox_0y_0z_0$ 系平行。该系用作 $C_2x_2y_2z_2$ 系的旋转基准。

坐标系之间的关系如图 12.7 所示，$C_2x_2y_2z_2$ 系与 $C_2x_0y_0z_0$ 系的关系可由三个欧拉角，即进动角 ψ_2、自转角 φ_2、章动角 θ_2 表示出来。

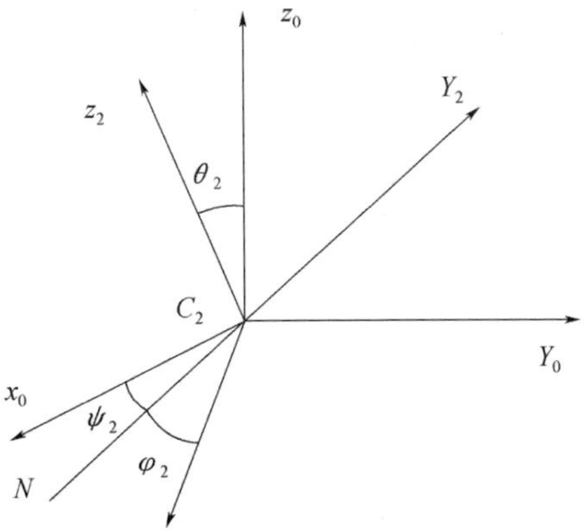

图 12.7　坐标系间的转换关系

假定轴 x_2，y_2，z_2 的方向余弦依次为 α_1，β_1，γ_1；α_2，β_2，γ_2；α_3，β_3，γ_3；可得

$C_2x_2y_2z_2$ 系与 $C_2\,x_0y_0z_0$ 系的坐标转换矩阵 $\boldsymbol{B}$ 为

$$\boldsymbol{B}=\begin{bmatrix}\alpha_1 & \beta_1 & \gamma_1\\ \alpha_2 & \beta_2 & \gamma_2\\ \alpha_3 & \beta_3 & \gamma_3\end{bmatrix}\tag{12.60}$$

其中

$$\begin{cases}\alpha_1=\cos\psi_2\cos\varphi_2-\sin\psi_2\cos\theta_2\sin\varphi_2\\ \beta_1=\sin\psi_2\cos\varphi_2+\cos\psi_2\cos\theta_2\sin\varphi_2\\ \gamma_1=\sin\theta_2\sin\varphi_2\end{cases}\tag{12.61}$$

$$\begin{cases}\alpha_2=-\cos\psi_2\sin\varphi_2-\sin\psi_2\cos\theta_2\cos\varphi_2\\ \beta_2=-\sin\psi_2\sin\varphi_2+\cos\psi_2\cos\theta_2\cos\varphi_2\\ \gamma_2=\sin\theta_2\cos\varphi_2\end{cases}\tag{12.62}$$

$$\begin{cases}\alpha_3=\sin\psi_2\sin\theta_2\\ \beta_3=-\cos\psi_2\sin\theta_2\\ \gamma_3=\cos\theta_2\end{cases}\tag{12.63}$$

$C_1x_1y_1z_1$ 系与 $C_2x_2y_2z_2$ 系、$C_1x_0y_0z_0$ 系的关系。柱铰与弹体的绞链点 D 不在弹体的纵轴上，所以弹体相对于柱铰斜悬挂且悬挂点不在底圆边上。在静止悬挂状态时重心 C_2 必在过 D 点的铅直线上，此时 DC_2 与铅直线重合，而此时弹轴相对于铅垂线的倾角 θ_0 即为弹体静态悬角。在动态下，伞刚体轴 C_1z_1 与铅直方向 Oz_0 不是一直保持重合，有一个夹角 θ_1，而且由于旋转弹轴离开静悬挂位置，设此时弹轴 C_2z_2 与伞刚体轴 C_1z_1 轴的夹角为 θ，C_1z_1 轴与 DC_2 轴的夹角为 θ_r，而 z_1，z_2 与 DC_2 在同一平面，所以有 $\theta=\theta_0+\theta_r$。在进入稳态扫描时，θ 与 θ_r 均有特定意义。因为稳态扫描时应有 $\theta_1=0$，即 C_2z_2 与 z_0 重合，因此有 $\theta=\theta_2$，可见此时 θ 即稳态扫描角，而 θ_r 为扫描角对静态悬挂的增量。

因此，$C_2x_2y_2z_2$ 系与 $C_1x_1y_1z_1$ 的转换关系为

$$\begin{bmatrix}i_1\\ j_1\\ k_1\end{bmatrix}=\boldsymbol{C}\begin{bmatrix}i_2\\ j_2\\ k_2\end{bmatrix}\tag{12.64}$$

$$\boldsymbol{C}=\begin{bmatrix}1 & 0 & 0\\ 0 & \cos\theta & -\sin\theta\\ 0 & \sin\theta & \cos\theta\end{bmatrix}\tag{12.65}$$

$C_1x_1y_1z_1$ 系与 $C_1x_0y_0z_0$ 的转换关系为

$$\begin{bmatrix} i_1 \\ j_1 \\ k_1 \end{bmatrix} = \boldsymbol{A}\begin{bmatrix} i_0 \\ j_0 \\ k_0 \end{bmatrix} = \begin{bmatrix} A_{11} & A_{12} & A_{13} \\ A_{21} & A_{22} & A_{23} \\ A_{31} & A_{32} & A_{33} \end{bmatrix}\begin{bmatrix} i_0 \\ j_0 \\ k_0 \end{bmatrix} \tag{12.66}$$

式中：$\boldsymbol{A} = \boldsymbol{CB}$。

12.4.2 末敏子弹受力分析

1. 作用于降落伞刚体上的力

作用于降落伞刚体上的力有伞的重力 $\boldsymbol{G}_1$，降落伞的空气动力 R_1 及两刚体连接点 D 处柱铰对伞刚体的约束力 $\boldsymbol{N}_1$。将这些力投影到地面惯性系 $Ox_0y_0z_0$ 中。

重力 $\boldsymbol{G}_1$ 为

$$\boldsymbol{G}_1 = \begin{bmatrix} G_{1x_0} \\ G_{1y_0} \\ G_{1z_0} \end{bmatrix} = \begin{bmatrix} 0 \\ 0 \\ -m_1 g \end{bmatrix} \tag{12.67}$$

作用于降落伞上的空气动力有空气阻力 R_{z_1} 和升力 R_{y_1}，空气阻力 R_{z_1} 是空气动力沿伞质心速度方向的分量，方向与伞刚体质心速度方向相反。伞刚体质心速度方向可以表示为：$\boldsymbol{I}_{v_1} = \dfrac{1}{V_1}[V_{1x_0}, V_{1y_0}, V_{1z_0}]^{\mathrm{T}}$，则空气阻力方向与其相反。

$$\boldsymbol{R}_{z_1} = \begin{bmatrix} R_{z_1x_0} \\ R_{z_1y_0} \\ R_{z_1z_0} \end{bmatrix} = -\frac{1}{2}\rho V_1 c_{x_1} s_1 \begin{bmatrix} V_{1x_0} \\ V_{1y_0} \\ V_{1z_0} \end{bmatrix} \tag{12.68}$$

式中：c_{x1} 为伞的阻力系数；s_1 为伞的特征面积。

升力 R_{y_1} 是空气动力沿垂直于伞质心速度的分量，方向为在阻力面内且垂直于速度方向，升力的大小为$\dfrac{1}{2}\rho V_1^2 c'_{y_1} s_1 \delta_1$，其中 c'_{y_1} 是伞的升力系数导数，δ_1 为伞的攻角，即 C_1z_1 轴负向与 V_1 间的夹角。$\boldsymbol{I}_{v_1}$ 表示伞质心速度方向，$-\boldsymbol{K}_1$ 表示伞轴的方向，因此升力的方向向量在 $Ox_0y_0z_0$ 系中的投影表达式为

$$\begin{bmatrix} I_{yx_0} \\ I_{yy_0} \\ I_{yz_0} \end{bmatrix} = \frac{\boldsymbol{I}_{v_1} \times [(-\boldsymbol{K}_1) \times \boldsymbol{I}_{v_1}]}{|\boldsymbol{I}_{v_1} \times [(-\boldsymbol{K}_1) \times \boldsymbol{I}_{v_1}]|} \tag{12.69}$$

因此

$$\boldsymbol{R}_{y_1}=\begin{bmatrix}R_{y_1x_0}\\R_{y_1y_0}\\R_{y_1z_0}\end{bmatrix}=\frac{1}{2}\rho V_1^2c'_{y_1}s_1\delta_1\begin{bmatrix}I_{yx_0}\\I_{yy_0}\\I_{yz_0}\end{bmatrix}\tag{12.70}$$

则降落伞的空气动力 R_1 为

$$\boldsymbol{R}_1=\begin{bmatrix}R_{y_1x_0}+R_{z_1x_0}\\R_{y_1y_0}+R_{z_1y_0}\\R_{y_1z_0}+R_{z_1z_0}\end{bmatrix}\tag{12.71}$$

将约束反力表达式投影在 $Ox_0y_0z_0$ 系上，即

$$\boldsymbol{N}_1=\begin{bmatrix}N_{1x_0}\\N_{1y_0}\\N_{1z_0}\end{bmatrix}\tag{12.72}$$

2. 作用于降落伞刚体上的力矩

作用于降落伞刚体上的力矩有空气动力矩 M_1、约束反力 N_1 对质心 C_1 的力矩 MN_1 及两刚体连接点处柱铰对伞刚体的约束反力矩 MD。

作用于降落伞刚体的空气动力矩 M_1 由伞导转力矩 Mxw_1、伞极阻尼力矩 Mxz_1、伞静力矩 Mz_1、伞赤道阻尼力矩 Mzz_1 组成，将它们向伞固连坐标系 $C_1x_1y_1z_1$ 上投影。

伞导转力矩是因伞衣开孔而产生的使伞旋转的力矩，方向沿伞轴线向上，大小为$\frac{1}{2}\rho V_1^2S_1l_1m_{xw_1}$（其中 l_1 为伞衣的特征长度，m_{xw1} 为导转力矩系数），它在伞固连系 $C_1x_1y_1z_1$ 上的投影为

$$\boldsymbol{M}_{xw_1}=\begin{bmatrix}M_{xw_1x_1}\\M_{xw_1y_1}\\M_{xw_1z_1}\end{bmatrix}=\frac{1}{2}\rho V_1^2S_1l_1m_{xw_1}\begin{bmatrix}0\\0\\1\end{bmatrix}\tag{12.73}$$

伞极阻尼力矩是阻尼伞自转的力矩，方向与导转力矩相反，大小$\frac{1}{2}\rho V_1^2S_1l_1m'_{xz_1}\omega_{1z_1}$（其中 m'_{xz_1} 为伞极阻尼力矩系数导数），它在伞固连系 $C_1x_1y_1z_1$ 的投影为

$$\boldsymbol{M}_{xz_1}=\begin{bmatrix}M_{xz_1x_1}\\M_{xz_1y_1}\\M_{xz_1z_1}\end{bmatrix}=-\frac{1}{2}\rho V_1S_1l_1^2m'_{xz_1}\omega_{1z_1}\begin{bmatrix}0\\0\\1\end{bmatrix}\tag{12.74}$$

伞静力矩是由于降落伞的压心和质心不重合产生的，大小为$\frac{1}{2}\rho V_1^2 S_1 l_1^2 m'_{z_1}\delta_1$（$m'_{z_1}$为伞静阻尼力矩系数导数），方向向量为$\frac{(-\boldsymbol{K}_1)\times\boldsymbol{I}_{v_1}}{|(-\boldsymbol{K}_1)\times\boldsymbol{I}_{v_1}|}$，可得

$$I_{Mz}=\frac{(-\boldsymbol{K}_1)\times\boldsymbol{I}_{v_1}}{|(-\boldsymbol{K}_1)\times\boldsymbol{I}_{v_1}|}=\begin{bmatrix}I_{Mz_1x_1}\\I_{Mz_1y_1}\\I_{Mz_1z_1}\end{bmatrix}=\frac{1}{V_1\sin\delta_1}\begin{bmatrix}A_{21}V_{1x_0}+A_{22}V_{1y_0}+A_{23}V_{1z_0}\\-A_{11}V_{1x_0}-A_{12}V_{1y_0}-A_{13}V_{1z_0}\\0\end{bmatrix}\tag{12.75}$$

$$\boldsymbol{M}_{z1}=\begin{bmatrix}M_{z_1x_1}\\M_{z_1y_1}\\M_{z_1z_1}\end{bmatrix}=\frac{1}{2}\rho V_1^2 S_1 l_1^2 m'_{z_1}\delta_1\begin{bmatrix}I_{Mz_1x_1}\\I_{Mz_1y_1}\\I_{Mz_1z_1}\end{bmatrix}\tag{12.76}$$

伞赤道阻尼力矩是阻尼伞轴摆动的力矩，方向与摆动方向相反，计算公式为$\frac{1}{2}\rho V_1 S_1 l_1^2 m'_{zz_1}\boldsymbol{\omega}_{1x_1y_1}$，其中$\boldsymbol{\omega}_{1x_1y_1}=\boldsymbol{\omega}_{1x_1}\boldsymbol{i}_1+\boldsymbol{\omega}_{1y_1}\boldsymbol{j}_1$是伞轴的摆动角速度，$m'_{zz_1}$是伞赤道阻尼力矩系数导数，则伞赤道阻尼力矩在固连系$C_1x_1y_1z_1$上的投影为

$$\boldsymbol{M}_{zz_1}=\begin{bmatrix}M_{zz_1x_1}\\M_{zz_1y_1}\\M_{zz_1z_1}\end{bmatrix}=-\frac{1}{2}\rho V_1 S_1 l_1^2 m'_{zz_1}\begin{bmatrix}\omega_{1x_1}\\\omega_{1y_1}\\0\end{bmatrix}\tag{12.77}$$

作用在降落伞刚体上的总空气动力矩为

$$\boldsymbol{M}_1=\begin{bmatrix}M_{1x_1}\\M_{1y_1}\\M_{1z_1}\end{bmatrix}=\begin{bmatrix}M_{xw_1x_1}+M_{xz_1x_1}+M_{z_1x_1}+M_{zz_1x_1}\\M_{xw_1y_1}+M_{xz_1x_1}+M_{z_1x_1}+M_{zz_1x_1}\\M_{xw_1z_1}+M_{xz_1x_1}+M_{z_1x_1}+M_{zz_1x_1}\end{bmatrix}\tag{12.78}$$

约束反力从对质心C_1的力矩$\boldsymbol{M}_{N_1}=\boldsymbol{C}_1\boldsymbol{D}\times\boldsymbol{N}_1$，在固连系$C_1x_1y_1z_1$中

$$\boldsymbol{N}_1=\begin{bmatrix}N_{1x_1}\\N_{1y_1}\\N_{1z_1}\end{bmatrix}=\boldsymbol{A}\begin{bmatrix}N_{1x_0}\\N_{1y_0}\\N_{1z_0}\end{bmatrix}\tag{12.79}$$

$$\boldsymbol{C}_1\boldsymbol{D}=\begin{bmatrix}0\\0\\-l_{d_1}\end{bmatrix}\tag{12.80}$$

求得

$$\boldsymbol{M}_{N_1} = \begin{bmatrix} M_{N_1x_1} \\ M_{N_1y_1} \\ M_{N_1z_1} \end{bmatrix} = \begin{bmatrix} l_{d_1}N_{1y_1} \\ -l_{d_1}N_{1x_1} \\ 0 \end{bmatrix} \tag{12.81}$$

弹刚体对伞刚体的约束力矩 M_D 在 $C_1x_1y_1z_1$ 系上的投影为

$$\boldsymbol{M}_D = \begin{bmatrix} M_{Dx_1} \\ M_{Dy_1} \\ M_{Dz_1} \end{bmatrix} \tag{12.82}$$

3. 作用于弹体上的力

作用弹体上的力有弹体的重力 $\boldsymbol{G}_2$、伞刚体与弹体连接点 D 处的伞刚体对弹体的束反力 $-\boldsymbol{N}_1$，将这些力投影到地面惯性坐标系 $Ox_0y_0z_0$ 中。

重力 $\boldsymbol{G}_2$ 为

$$\boldsymbol{G}_2 = \begin{bmatrix} G_{2x_0} \\ G_{2y_0} \\ G_{2z_0} \end{bmatrix} = \begin{bmatrix} 0 \\ 0 \\ -m_1g \end{bmatrix} \tag{12.83}$$

约束反力 $-\boldsymbol{N}_1$ 为

$$-\boldsymbol{N}_1 = -\begin{bmatrix} N_{1x_0} \\ N_{1y_0} \\ N_{1z_0} \end{bmatrix} \tag{12.84}$$

4. 作用于弹体上的力矩

作用于弹体上的力矩有伞刚体与弹体连接点 D 处的伞刚体对弹体的反力矩 $-\boldsymbol{M}_D$、约束反力 $-\boldsymbol{N}_1$ 对弹体质心的力矩 MN_2，在 $C_2x_2y_2z_2$ 系中投影。

伞刚体对弹体的反力矩为

$$-\boldsymbol{M}_D = -\begin{bmatrix} M_{Dx_2} \\ M_{Dy_2} \\ M_{Dz_2} \end{bmatrix} = \boldsymbol{C}^{-1}\begin{bmatrix} -M_{Dx_1} \\ -M_{Dy_1} \\ -M_{Dz_1} \end{bmatrix} \tag{12.85}$$

式中：

$$\boldsymbol{C}^{-1} = \begin{bmatrix} 1 & 0 & 0 \\ 0 & \cos\theta & \sin\theta \\ 0 & -\sin\theta & \cos\theta \end{bmatrix} \tag{12.86}$$

约束反力 $-\boldsymbol{N}_1$ 对弹体质心的力矩 MN_2 为

$$\boldsymbol{M}_{N_2} = \boldsymbol{L}_{d_2} \times (-\boldsymbol{N}_1) = \begin{bmatrix} N_{1y_2} l_{d_3} - N_{1Z_2} l_{d_2} \\ -N_{1x_2} l_{d_3} \\ N_{1x_2} l_{d_2} \end{bmatrix} \tag{12.87}$$

12.4.3 末敏子弹的伞弹姿态动力学模型

1. 降落伞刚体一般运动的微分方程

根据动量定理有 $m_1 \ddot{\boldsymbol{r}}_1 = \boldsymbol{G}_1 + \boldsymbol{R}_1 + \boldsymbol{N}_1$，完整的伞刚体质心运动微分方程组如下：

$$\begin{cases} \dot{V}_{1x_0} = \dfrac{1}{m_1}(R_{1x_0} + N_{1x_0}) \\ \dot{V}_{1y_0} = \dfrac{1}{m_1}(R_{1y_0} + N_{1y_0}) \\ \dot{V}_{1z_0} = \dfrac{1}{m_1}(R_{1z_0} + N_{1z_0} - m_1 g) \\ \dot{x}_1 = V_{1x_0} \\ \dot{y}_1 = V_{1y_0} \\ \dot{z}_1 = V_{1z_0} \end{cases} \tag{12.88}$$

根据动量矩定理有

$$\frac{\mathrm{d}\boldsymbol{K}_1}{\mathrm{d}t} = \boldsymbol{M}_1 + \boldsymbol{M}_{N_1} + \boldsymbol{M}_D \tag{12.89}$$

式中：$\boldsymbol{K}_1 = A_1 \omega_{1x_1} \boldsymbol{i}_1 + A_1 \omega_{1y_1} \boldsymbol{j}_1 + A_1 \omega_{1z_1} \boldsymbol{k}_1$。

降落伞刚体绕心运动微分方程组如下：

$$\begin{cases} A_1 \dot{\omega}_{1x_1} = M_{1x_1} + M_{N1x_1} + M_{Dx_1} + (A_1 - C_1)\omega_{1y_1}\omega_{1z_1} \\ A_1 \dot{\omega}_{1y_1} = M_{1y_1} + M_{N_1y_1} + M_{Dy_1} + (C_1 - A_1)\omega_{1x_1}\omega_{1z_1} \\ C_1 \dot{\omega}_{1z_1} = M_{1z_1} + M_{N_1z_1} + M_{Dz_1} \\ \omega_{1x_1} = \dot{\psi}_1 \sin\theta_1 \sin\varphi_1 + \dot{\theta}_1 \cos\varphi_1 \\ \omega_{1y_1} = \dot{\psi}_1 \sin\theta_1 \cos\varphi_1 - \dot{\theta}_1 \sin\varphi_1 \\ \omega_{1z_1} = \dot{\psi}_1 \cos\theta_1 + \dot{\varphi}_1 \end{cases} \tag{12.90}$$

同理，弹体质心运动微分方程组如下：

$$
\begin{cases}
\dot{V}_{2x_0} = \dfrac{1}{m_2}(-N_{1x_0}) \\
\dot{V}_{2y_0} = \dfrac{1}{m_2}(-N_{1y_0}) \\
\dot{V}_{2z_0} = \dfrac{1}{m_2}(-N_{1z_0} - m_2 g) \\
\dot{x}_2 = V_{2x_0} \\
\dot{y}_2 = V_{2y_0} \\
\dot{z}_2 = V_{2z_0}
\end{cases} \tag{12.91}
$$

弹体绕心运动微分方程组如下：

$$
\begin{cases}
A_2\dot{\omega}_{2x_2} = -M_{Dx_2} + M_{N_2x_2} + (A_2 - C_2)\omega_{2y_2}\omega_{2z_2} \\
A_2\dot{\omega}_{2y_2} = -M_{Dy_2} + M_{N_2y_2} + (C_2 - A_2)\omega_{2x_2}\omega_{2z_2} \\
C_2\dot{\omega}_{2z_2} = -M_{Dz_2} + M_{N_2z_2} \\
\omega_{2x_2} = \dot{\psi}_2\sin\theta_2\sin\varphi_2 + \dot{\theta}_2\cos\varphi_2 \\
\omega_{2y_2} = \dot{\psi}_2\sin\theta_2\cos\varphi_2 - \dot{\theta}_2\sin\varphi_2 \\
\omega_{2z_2} = \dot{\psi}_2\cos\theta_2 + \dot{\varphi}_2
\end{cases} \tag{12.92}
$$

则式(12.88)、式(12.90)～式(12.92)构成了伞弹的动力学模型。

参考文献

[1] 韩子鹏. 弹箭外弹道学[M]. 北京:北京理工大学出版社,2005.

[2] 徐明友. 火箭外弹道学[M]. 哈尔滨:哈尔滨工业大学出版社,2004.

[3] 宋丕极. 枪炮与火箭外弹道学[M]. 北京:兵器工业出版社,1993.

[4] 徐明友. 高等外弹道学[M]. 北京:高等教育出版社,2003.

[5] 沈青. 稀薄气体动力学[M]. 北京:国防工业出版社,2003.

[6] 汤晓云. 外弹道气象学[M]. 北京:兵器工业出版社,1990.

[7] 曲延禄. 外弹道气象学概论[M]. 北京:气象出版社,1987.

[8] 沈仲书. 弹丸空气动力学[M]. 北京:国防工业出版社,1984.

[9] 芷国才. 弹箭空气动力学[M]. 北京:兵器工业出版社,1989.

[10] 苗瑞生. 导弹空气动力学[M]. 北京:国防工业出版社,2006.

[11] 瞿章华. 高超声速空气动力学[M]. 长沙:国防科技大学出版社,2001.

[12] Chen Z, Aubry N. Active Control of Cylinder Wake[J]. Communications in Nonlinear Science and Numerical Simulation,2005,10(2):205－216.

[13] Macha J M. Drag of Circular Cylinders at Transonic Mach Numbers[J]. Journal of Aircraft, 1977, 14(6):605－607.

[14] Murthy V S, Rose W C. Form Drag, Skin Friction, and Vortex Shedding Frequencies for Subsonic and Transonic Crossflows on Circular Cylinder[C]. California:AIAA, 1977.

[15] Pandolfi M, Larocca F. Transonic Flow About a Circular Cylinder[J]. Computers & Fluids, 1989,17(1):205－220.

[16] Botta N. The Inviscid Transonic Flow About a Cylinder[J]. Journal of Fluid Mechanics, 1995, 301(5):225－250.

[17] Miserda R B. Numerical Simulation of the Unsteady Aerodynamic Forces over a Circular Cylinder in Transonic Flow [C]. Nevada:AIAA, 2006.

[18] 许常悦. 圆柱可压缩绕流及其流动控制的大涡模拟研究[D]. 合肥:中国科学技术大学,2009.

[19] 薛大文. 超声速流动分离及其控制研究[D]. 南京:南京理工大学,2014.

[20] 钱杏芳. 导弹飞行力学[M]. 北京:北京理工大学出版社,2005.

[21] 陈士橹. 近代飞行器飞行力学[M]. 西安:西北工业大学出版社,1987.

[22] 胡兆丰,何植岱,高浩. 飞行动力学——飞机的稳定性和操纵性[M]. 北京:国防工业出版社,1985.

[23] 金长江. 飞行动力学——飞机飞行性能计算[M]. 北京:国防工业出版社 ,1983.

[24] 赵汉元. 飞行器再入动力学和制导[M]. 长沙:国防科技大学出版社,1997.

[25] 高浩,朱培申,高正红. 高等飞行动力学[M]. 北京:国防工业出版社, 2004.

[26] 方振平,陈万春,张曙光. 航空飞行器飞行动力学[M]. 北京:北京航空航天大学出版社, 2005.

[27] 肖业伦. 航天器飞行动力学原理[M]. 北京:宇航出版社, 1995.

[28] 周长省,鞠玉涛,朱福亚,等. 火箭弹设计理论[M]. 北京:北京理工大学出版社, 2005.

[29] 袁子怀,钱杏芳. 有控飞行力学与计算机仿真[M]. 北京:国防工业出版社, 2001.

[30] 李新国,方群. 有翼导弹飞行动力学[M]. 西安:西北工业大学出版社, 2005.
[31] 林献武, 王中原, 张薇. 超声速弹箭阻力系数随高度变化的计算方法研究[J]. 海军工程大学学报,2009,21(3):100 - 103.
[32] 李臣明,韩子鹏,孔建国. 高空气动特性对远程弹箭弹道的影响研究[J]. 系统仿真学报,2007,19(5):990 - 992.
[33] 李臣明. 高空条件下远程弹箭的弹道特性计算分析[J]. 弹道学报,2007,19(1):21 - 24.
[34] 林献武. 高空环境下弹箭的弹道特性研究[D]. 南京:南京理工大学,2009.
[35] 李臣明. 高空气象与气动力对远程弹箭弹道影响的研究[D]. 南京:南京理工大学,2007.
[36] Robert L M. Modern Exterior Ballistics [M]. Pennsylvania:Schiffer Publishing Ltd,1999.
[37] 董亮. 弹箭飞行稳定性理论及其应用[M]. 北京:兵器工业出版社,1990.
[38] 彭解华. 非线性振动和波动系统的分岔及混沌研究[D]. 长沙:湖南大学,2003.
[39] 安祎春. 非线性电力系统分岔控制的研究[D]. 沈阳:东北大学,2008.
[40] 刘菲. 非线性气动弹性系统的分岔分析[D]. 成都:西南交通大学,2001.
[41] 甄亚欣. 高维非线性动力系统的降维方法与分岔研究[D]. 哈尔滨:哈尔滨工业大学,2008.
[42] 许多生. 飞机滚转时惯性耦合运动的分岔分析[J]. 航空学报,2001,22(2):144 - 147.
[43] 陈永亮. 飞机深失速改出特性分析与控制[J]. 南京航空航天大学学报,2007,39(4):435 - 439.
[44] 刘济科. 不可压气流中二元机翼颤振的分岔点研究[J]. 固体力学学报,2002,37(1):95 - 97.
[45] 刘菲. 不可压缩流中二元翼运动的分支问题[J]. 西南交通大学学报,1989,10(10):479 - 499.
[46] 刘菲. 立方非线性机翼的二重半稳定极限环分岔[J]. 西南交通大学学报,2004,39(5):638 - 640.
[47] 杨智春. 二元机翼的双稳环颤振及多重环分岔分析[J]. 振动工程学报,1991,4(4):65 - 69.
[48] 吴志强. 二元机翼极限环颤振复杂分岔[J]. 工程力学,2008,25(2):51 - 55.
[49] 张琪昌. 非线性机翼极限环颤振的研究[J]. 空气动力学学报,2004,22(3):332 - 336.
[50] 汪清. 姿控导弹非线性稳定性的分岔分析[J]. 弹道学报,2005,17(2):49 - 54.
[51] 洪金森. 再入飞行器极限环运动分[J]. 空气动力学学报,2005,23(2):204 - 209.
[52] 文益民. 有翼导弹的动态稳定性分析[J]. 航天控制,2001,1(2):41 - 47.
[53] 马知恩. 常微分方程定性与稳定性方法[M]. 北京:科学出版社,2001.
[54] 张锦炎. 常微分方程几何理论与分支问题[M]. 北京:北京大学,1987.
[55] 张琪昌. 分岔与混沌理论及应用[M]. 天津:天津大学出版社,2005.
[56] 张家忠. 非线性动力系统的运动稳定性、分岔理论及其应用[M]. 西安:西安交通大学出版社,2010.
[57] 李继彬. 稳定性分支与混沌[M]. 云南:云南科技出版社出版社,1994.
[58] 于海. 高维非线性动力学系统降维方法的若干进展[J]. 力学进展,2009,39(2):154 - 164.
[59] 李胜. 分岔理论在汽车转向轮摆振机理及其控制策略研究中的应用[D]. 长春:吉林大学,2005.
[60] 钟扬威,王良明,傅健,等. 弹箭非线性角运动稳定性 Hopf 分岔分析[J]. 兵工学报,2015,36(7):1195 - 1202.
[61] 钟扬威,王良明,常思江,等. 弹箭非线性角运动周期解稳定性分析[J]. 弹道学报. 2015,27(3):7 - 11.
[62] 王良明. 大长径比弹箭在飞行时的柔性变形特性分析[J]. 兵工学报,2000,21(2):108 - 111.
[63] 王良明. 柔体弹道中弹轴运动微分方程组[J]. 弹道学报,2000,12(1):53 - 58.
[64] 王良明. 柔性弹丸飞行动力学研究[J]. 兵工学报,1998,19(3):208 - 213.
[65] 王良明. 尾翼式柔性弹箭飞行稳定性研究[J]. 弹道学报,1998,10(4):67 - 74.
[66] 肖叶伦. 大气扰动中的飞行原理[M]. 北京:国防工业出版社,1993.

[67] 高太长. 关于2 种典型风场对弹箭运动轨迹影响的三维数值研究[J]. 解放军理工大学学报,2011,12(2):178 - 183.

[68] 赵震炎,肖业伦,施毅坚. Dryden 大气紊流模型的数字仿真技术[J]. 航空学报,1986,7(5):433 - 443.

[69] 马树峰,岳晓奎. 大气紊流的数字仿真[J]. 计算机辅助工程,2008,17(3):54 - 57.

[70] 童中翔,王晓东. 大气紊流仿真算法的改进[J]. 空军工程大学学报,2002,3(6):10 - 12.

[71] 马东立. 大气紊流数字仿真的改进方法[J]. 北京航空航天大学学报,1990,3(5):57 - 63.

[72] 张峰, 陈蕾, 汪沛,等. 飞行仿真系统中三维大气紊流模型仿真研究[J]. 系统仿真技术,2009,5(1):60 - 63.

[73] 张峰, 汪沛, 王冲, 等. 基于 Von Karman 模型的三维大气紊流仿真[J]. 计算机仿真,2007,24(1):35 - 38.

[74] 高振兴, 顾宏斌, 刘晖. 三维空间大气紊流场生成与扩展方法[J]. 交通运输工程学报,2008,8(4):25 - 29.

[75] 屈香菊,李勇. 一种改进的紊流风模型及其仿真算法[J]. 系统仿真学报,2004,16(1):10 - 14.

[76] 洪冠新,肖业伦. 用蒙特卡罗法仿真生成三维空间大气紊流场[J]. 航空学报,2001,22(6):542 - 545.

[77] 杨军,杨晨,段朝阳,等. 现代导弹制导控制系统设计[M]. 北京:航空工业出版社,2005.

[78] 卢晓东,郭建国,林鹏,等. 导弹制导与控制系统设计与 MATLAB 仿真[M]. 西安:西北工业大学出版社,2010.

[79] 张友安. 导弹控制和制导的非线性设计方法[M]. 北京:国防工业出版社,2003.

[80] 陈佳实. 导弹制导和控制系统的分析与设计[M]. 北京:宇航出版社,1989.

[81] Siouris G M . Missile Guidance and Control Systems[M]. Berlin:Springer,2004.

[82] 孟秀云. 导弹制导与控制系统原理[M]. 北京:北京理工大学出版社,2003.

[83] 吴森堂,费玉华. 飞行控制系统[M]. 北京:北京航空航天大学出版社,2005.

[84] 郭锁凤,申功璋,吴成富,等. 先进飞行控制系统[M]. 北京:国防工业出版社,2003.

[85] 曾颖超. 战术导弹弹道与姿态动力学[M]. 西安:西北工业大学出版社,1991.

[86] 孟秀云,刘藻珍,邹静涛. 火箭弹简易控制系统分析[J]. 弹箭与制导学报,2001,21(4):60 - 63.

[87] 马卡罗维茨 H A,等. 多管火箭武器系统及其效能[M]. 中国兵器科学研究院,译. 国防工业出版社,2008.

[88] 马卡罗维茨 H A,等. 火箭弹分离系统实验模拟和实验研究[M]. 中国兵器科学研究院,译. 国防工业出版社,2008.

[89] 张松靖. 远程旋转火箭弹简控系统设计及落点精度分析[D]. 西安:西北工业大学,2003.

[90] 赵捍东. 脉冲发动机提供控制力的火箭弹弹道修正理论及技术研究[D]. 南京:南京理工大学,2008.

[91] 孙磊. 火箭弹引信二维弹道修正原理与关键技术研究[D]. 南京:南京理工大学,2005.

[92] 曹小兵. 脉冲末修迫弹弹道特性分析与控制方案设计[D]. 南京:南京理工大学,2011.

[93] 曹云. 旋转弹箭单通道侧喷控制方案设计与仿真[D]. 南京:南京理工大学,2011.

[94] 祁载康. 制导弹药技术[M]. 北京:北京理工大学出版社,2002.

[95] 余超志. 火箭概论[M]. 北京:国防工业出版社,1982.

[96] 钱翼稷. 空气动力学[M]. 北京:北京航空航天大学出版社,2004.

[97] 吴甲生. 制导兵器气动布局发展趋势及有关气动力技术[J]. 北京理工大学学报,2003,23(6):665 - 6707.

[98] 过崇伟,郑时镜,郭振华. 有翼火箭系统分析与设计[M]. 北京:北京航空航天大学出版社,2002.
[99] 史金光,王中原,许厚谦. 滑翔增程弹鸭式舵的气动设计与分析[J]. 弹道学报,2006,18(4):33-37.
[100] 谭风岗. 采用鸭舵控制使先进炮弹射程增大和精度改进[J]. 弹箭技术,1998(1):15-22.
[101] 刘承恩. 弹道修正引信鸭舵空气动力学设计和仿真[J]. 探测与控制学报,2003,25:40-43.
[102] 杨荣军. 旋转制导炮弹飞行弹道及控制系统设计方法研究[D]. 南京:南京理工大学,2012.
[103] 史金光. 炮弹滑翔弹道设计与控制弹道特性研究[D]. 南京理工大学博士论文,2008.
[104] 刘兴堂. 导弹制导与控制系统分析、设计与仿真[M]. 西安:西北工业大学出版社,2007.
[105] 杨启仁. 子母弹飞行动力学[M]. 北京:国防工业出版社,1999.
[106] 杨绍卿. 灵巧弹药工程[M]. 北京:国防工业出版社,2010.
[107] 徐明友. 弹箭飞行动力学[M]. 北京:国防工业出版社,2003,1.
[108] 刘荣忠. 末敏弹结构动态响应和效能分析[D]. 南京:南京理工大学,1996.
[109] 孙乐,韩子鹏,李奉昌,等. 末敏弹减速运动和稳态扫描段运动特性的研究[J]. 航空学报,1998,19(2):147-151.
[110] 舒敬荣. 伞—弹系统三体运动分析[J]. 航空学报,2001,22(6):481-485.
[111] 郭锐. 导弹末敏子弹总体相关技术研究[D]. 南京:南京理工大学,2006.
[112] 张青斌,程文科,彭勇,等. 降落伞拉直过程的多刚体模型[J]. 中国空间科学技术,2003(2):45-49.